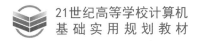

21世纪高等学校计算机
基础实用规划教材

Java程序设计之网络编程
（第3版）

◎ 杨瑞龙 李芝兴 主编

U0252314

清華大学出版社
北京

内 容 简 介

本书是《Java 程序设计之网络编程(第 2 版)》的升级版,主要对 Java SE 8.0 的部分特性做了补充。本书重点在于 Java 面向对象基础编程和网络编程,前者包含数据类型、程序流程控制、面向对象概念、类、继承、接口、字符串、异常、基础类库、线程、输入/输出技术、图形界面编程、JDBC 数据库技术等内容;后者包含网络通信技术、Servlet 和 JSP 技术,以及 Java EE 流行框架等技术。

本书配套资源丰富,提供所有例题源代码、习题答案、多媒体课件,以及教学大纲、教学日程、实验项目、课程设计、案例库、在线考试等。

本书可作为高等院校、应用型本科(含部分高职高专)计算机相关专业的程序设计教材,也可作为软件开发人员的培训教材及计算机技术爱好者的自学参考书。

图书在版编目(CIP)数据

Java 程序设计之网络编程/杨瑞龙,李芝兴主编. —3 版. —北京:清华大学出版社,2018(2023.8重印)
(21 世纪高等学校计算机基础实用规划教材)
ISBN 978-7-302-47334-3

Ⅰ. ①J… Ⅱ. ①杨… ②李… Ⅲ. ①JAVA 语言－程序设计－高等学校－教材
Ⅳ. ①TP312.8

中国版本图书馆 CIP 数据核字(2017)第 124108 号

责任编辑:付弘宇　王冰飞
封面设计:刘　键
责任校对:时翠兰
责任印制:宋　林

出版发行:清华大学出版社
　　　　　网　　　址:http://www.tup.com.cn,http://www.wqbook.com
　　　　　地　　　址:北京清华大学学研大厦 A 座　　　　　邮　　编:100084
　　　　　社 总 机:010-83470000　　　　　　　　　　　　邮　　购:010-62786544
　　　　　投稿与读者服务:010-62776969,c-service@tup.tsinghua.edu.cn
　　　　　质量反馈:010-62772015,zhiliang@tup.tsinghua.edu.cn
　　　　　课件下载:http://www.tup.com.cn,010-83470236
印 装 者:三河市铭诚印务有限公司
经　　销:全国新华书店
开　　本:185mm×260mm　　　印　　张:26.75　　　字　　数:647 千字
版　　次:2012 年 12 月第 1 版　2018 年 12 月第 3 版　印　　次:2023 年 8 月第 5 次印刷
印　　数:3301 ～ 3800
定　　价:69.00 元

产品编号:069345-01

出 版 说 明

随着我国改革开放的进一步深化,高等教育也得到了快速发展,各地高校紧密结合地方经济建设发展需要,科学运用市场调节机制,加大了使用信息科学等现代科学技术提升、改造传统学科专业的投入力度,通过教育改革合理调整和配置了教育资源,优化了传统学科专业,积极为地方经济建设输送人才,为我国经济社会的快速、健康和可持续发展以及高等教育自身的改革发展做出了巨大贡献。但是,高等教育质量还需要进一步提高以适应经济社会发展的需要,不少高校的专业设置和结构不尽合理,教师队伍整体素质亟待提高,人才培养模式、教学内容和方法需要进一步转变,学生的实践能力和创新精神亟待加强。

教育部一直十分重视高等教育质量工作。2007 年 1 月,教育部下发了《关于实施高等学校本科教学质量与教学改革工程的意见》,计划实施"高等学校本科教学质量与教学改革工程(简称'质量工程')",通过专业结构调整、课程教材建设、实践教学改革、教学团队建设等多项内容,进一步深化高等学校教学改革,提高人才培养的能力和水平,更好地满足经济社会发展对高素质人才的需要。在贯彻和落实教育部"质量工程"的过程中,各地高校发挥师资力量强、办学经验丰富、教学资源充裕等优势,对其特色专业及特色课程(群)加以规划、整理和总结,更新教学内容、改革课程体系,建设了一大批内容新、体系新、方法新、手段新的特色课程。在此基础上,经教育部相关教学指导委员会专家的指导和建议,清华大学出版社在多个领域精选各高校的特色课程,分别规划出版系列教材,以配合"质量工程"的实施,满足各高校教学质量和教学改革的需要。

本系列教材立足于计算机公共课程领域,以公共基础课为主、专业基础课为辅,横向满足高校多层次教学的需要。在规划过程中体现了如下一些基本原则和特点。

(1) 面向多层次、多学科专业,强调计算机在各专业中的应用。教材内容坚持基本理论适度,反映各层次对基本理论和原理的需求,同时加强实践和应用环节。

(2) 反映教学需要,促进教学发展。教材要适应多样化的教学需要,正确把握教学内容和课程体系的改革方向,在选择教材内容和编写体系时注意体现素质教育、创新能力与实践能力的培养,为学生的知识、能力、素质协调发展创造条件。

(3) 实施精品战略,突出重点,保证质量。规划教材把重点放在公共基础课和专业基础课的教材建设上;特别注意选择并安排一部分原来基础比较好的优秀教材或讲义修订再版,逐步形成精品教材;提倡并鼓励编写体现教学质量和教学改革成果的教材。

(4) 主张一纲多本,合理配套。基础课和专业基础课教材配套,同一门课程可以有针对不同层次、面向不同专业的多本具有各自内容特点的教材。处理好教材统一性与多样化,基本教材与辅助教材、教学参考书,文字教材与软件教材的关系,实现教材系列资源配套。

（5）依靠专家，择优选用。在制定教材规划时依靠各课程专家在调查研究本课程教材建设现状的基础上提出规划选题。在落实主编人选时，要引入竞争机制，通过申报、评审确定主题。书稿完成后要认真实行审稿程序，确保出书质量。

繁荣教材出版事业，提高教材质量的关键是教师。建立一支高水平教材编写梯队才能保证教材的编写质量和建设力度，希望有志于教材建设的教师能够加入到我们的编写队伍中来。

21 世纪高等学校计算机基础实用规划教材

联系人：魏江江 weijj@tup.tsinghua.edu.cn

前　言

Java 自 1995 年诞生,至今已有 23 年了。在这期间,它已经发展成 Internet 时代最普及的计算机语言。它具有跨平台、纯粹的面向对象、适用于单机和网络编程等诸多优点。无论是在桌面系统(Java SE)和企业分布式计算(Java EE)上,还是在嵌入式设备(Java ME)的开发和应用上,Java 语言都提供了简单而且富有成效的解决方案。Java 语言的使用是免费的、开放源代码的。全世界的计算机专家、高手,各种机构、公司、大学等都在自己的领域为 Java 的发展出谋划策,而这一切都源自于 Sun 公司(2009 年被 Oracle 公司收购)天才们的构想和激情的创造。而今许多的学子、计算机高手逐渐被它的魅力所感染,成为 Java 技术最狂热的追星族。

国内许多高校在 1999 年左右就开设这门课程,在美国和其他发达国家,Java 语言这门课程就更普及,甚至连文科的专业也开设。Java 技术发展日新月异,旧的教材已经跟不上教学的要求。尤其在今天,网络技术走向成熟,Java EE、Java ME 大行其道,许多新技术层出不穷,Java SE 8.0 新版本、新特性的推出,更方便了程序的编写。

在 2006 年 3 月初的时候,本书第 1 版《Java 程序设计之网络编程》由清华大学出版社正式出版,迄今已有 12 年的时间了。承蒙广大读者的厚爱,在这期间本书已经 6 次印刷,销售量达到 17500 册,已达到畅销书的水平,这是一个可喜的成绩。在 2008 年 11 月"第八届全国高校出版社优秀畅销书"评审活动中,本书获"二等奖"。多年来,许多教师和读者给本书提出了相当多的宝贵意见,使笔者受益匪浅。

2009 年 8 月,本书出版了第 2 版。该书涵盖了 Applet、网络通信技术、Java 安全技术、Servlet 和 JSP 技术、Java EE 概念、Java EE 流行框架及 Java ME 等技术。虽然该书不失为一本好的教材,也取得了较好的销量,但由于篇幅过多,对初学者造成一定的困惑。正是由于这个原因,笔者决定编写《Java 程序设计之网络编程(第 3 版)》。

同时,本书是第 2 版的升级版,主要对 Java SE 8.0 的部分特性做了补充,为 Java 程序设计语言的学习提供更好的选择。

本书重点放在了两个方面。一方面是 Java 面向对象基础编程。俗话说,万丈高楼平地起,再好的房子也得从基础开始。所以本书在数据类型、程序流程控制、面向对象概念、类、继承、接口、字符串、异常及 Java 最基础的类库等方面都进行了详细的论述。同时在本书中也介绍了线程、输入/输出技术、图形界面编程、JDBC 数据库技术等内容。另一方面是介绍网络编程,包括网络通信技术、Servlet 和 JSP 技术,以及 Java EE 流行框架等技术。Java 技术框架目前发展得非常庞大,我们应该对其主要的技术进行了解,以便为今后的学习打下坚实的基础。其实 Java 技术每一个方面的内容都是非常丰富和精深的,可以很好地解决实际问题。这正是 Java 的魅力所在。

下面介绍本书各章内容。

第 1 章介绍 Java 基础知识,如 Java 产生的历史、发展、简单的输入/输出、JDK 开发环境和一些集成开发环境的介绍。

第 2 章详细介绍简单数据类型、运算符、数组等内容。

第 3 章详细介绍程序流程控制。

第 4 章详细介绍 Java 面向对象的特点,如抽象、多态、封装等,对对象、类进行了详细的介绍。

第 5 章详细介绍继承、接口、内部类等内容。

第 6 章详细介绍字符串处理相关类的使用,以及字符串和其他数据的转换。

第 7 章详细介绍 java.lang 和 java.util 包中所定义的类和接口,尤其详细介绍了 Java 的集合框架。

第 8 章详细介绍 Java 异常处理机制。

第 9 章详细介绍 Java 的输入/输出机制。

第 10 章详细介绍 Java 的线程处理机制。

第 11 章介绍 Java 图形用户界面设计、事件处理机制。

第 12 章的内容是数据库编程,介绍 JDBC 访问数据库的流程、相关的类及接口。在学习这一章时需要一定的数据库知识。

第 13 章主要介绍网络编程技术,包括 URL 通信、Socket 通信、数据报及 RMI 等内容。

第 14 章主要介绍 Web 服务器容器、Servlet 技术、JSP 技术。

第 15 章主要介绍轻型框架,包括 Hibernate 框架、Struts 框架和 Spring 框架。同时介绍 Hibernate Synchronizer 插件。

第 16 章主要介绍两个案例,分别是 Java 桌面应用和 Web 应用。

本书力求重点突出、层次清晰严谨、语言通俗易懂、内容覆盖面广。各章均提供了丰富的示例和练习,同时也提供了相关内容的多媒体课件(PPT 格式)。本书可作为高等院校应用型本科(含部分专科、高职类)各相关专业(如计算机、电子、通信、网络安全等)的程序设计教材,也可作为编程开发人员的培训教材、广大计算机技术爱好者的自学参考书。

根据笔者的教学体会,本书的教学安排学时数可以为 40~68 学时。如果学时少,可以根据学生的水平删减一部分内容。更详细的教学日程安排,可以参考重庆大学网络教学综合平台(http://eol.cqu.edu.cn)。

在清华大学出版社网站(http://www.tup.com.cn)上提供了本书的所有例题源代码、各章习题参考答案及详细的多媒体课件(PPT 格式)。在重庆大学网络教学综合平台"Java 程序设计语言"课程上也提供了同样的内容。另外,在选用本书作为教材的同时,读者也可以访问该网站上关于 Java 程序设计教学的其他丰富内容,如教学大纲、教学日程、试验项目、课程设计、在线考试、案例库、参考文献、精彩文章等,均是围绕本书展开的。

另外,《Java 程序设计之实验及课程设计教程》(ISBN 9787302254119)一书已于 2011 年 7 月在清华大学出版社出版,可以作为本书的配套实验用书。

尽管笔者在写作过程中投入了大量的时间和精力,但由于水平有限,不足之处仍在所难免,敬请读者批评指正(任何建议或索要课件可以发邮件至邮箱 cqlizhx@163.com 或 fuhy @tup.tsinghua.edu.cn),我们会在适当时间进行修订和补充。

参与本书编写的教师有李芝兴、杨瑞龙、刘骥、葛亮、刑永康等。李芝兴对全书进行了认真和反复的修改，杨瑞龙对本书提出了许多宝贵的意见。本书的最终出版得到了许多教师和学生的帮助。清华大学出版社的工作人员为本书的出版尽职尽责。在本书完成之际，一并向他们表示诚挚的感谢。

编　者

2018 年 9 月于重庆大学

目　　录

第1章　Java 语言概述

本章主要介绍 Java 语言产生的历史背景、特点、运行环境、开发环境及其技术框架,引导读者学习编写简单的 Java 应用程序和 Java Applet,使读者对 Java 有一个初步的认识,为后续各章的学习做好准备。

1.1　Java 语言的产生及其特点

在经历了以大型机为代表的集中计算模式和以 PC(个人计算机)为代表的分散计算模式之后,计算机网络的出现使得计算模式进入了网络计算时代。网络计算模式的一个特点是计算机是异构的,即计算机的类型和运行的操作系统可能各不相同。例如,Sun 工作站的硬件是 SPARC 体系,操作系统是 UNIX 系列中的 Solaris,而 PC 的硬件是 Intel 体系,操作系统是 Windows 或 Linux。各种电子设备使用的嵌入式系统其硬件体系和操作系统也是不一样的。网络计算模式的另一个特点是代码可以通过网络在各种计算机之间迁移,这就迫切需要一种跨平台的编程语言,使得用它编写的程序在网络中的各种计算机上都能够正常运行,而 Java 语言就是在这种需求下应运而生的。

Java 是 1995 年 5 月由 Sun 公司发布的革命性的编程语言,它被美国的著名专业杂志 *PC Magazine* 评为 1995 年十大优秀科技产品之一。之所以称 Java 为革命性编程语言,是因为传统的软件往往与具体的实现环境有关,一旦环境有所变化就需要对软件做一番改动,既耗时又费力,而用 Java 语言编写的软件能在执行码的层次上兼容。只要计算机提供了 Java 虚拟机环境,用 Java 编写的软件就能在其上运行。

由于 Java 语言具有安全、跨平台、面向对象、简单、适用于网络等显著特点,因此它已成为最流行的网络编程语言。

1.1.1　Java 语言发展简史

Sun 公司的 Java 语言开发小组成立于 1991 年,其目的是为家用消费电子产品开发一个分布式代码系统,这样就可以给电冰箱、电视机等家用电器编写程序,对它们进行控制,与它们进行信息交流。Sun 公司内部人员把这个项目称为 Green,当时 WWW 还尚未实现。该小组的领导人是 James Gosling,当时的他是一位非常杰出的程序员。

为了使整个系统与平台无关,Gosling 首先从改写 C/C++ 编译器着手。但是 Gosling 在改写过程中感到仅 C 是无法满足需要的,而 C++ 太复杂且庞大,也无法满足要求,于是他在 1991 年 6 月开始开发一种新的语言,并命名为 Oak(一种精巧而安全的网络语言,适用于多线程编程),这就是 Java 语言的前身(后来发现 Oak 已是另一个公司的注册商标,才改名为

Java。Java 本是太平洋上一个盛产咖啡的岛屿的名称）。

Gosling 在开始写 Java 时，并不局限于扩充语言机制本身，更注重于语言所运行的软硬件环境。他要建立一个系统，这个系统运行于一个巨大的、分布的、异构的网格环境中，完成各电子设备之间的通信与协同工作。Gosling 在设计中采用了虚拟机器码（Virtual Machine Code）方式，即 Java 语言编译后产生的是虚拟机器码（也称为伪代码）。虚拟机器码运行在一个解释器上，每一个操作系统均有一个解释器。这样一来，Java 就成了与平台无关的语言。

到了 1994 年，WWW 已如火如荼地发展起来了。Gosling 意识到 WWW 需要一个中性的浏览器，它不依赖于任何硬件平台和软件平台，而且应是一种实时性较高、可靠安全、有交互功能的浏览器。于是 Gosling 决定用 Java 开发一个新的 Web 浏览器。这项工作由 Naughton 和 Jonathan Payne 负责，到 1994 年秋，完成了 WebRunner 的开发工作。WebRunner 是 HotJava 的前身，这个原型系统展示了 Java 可能带来的广阔市场前景。WebRunner 更改名称为 HotJava，并于 1995 年 5 月 23 日发表后，在产业界引起了巨大的轰动，Java 的地位也随之得到肯定，这一天被 IT 界视为 Java 的生日。又经过一年的试用和改进，Java 1.0 版终于在 1996 年初正式发表。1997 年 11 月，国际标准化组织正式批准了 Sun 等公司提出的 Java 标准。Java 标准化促进了它的进一步发展，也标志着 Java 语言走向成熟。

2009 年 4 月 20 日，Oracle 公司用 74 亿美元收购了 Sun 公司，从而取得 Java 的版权。虽然如此，但是在学习 Java 的过程中还是不得不提到 Sun 公司。

Java 出现的时间虽不长，但已被业界广泛接受，主要表现在以下几个方面。

（1）IBM、Apple、DEC、Adobe、SiliconGraphics、HP、Toshiba、Netscape 和 Microsoft 等大公司已经购买了 Java 的许可证。几个主流的浏览器如 IE、Netscape、Google Chrome 等都支持 Java 小程序。

（2）众多的软件开发商开始支持 Java 的软件产品。许多公司不仅推出基于 Java 的软件产品，而且还推出一些各具特色的集成开发环境。例如，Borland 公司开发的基于 Java 的快速应用程序开发环境 JBuilder，目前最新版本是 JBuilder 10 版。Borland 公司的这一举措，推动了 Java 进入 PC 软件市场。Sun 公司也推出了自己的 Java 开发环境 Java Workshop 和 NetBeans。2001 年 IBM 推出了免费的 Java 集成开发系统 Eclipse，目前最新版本是 4.5 版。

数据库厂商如 Illustra、Sysbase、Versant 等都开发了 CGI 接口，支持 HTML 和 Java。今天是以网络为中心的计算时代，如果应用程序不支持 HTML 和 Java，那么它的应用范围只能限于同质的环境（相同的软硬件平台）。

（3）Intranet 正在成为企业信息系统最佳的解决方案，而其中 Java 将发挥不可替代的作用。Intranet 的目的是把 Internet 用于企业内部的信息系统，它的优点表现在便宜、易于使用和管理。用户不管使用哪种类型的机器和操作系统，界面都可以是统一的浏览器（如 IE 浏览器），而数据库、Web 页面、小应用程序（Java Applet）则存在 WWW 服务器上，无论是开发人员、管理人员还是用户都可以受益于该解决方案。开发人员只需维护一个软件版本，管理人员省去了为用户安装、升级的麻烦，用户则只需一个操作系统和一个浏览器即可。

1.1.2　Java 虚拟机

Java 虚拟机(Java Virtual Machine,JVM)是软件模拟的计算机,可以在任何处理器上(无论是在计算机中还是在其他电子设备中)安全并且兼容的执行保存在.class 文件中的字节码。Java 程序的跨平台特性主要是指字节码文件可以在任何具有 Java 虚拟机环境的计算机或电子设备上运行。Java 虚拟机中的 Java 解释器(java.exe)负责将字节码文件解释成为特定的机器码并执行。但是,Java 虚拟机的建立需要针对不同的软硬件平台做专门的实现,既要考虑处理器的型号,也要考虑操作系统的种类。目前在 SPARC 结构、X86 结构、MIPS 和 PPC 等嵌入式处理芯片上,以及 UNIX、Linux、Windows 和部分实时操作系统上都实现了 Java 虚拟机。

Java 编译程序将 Java 源程序(.java)翻译为 JVM 可执行的字节码(.class),字节码其实就是二进制编码,也称为伪代码。这一编译过程同 C/C++的编译有所不同。当 C/C++编译器编译生成一个对象的代码时,该代码是为在某一特定硬件平台运行而产生的。因此,在编译过程中,编译程序通过查表将所有对符号的引用转换为特定的内存偏移量,以保证程序的运行。Java 编译器既不直接将对变量和方法的引用编译为数值引用,也不确定程序执行过程中的内存布局,而是将这些符号引用信息保留在字节码中,由解释器在运行过程中动态创建内存布局,然后通过查表来确定一个方法所在的地址。这样就有效地保证了 Java 的可移植性。

字节码的执行需要经过 3 个步骤:首先由类装载器(Class Loader)负责把类文件(.class 文件)加载到 Java 虚拟机中,在此过程中需要检验该类文件是否符合类文件规范;其次字节码校验器(Bytecode Verifier)检查该类文件的代码中是否存在着某些非法操作,如 Applet 程序中写本机文件系统的操作;如果字节码校验器检验通过,最后才由 Java 解释器把该类文件解释成为机器码执行。Java 虚拟机采用的是"沙箱"运行模式,即把 Java 程序的代码和数据都限制在一定内存空间里执行,不允许程序访问该内存空间外的内存,如果是 Applet 程序,还不允许访问客户端机器的文件系统。

在 Java 运行环境中,始终存在着一个系统级的线程,专门跟踪内存的使用情况,定期检测出不再使用的内存,并自动回收,从而避免了内存的泄露,也减轻了程序员的负担。

如果希望对虚拟机进一步了解,请参阅《深入 Java 虚拟机》,或者参考网络上面的资源,网址是 http:// www. oracle. com/technetwork/java/index. html 和 http:// www. artima. com/insidejvm/ed2/index. html。

1.1.3　Java 平台

早期的 Java 1.0 版并不适用于应用程序的开发,甚至不支持打印功能。直到 1998 年 Java 1.2 版本的出现,Java 才真正成为现代开发工具中的利器。

Java 不仅是编程语言,还是一个开发平台,Java 技术给程序员提供了许多工具,如编译器、解释器、文档生成器和文件打包工具等。同时 Java 还是一个程序发布平台,主要有两种"发布形式",首先是 Java 应用程序,其次是 Java 小程序。Java 应用程序可以作为独立进程单独运行于计算机上,而 Java 小程序必须嵌入网页中依赖浏览器来运行。但这两种发布形式均需要 Java 运行时环境(Java Runtime Environment,JRE)来支持。

目前 Java 的体系结构已经变得相当庞大。Sun 公司把 Java 平台划分为 J2EE、J2SE、J2ME 共 3 个平台,针对不同的市场目标和设备进行定位。J2EE(Java 2 Enterprise Edition)的主要目的是为企业计算提供一个应用服务器的运行和开发平台。J2EE 本身是一个开放的标准,任何软件厂商都可以推出自己的符合 J2EE 标准的产品,使用户可以有多种选择。IBM、Oracle、BEA、HP 等多家公司已经推出了自己的产品,其中尤以 BEA 公司的 WebLogic 和 IBM 公司的 WebSphere 最为著名。J2SE(Java 2 Standard Edition)的主要目的是为台式机和工作站提供一个开发和运行的平台。在学习 Java 的过程中,将首先学习 J2SE。J2ME(Java 2 Micro Edition)主要面向电子消费产品,目的是为电子消费产品提供一个 Java 的运行平台,使得 Java 程序能够在手机、机顶盒、PDA 等产品上运行。

为了满足不同应用领域的需求,Java 提供了许多 API(Application Programming Interface)。这些 API 分为以下三类。

(1) Java Core API:由 Sun 公司制定的基本 API,任何 Java 平台都必须提供。

(2) Java Standard EXtension API(javax):由 Sun 公司制定的扩充 API,Java 平台可以选择性地提供或加装。

(3) 厂商或组织所提供的 API:由各家公司或组织所提供。

其中 Core API 和 Standard Extension API 已经逐渐涵盖了大部分的信息技术应用领域,如多媒体、数据库、Web、企业运算、语音、实时系统、网络、电话、影像处理、加/解密、GUI、分布式计算等。如果用户有某项需求尚未有标准的 Java API 可遵循,可以向 Sun 公司提出制定新 API 的请求。经过审核之后,该要求可能会被通过或驳回等。如果通过,就可以开始进入制定 API 的程序。因为 Java API 的制定过程公开,且有许多业界技术领先的公司共同参与,所以相当完善而优异。与 Java 标准相关的任何第一手资料,都可以在 http://www.oracle.com/technetwork/java/获得。

由于 Java 语言具有上述优秀的特性,因此其应用前景必然美好,必定会越来越适应互联网的发展需求。下面是 Java 的一些应用领域。

(1) 所有面向对象的应用开发。

(2) 软件工程中需求分析、系统设计、开发实现和维护。

(3) 中小型多媒体系统的设计与实现。

(4) 消息传输系统。

(5) Internet 的系统管理功能模块的设计,包括 Web 页面的动态设计、网站信息提供管理和交互操作设计等。

(6) Intranet(企业内部网)上完全基于 Java 和 Web 技术的应用开发。

(7) 安全扫描系统(包括网络安全扫描、数据库安全扫描、用户安全扫描等)。

(8) 网络/应用管理系统。

(9) Java 嵌入式应用。

(10) 电子商务、电子政务等。

1.1.4 Java 语言的特点

Java 语言诞生于 C++语言之后,是完全的面向对象的编程语言,充分吸取了 C++语言的优点,采用了程序员所熟悉的 C 和 C++语言的许多语法,同时又去掉了 C 语言中指针、内存申请和释放等影响程序稳定性、安全性的部分。可以说,Java 语言是站在 C++语言这个"巨人的肩膀上"发展的。Java 语言最大的特点就是"Write once,run anywhere",这句话既是 Java 程序设计者的精神指南,也是 Java 语言深得程序员喜爱的原因之一。

Java 语言还具有简单、面向对象、分布式、健壮、安全、结构中立、可移植、多线程、动态等特点。

(1) 简单。Java 语言最初是为了能够对家用电器进行编程而设计的一种语言,因此它必须简单明了。Java 语言的简单性主要体现在以下 5 个方面。

① Java 的风格类似于 C、C++,因而 C、C++程序员对 Java 感觉非常熟悉。因此,C++程序员可以很快掌握 Java 编程技术。

② Java 摒弃了 C++中容易引发程序错误的地方,如指针和内存管理。

③ Java 提供了丰富的类库。

④ 容易编写程序,不需要长时间的训练,就能满足基本的需求。

⑤ Java 虚拟机很小,使得虚拟机能够在资源有限的计算机上执行,基本的解释器约为40KB,若加上基本的程序库,约为 215KB。

(2) 面向对象。面向对象是现代编程语言的重要特性之一。面向对象的第一个原则是把数据和对该数据的操作都封装在一个类中,在程序设计时要考虑多个对象及其相互间的关系。历史的经验已经表明,面向对象技术极大地提高了人们的软件开发能力。现在很难想象还在使用纯粹的面向过程的语言去开发大型、复杂的项目。Java 语言是一种纯粹的面向对象的语言,在一些面向对象问题的处理上要优于 C++(如多重继承)。习惯于传统面向过程的读者在刚理解面向对象的概念时,会存在一定的困难。

(3) 分布式。Java 包括一个支持 HTTP 和 FTP 等基于 TCP/IP 的子库。因此,Java 应用程序可凭借 URL 打开并访问网络上的对象,其访问方式与访问本地文件系统几乎完全相同。

(4) 健壮。Java 致力于检查程序在编译和运行时的错误。类型检查机制可以检查出许多开发早期出现的错误。Java 自己管理内存,减少了内存出错的可能性。Java 还实现了数组对象,避免了数据覆盖的可能。这项功能特征大大缩短了开发 Java 应用程序的周期。

(5) 安全。Java 的安全性可从以下两方面得到保证。

① 在 Java 语言里,指针和释放内存等原 C++功能被删除,避免了非法内存操作。

② Java 语言在计算机上执行前,要经过多次测试。它将经过代码校验、格式检查、指针操作检测、对象操作是否合法且是否试图改变一个对象的类型等。Java 虚拟机采用"沙箱"运行模式,也大大提升 Java 的安全性能。

(6) 结构中立。Java 将它的程序编译成一种结构中立的中间文件格式。只要是支持 Java 虚拟机环境的系统都能执行这种中间代码。现在,支持 Java 虚拟机环境的系统有Solaris 2.4(SPARC)、Windows 系列(Windows 95/98、Windows NT、Windows 2000 和Windows XP)、UNIX、Linux 等。Java 源程序被编译成一种高层次的与机器无关的bytecode 格式语言(伪代码),这种语言被设计在虚拟机上运行,由机器相关的解释器实现执行。

(7) 可移植。同体系结构无关的特性使得 Java 应用程序可以在配备了 Java 解释器和运行环境的任何计算机系统上运行,这成为 Java 应用软件便于移植的良好基础。但仅仅如此还不够。如果基本数据类型设计依赖于具体实现,也将为程序的移植带来很大不便。例如,在 Windows 3.1 中整数(Integer)为 16 位,在 Windows 95 中整数为 32 位,在 DECAlpha 中整数为 64 位,在 Intel 486 中为 32 位。通过定义独立于平台的基本数据类型及其运算,Java 数据得以在任何硬件平台上保持一致。

(8) 多线程。Java 提供的多线程功能使得在一个程序里可同时执行多个小任务。线程是一个大进程里分出来的小的独立的进程。Java 实现了多线程技术,所以比 C 和 C++ 更健壮。多线程的好处是更好的交互性能和实时控制性能。当然实时控制性能还取决于系统本身(UNIX、Windows、Macintosh 等),在开发难易程度和性能上都比单线程要好。

(9) 动态。Java 的动态特性是其面向对象设计方法的发展。它允许程序动态地装入运行过程中所需要的类,这是利用 C++ 语言进行面向对象程序设计所无法实现的。在 C++ 程序设计过程中,每当在类中增加一个实例变量或一种成员函数后,引用该类的所有子类都必须重新编译,否则将导致程序崩溃。因此,Java 比 C/C++ 语言更能适应随时变化的环境。

1.1.5 Java 与 C/C++ 语言的异同

Java 语言虽是一种功能强大的语言,但几乎没有一点含混的特征。C++ 安全性不好,但 C 和 C++ 还是被大家所接受,所以 Java 使用了类似于 C/C++ 的语法,而去除了 C/C++ 中许多不合理的内容,以实现其简单、健壮、安全等特性。下面列出几点主要的区别。

(1) 全局变量。Java 程序中不能定义全局变量,只能通过类中的公用、静态的变量实现全局变量。这样便保证了更好的安全性,全局变量被封装在类中。而在 C/C++ 语言中,依赖于不加封装的全局变量常会造成系统的崩溃。

(2) 指针。指针是 C/C++ 中最灵活但也是最容易出错的数据类型。以指针进行内存操作常造成不可预知的错误。而且通过指针对内存地址进行显式类型转换后,可以访问类的私有成员,破坏了安全性。在 Java 中,程序员不能进行任何指针操作。同时,数组在 Java 中用类来实现,很好地解决了数组越界的问题。

(3) 内存管理。在 C 中,程序员使用库函数 malloc() 和 free() 来分配和释放内存,而 C++ 中则是通过运算符 new 和 delete 来分配和释放内存的。再次释放已释放的内存块或释放未被分配的内存块,会造成系统的崩溃,而忘记释放不再使用的内存块也会逐渐耗尽系统资源。在 Java 中,所有的数据结构都是对象,通过运算符 new 分配内存并得到对象的使用权,而实际分配给对象的内存可随程序的运行而改变。Java 自动地进行管理并进行自动垃圾收集,有效地防止了因程序员误操作而引起的错误,并更好地利用了系统资源。

(4) 类型转换。在 C/C++ 中,可以通过指针进行任意的类型转换,导致不安全的可能性存在。在 Java 中,系统要对对象的处理进行相容性检查,防止不安全的转换。

(5) 结构和联合。C/C++ 的结构和联合的成员均为公有,带来了安全性的问题。Java 不支持结构和联合,所有的内容封装在类里。

(6) 预处理。C/C++ 中用宏定义实现的代码影响了程序的可读性。Java 不支持宏,而用关键字 final 声明常量。

1.2　Java 运行环境与开发环境

Java 语言不仅提供了运行环境和一个语法丰富的语言,而且还提供了一个免费的 Java 开发工具集(Java Development Kits,JDK),编程人员和最终用户可以利用这些工具来开发 Java 程序或调用 Java 程序。通常以 JDK 的版本来定义 Java 的版本。

JDK 1.0 版于 1996 年 1 月公开,JDK 1.1 版于 1996 年 12 月公开,JDK 1.2 版于 1998 年底公开。基于市场销量的考虑,Sun 公司在 JDK 1.2 版公开后将 Java 更改名称为"Java 2", 将 JDK 更改名称为 Java 2 Software Development Kit(简称 J2SDK,习惯上仍将 J2SDK 称为 JDK)。JDK 1.3 版于 2000 年 4 月公开,JDK 1.4 版于 2002 年春季公开。JDK 5.0 版 (其外部版本号为 JDK 5.0,内部版本号为 JDK 1.5.0,本书按外部版本号)已于 2004 年秋季发布。2006 年冬季发布了 JDK 6.0 版本。2011 年 7 月 28 日,Oracle 公司发布 Java 7.0 的正式版。2014 年 3 月 19 日,Oracle 公司发布 Java 8.0 的正式版。

1.2.1　Java 运行环境

如果只想运行别人的 Java 程序可以只安装 Java 运行环境(Java Runtime Environment, JRE)。JRE 由 Java 虚拟机、Java 的核心类及一些支持文件组成。可以登录 Oracle 公司的网站 http://www.oracle.com/technetwork/java/javase/downloads/index.html 免费下载 JRE,如可以根据提示下载支持 Microsoft Windows 操作系统的 JRE 文件 jre-8u66-windows-x64.exe。也可采用搜索网站或搜索该文件方式进行下载。安装时可以选择默认的安装路径,也可以更改路径,其目录结构如图 1-1 所示。

图 1-1　JRE 目录结构及文件

1.2.2　Java SDK 开发环境

1. 安装 JDK

Oracle 公司为所有的 Java 程序员提供了一套免费的 Java 开发和运行环境。本书将使用 JDK 目前最新的版本 JDK 8.0 版(也称 J2SE 8.0)。可以通过 IE 或 Chrome 浏览器浏览网址"https://www.oracle.com/downloads/index.html",单击 Java SE 超链接进入下载目录页面,然后单击 Java SE (includes JavaFX) → Early Access 超链接,最后单击 Java 图

标,根据提示可以下载支持 Microsoft Windows(x64 位)操作系统的 jdk-8u111-windows-x64.exe 到本地硬盘。

　　安装的时候可以选择安装到任意的硬盘驱动器上,如安装到 C:\java\jdk 目录下。JDK 8.0 安装界面如图 1-2 所示。正确安装后,在 JDK 目录下有 bin、demo、lib、jre 等子目录,如图 1-3 所示。其中,bin 目录保存了 javac、java、appletviewer 等命令文件;demo 目录保存了许多 Java 的例子;lib 目录保存了 Java 的类库文件;jre 目录保存的是 Java 运行时环境(JRE)。

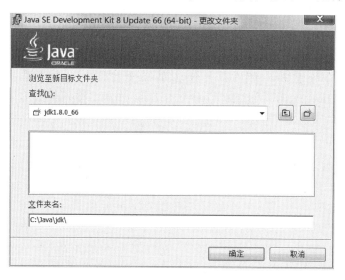

图 1-2　JDK 8.0 安装界面

图 1-3　JDK 8.0 目录结构及文件

　　JDK 简单易学,可以通过任何文本编辑器(如 notepad、UltrEdit、Editplus、FrontPage 及 Dreamweaver 等)编写 Java 源文件,然后在 DOS 命令行窗口下通过 javac 命令将 Java 源程序编译成字节码,通过 java 命令来执行编译后的 Java 文件。Java 初学者一般都采用这种开发工具。

　　从初学者角度来看,采用 JDK 开发 Java 程序能够很快理解程序中各部分代码之间的关系,有利于理解 Java 面向对象的设计思想。JDK 的另一个显著特点是随着 Java(J2EE、

J2SE 及 J2ME)版本的升级而升级。但它的缺点也是非常明显的,就是从事大规模企业级 Java 应用开发非常困难,既不能进行复杂的 Java 软件开发,也不利于团体协同开发。

2. 环境变量的设置

设置环境变量的目的是为了能够正常使用所安装的 JDK 开发包。通常需要设置 3 个环境变量:JAVA_HOME、PATH 和 CLASSPATH。

(1) JAVA_HOME。JAVA_HOME 的值就是 Java 所在的目录,一些 Java 版的软件和一些 Java 的工具需要用到该变量,设置 PATH 和 CLASSPATH 的时候,也可以使用该变量以方便设置。

(2) PATH。PATH 指定一个路径列表,用于搜索可执行文件。执行一个可执行文件时,如果该文件不能在当前路径下找到,则依次寻找 PATH 中的每一个路径,直至找到。或者找完 PATH 中的路径也不能找到,则报错。Java 的编译命令(javac)、执行命令(java)和一些工具命令(javadoc、keytool、javaw、jar、jdb 等)都在其安装路径下的 bin 目录中。因此应该将该路径添加到 PATH 变量中。

(3) CLASSPATH。CLASSPATH 也指定一个路径列表,用于搜索 Java 编译或运行时需要用到的类。在 CLASSPATH 列表中除了可以包含路径外,还可以包含.jar 文件。Java 查找类时会把这个.jar 文件当作一个目录来进行查找。通常需要把 JDK 安装路径下的 jre\lib\rt.jar 包含在 CLASSPATH 中。

注意:对初学者,安装 JDK 后,一般不需要设置环境变量 JAVA_HOME 及 CLASSPATH,只需正确设置 PATH,就可编译和运行简单的 Java 程序了。

PATH 和 CLASSPATH 都指定路径列表,列表中的各项(即各个路径)之间使用分隔符分隔。在 Windows 操作系统下,分隔符是分号(;)。

下面说明 3 个环境变量在 Windows 操作系统下如何设置,不过在此之前需要做个假设。假设 JDK 在 Windows 操作系统下的安装路径是 C:\java\jdk,那么安装后的 JDK 至少会包括 bin、demo、jre、lib 等目录,如图 1-3 所示。

设置环境变量有以下 3 种方法。

(1) 修改系统自动批处理文件。Windows 操作系统下使用 set 命令设置环境变量,为了使每一次启动计算机都设置这些环境变量,应该在系统盘根目录下的 autoexec.bat 文件中进行设置。对于 Windows 98/ME/XP,简单的方法就是选择"开始"→"运行"命令,在命令行中输入命令"sysedit",这时会显示一个实用程序的界面,可以配置操作系统的一系列参数,也可采用记事本程序打开本文件进行编辑,如图 1-4 所示。

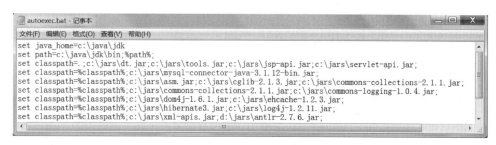

图 1-4　系统配置编辑器

上述配置文档中第 2 行也可以写成"set path＝％JAVA_HOME％\bin;％path％;"。

有些版本的 Windows 不能用"％变量名％"来替换环境变量的内容，那么就只好直接写"C:\java\jdk"而不是"％JAVA_HOME％"了。另外，C:\Windows 和 C:\Windows\Command 是 Windows 操作系统自动加入到路径的，所以可以从设置中去掉。如果在 AUTOEXEC.BAT 中已经设置了 PATH，那只需要将"％JAVA_HOME％\bin"加到原来设置 PATH 的那条语句即可。

CLASSPATH 也可以根据需要设置或加入其他的路径，如用户想把自己写的一些类放在 D:\user\chap01 中，就可以把 D:\user\chap01 也添加到 CLASSPATH 中，如下行语句。

```
set CLASSPATH = .;% JAVA_HOME % \jre\lib\rt.jar; D:\user\chap01;
```

注意，在 CLASSPATH 中包含了一个"当前目录(.)"。包含了该目录后，就可以到任意目录下去执行需要用到该目录下某个类的 Java 程序，即使该路径并未包含在 CLASSPATH 中也可以。原因很简单：虽然没有明确地把该路径包含在 CLASSPATH 中，但 CLASSPATH 中的"."在此时就代表了该路径。

如果读者像本书一样使用 JDK 6.0 或其后的版本，那么可以使用 JDK 6.0(及以后)的新功能来设置 CLASSPATH(而 JDK 5.0 及其以前的版本没有该功能)，即可以用"＊"代替某目录下一系列的"＊.jar"文件。格式如下：

```
set CLASSPATH = .;D:\jars\ * ;
```

对于 Windows 7.0 及其以后的版本，设置 autoexec.bat 这种方法已基本停用。

(2) 在系统特性中设置 PATH 和 CLASSPATH。对于 Window 2000/NT/XP/7/8 等操作系统，右击"我的电脑"，在弹出的快捷菜单中选择"属性"命令，弹出"系统特性"对话框，再选择该对话框中的"高级"选项，然后单击"环境变量"按钮，添加以下的系统环境变量。

添加系统环境变量界面如图 1-5(a)～1-5(c)所示。

(a)

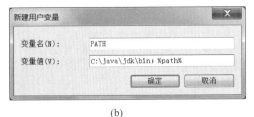

(b)

(c)

图 1-5　利用系统属性设置环境变量

安装 JDK 一般不需要设置环境变量 CLASSPATH 的值。如果用户的机器安装过一些商业化的 Java 开发产品或带有 Java 技术的一些产品,如 PB、Oracle 数据库等,那么这些产品在安装后,将会修改 CLASSPATH 的值,当运行 Java 应用程序时,可能加载这些产品所带的老版本的类库,导致程序要加载的类无法找到,使程序出现运行错误。例如,某个软件用到的 CLASSPATH 值为:

```
.;C:\pb\jdk1.1.8\jre\lib\classes.zip;
```

如果不想删除这些产品的 CLASSPATH 设置,那么可以重新编辑系统环境变量CLASSPATH 的值,将新版本的类放在 CLASSPATH 路径的前面,修改为:

```
.;C:\jdk1.5.0\jre\lib\rt.jar;C:\pb\jdk1.1.8\jre\lib\classes.zip;
```

这时 JVM 在加载类时,首先将搜寻到新版本的类库,如果匹配成功,将进行加载,位于CLASSPATH 后面的类库将被忽略。

(3) 在 MS-DOS 命令行窗口设置。可以在 MS-DOS 命令行输入下列命令后,按 Enter键确认,例如:

```
set JAVA_HOME = C:\java\jdk;
set PATH = C:\java\jdk\bin; %PATH%;
set CLASSPATH = .;C:\java\jdk\jre\lib\rt.jar;
```

注意,这种方式设置的环境变量只对本 DOS 窗口有效,关闭后无效。

有关 DOS 常用命令,读者可以参考计算机文化基础等有关计算机基础知识的书籍。

如果读者使用其他操作系统,JDK 的安装和配置也可以参考以上过程进行配置,只是表达方式和界面稍有不同。

3. 安装 Java 帮助文档

由于 JDK 的安装程序中并不包含帮助文档,因此必须从 Oracle 的网站上下载并进行安装。直接浏览 http://docs.oracle.com/javase/8/javase-books.htm 可以在线阅读。浏览网址为 http://www.oracle.com/technetwork/java/javase/documentation/jdk8-doc-downloads-2133158.html,根据提示可以下载 jdk-8u71-docs-all.zip 到本地硬盘。通常安装在 JDK 所在目录的 docs 子目录下面。用浏览器打开 docs 子目录下的 index.html 文件就可以阅读到该帮助文档的首页,如图 1-6 所示。

Java 中所有类库的介绍都保存在 Java 帮助文档中,程序员在编程过程中,必须查阅该帮助文档,了解系统提供的类的功能、成员方法、成员变量等信息以后,才能够更好地编程。同时,Java 开发工具包(JDK)提供的 java、javac、javadoc、appletviewer 等命令,在 Java 帮助文档中都进行了详细的介绍。

在帮助文档首页中有一个导航图片,可以帮助读者快速转到要浏览的页面,如图 1-7 所示。从图 1-7 中也可以看出 J2SE 的类库结构和开发工具、API。

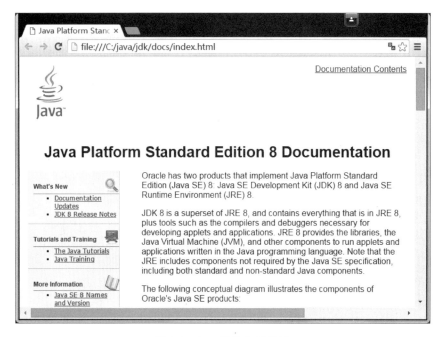

图 1-6　Java 帮助文档首页

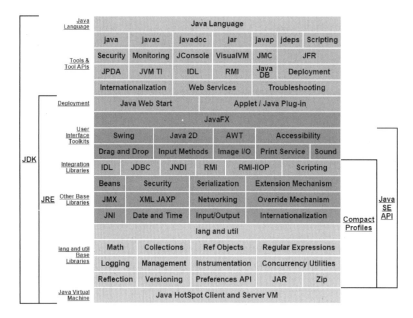

图 1-7　Java 帮助文档导航图

1.2.3　JDK 开发环境工具

下面将介绍一些主要 JDK 工具的使用。在 Java 环境中的 JDK 工具如表 1-1 所示。

这些工具文件包括在 C:\java\jdk\bin 目录中,并可以在任何目录中运行,前提是正确设置了环境变量路径 path。

表 1-1　JDK 常用工具

基本命令名称	说　　　明
Javac	编译器
Java	解释器
Appletviewer	小应用程序浏览器
Javah	头文件生成器
Javadoc API	文档生成器
Javap	类文件反汇编器
Jdb	Java 语言调试器
Jar	制作可执行的 JAR 文件包

1. Javac 编译器

Javac 编译器读取 Java 源代码,并将其编译成字节码,调用 Javac 的命令行如下:

```
d:\user > javac options filename.java
```

例如:

```
d:\user > javac - d. filename.java
```

值得注意的是,与 Java 解释器不同,Javac 编译器期望它正在编译的文件具有扩展名 .java。其命令行可选参数如表 1-2 所示。

表 1-2　Javac 编译器命令行主要选项

选　　项	功　　能
-classpath path	此选项用于设定第三方类路径,路径是一个用分号分开的目录列表
-d directory	此选项指定一个目录。该目录作为创建反映软件包继承关系的目录树
-g	此选项在代码产生器中打开调试表,以后可凭此调试产生字节代码
-nowarn	此选项禁止编译器产生警告
-O	此选项告知 Javac 优化由内联的 static、final 及 private 成员函数所产生的代码
-verbose	此选项告知 Java 显示出有关被编译的源文件和任何被调用类库的信息

2. Java 解释器

Java 解释器可用来直接解释执行 Java 字节码,具体命令行格式如下:

```
d:\user > java options className arguments
```

例如:

```
d:\user > java classA
d:\user > java - classpath c:\java\jdk\jre\lib\rt.jar classB 128
```

Java 解释器部分选项如表 1-3 所示。

表 1-3　Java 解释器的部分选项

选　　　项	功　　　能
-classpath path	此选项重写 CLASSPATH 环境变量,告知 Java 在哪里能找到类库。如果其中用分号分开,则可能包含多个目录
-mx x	此选项设置内存分配池的最大值。所指定的池必须大于 1000 字节。另外"K""M"可附加在数字上指定是千字节还是兆字节。默认值为 16MB
-ms x	此选项设置内存分配池的最小值。所指定的池必须大于 1000 字节。另外"K""M"可附加在数字上指定是千字节还是兆字节。默认值为 16MB
-cs	此选项让解释器重编译 Java 源文件已更新的类——重编译已改变过了的类
-verify	此选项告知 Java 在所有代码上使用校验
-D propName＝newVal	此选项允许用户在运行时改变系统属性值
-version	显示当前 JDK 的版本号

Java 解释器的详细选项可以参照 JDK 帮助文档。

3. Appletviewer 小应用程序浏览器

Appletviewer 提供了一个 Java 运行环境,可测试小应用程序 Applet。Appletviewer 读取包含小应用程序的 HTML 文件并在一个窗口中运行它们。其详细选项可以参照 JDK 帮助文档,如图 1-8 所示。

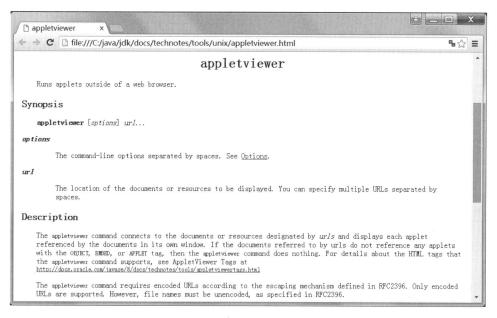

图 1-8　JDK 帮助文档工具介绍

4. Jar 制作可执行的 JAR 文件包

可以使用 jar.exe 把一些文件压缩成一个 JAR 文件来发布应用程序,也可以把 Java 应用程序中涉及的类压缩成一个 JAR 文件,如 Tom.jar,然后使用 Java 解释器使用参数-jar

执行这个压缩文件,或者双击该文件,执行这个压缩文件。其详细选项可以参照 JDK 帮助文档,如图 1-8 所示。

5. Javah 头文件生成器

Javah 程序创建 C 头文件和存根文件,这些是把本地 C 成员函数包入 Java 所需要的。被创建的头文件给出了有关 Java 类的信息,这些信息是 C 成员函数与 Java 类交换数据所必需的。存根文件将用来创建定义 Java 对象的结构和与 Java 对象本身数据相联系的 C 文件。其详细选项可以参照 JDK 帮助文档,如图 1-8 所示。

6. Javap 类文件反汇编器

Javap 命令反汇编一个 java 字节代码文件,返回有关可变部分和成员函数的信息,其命令行如下:

```
d:\user > javap options classname additionalClasses
```

Java 反汇编器详细选项可以参照 JDK 帮助文档,如图 1-8 所示。

7. Java 语言调试器 Jdb

Java 语言调试器 Jdb 为 Java 程序提供了一个命令行调试环境,其详细情况可以参照 JDK 帮助文档,如图 1-8 所示。

8. Javadoc API 文档生成器

Javadoc 程序读取一个 Java 类文件并自动创建一组 HTML 文件,这些 HTML 文件描述了 Java 类文件的类、变量、成员函数,所有 Java 类库的 API 文件都可以由此程序创建。Javadoc 把软件包名称或源文件列表当作一个变量。Javadoc 依靠以 @ 打头的注释标记来创建 HTML 文件,它们被 Javadoc 用于在 HTML 文件中创建链接,其详细选项可以参照 JDK 帮助文档,如图 1-8 所示。

JDK 帮助文档是学习和开发 Java 程序的好工具,建议读者在遇到困难时仔细浏览该网页。

1.3 Java 程序举例

Java 程序分为四类,即 Application(应用程序)、Applet(小程序)、Servlet(服务器端小程序)及 J2ME 移动设备程序。应用程序在计算机中单独运行,而小程序只能嵌在 HTML 网页中运行。这需要一些网页知识。Servlet 是运行在服务器端的小程序,它可以处理客户传来的请求(Request),然后传给客户端(Response)。本节实例将采用 notepad 作为程序的编辑器,然后在 JDK8.0 平台下运行。

1.3.1 简单的 Java 应用程序

下面先介绍简单的 Java 程序,并对其进行分析。

【例 1-1】 要求在命令行窗口显示"Hello World!"。

将该文件命名为"HelloWorldApp.java",其源程序如下:

```
// HelloWorldApp.java
public class HelloWorldApp{          // 一个应用程序
  public static void main(String args[]){
    System.out.println("Hello World!");
  }
}
```

在程序中,首先用保留字 class 来声明一个新的类,其类名为 HelloWorldApp,它是一个公共类(用 public 修饰)。整个类定义由大括号{ }括起来。在该类中定义了一个 main() 方法,其中 public 表示访问权限,指明所有的类都可以使用这一方法;static 指明该方法是一个类方法,它可以通过类名直接调用;void 则指明 main()方法不返回任何值。对于一个应用程序来说,main()方法是必需的,而且必须按照如上的格式来定义。Java 解释器在没有生成任何实例的情况下,以 main()作为入口来执行程序。Java 程序中可以定义多个类,每个类中可以定义多个方法,但是最多只有一个公共类,main()方法也只能有一个,作为程序的入口。在 main()方法定义中,括号()中的 String args[]是传递给 main()方法的参数,参数名称为 args,它是类 String 的一个实例,参数可以为 0 个或多个,多个参数间用逗号分隔。在 main()方法的实现(大括号内)中,只有一条语句:

```
System.out.println("Hello World!");
```

它用来实现字符串的输出,这条语句实现与 C 语言中的 printf 语句和 C++语言中 cout <<语句相同的功能。另外,"// "后的内容为注释。

现在可以运行该程序。首先把它放到一个名称为 HelloWorldApp.java 的文件中,如图 1-9 所示,这里文件名称应与类名相同,而且大小敏感,因为 Java 解释器要求公共类必须放在与其同名的文件中。

该文件保存在 d:\user\chap01 目录下。然后对它进行编译:

```
d:\user\chap01 > javac HelloWorldApp.java
```

编译的结果是生成字节码文件 HelloWorldApp.class。最后用 Java 解释器来运行该字节码文件:

```
d:\user\chap01 > java HelloWorldApp
```

结果在命令行窗口屏幕上显示 HelloWorld!,如图 1-10 所示。

图 1-9　在记事本中编辑 HelloWorldApp.java 源文件　　　　图 1-10　例 1-1 的运行结果

程序中出现的"// 一个应用程序"是程序员对语句的注释,其注释部分将不会影响程序的编译和运行。本书中将采用这种方法对部分程序语句进行注释和说明。

【例 1-2】 程序 SimpleInput.java 完成从命令行输入简单的双精度型。该程序演示如何使用引用包,以及如何在命令窗口输入数据。

```
// SimpleInput. java
import java. io. * ;                        // 引入该程序需要的类所在的包
public class SimpleInput{
  public static void main(String args[ ]) throws IOException{
    String s;
    BufferedReader ir = new BufferedReader(new InputStreamReader(System. in));
    s = ir. readLine( );
    System. out. println("Input value is:" + s);
    double d = Double. parseDouble(s);      // 将 s 转换成 double 型
    System. out. println("Input value changed after doubled:" + Math. sqrt(d));
  }
}
```

编译和运行结果如图 1-11 所示。

图 1-11　例 1-2 的运行结果

本例中,程序用到了 java.io 包。从键盘接收了一个字符串输入,并把它转化为 double 型的简单数据,之后对输入值进行开平方运算,并输出运算后的结果。注意,在 Java 语言中处理命令行方式的键盘输入时,都把输入内容当作字符串看待。JDK1.4 以前的版本没有提供自动将输入串转换为不同类型数据的方法,所以要从键盘接收输入数据,且必须由程序自己完成类型的转换。

在 JDK5.0 及后续版本中提供了 java.util. Scanner 类,可以直接从输入流读取简单数据。例如:

```
import java. util. Scanner;
public class TestScanner {
    public static void main(String[ ] args) {
        Scanner cin = new Scanner(System. in);
        int a = cin. nextInt( ), b = cin. nextInt( );
        System. out. println(a + b);
        System. out. printf("" + Math. PI);
        System. out. format(" % 4d % 4d",a,b);
        System. out. format("Pi is approximately % f", Math. PI);
    }
}
```

除了从控制台 DOS 窗口输入数据外,还可以从消息窗口、文本框等组件直接输入数据。

【例 1-3】 从 m 个数中抽出 n 个数,试计算中奖的概率。该例演示如何从可视化组件输入数据并转换为整型数据,然后从命令窗口输出数据。

```java
// Proba.java
import javax.swing.*;
public class Proba{
public static void main(String[] args){
  String input =
    JOptionPane.showInputDialog("你希望抽取多少个数?");
    int k = Integer.parseInt(input);
    input = JOptionPane.showInputDialog("一共有多少个数?");
    int n = Integer.parseInt(input);
    int result = 1;
    for(int i = 1; i <= k; i++){
        result = result * (n - i + 1)/i;
    }
    System.out.println("你中奖的几率是 1/" + result + "");
    System.exit(0);
    }
}
```

其运行结果如图 1-12 所示。

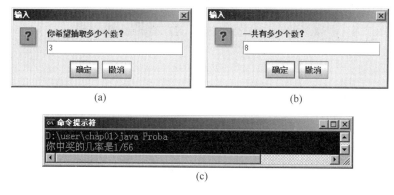

(a)   (b)

(c)

图 1-12   例 1-3 的运行结果

1.3.2   简单的 Applet 小程序

下面的示例将演示 Applet 在网页中的应用。

【例 1-4】 该程序的目的是在浏览器中显示"Hello World in Applet!"

```java
// HelloWorldApplet.java
import java.awt.*;
import java.applet.*;
  public class HelloWorldApplet extends Applet{        // 一个小程序
  public void paint(Graphics g){
  g.drawString("Hello World in Applet!",20,20);
  }
}
```

这是一个简单的 Applet(小应用程序)。程序中,首先用 import 语句输入 java. awt 和 java. applet 下所有的包,使得该程序可能使用这些包中所定义的类,它类似于 C 中的 ♯include 语句。然后声明一个公共类 HelloWorldApplet,用 extends 指明它是 Applet 的子类。在类中,重写父类 Applet 的 paint()方法,其中参数 g 为 Graphics 类,它表明当前画图的上下文。在 paint()方法中,调用 g 的方法 drawString(),在坐标(20,20)处输出字符串 "Hello World in Applet!",其中坐标是用像素点来表示的。

这个程序中没有实现 main()方法,这是 Applet 小程序与应用程序 Application 运行机制的主要区别之一。为了运行该程序,首先要把它放在文件 HelloWorldApplet. java 中,然后对它进行编译:

```
d:\user\chap01 > javac HelloWorldApplet.java
```

得到字节码文件 HelloWorldApplet. class。由于 Applet 中没有 main()方法作为 Java 解释器的入口,因此必须编写 HTML 文件,把该 Applet 嵌入其中,然后用 appletviewer 来运行,或者在支持 Java 的浏览器上运行,如 IE。ExampleApplet. html 文件如下:

```
< HTML >
< HEAD >
< TITLE > An Applet </TITLE >
</HEAD >
< BODY >
< applet code = "HelloWorldApplet.class"width = 200 height = 40 >
</applet >
</BODY >
</HTML >
```

其中用< applet >标记来启动 HelloWorldApplet. code 指明字节码所在的文件,width 和 height 指明 applet 所占的大小,把这个 HTML 文件存入 ExampleApplet. html 网页中,然后使用 appletviewer 工具来运行该网页,如下:

```
d:\user\chap01 > appletviewer ExampleApplet.html
```

这时屏幕上弹出一个窗口,其中显示"Hello World in Applet!",如图 1-13 所示。

(a)   (b)

图 1-13 例 1-4 的运行结果

第 1 章

Java 语言概述

在 IE 浏览器中打开上述网页也可以得到相同的结果。

从上述示例中可以看出,Java 程序是由类构成的,对于一个应用程序来说,必须有一个类中定义 main()方法,而对 Applet 来说,它必须作为 Applet 类的一个子类。在类的定义中,应包含类变量的声明和类中方法的实现。虽然,Applet 能在浏览器中嵌入运行,但市场份额较小,应用也较少见,本书将不单独作为一个章来叙述。

1.3.3　Servlet

Java Servlet 和 Java Applet 正好是相对应的两种程序类型。Applet 运行在客户端,在浏览器内执行,而 Servlet 在服务器内部运行,通过客户端提交的请求启动运行,并将结果还回给客户端或调用它的程序。

1.4　其他集成运行环境

现在常用的 Java 项目开发环境有 Eclipse、JBuilder、IntelliJ IDEA、Java Workshop、NetBeans IDE、JCreator ＋J2SDK、JDK＋记事本、EditPlus＋J2SDK 等。例 1-14 就是采用的"JDK＋记事本"的环境。针对不同的软件系统规模和不同的应用领域,可以采用适合自己开发的工具。下面将介绍四款流行的开发工具。

1. JCreator

JCreator 是 Xinox Software 公司开发的一个用于 Java 程序设计的集成开发环境 (IDE),具有编辑、调试、运行 Java 程序的功能。当前最新版本为 JCreator 5.10,它又分为 LE 和 Pro 版本。LE 版本功能上受到一些限制,是免费版本。Pro 版本功能最全,但这个版本是一个共享软件。这个软件比较小巧,对硬件要求不是很高,完全是用 C++语言写的,速度快、效率高。具有语法着色、代码自动完成、代码参数提示、工程向导、类向导等功能。第一次启动时提示设置 JavaJDK 主目录及 JDKJavaDoc 目录,软件自动设置好类路径、编译器及解释器路径,还可以在帮助菜单中使用 JDKHelp。图 1-14 所示为 JCreator 开发界面。

2. Eclipse

Eclipse 是一种可扩展的免费开放源代码 IDE。2001 年 11 月,IBM 公司捐出价值 4000 万美元的源代码组建了 Eclipse 联盟,并由该联盟负责这种工具的后续开发。集成开发环境 (IDE)经常将其应用范围限定在"开发、构建和调试"的周期之中。为了帮助集成开发环境 (IDE)克服目前的局限性,业界厂商合作创建了 Eclipse 平台。Eclipse 允许在同一 IDE 中集成来自不同供应商的工具,并实现了工具之间的互操作性,从而显著改变了项目的工作流程,使开发者可以专注在实际的嵌入式目标上。

Eclipse 的最大特点是它能接受由 Java 开发者自己编写的开放源代码插件,这类似于微软公司的 Visual Studio 和 Sun 公司的 NetBeans 平台。Eclipse 为工具开发商提供了更好的灵活性,使他们能更好地控制自己的软件技术。目前 Eclipse 联盟已推出其 Eclipse 4.5 版软件,这是一款非常受欢迎的 Java 开发工具,在国内的用户越来越多,实际上用它开发 Java 的人员是最多的。用户可从 http:// www. eclipse. org/downloads/下载最新版本 eclipse-jee-mars-1-win32-x86_64.zip。其开发界面如图 1-15 所示。

图 1-14　JCreator 开发界面

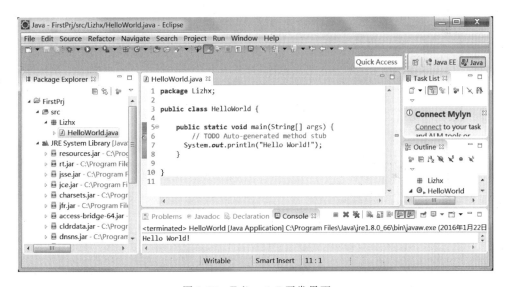

图 1-15　Eclipse4.5 开发界面

3. JBuilder

JBuilder 是一款大型的 Java 集成开发环境,它能满足很多方面的应用,尤其是对于服务器和 EJB 开发。下面简单介绍一下 JBuilder 的特点。

(1) JBuilder 支持最新的 Java 技术,包括 Applet、JSP/Servlets、JavaBean 及 EJB (Enterprise JavaBeans)的应用。

(2) 用户可以自动地生成基于后端数据库表的 EJB Java 类,JBuilder 同时还简化了 EJB 的自动部署功能。此外它还支持 CORBA,相应的向导程序有助于用户全面地管理 IDL (分布应用程序所必需的接口定义语言,Interface Definition Language)和控制远程对象。

(3) JBuilder 加速了企业 JavaBeans、Web 服务器、XML、移动产品和数据库应用开发,双向可视化设计工具和迅速调用 J2EE 应用服务器,这些应用服务器包括 BEA WebLogic、

Java 语言概述

IBM WebSphere、Sybase EAServer、JBoss 和 integrated Borland Enterprise Server。拥有强大的创新 Java Server Faces、Struts 和 Web 服务设计工具，支持最新的 JDK 版本、UML 代码可视化、分布式因子分解、代码审核、企业单位测试，以及支持多语控制系统。

（4）JBuilder 能用 Servlet 和 JSP 开发和调试动态 Web 应用。

（5）利用 JBuilder 可创建（没有专有代码和标记）纯 Java2 应用。由于 JBuilder 是用纯 Java 语言编写的，其代码不含任何专属代码和标记，支持最新的 Java 标准。

（6）JBuilder 拥有专业化的图形调试界面，支持远程调试和多线程调试，调试器支持各种 JDK 版本，包括 J2ME、J2SE 和 J2EE。

JBuilder 环境的优点是开发软件很方便，它是纯的 Java 开发环境，适合企业的 J2EE 开发；缺点是往往一开始人们难于把握整个程序各部分之间的关系，对机器的硬件要求较高，内存开销大，这时运行速度显得较慢。JBuilder 开发界面如图 1-16 所示。

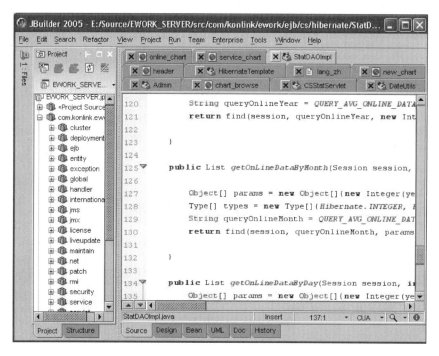

图 1-16　JBuilder 开发界面

4. NetBeans

NetBeans 是一个多次获奖的由 Oracle 公司自己开发的运行在 Windows、Mac、Linux 和 Solaris 平台下的集成开发环境。NetBeans 由一个开源的 IDE 和一个应用程序平台组成，这个应用平台允许开发者使用 Java platform、C/C++、JavaScript、Ruby、Groovy 和 PHP 等进行 Web 企业应用、桌面程序和移动应用开发。

目前最新的版本是 8.0。NetBeans 8.0 提供了几个新的特征，如更快捷的搜索、更友好的界面、在保存的时候就自动进行编译。此外，为了全力支持所有的 Java 版本，NetBeans IDE 也是使用 PHP、C/C++、Groovy、Grails、Ruby、Rails、Ajax 和 JavaScript 作为软件开发的工具。同时，NetBeans 6.5 版本也提高了对 Web 框架（如 Hibernate、Spring、JSF 和 JPA）、the GlassFish、Tomcat Application Server 和数据库的支持。

1.5 Eclipse 开发环境的搭建

搭建 Eclipse 的 Java 集成开发环境一般需要三步：①下载和安装 JDK；②下载并解压缩 Eclipse SDK；③安装其他需要的插件。JDK 的安装请参考 1.2.2 节，其他插件的安装请参考《Java EE Web 编程（Eclipse 平台）》。

Eclipse 是一个免费的软件，可以从 www.eclipse.org 下载，在下载页面选择适合自己操作系统的版本。对于一般 Java 开发者，只下载 Eclipse SDK 就可以了。

进入 Eclipse 网站 http://www.eclipse.org/downloads/下载最新版本 eclipse-jee-mars-1-win32-x86_64.zip 或 eclipse-java-mars-1-win32-x86_64.zip（前者用于 Java EE 开发，后者用于 Java 开发。前者使用范围要广泛些）。下载 eclipse-jee-mars-1-win32-x86_64.zip 后把它解压缩到硬盘的一个目录中，解压后文件的结构如图 1-17 所示。

图 1-17 Eclipse 的目录结构

Eclipse 网站还提供了多国语言包插件，可以根据需要下载语言包，如果有语言包，把它解压缩到与 Eclipse SDK 同一个目录就可以了。

在 Eclipse 目录下，找到 Eclipse.exe 文件，运行该文件就可以启动 Eclipse 了。为了方便今后启动 Eclipse 可以在桌面上创建一个快捷方式。在第一次启动 Eclipse 时，会提示用户选择一个工作空间的位置。Eclipse 启动界面如图 1-18 所示。

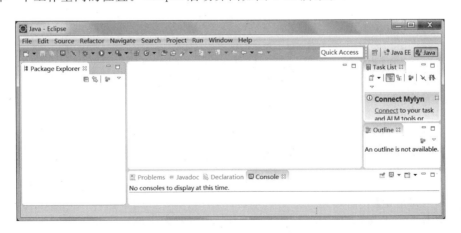

图 1-18 Eclipse 启动界面

Java 语言概述

使用 Eclipse 开发 Java 程序需要先创建一个项目,然后创建 Class 文件。

(1) 选择 File→New→Project 命令,如图 1-19 所示。

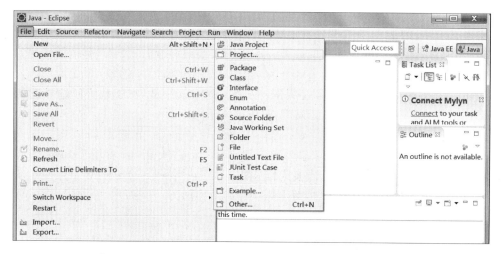

图 1-19　在 Eclipse 中新建 Java 项目

(2) 在 New Project 对话框中选择 Java Project 选项,然后单击 Next 按钮,如图 1-20 所示。

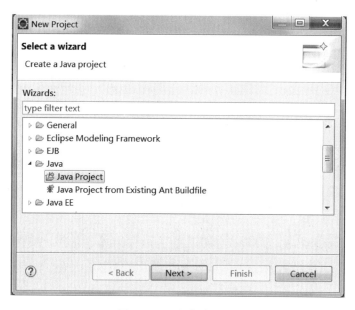

图 1-20　选择创建向导

(3) 在 New Java Project 对话框中输入项目的名称,其他设置如图 1-21 所示,输入完成后,单击 Finish 按钮后,出现如图 1-22 所示的界面。

(4) 选择 HelloWorld 项目,单击菜单下面的 图标,出现如图 1-23 所示的下拉菜单,并单击 Class 菜单项,打开创建 Java Class 对话框,输入包和 Class 的名称,如图 1-24 所示,然后单击 Finish 按钮。

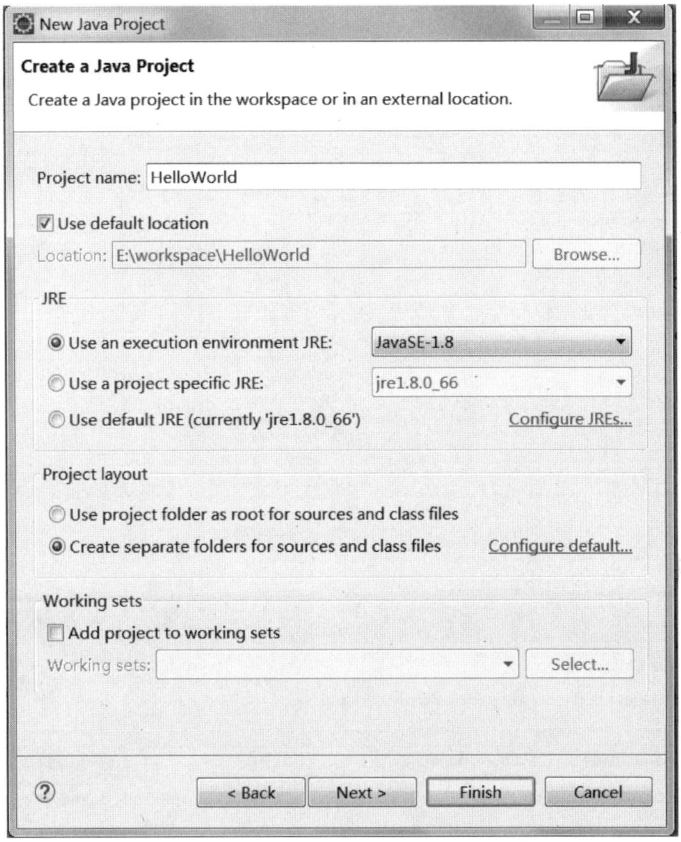

图 1-21　创建一个 HelloWorld 项目

图 1-22　HelloWorld 项目资源

（5）双击打开创建的 HelloWorld. java 类，在其中输入一行代码"System. out. println
("Hello World")"，修改 HelloWorld. java 文件，如图 1-25 所示。

Java 语言概述

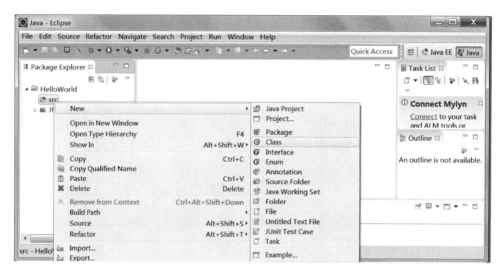

图 1-23　使用快捷图标创建 Class

图 1-24　创建 Java Class 对话框

（6）在 HelloWorld.java 文件编辑器区内右击，弹出快捷菜单，如图 1-26 所示，选择 Run as→Java Application 命令，然后在编辑器下方的 Console 视图中会有输出结果，如图 1-27 所示。

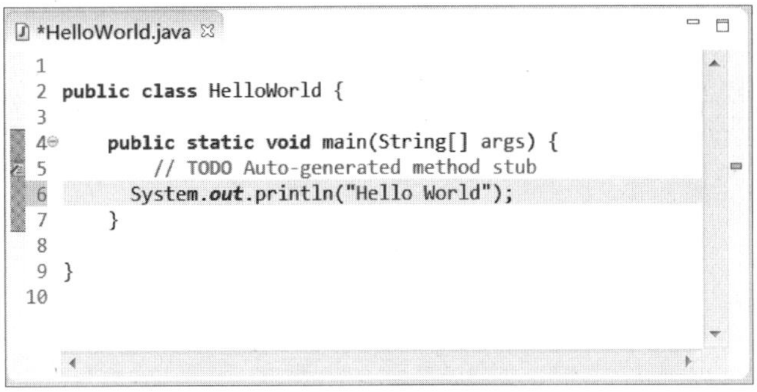

图 1-25 修改 HelloWorld.java 文件

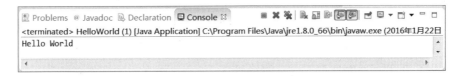

图 1-26 运行 Java 程序

图 1-27 HelloWorld 输出结果

习题及思考

1. Java 源程序是由什么组成的？一个程序中必须有 public 类吗？Java 源文件的命名有什么规定？

2. 应用程序和小应用程序的主要区别是什么？

3. 开发与运行应用程序需要经过哪些主要步骤和过程？

4. 安装 JDK 之后如何设置 JDK 系统的 PATH、CLASSPATH？它们的作用是什么？

5. Java 语言的特点是什么？

6. 分别用记事本＋JDK 方式和 Eclipse 编写能输出"Hello World!"的 Java 应用程序并运行。

第 2 章 数据类型及其运算

本章主要介绍 Java 基本数据类型的使用、数据类型的转换、数组的定义及使用等内容。Java 是一种强类型的语言,强类型设计可以保证其安全性和健壮性。每个变量有类型,每个表达式有类型,并且每种类型都是严格定义的。Java 编译器对所有的表达式和参数都要进行类型相容性的检查,任何类型的不匹配都是错误的,在编译器成功编译以前,必须改正语法错误。

2.1 标识符和关键字

1. 标识符

像现实世界中的任何事物都可以有自己的名字一样,在程序设计中,可以为程序中的各个元素进行命名,这就是标识符(Identifier)。

一般地,在 Java 中,标识符是以字母、下画线(_)、美元符号($)等其他货币符号(如 ￡、￥)开始的一个字符序列,后面可以跟字母、下画线、美元符号、数字等字符。

Java 语言使用 Unicode 字符集,一般用 16 位二进制表示一个字符,并且在 0~255 编码区与通用的 ASCII 字符集是兼容的。但是现在已经扩展到最大支持 21 位字符集,其最大值是 0x10ffff,值大于 0x00ffff 的字符被称为增补字符。任何特定的 21 位值都被称为代码点(Code Point),即通常所说的 Unicode 标量值。为了使所有的字符都可以用 16 位值表示,Unicode 定义了一种称为 UTF-16 的编码格式,Java 语言中的字符类型 char 就是用它来表示文本的,单个的 char 被称为代码单元(Code Unit)。在 UTF-16 中,所有介于 0x0000 和 0xffff 的值都被直接映射成了 Unicode 字符,而增补字符则被编码为一对 char 值。可以用 int 值表示 Unicode 所有代码点,int 的 21 个低位(最低有效位)用于表示 Unicode 代码点,并且 11 个高位(最高有效位)必须为零。

在 Java 中,标识符是大小写敏感的,没有最大长度的限制,不能和关键字相同。例如,合法的标识符:

```
Body, _test, $ hello
```

非法标识符:

```
5Test,hello * ,world # ,class
```

注意：在中文环境下，可以使用汉字作为标识符，如"int 五＝5；"，其中，"五"就是一个合法的标识符。可以在开发环境中测试和使用。

2. 关键字

关键字是 Java 中具有特殊含义的字符序列。Java 不允许对关键字赋予别的含义。所有的关键字都是小写的。

（1）用于数据类型的关键字：byte、short、int、long、float、double、char、boolean。

（2）用于流程控制语句的关键字：if、else、switch、case、default、do、while、for、break、continue。

（3）方法、类型、变量的修饰关键字：private、public、protected、final、static、abstract、synchronized、volatile。

（4）异常处理关键字：try、catch、finally、throw、throws。

（5）对象相关关键字：new、extends、implements、class、instanceof、this、super。

（6）字面值常量关键字：false、true、null。

（7）方法相关关键字：return、void。

（8）包相关关键字：package、import。

3. 注释

Java 允许在源程序文件中添加注释，以增加程序的可读性，系统不会对注释的内容进行编译。注释有以下 3 种形式。

（1）单行注释。单行注释以"// "开头，至该行结尾，其格式如下：

```
// 注释内容…
```

（2）多行注释。多行注释以"/ *"开始，遇到" * /"结束，其格式如下：

```
/ *
    …注释文本
* /
```

（3）文档注释。文档注释用于从 Java 源程序产生一个 HTML 帮助文档文件，可以使用 JDK 提供的工具程序 Javadoc.exe 从源程序中提取这种注释，为程序生成文档说明。文件注释以"/ **"开头，遇到" * /"结束，在注释中每行以一个" *"开始，其中可以使用 Javadoc 支持的以"@"开始的特殊标记（Tag），注明其后面的文本的含义。例如，@author 后面的文本是"作者"。具体请参考 JDK 中与 Javadoc 有关的帮助文档。JDK API 文档就是用此种方式从其源代码产生的。读者在写程序的时候，可以参考 Java 源代码的编写规范，养成写注释的良好习惯。其格式如下。

```
/ ** 注释文本
 *  @author 杨瑞龙
 *  @version 4.1 …
 * /
```

2.2　常量和变量

1. 变量

变量是 Java 程序中的基本存储单元,是可以修改的值,包括变量的类型、变量名和值等三部分。其中,变量名必须是一个合法的标识符。变量的类型决定了变量的数据性质、范围、变量存储在内存中所占的大小(字节数),以及可以进行的合法操作。其定义格式如下:

```
[修饰符] <类型名> <变量名> [ = <初值>][,<变量名>[ = <初值>]…];
```

其中,<>表示一个占位符,在实际声明变量时需要替换成具体的类型名称和变量标识符;[ ]中的内容是可选项;变量名的长度没有限制。例如:

```
int i;
int j = 5,k = 4;
```

第一个语句声明了变量 i 是 int 类型的变量,声明后,系统将给变量分配内存空间。第二行语句,在同一行连续声明了两个 int 型的变量 j 和 k,并且分别为它们赋了初值。每个变量之间用逗号分隔。

变量的作用域指明该变量能够被访问到的有效范围。声明一个变量的同时也就指明了变量的作用域。按作用域分,变量大致可分为局部变量、类成员变量、方法参数、异常处理参数。

局部变量是在方法内部或代码块中声明的变量,它的作用域是它所在的代码块,在程序设计中,一般以"{ }"为界。类成员变量,它的作用域是整个类。局部变量又可以细分为静态变量和实例变量。方法参数的作用域是它所在的方法。异常处理参数的作用域是它所在的异常处理部分。

在一个作用域中,如果有多个同名的变量可以访问,则按照"邻近"原则,在当前域中定义的变量隐藏其他同名的变量。

2. 常量

Java 中的字面常量分为不同的类型,如整型常量 234、实型常量 78.9、字符常量 'a'、布尔常量 true 和 false,以及字符串常量"Hello Java!"。

在类型名称的前面加上 final 关键字,可以把变量定义为常量;第一次赋了初值后,在程序中就不能修改它的值了。Java 约定常量标识符全部用大写字母,如果由多个单词组成,每个单词大写,用下画线连接。例如:

```
final int MAX = 100;
final int MIN_LOOP = 5;
```

2.3 基本数据类型

Java 的数据类型可以分为两类：基本数据类型（又称原始类型、Primitive Type）和引用类型（Reference Type）。详细的分类如图 2-1 所示。

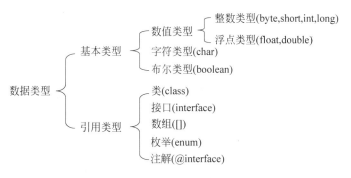

图 2-1　Java 语言的数据类型

Java 的基本数据类型都有固定长度的数据位，不随运行平台的变化而变化。引用类型都是用类或对象实现的。

1. 布尔类型

布尔型数据类型用关键字 boolean 表示，只有 true 和 false 两个值，且它们不对应于任何整数值，经常在流程控制语句中使用。

例如：

```
boolean b = true;
```

2. 字符类型

1）字符常量

字符常量是用单引号括起来的一个字符，如'A'。用双引号括起来的是字符串，如"hello world"。Java 提供了转义字符，以反斜杠(\)开头，如表 2-1 所示。

表 2-1　Java 中的转义字符

转 义 字 符	描　　述
\ddd	1～3 位八进制数所表示的字符(ddd)
\uxxxx	1～4 位十六进制数所表示的字符(xxxx)
\'	单引号字符
\"	双引号字符
\\	反斜杠
\r	回车
\n	换行
\f	走纸换页
\t	横向跳格
\b	退格

在 JDK 中有一个实用工具 native2ascii. exe,可以得到任何字符的 Unicode 码。例如,字符串"程序设计"对应的 Unicode 编码是"\u7a0b\u5e8f\u8bbe\u8ba1"。

2) 字符变量

字符类型变量用 char 表示,在 Java 虚拟机中用 16 位表示一个 char 值,范围为 0~65535,但是现在已经扩展到支持最大到 21 位的字符集,其最大值为 0x10ffff,值大于 0x00ffff 的字符被称为增补字符,可以用两个 char 值表示。一般情况下使用的 ASCII 码,是 Unicode 编码方案中的前 256 个字符。字符型变量定义如下:

```
char c,c1 = 'a';
```

其中定义了两个字符型变量 c 和 c1;c 未初始化,c1 的初始值为'a'。

可以把整数和字符型数据放在一起运算,从字符型向整数型发生自动类型转换。从整数向字符型转换时需要强制类型转换。例如:

```
int i = 8;
char one = '1';
char c = (char)(i + one);
```

在上例的第 3 条语句中,字符型和整数在一起运算,字符型变量首先转换为整型,这样 i+one 的运算结果为 57,再通过强制类型转换为字符型,字符变量 c 的值为'9'。

3. 整数类型

Java 中的整数常量有 4 种进制表示形式。

(1) 十进制:用 0~9 的数值表示,首位不能为 0,如 124、−100。

(2) 八进制:以 0 开头,后跟多个 0~7 的数字,如 0134。

(3) 十六进制:以 0x 或 0X 开头,后跟多个 0~9 的数字或 A~F 的大写字母,或者 a~f 的小写字母。a~f 或 A~F 分别表示 10~15,如 0x23FE,等于十进制数 9214。

(4) 二进制:以 0b 或 0B 开头,后跟多个 0 或 1 的数字,如 0b101,表示十进制的 5。如果数字比较长,可以用下画线分割,如 int b=0b1001_1111_1111。

Java 定义了 4 种整数类型,如表 2-2 所示。

表 2-2　整数类型

数 据 类 型	所 占 位 数	数 的 范 围
byte	8	$-2^7 \sim (2^7 - 1)$
short	16	$-2^{15} \sim (2^{15} - 1)$
int	32	$-2^{31} \sim (2^{31} - 1)$
long	64	$-2^{63} \sim (2^{63} - 1)$

在表示 long 型常量时,需要在数字后面加上后缀 L 或 l。例如,13L 表示一个 long 型的常量,而不是 int 型常量,占据 64 字节的空间。

所赋值不能超过变量的表示范围,变量定义如下:

```
byte    b = 51;
short   s = 3;
long    i = 100L;
long    j = 100;
int     i = 41L;        // 错误,不能把 long 型值赋给 int 型变量
```

4. 浮点类型

Java 用浮点数表示数学中的实数,即有整数部分和小数部分。浮点数有以下两种表现形式。

(1) 标准记数法:由整数部分、小数点和小数部分组成,如 2.0、345.789。

(2) 科学记数法:由十进制数、小数点、小数和指数构成,指数部分由字母 E 或 e 跟上正负号的整数表示。例如,345.789 可以表示成 3.45789E+2。

Java 有单精度浮点数 float 和双精度浮点数 double 两种浮点数,如表 2-3 所示。

表 2-3 浮点数类型

数 据 类 型	所占位数	数 的 范 围
float(单精度浮点数)	32	$3.4e-38 \sim 3.4e+38$
double(双精度浮点数)	64	$1.7e-308 \sim 1.7e+308$

一个浮点数隐含为 double 型。在一个浮点数后加字母 F 或 f,表示 float 型。常量值 3.45 的类型是 double;3.45F 的类型是 float。

浮点数的定义如下:

```
double   d1 = 3.14;     // 可以在定义的时候赋予初始值
double   d2 = 3.14d;    // 在定义 double 变量时,可以加后缀"D"或"d",也可以不加
float    f = 3.14F;     // 在定义 float 型变量时,需要在数值后面加 F 或 f
```

5. 数据类型的相互转换

各种数据类型的数据可以在一起进行混合运算,运算时,不同类型的数据先转换为相同类型的数据再进行运算。数据类型之间的转换分为自动类型转换和强制类型转换。

1) 自动类型转换

从表达范围小的类型向表达范围大的类型发生自动类型转换。不同数据类型的转换如下所示:

低 ─────────────────────────→ 高

byte、short、char→int→long→float→double

注意:byte、short 和 char 在一起运算时,首先转换为 int 类型进行运算。

【例 2-1】 分析下面程序中的错误。

```
byte    b1 = 51;
short   s1 = 16;
short   s2 ;
s2 = b1 + s1;
```

数据类型及其运算

byte 类型和 short 类型的数据进行运算时首先都转换为 int 类型。在本例第四行中就会发生赋值类型不匹配的编译错误。

2）强制类型转换

由高级向低级数据类型转换时,需要强制类型转换。例如:

```
int    i = 87;
char   c;
c = (char)i;    // 把 int 型变量转换成 char 型,需要强制类型转换
```

提示:已知一个字符的编码,需要获取对应的字符时,一般可以通过类型转换实现。在上面的例子中,已知一个编码 87,获取在字符集中对应的字符就可以通过类型转换实现,变量 c 代表的字符就是 'W'。

2.4 运 算 符

运算符负责对数据进行计算和处理。按运算符所操作数据的个数,可将其分为一元运算符、二元运算符和三元运算符,如++(自增运算)运算符为一元运算符,+运算符为二元运算符,条件运算符(?:)为三元运算符。如果按功能划分,又可分为算术运算符、赋值运算符、自增/自减运算符、条件运算符、位运算符、关系运算符、逻辑运算符等。通过运算符可以将各种操作数连接成一个表达式,如 a+16、b * 71-9 等。

运算符一般由一个或多个符号构成,如"+"">=""<<="。少数运算符有两种含义,应根据上下文理解,如-1 中的"-"是作为一元运算符(负号)使用。而 a-96 中的"-"是作为二元运算符(减号)使用。

运算符有优先级。如"()"的优先级最高,而"="的优先级最低,当一个表达式中有多个运算符时,先计算优先级较高的,再计算优先级较低的。运算符也有结合性。

1. 算术运算符

算术运算符主要用于整型或浮点型数据的运算。算术运算符如表 2-4 所示。

表 2-4　算术运算符

运 算 符		用 法	含 义	结合性
二元运算符	+	op1+op2	加法	左
	-	op1-op2	减法	左
	*	op1 * op2	乘法	左
	/	op1/op2	除法	左
	%	op1%op2	模运算(求余)	左
一元运算符	+	+op1	正数	右
	-	-op1	负数	右
	++	++op1,op1++	自增	右,左
	--	--op1, op1++	自减	右,左

1）算术运算符的运算特点

（1）对于二元运算符,运算结果的数据类型一般为两个操作数中表达范围较大的类型。

例如,一个整数和浮点数运算的结果为浮点数。

(2) 对于一元运算符,运算结果的类型与操作数的类型相同。

(3) 自增、自减运算符有前缀和后缀两种形式,当是前缀形式(即++、--符号出现在变量的左侧)时,对变量实施的运算是"先运算后使用";当是后缀形式(即++、--符号出现在变量的右侧)时,对变量实施的运算是"先使用后运算"。

2) 算术运算符的注意事项

(1) 在Java中,"%"(求模运算符)的操作数可为浮点数,如52.3%10=2.3;

(2) Java对"+"运算进行了扩展,可作字符串连接运算符,如"ab"+"efd"得"abefd";做"+"运算时,如果一个操作数是字符串,其他操作数自动转换成字符串。例如:

```
String s; s = "s:" + 4 * 5;        // 结果是 s = "s:20";
```

(3) byte、short、char等类型进行混合运算时,会先自动转换为int类型再运算。

3) 程序举例

【例2-2】 算术运算符举例。

```
// TestDataType. java
 public class TestDataType{
 public static void main(String[ ] args) {
     int i = 79;
     int j = 7;
     float a = 21.5f;
     double b = 9.0 ;
     System. out. println("i + a = " + (i + a));
     System. out. println("i * j = " + (i * j));
     System. out. println("i/j = " + (i/j));          // 对于整数,运算结果为整数
     System. out. println("i % j = " + (i % j));       // 求余数
     System. out. println("a * b = " + (a * b));
     System. out. println("a/b = " + (a/b));           // 对于浮点数,运算结果为浮点数
     System. out. println("a % b = " + (a % b));       // 浮点数求余,结果为浮点数
     System. out. println("i++ = " + (i++));           // 先使用,后自增
     System. out. println("++i = " + (++i));           // 先自增,后使用
   }
}
```

程序输出结果如下:

```
i + a = 100.5
i * j = 553
i/j = 11
i % j = 2
a * b = 193.5
a/b = 2.388888888888889
a % b = 3.5
i++ = 79
++i = 81
```

数据类型及其运算

2. 赋值运算符

赋值运算符是二元运算符,左边的操作数必须是变量,右边的操作数为表达式,左右两边的类型如果一致,则直接将右边的值赋给左边的变量;如果不一致,则将表达式的值需要转换为左边变量的类型,再赋值。与其他运算符相比,赋值运算符的优先级最低,且具有右结合特性。

1) 基本赋值运算符

赋值运算符的作用是使变量获得值,基本使用格式如下:

```
<变量名> = <表达式>
```

其中,“=”是赋值运算符,<变量名>获得计算出的表达式的值。

2) 扩展赋值运算符

在赋值运算符“=”前面加上其他运算符,即构成扩展赋值运算符,例如:

```
a += 5        等价于 a = a + 5;
a * = b + 5   等价于 a = a * (b + 5)。
```

在 Java 中,大部分的运算符都可以加到“=”的前面,构成扩展赋值运算符,常见的扩展运算符如表 2-5 所示。

表 2-5　扩展赋值运算符

运算符	示　　例	含　　义
+=	count += 2	count = count + 2
-=	count -= 2	count = count - 2
*=	count * = 2	count = count * 2
/=	count /= 2	count = count / 2
%=	count % = 2	count = count % 2

3) 赋值相容

如果变量的类型和表达式的类型是相同的,就可以赋值,称为类型相同;如果两者类型不同,并且变量类型比表达式类型长时,系统会自动将表达式的结果转换为较长的类型。如 int 转换为 long,这时也可以赋值,称为赋值相容(Assignment Compatible)。例如:

```
long  value2 = 4;     // int 向 long 自动转换,赋值相容
```

如果变量类型比表达式类型短,则赋值不兼容,编译时产生“可能存在的精度丢失”的错误。例如:

```
int  i = 99L;       // 不能把 long 数据赋值给 int 型变量
```

赋值不兼容时,使用强制类型转换,其格式如下:

```
(<目标类型>)<表达式>
```

例如:

```
int i = (int)100L;        // 强制类型转换
```

强制类型转换可能会发生精度丢失。

3. 条件运算符

条件运算符的格式如下:

```
(boolean_expr)? true_statement:false_statement;
```

其含义为:若 boolean_expr 为真,则执行语句 true_statement。若 boolean_expr 为假,则执行语句 false_statement,而且两条语句需要返回相同(相容)的数据类型。true_statement 和 false_statement 都需要有返回值。

例如:

```
result = sum == 0?100:2 * num;
```

条件运算符可以替代简单的 if-else 语句。

4. 位运算符

计算机中所有的数在机器处理中都会转换为二进制表示,Java 虚拟机用补码表示二进制数。例如:

1 表示为二进制为 0b00000000 00000000 00000000 00000001   (4 字节)
−1 表示为二进制为 0b11111111 11111111 11111111 11111111   (4 字节)

位运算不是对整个数进行运算,而是对该数二进制位上的 0 或 1 进行运算。位运算符如表 2-6 所示。

表 2-6   位运算符

运算符	示例	含义
&	Op1&Op2	使 Op1 和 Op2 按位相与
|	Op1|Op2	使 Op1 和 Op2 按位相或
~	~Op	对 Op 按位取反
^	Op1 ^ Op2	使 Op1 和 Op2 按位异或
<<	Op1 << Op2	使 Op1 左移 Op2 位,右补 0
>>	Op1 >> Op2	使 Op1 右移 Op2 位(带符号,左边补充符号位)
>>>	Op1 >>> Op2	使 Op1 无符号右移 Op2 位(左边始终补添 0)

数据类型及其运算

位运算符的运算表如表 2-7 所示。

表 2-7　位运算符的运算表

A	B	A&B	A|B	A^B	~A	~B
0	1	0	1	1	1	0
1	1	1	1	0	0	0
0	0	0	0	0	1	1

使用注意事项如下。

(1) 除"~"为右结合外,其余为左结合。

(2) 操作数的类型一般为整型或字符型。"&""|""^"3 个运算符可以用于 boolean。

(3) ">>"右移是用符号位来填充右移后留下的空位,">>>"是用零来填充高位。

(4) 若两个数据的长度不同,如 a&b,a 为 byte 型,b 为 int 型,系统首先会将 a 的左侧 24 位填满,若 a 为正,则填满 0,若 a 为负,填满 1 即进行"符号扩充"。

下面通过示例详解位运算符。

(1) 按位与运算符 &。

例如,31&9 的值为 9。

&	十进制数	二进制数
操作数 1	31	00000000 00000000 00000000 00011111
操作数 2	9	00000000 00000000 00000000 00001001
运算结果	9	00000000 00000000 00000000 00001001

可以用来把某些指定的位清 0。

(2) 按位或运算符"|"。

例如,14|9 的值为 15。

可以用来把某些指定的位置 1。

(3) 按位异或运算符"^"。

例如,15^91 的值为 84。

可以用来实现两个数的交换,而不需要临时变量。见以下代码。

```
int x = 15, y = 91;
x = x ^ y;
y = y ^ x;
x = x ^ y;
```

x、y 完成了交换,x=91,y=15。

(4) 按位取反运算符。

例如,~5 的值为 −6。

(5) 左移运算符。

例如,5 << 2 的值为 20。

在没有溢出的情况下,左移一位相当于乘 2。

（6）右移运算符。

例如，16>>2 的结果为 4。

右移一位相当于除以 2。

思考：

① 5>>32 的结果？答案是 5。

② 5>>34 的结果？答案是 1。

③ 5L>>64 的结果？答案是 5L。

分析：在移位运算中，对于 int 类型，第二个操作数先对 32 取模，余数是实际移动的位数。对于 long 型，第二个操作数先对 64 取模，余数是实际移动的位数。

（7）无符号右移运算符。

在移动时，高位填 0，最低位被舍弃。

例如，"−1>>>1;"结果为 2147483647，即最大整型数。

5. 关系运算符

关系运算符用来比较两个值之间的大小，结果返回布尔值，true 或 false。关系运算符有 6 种，如表 2-8 所示。

表 2-8　关系运算符

运算符	示　例	含　义
==	Op1 == Op2	比较两个数据是否相等
!=	Op1 != Op2	比较两个数据是否不等
<	Op1 < Op2	比较左边的数是否小于右边的数
>	Op1 > Op2	比较左边的数是否大于右边的数
<=	Op1 <= Op2	比较左边的数是否小于或等于右边的数
>=	Op1 >= Op2	比较左边的数是否大于或等于右边的数

使用注意事项如下。

（1）Java 中，任何类型的数据（包括简单类型和对象类型），都可以通过"=="或"!="来比较是否相等。

（2）关系运算的结果是布尔值：true 和 false，而不是 1 或 0。关系运算符的优先级要高于布尔运算符。

6. 逻辑运算符

逻辑运算只能处理布尔类型的数据，所得结果也是布尔值。逻辑运算符主要有 3 种，如表 2-9 所示。

表 2-9　逻辑运算符

运算符	示　例	含　义
&&	Op1 && Op2	逻辑与运算
‖	Op1 ‖ Op2	逻辑或运算
!	!Op	逻辑非运算

数据类型及其运算

逻辑运算符的运算规则如下。

（1）x&&y 表示只有 x 和 y 的值都为 true 时，表达式的值才为 true，否则其值为 false。

（2）x‖y 表示只要 x 或 y 中的某一个的值为 true，表达式的值就为 true，只有两者同时为 false 时，其值才为 false。

（3）! x 表示对 x 取反，即如果 x 为 true，则表达式的值为 false；如果 x 为 false，则其值为 true。

（4）逻辑运算符支持短路运算。所谓短路运算，就是从左向右依次计算每个条件是否成立，如果在前面的计算中，已经可以得出整个复合条件表达式的计算结果，则后面的条件就不计算了。

（5）位运算符："&""|""^"运算符可以用于布尔逻辑运算。但是它们不支持短路运算。

2.5　表　达　式

表达式是程序设计语言的基本组成部分，表示一种求值的规则，是由运算符和操作数组成的序列，计算并返回某个值。表达式的运算结果的类型，就是表达式的类型。表达式一般用来给变量赋值，以及在程序中作为控制条件。

如果把一个表达式赋值给某个变量，同样需要进行类型检查，如果两边类型不同，则需要进行强制或自动类型转换。一个常量或变量名是最简单的表达式，其值就是该常量或变量的值。

在对表达式进行运算时，遵循一定的规则，要按运算符的优先级从高到低进行，同级的运算符则按从左到右的顺序进行。表 2-10 所示为 Java 运算符的优先级。

表 2-10　运算符的优先级

高	1	. 、[]、()、++、−−、! 、~ 、instanceof
	2	new（type）
	3	* 、/、%
	4	+ 、−
	5	>>、>>>、<<
	6	<、>、<=、>=
	7	==、!=
	8	&
	9	^
	10	|
	11	&&
	12	‖
	13	? :
低	14	=、+=、−=、* =、/=、%=、^=
	15	&=、!=、<<=、>>=、>>>=

通过对表 2-10 进行分析，可以得出以下几个特点。

（1）赋值运算符的优先级最低，因为赋值运算符要使用表达式的值。

（2）关系运算符的优先级比布尔逻辑运算符的优先级高。

（3）"."“[]”“()”等运算符的优先级最高。

（4）一元运算符的优先级也比较高。

（5）算术运算符要比关系运算符和二元逻辑运算符的优先级要高。

在表达式中，为了使表达式的结构更清晰，可以用()标明运算顺序，括号中的表达式首先被计算。

2.6　数　　组

简单数据类型的变量只能存储一个基本的数据，如一个整数或一个字符。如果要处理大量同类型的数，可以使用数组（Array）。

数组是由相同类型的元素组成的集合，每个元素相当于一个变量。每个数组有一个名称，可以通过数组的名称和下标来访问数组中的元素。

数组是Java中的引用类型，可以把数组作为对象使用，数组的元素既可以是基本类型，也可以是引用类型。数组下标的个数就是数组的维数，Java支持多维数组。本节介绍一维数组和二维数组。

2.6.1　一维数组

1. 一维数组的定义

声明一维数组的格式如下：

```
<类型>[ ] <数组名>
```

其中，<类型>是数组元素的类型，<数组名>是用户自定义的标识符。[ ]是定义数组的标志，也可以放在<数组名>的后面，如定义一个存储一系列整数的数组。

```
int  ar[ ];
```

或

```
int[ ]  ar;
```

这里只有数组变量的定义，没有为数组元素分配空间，只为数组的引用分配了空间，ar目前为一个空的引用。

在声明数组时，可以为数组赋初值。为数组赋初值时，就为数组分配了空间，并且对每一个元素进行了初始化。例如：

```
int  ar[ ] = {0,1,2,3,4};
```

这个数组 ar 就有 5 个元素，并为每个元素赋了初值。注意，在给数组赋初值时，不能同时指定数组的大小,Java 会根据初值的多少自动计算数组的大小。

2. 使用 new 为数组分配空间

数组定义时,如果未初始化,可以用 new 运算符为其分配空间,在分配空间时指定数组的大小。数组的大小确定后,就不能再改变。

使用 new 分配存储空间时,必须指定数组元素的类型和个数,用 new 分配的元素被系统自动初始化,初始化一维数组的格式如下:

```
<数组名> = new <类型>[ <长度> ];
```

例如:

```
a = new int[5];
```

创建了一个包含 5 个元素的数组 a,每个元素被自动初始化为 0;数组的空间被分配在程序空间的"堆"中,并且是连续的。

也可以在定义数组时,同时为数组分配空间,例如:

```
int a[ ] = new int[5]
```

注意:在变量后面的方括号内不能指定数组的大小。

针对不同类型的数组,自动初始化的值也不同,如表 2-11 所示。

表 2-11　变量的自动化初始值

数组元素的类型	初　始　值
byte,short,int,long	0
float,double	0.0
char	'\0'
boolean	false
引用类型	null

3. 数组的使用

Java 中把数组当作对象看待,是在"堆"上分配空间,对数组元素进行越界检查保证安全性,每个数组都有一个属性 length,指明它的长度。例如:

```
ar.length
```

就可以获取数组 ar 的长度,即元素的个数。

通过数组名和下标来访问数组,格式如下:

```
<数组名>[<下标表达式>]
```

数组下标的取值范围必须大于或等于 0,小于或等于 length-1。各个元素在内存中是按下标的升序连续存放的。

4. 应用举例

【例 2-3】 求一维数组的平均值。

本例用一维数组存放用 Math.random()产生的随机数。程序如下：

```java
// ArrayDemo.java
public class ArrayDemo {
    public static void main(String[] args) {
        final int ARRAY_SIZE = 10;
        double a[] = new double[ARRAY_SIZE];
        int i = 0;
        double sum = 0;
        double average = 0.0;
        for (i = 0; i < a.length; i++) {        // 使用了 length 属性
            a[i] = Math.random() * 10;          // 产生随机数
            sum = sum + a[i];                   // 计算和
        }
        average = sum / a.length;               // 先转换为浮点数,再计算
        System.out.println("average = " + average);
    }
}
```

2.6.2 二维数组

如果数组的元素类型也是数组,这种结构就是多维数组,又称为数组的数组。

1. 二维数组的定义

二维数组的定义如下:

<类型> <变量名>[ ][ ]

或

<类型>[ ][ ] <变量名>

例如:

int two[][];

或

int[][] two;

这里只有变量的定义,没有分配内存空间。

在定义二维数组时也可以赋初值,将数组元素的值用多层括号括起来,例如:

```
int two[][] = {{0,1,2},{3,4,5}};
```

定义了一个二维数组 two,并且赋了初值,类似一个 2 行 3 列的表结构。

2. 使用 new 为二维数组分配空间

二维数组在定义后,可以用 new 运算符分配空间,可以把数组的定义和分配空间结合在一起,例如:

```
int two[ ][ ] = new int[2][3];
```

或

```
int two[ ][ ];
two = new int[2][3];
```

这样为二维数组 two 进行了初始化,可以看作是定义了一个长度为 2 的一维数组,它的每个元素又是一个长度为 3 的一维数组;默认情况下,Java 会根据不同的数据类型为每个数据成员赋上默认值,在这里每个元素初始化为 0。

二维数组还有另外一种初始化方式,就是从最高维开始,分别为每一维分配空间。在这种情况下,第二维的每一个数组的长度可以不同,是一个不规则的二维数组。例如:

```
int two[ ][ ];
two = new int[2][ ];
two[0] = new int[2];
two[1] = new int[3];
```

定义了一个二维数组,第一维的大小是 2,它的第一个元素是一个长度为 2 的数组,第二个元素是一个长度为 3 的数组。

不规则的数组可以节省存储空间。

3. 二维数组的使用

对于二维数组中的每个元素,引用方式为:

```
<数组名>[<下标 1>][下标 2];
```

下标仍然是从 0 开始逐渐递增的,同样在引用时要注意数组的越界问题。二维数组也有 length 属性,可以求每一维数组的长度,如:

```
int arrayTwo[ ][ ] = new int[3][4];
```

arrayTwo.length 为二维数组的长度,实际上是第一维的长度 3。

arrayTwo[0].length 为第二维数组的长度,输出第一个数组的长度 4。

如果把二维数组设想成方阵或长方阵,那么 two[i][j] 表示访问第 i 行第 j 列的元素。

【例 2-4】 求二维数组的平均值。

```java
// TwoArrayDemo.java
public class TwoArrayDemo {
    public static void main(String[] args) {
        final int ONE_SIZE = 15;
        final int TWO_SIZE = 20;
        int two[][] = new int[ONE_SIZE][TWO_SIZE];
        int i = 0, j = 0;
        int sum = 0;
        double avg = 0.0;
        for (i = 0; i < two.length; i++) {
            for (j = 0; j < two[i].length; j++) {
                two[i][j] = (int) (Math.random() * 10);
                sum = sum + two[i][j];
            }
        }
        avg = (double) sum / (two.length * two[0].length);
        System.out.println("average = " + avg);
    }
}
```

习题及思考

1. 编程序,显示螺旋方阵。

$$
\begin{array}{cccc}
1 & 2 & 3 & 4 \\
12 & 13 & 14 & 5 \\
11 & 16 & 15 & 6 \\
10 & 9 & 8 & 7
\end{array}
$$

2. 下列( )是合法的标识符。

A. a=b   B. ￥Hello   C. 5nd   D. Chong qing

3. 下列( )是合法的标识符。

A. new   B. class   C. int   D. const2

4. 如果定义有变量"double d1, d2=4.0",则下列说法正确的是( )。

A. 变量 d1、d2 均初始化为 4.0

B. 变量 d1 没有初始化,d2 初始化为 4.0

C. 变量 d1、d2 均未初始化

D. 变量 d2 没有初始化,d1 初始化为 4.0

5. 内部数据类型 byte 的取值范围是( )。

A. 0~65 535   B. (−128)~127

C. (−32 768)~32 767   D. (−256)~255

6. 下列( )是不能通过编译的语句的。

A. int i = 32;   B. float f = 45.0;

C. double d = 45.0;   D. char a='c';

7. 如果定义有"double x；float y；int m"，则表达式 x＊y－m 的类型为(　　　　)。

    A. double   B. float   C. int   D. short

8. 如果定义有"short s；byte b；char c"，则表达式 s＊b＋c 的类型为(　　　　)。

    A. char   B. short   C. int   D. byte

9. 已知"int i＝2147483647；＋＋i；"，则 i 的值等于(　　　　)。

    A. －2147483648   B. 2147483647   C. 2147483648

10. 已知"byte i＝127；＋＋i；"，则 i 的值等于(　　　　)。

    A. －128   B. 127   C. 128

11. 执行程序段"int a＝5,b；　b＝＋＋a＊3"后 b 的值为(　　　　)。

    A. 17   B. 18   C. 16   D. 15

12. 如果 $x＝3,y＝5$,则表达式 x｜y 的值为(　　　　)。

    A. 15   B. 8   C. 1   D. 7

13. 如果 int a＝3,b＝2,则执行 a＊＝b＋8 后 a 的值为(　　　　)。

    A. 20   B. 14   C. 30   D. 16

14. 若所用变量都已正确定义,以下选项中,非法的表达式是(　　　　)。

    A. a!＝4 ‖ b==1   B. 'a'％3   C. 'a'＝1/2   D. 'A'＋32

15. 以下数组初始化形式正确的是(　　　　)。

    A. int t1[][]＝{{1,2},{3,4},{5,6}}   B. int t2[][]＝{1,2,3,4,5,6}

    C. int t3[3][2]＝{1,2,3,4,5,6}   D. int t4[][];t4＝{1,2,3,4,5,6}

第3章 程序控制语句

程序语句一般是从上到下顺序执行,通过控制语句可以改变语句的执行顺序。Java 程序控制语句分为三类:选择、循环和跳转。根据表达式结果或变量状态,选择语句使程序选择不同的执行路径;循环语句使程序能够重复执行多个语句;跳转语句允许程序以非线性的方式执行,跳出原有的执行路径。

3.1 选 择 语 句

Java 支持两种选择语句:if 语句和 switch 语句。这些语句在程序运行时可以根据条件变量的状态控制程序的执行过程。分支比较少的情况下可使用 if 语句,分支比较多的情况下使用 switch 语句比较合适。

1. if 语句

1)一般 if 语句

if 语句是 Java 中的条件分支语句,它能将程序的执行路径分为两条。if 语句的完整格式如下:

```
if (condition)
statement1;
else
statement2;
```

其中,if 或 else 控制的对象可以是单个语句,也可以是程序块。条件 condition 可以是任何返回布尔值的表达式,else 子句不是必需的。

if 语句的执行过程是:如果条件为真(true),就执行 if 的对象(statement1);否则,执行 else 的对象(statement2)。任何时候两条语句都不可能同时执行。通常,用于控制 if 语句的表达式都是一个布尔表达式。

2)嵌套 if 语句

嵌套 if 语句是指该 if 语句为另一个 if 或 else 语句的对象。在编程时经常要用到嵌套 if 语句。使用嵌套 if 语句时,一个 else 语句总是对应着和它在同一个块中的最近的 if 语句,而且该 if 语句没有与其他 else 语句相关联。

另外一种嵌套形式是 if-else-if 阶梯,它的语法如下:

```
if(condition1)
    statement1;
```

```
else if(condition2)
    statement2;
else if(condition3)
    statement3;
...
else
    statementN;
```

条件表达式从上到下被求值。一旦找到为真的条件,就执行与它关联的语句,其他部分就被忽略了。如果所有的条件都不为真,则执行最后的 else 语句。最后的 else 语句经常被作为默认的条件。如果没有最后的 else 语句,而且所有其他的条件都失败,程序就不会做任何动作。

【**例 3-1**】 if-else 语句使用。

```
// IfElseTest.java
import java.util.Random;
public class IfElseTest {
    public static void main(String[] args) {
        // 随机产生一个字符
        Random r = new Random();
        char c = (char) r.nextInt('z');
        // 判断字符的类型
        if (c < 32)
            System.out.println("是一个控制符:" + c);
        else if (c >= '0' && c <= '9')
            System.out.println("是一个数字:" + c);
        else if (c >= 'A' && c <= 'Z')
            System.out.println("是一个大写字符:" + c);
        else if (c >= 'a' && c <= 'z')
            System.out.println("是一个小写字符:" + c);
        else
            System.out.println("其他字符:" + c);
    }
}
```

Random 类专门用于产生伪随机数,其方法 nextInt(int bound)返回一个小于 bound 的随机整数。本程序返回一个小于字符'z'的随机整数,并转换为字符。后面的 if-else 语句判断该字符是什么类型。

2. switch 语句

switch 语句是 Java 的多路分支语句。基于一个表达式的值,使程序执行不同分支的 case 语句。switch 语句的通用形式如下:

```
switch (expression) {
case value1:
    ... // statement block
    break;
case value2:
```

```
    ... // statement block
    break;
case valueN:
    ... // statement block
    break;
default:
    ... // default statement block
}
```

表达式 expression 的类型可以为 byte、short、int、char、String 或枚举(enum)类型,每个 case 语句后的值 value 必须是与表达式类型兼容的一个常量。重复的 case 值是不允许的。

switch 语句的执行过程如下:表达式的值首先与每个 case 语句中的常量相比较。如果发现了一个与之相匹配的,则执行该 case 语句后的代码。如果没有一个 case 常量与表达式的值相匹配,则执行 default 语句。当然,default 语句是可选的。如果没有相匹配的 case 语句,也没有 default 语句,则什么也不执行。

case 语句只是起到一个标号作用,用来查找匹配的入口并从此处开始执行其后的语句序列,对后面的 case 子句不再进行匹配。

switch 语句的执行过程和 default 语句的位置没有关系,不会因为把 default 语句放在 switch 的开始而执行 default 语句。

case 语句序列中的 break 语句使程序流从整个 switch 语句退出。当遇到一个 break 语句时,程序将跳出 switch 语句,从整个 switch 语句后的第一行代码开始继续执行。如果没有遇到 break 语句,switch 语句将一直执行到其结束。

【例 3-2】 switch 语句的使用。

```
// SwitchBreak. java
public class SwitchBreak {
    public static void main(String[ ] args) {
        String month = "一月";
        String season;
        switch (month) {
        case "十二月":
        case "一月":
        case "二月":
            season = "冬天";
            break;
        case "三月":
        case "四月":
        case "五月":
            season = "春天";
            break;
        default:
            season = "错误的月份.";
        }
        System. out. println(month + " 是 " + season + ".");
    }
}
```

该程序产生的输出如下:

> 一月是冬天。

正如该程序所演示的那样,如果没有 break 语句,程序将继续执行下面的每一个 case 语句,直到遇到 break 语句(或 switch 语句的末尾)。

可以将一个 switch 语句作为另一个 switch 语句的一部分,称为嵌套 switch 语句。

思考:

(1) 如果 default 语句放在 case 语句的前面,对程序的输出结果有没有影响?

(2) 如果 case 语句后面是一个 for 语句,那么 for 语句中的 break 语句对 switch 语句的执行有影响吗?

3.2 循 环 语 句

Java 的循环语句有 while 和 do-while、for 3 种。一个循环重复执行同一套语句,直到满足循环结束条件。

1. while 语句

while 语句是 Java 最基本的循环语句。当它的条件表达式为 true 时,while 语句重复执行一个语句或语句块。条件 condition 可以是任何布尔表达式。它的通用格式如下:

```
while(condition) {
    // 循环体
    ...
}
```

【例 3-3】 使用 while 计算大于或等于 200、小于 300 的数的和。

```java
// SampleWhile.java
public class SampleWhile
{
    public static void main(String[] args)
    {
        int sum = 0, i = 200;
        while (i < 300) {
            sum += i;
            i++;
        }
        System.out.println("the sum is " + sum);
    }
}
```

while 循环(或 Java 的其他任何循环)的循环体可以为空。这是因为一个空语句(仅由一个分号组成的语句)在 Java 的语法上是合法的。

2. do-while 循环

如果 while 循环一开始条件表达式就是假的,那么循环体就根本不被执行。然而,有时需要 while 循环至少执行一次后再判断条件表达式。Java 提供了 do-while 循环实现此功能。do-while 循环总是执行它的循环体至少一次。它的通用格式如下：

```
do {
// 循环体
    ...
} while (condition);
```

do-while 循环总是先执行循环体，然后再计算条件表达式。如果表达式为 true，则循环继续。否则，循环结束。条件 condition 必须是一个布尔表达式。

【例 3-4】 使用 do-while 计算大于或等于 200、小于 300 的数的和（重写例 3-3）。

```
// SampleDowhile.java
public class SampleDowhile
{
    public static void main(String[] args)
    {
        int sum = 0, i = 200;
        do {
            sum += i;
            i++;
        } while (i < 300);
        System.out.println("the sum is " + sum);
    }
}
```

3. for 循环

1）一般 for 循环

for 循环是一个功能强大且形式灵活的循环结构。下面是 for 循环的通用格式：

```
for(initialization; condition; iteration) {
// 循环体
...
}
```

如果只有一条语句需要重复，大括号就没有必要。

for 循环的执行过程如下。

第一步，当循环启动时，先执行其初始化部分。通常是设置循环控制变量的一个表达式，作为控制循环的计数器。初始化表达式仅被执行一次。

第二步，计算条件 condition 的值。条件 condition 必须是布尔表达式，将循环控制变量与目标值相比较。如果这个表达式的值为 true，则执行循环体；如果表达式的值为 false，则循环终止。

第三步，执行循环体的迭代(iteration)部分，通常是增加或减少循环控制变量的一个表达式。

第二步和第三步不断重复执行，直到条件表达式变为 false。

控制 for 循环的变量一般只用于该循环,可以在循环的初始化部分中声明变量。

【例 3-5】 使用 for 计算大于或等于 200、小于 300 的数的和(重写例 3-2)。

```java
// SampleFor.java
public class SampleFor
{
    public static void main(String[] args)
    {
        int sum = 0;
        for (int i = 200; i < 300; i++) {
            sum += i;
        }
        System.out.println("the sum is " + sum);
    }
}
```

为了允许两个或两个以上的变量控制循环,Java 允许在 for 循环的初始化部分和迭代部分声明和使用多个变量,每个变量之间用逗号分开。例如:

```java
int a, b;
for (a = 1, b = 4; a < b; a++, b--) {
    System.out.println("a = " + a);
    System.out.println("b = " + b);
}
```

for 循环的初始化和迭代部分可以为空。如果 for 循环的 3 个部分全为空,就可以创建一个无限循环(从来不停止的循环)。例如:

```java
for( ; ; ) {
    // ...
}
```

这个循环将始终运行,因为没有使它终止的条件。

2) for-each

可以用 for 语句遍历一个数组或集合中的所有元素,此情况下不需要循环控制变量。下面通过例子来说明。

【例 3-6】 使用 for-each,求大于 200 小于 300 的整数的和。

```java
// ForEachDemo.java
public class ForEachDemo {
    public static void main(String[] args) {
        int sum = 0;
        int a[] = new int[100];
        // 初始化数组
        for (int i = 0; i < 100; i++)
            a[i] = 200 + i;
        // for - each 语句的使用
```

```
        for (int e : a)
            sum = sum + e;
        System.out.println("the sum is " + sum);
    }
}
```

该程序中，"："表示"in"的意思，for(int e：a)就是"对于数组 a 中的每个整数 e"。通过定义一个整数变量 e 表示数组中的每个元素。for-each 循环看上去比一般的 for 循环漂亮得多，不需要使用下标或循环变量。

3.3 跳 转 语 句

Java 支持 3 种跳转语句：break、continue 和 return。这些语句把控制转移到程序的其他部分。

1. break 语句

在 Java 中，break 语句有 3 种作用：第一，在 switch 语句中，它被用来终止一个语句序列或语句块；第二，被用来退出一个循环；第三，可以跳出一个语句块，并把控制转移到一个标号开始执行。

1）使用 break 跳出循环

可以使用 break 语句直接强行退出循环，忽略循环体中的任何其他语句和循环条件测试。在循环中遇到 break 语句时，循环被终止，程序控制从循环后面的语句继续。下面是一个简单的例子。

【例 3-7】 break 退出循环。

```
class BreakLoop {
    public static void main(String args[]) {
        for(int i = 0; i < 100; i++) {
            if(i == 5) break;       // 如果 i 等于 5,终止循环
            System.out.println("i: " + i);
        }
        System.out.println("Loop complete.");
    }
}
```

尽管 for 循环被设计为从 0 执行到 99，但是当 i 等于 5 时，break 语句终止了 for 语句。

break 语句能用于任何 Java 循环中，包括人们有意设置的无限循环。在一系列嵌套循环中使用 break 语句时，它将仅仅终止最里面的循环。

switch 语句中的 break 仅仅影响该 switch 语句，而不会影响其外部的任何循环；如果 switch 内嵌有循环语句，则循环语句内的 break 语句跳出循环，而不是终止 switch 语句。

2）使用 break 跳转到标号语句

有时候需要从嵌套很深的循环中退出时，可以使用 break 语句终止一个或几个代码块。这种形式的 break 语句带有标号，可以明确指定跳出一个代码块，从标号语句处重新开始

执行。

标号 break 语句的通用格式如下：

```
Lable1:{
    …
    break Lable1;
    …
}
```

这里，标号 Lable1 标识一个代码块。当这种形式的 break 执行时，执行直接跳出 Lable1 标记的代码块。被加标号的代码块必须包围该 break 语句。

下面的程序示例了两个嵌套块，每一个都有它自己的标号。break 语句使执行向前跳，跳过了标号 second 的代码块结尾，跳过了 println（ ）语句。

【例 3-8】 带标签的 break 的使用。

```
// BreakLabel.java
class BreakLabel {
    public static void main(String args[]) {
        boolean t = true;
        标号 1: {
            System.out.println("break 之前.");
            if (t)
                break 标号 1;
            System.out.println("这个语句不执行.");
        }
        System.out.println("被标号语句块之后的语句.");
    }
}
```

该程序的输出结果如下：

```
break 之前.
被标号语句块之后的语句.
```

2. continue 语句

有时强迫一次循环提前结束，提前进行下一次循环时要用到 continue 语句。其后面的语句被忽略。

下例使用 continue 语句，使每行打印 9 个数字。

【例 3-9】 continue 语句的使用。

```
class SampleContinue
{
    public static void main(String args[])
    {
        for (int i = 1; i < 28; i++) {
            System.out.print(i + " ");
```

```
            if (i % 9 != 0)
                continue;
            System.out.println("");
        }
    }
}
```

该程序使用%(模)运算符来检验变量 i 是否被 9 整除,如果不是,循环继续执行而不换行。如果能被 9 整除,那么换行输出,该程序的结果如下:

```
1 2 3 4 5 6 7 8 9
10 11 12 13 14 15 16 17 18
19 20 21 22 23 24 25 26 27
```

类似 break 语句,continue 可以指定一个标号来说明继续哪个包围它的循环。

3. return 语句

最后一个控制语句是 return。return 语句用来明确地从一个方法返回。也就是说,return 语句使程序控制返回到调用它的方法。因此,将它分类为跳转语句。

在一个方法的任何地方,return 语句可被用来使正在执行的方法返回到调用它的方法。Java 运行时系统调用 main(),因此,main 函数中的 return 语句使程序执行返回到 Java 运行时系统。

如果使用 return 语句返回一个值,其格式如下:

```
return 返回值;
```

如果 return 语句未出现在子方法中,则执行子方法的最后一条语句后自动返回到主方法。

习题及思考

1. 编写一个程序,求 1!+2!+…+N!,N 为输入的整数。
2. 计算任意两个日期值相距的天数。
3. 编程验证哥德巴赫猜想,任何大于 6 的偶数可以表示为两素数之和,如 10=3+7。

程序控制语句

第4章 Java 面向对象程序设计基础

Java 为什么这么流行？其中一个非常重要的原因，就是它是纯粹的面向对象的编程语言(Object Oriented Programming，OOP)。本章将讲述面向对象程序设计的基本概念、特点、类的定义、包、封装，以及如何编写简单的面向对象 Java 程序等基础知识。

4.1 面向对象的基本概念

4.1.1 面向对象编程的概念

很多人使用过 Fortran、Basic、C 等面向过程的程序设计语言，这些语言是按流程化的思想来组织的。在这些语言的设计思想中，通常将存放基本数据类型的变量作为程序处理对象、以变量的赋值作为程序的基本操作、以变量值的改变作为程序运行的状态。这种程序设计风格存在着数据抽象简单、信息完全暴露、算法复杂、无法很好地描述客观世界等缺点。在程序设计过程中，为了实现有限度的代码重用，公共代码被组织成为过程或函数。当需要代码重用时，调用已经组织好的过程或函数。在这种应用方式中，如果软件项目庞大，程序的调试和维护将变得异常困难。

而面向对象的程序设计思想是将数据及对于这些数据的操作，封装在一个单独的数据结构中。这种模式更近似于现实世界，在这里，所有的对象都同时拥有属性及与这些属性相关的行为。对象之间的联系是通过消息来实现的，消息是请求对象执行某一处理或回答某些信息的要求。某个对象在执行相应的处理时，可以通过传递消息请求其他对象完成某些处理工作或回答某些消息。其他对象在执行所要求的处理活动时，同样可以通过传递消息和另外的对象联系。所以，一个面向对象程序的执行，就是靠对象间传递消息来完成的。

面向对象程序设计是一种新兴的程序设计方法，或者是一种新的程序设计规范，它使用对象、类、继承、封装、消息等基本概念来进行程序的设计。从现实世界中客观存在的事物(即对象)出发来构造软件系统，并且在系统构造中尽可能运用人类的自然思维方式。开发一个软件是为了解决某些问题，这些问题所涉及的业务范围称为该软件的问题域。其应用领域不仅仅是软件，还有计算机体系结构和人工智能等。

那么，面向对象程序设计有哪些特点呢？简单地说就是封装、继承、多态三大特点。

1) 封装

封装就是把对象的属性和对这些属性的操作封装在一个单独的数据结构中，并尽可能隐蔽对象的内部细节，包含以下两个含义。

(1) 把对象的全部属性和对属性的全部操作结合在一起，形成一个不可分割的独立单元(即对象)。

(2) 信息隐蔽,即尽可能隐蔽对象的内部细节,对外形成一个边界(或形成一道屏障),只保留有限的对外接口使之与外部发生联系。

封装的原则在软件上的反映是:要求对象以外的部分不能随意存取对象的内部数据,从而有效地避免外部错误对它的影响,使软件错误能够局部化,这样可大大减少查错和排错的难度。

2) 继承

继承是一种由已有的类创建新类的机制。利用继承,可以先创建一个拥有共有属性的一般类,根据该一般类再创建具有特殊属性的新类,新类继承一般类的状态和行为,并根据需要增加自己的新的状态和行为。由继承而得到的类称为子类,被继承的类称为父类或超类。Java 不支持多重继承,子类只能有一个父类。

在 Java 编程语言中,通过继承可利用已有的类,并可以扩展它的属性和方法。这个已有的类可以是语言本身提供的、其他程序员编写的或程序员原来编写的。继承在 Java 中无所不在。

3) 多态

对象的多态是由封装和继承引出的面向对象程序设计语言的另一特征。主要体现在两个方面:方法重载时实现的静态多态和方法重载时实现的动态多态。

多态性使得同一方法可以有多种形式。另外父类中定义的属性或方法被子类继承之后,可以具有不同的数据类型或表现出不同的行为,同一个属性或方法在父类及其各个子类中可以具有不同的语义。

4.1.2 客观事物的抽象

在计算机软件系统中,一般处理的是软件对象。软件对象实际上是对现实世界对象的造型,因为它同样有状态和行为。一个软件对象利用一个或多个变量来维持它的状态。变量是由用户标识符来命名的数据项。软件对象用它的方法来执行它的行为。方法是与对象有关联的函数(子程序)。

为了使计算机能够处理和理解客观事物,必须对事物进行抽象,以求得事物的本质。现实事物纷繁复杂,因此,在事物抽象过程中,必须忽略抽象事物中那些与当前目的无关的特征,求取对当前需求有直接影响的因素。因此,针对客观事物的抽象必须掌握一定的抽象原则。

大家都知道,当确定了一个圆形的圆心位置和圆的半径后,就可以在平面上确定一个圆。因此,抽象出来的圆的要素为圆心和半径,如图 4-1 所示。

用数据结构表示如下:

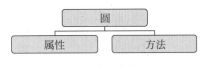

图 4-1　圆的构成要素

```
class Circle{
    point center;      // 圆心
    float radius;      // 半径
}
```

Java 面向对象程序设计基础

其中 class 是面向对象程序设计常用来定义"类"这种数据结构的关键字。

例如,一台计算机的构成会由哪些要素组成呢? 大家都知道,一台计算机由 CPU 型号、主板类型、内存大小、硬盘大小、光驱速度、显示器尺寸等基本要素构成。因此,抽象得到的计算机的构成要素,可以用数据结构表示如下:

```
class Computer{
    CPU cpu;                  // CPU 是一个类,定义 cpu 对象
    MainBoard mainboard;      // MainBoard 是一个类,定义 mainboard 对象
    int memorysize;           // 内存大小
    int fixeddiskszie;        // 硬盘大小
    int cdromSpeed;           // 光驱速度
    int displaySize;          // 显示器尺寸
}
```

由上面的分析可以看出,抽象是去除一个事物中对当前目的不重要的细节,保留对当前目的具有决定意义的特征,形成数据抽象。数据抽象是面向对象应用程序设计的基础。上面的分析虽然描述了对象的基本要素,但是没有描述设计对象的行为。

仍然以圆的特征为例: 在圆的基本特征中,面积是由圆的半径求取的,获取圆的面积的方法是圆对象的基本行为。因此,必须重新对圆进行抽象,如图 4-2 所示。

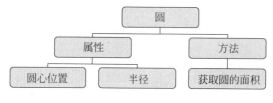

图 4-2   对圆进行抽象

用数据结构表示如下:

```
class Circle {
    point center;      // 属性或成员
    float radius;      // 属性或成员
    double getArea(){ // 方法
    return radius * radius * 3.1415926;
    }
}
```

4.2 类 的 定 义

类实际上是 Java 语言的核心,整个 Java 语言就是建立在类的逻辑基础上的。原因在于类是对对象的状态和行为的定义。类是 Java 中的一种重要的复合数据类型,是组成 Java 程序的基本要素。它封装了一类对象的状态和方法,是这一类对象的原型。一个类的实现包括两部分: 类声明和类体。

4.2.1 类声明

类声明的格式如下:

```
[修饰符] class 类名 [extends 超类名] [implements 接口名列表] {…}
```

可能的选项有:

```
[public][abstract|final] class 类名 [extends 超类名]
[implements 接口名列表]{…}
```

类的修饰符有 public、abstract、final。一个类可以同时有多个修饰符,但是不能有相同的修饰符。当一个类有多个修饰符时,这些修饰符无先后顺序之分,可以按任意的顺序排列它们。下面对这些修饰符作简单的说明。

- public(公共): public 修饰的类能被所有的类访问。
- abstract(抽象): abstract 修饰的类不能被实例化,它含有未实现的方法。
- final(最终): final 修饰的类不能被继承,即不能有子类。

注意,abstract 和 final 不能同时作为一个类的修饰符。

习惯上类名的第一个字母大写,但这不是必需的。类的名称不能是 Java 中的关键字,要符合标识符规定,即名称可以由字母、下画线、数字或美元符号组成,并且第一个字符不能是数字。但给类命名时,最好遵守以下习惯。

(1) 如果类名使用拉丁字母,那么名称的首字母使用大写字母,如 Hello、Time、People 等。

(2) 类名最好见名知意,当类名由几个"单词"复合而成时,每个单词的首字母使用大写,如 BeijingTime、AmericanMap、HelloChina 等。

extends(继承): extends 保留字用来表明新创建的类继承哪个类,被继承的类称为此类的父类。extends 后面只能跟一个父类名。

implements(实现):用来表明这个类实现了哪些接口,接口名可以有多个。

例如,下面的类是合法的:

```
class MyClass {        // 空类,没有任何用处,但是合法
    }
```

又如,下面的 Rectangle 类继承了 Shapes 父类,实现了接口 Display,是一个公共类。

```
public class Rectangle extends Shapes implement Display{
… // 类体
    }
```

4.2.2 类体

类体中定义了该类所有的成员变量和该类所支持的方法,其格式说明如下:

```
{
   [成员变量说明]
   [成员方法说明]
}
```

可能的选项有:

```
{
   [public | protected | private ] [static] [final] [transient] [volatile]
   type variableName;          // 成员变量
   [public | protected | private ] [static]
   [final | abstract] [native] [synchronized]
   returnType methodName([paramList]) [throws exceptionList]
   {statements}                // 成员方法
}
```

类体由成员变量说明、成员方法说明构成,它们都是可选的。类体中的说明没有先后顺序之分,但是为了类的可读性,建议按照成员变量说明在前、成员方法说明在后的顺序。

1. 成员变量说明

成员变量又称为值域。成员变量的说明类似于方法的局部变量说明,所不同的是,成员变量定义在类中,是类成员的一部分,整个类都可以访问它。Java 中成员变量说明形式如下:

```
[修饰符] 成员变量类型 成员变量名列表;
```

成员变量的修饰符有以下几种:默认访问修饰符、public、protected、private、final、static、transient 和 volatile。具体说明如下。

(1) 默认访问修饰符。默认访问修饰符的成员变量可以被同一包(package)中的任何类访问。

(2) public(公共)。public 修饰的成员变量可以被项目文件中的任何方法所访问。由于 public 成员变量不受限制,容易使类的对象引起不希望的修改,建议成员变量尽量不要使用 public 修饰符。

(3) protected (保护)。protected 修饰的成员变量可以被有继承关系的类自由访问,即子类可以访问它。

(4) private (私有)。private 修饰的成员变量只能在同一个类中使用。这种方式通常是最为安全的。

(5) static(静态)。static 修饰的成员变量称为类变量或静态变量。不加 static 修饰的成员变量称为实例变量。实例变量依附于具体的对象实例,它的值因具体对象实例的不同而不同,而类变量为该类的所有对象共享,它的值不因类的对象不同而不同。

(6) final(最终)。final 修饰的成员变量称为最终成员变量。一开始创建该变量时将其设定了一个值,在以后程序的运行过程当中,变量的值将一直保持这个值不变。最终变量又称为常量。Java 中的常量必须是类的成员。对于最终成员变量,任何赋值都将导致编译错误。因为常量在说明以后就不能改变其值,所以常量必须要使用变量初始化来赋初值。无论是实例变量,还是类变量,都可以被说明成常量。final 修饰符和 static 修饰符并不冲突,可以一起来说明一个常量,例如:

```
static final float PI = 3.1425926;
```

（7）transient（短暂）。transient 用来声明一个暂时性变量,例如:

```
class TransientVar{
    transient TransientV;
}
```

在默认情况下,类中所有变量都是对象永久状态的一部分,当对象被串行化时,这些变量必须同时被保存。用 transient 限定的变量则指示 Java 虚拟机,该变量并不属于对象的永久状态,它主要用于实现不同对象的串行化功能。

（8）volatile（易变的）。volatile 声明一个多线程共享变量,例如:

```
class VolatileVar{
    volatile int volatileV;
}
```

由多个并发线程共享的变量可以用 volatile 来修饰,使得各个线程对该变量的访问能保持一致。一个 final 修饰的变量不能申明为 volatile 变量。

成员变量类型可以是基本类型或类。

例如:

```
class Rectangle{
    static final float Weight = 100.0f;        // 常量
    private Point p1,p2;                        // 私有变量
    public float area;                         // 公共变量
}
```

2. 成员变量使用

类的成员变量在定义它的类内部,可以直接通过成员变量名来访问。

```
class Circle {
    static final float PI = 3.1415926f;        // 常量
    private Point center;                       // 属性或成员
    private float radius;                       // 属性或成员
    static Color color;
    public float area;
    float getArea(){                           // 方法
      return radius * radius * PI;             // 内部访问成员变量
    }
}
```

如果从类的外部访问,类变量和类对象变量的使用方法是不同的。访问类变量的格式如下:

> **类名.类变量名**

例如,可以采用下面形式访问上例中的静态变量 color:Circle.color,由此可见,访问类变量与类的对象构造和对象都无关。类变量名必须用 static 修饰。更详细的说明见后面的章节。

访问实例变量的格式如下:

> **对象名.实例变量名**

例如:

```
Circle c1 = new Circle();                    // c1 是对象名
System.out.println("area = " + c1.area);     // c1.area 指的是 c1 对象的 area 值域
```

由此可见,要使用对象变量首先要构造对象,获得类对象名。类对象名即对应的类变量名。

3. 成员方法说明

在 Java 中,方法总是 Java 类的一个组成部分。通过类的方法,改变对象的状态。方法说明分为方法首部说明和方法体两部分。

方法首部说明的格式如下:

> [方法修饰符]返回值类型 方法名([形参列表])[throws 异常列表]

可能的选项有:

```
[public | protected | private ]
[static][final | abstract] [native] [synchronized]
returnType methodName([paramList])[throws exceptionList]    // 方法声明
{…}                                                          // 方法体
```

方法修饰符包括以下几种。

(1) default(默认):没有修饰符的成员方法可以被同一包中的任何类访问。

(2) public(公共):public 修饰的方法可以由其他类访问。

(3) protected(保护):protected 修饰的方法只能由继承关系的类访问。

(4) private(私有):private 修饰的方法只能由说明该方法的类访问。

(5) static (静态):static 修饰的方法为静态方法,又称为类方法;无 static 修饰的方法为实例方法。类方法是该类的所有对象共享的方法。

(6) abstract(抽象):abstract 修饰的方法为抽象方法,无方法体。

(7) final(最终):final 修饰的方法为最终方法,不能由子类改变。

（8）synchronized（同步）：synchronized 修饰的方法执行之前给方法设置同步机制，实现线程同步。

（9）native（本地）：native 修饰的方法为本地方法，即方法实现与本地计算机系统有关。

方法名是 Java 中任意的标识符。按照命名的约定，方法名应该是有意义的动词或动词短语，它的第一个字母一般要小写，其他有意义的单词的首字母要大写，其余字母小写。返回值类型可以是任意的 Java 类型，甚至可以是定义此方法的类。如果方法没有返回值，则用 void 表示。

形式参数列表是可选的。如果方法没有形式参数，就用一对小括号"（）"表示。形式参数列表的形式如下：

```
（类型  形参名,类型  形参名,…）
```

throws 异常列表规定了在方法执行中可能导致的异常。这将在后面的章节详细介绍。

4. 方法体

方法体是实现这个方法的代码段，它由"{"和"}"括起来的语句序列构成。方法体也可以是一个分号"；"，表示无方法体，该方法没有实现。当且仅当方法的修饰符中有 abstract 或 native 时，方法才无方法体。

例如，求解三角形问题时可以编写 Triangle 类，在 Triangle 类可以有以下的两种方法。程序如下：

```
class Triangle{
    double sideA,sideB,sideC;                // 三角形的三边
    void setSide(double a,double b,double c){  // 该方法用来赋初值
        sideA = a;
        sideB = b;
        sideC = c;
    }
    boolean isOrNotTriangle(){                // 判断是否构成三角形的方法
    if( sideA + sideB > sideC && sideA + sideC > sideB && sideB + sideC > sideA ){
        return true;
    }else{
        return false;
    }
  }
}
```

对于一个方法，如果在声明中所指定的返回类型不为 void，则在方法体中必须包含 return 语句，返回指定类型的值。返回值的数据类型必须和声明中的返回类型一致，或者完全相同，或者是它的一个子类。当返回类型是接口时，返回的数据类型必须实现该接口。有关接口的说明见下一章。

5. 方法的调用

成员方法又分为类方法（静态方法）和对象方法（实例方法）两类。他们的调用是有区

别的。

前面已经简单讨论了类变量。类变量不属于由类定义的个别实例对象,而是属于定义它的类;实例变量是针对实例的。这些讨论同样也适用于类方法。

类方法,也称静态方法,它直接和类联系在一起,不能通过类的实例来调用,类方法中不能有对类的对象变量的操作。

类方法调用形式如下:

> **类名.类静态方法名(实参列表)**

前面的例子中经常使用到类方法,应用程序中的主方法 main 就是类方法。类方法和类变量一样,都是对整个类而言的,而不是针对类的对象。一些通用的、公用型的方法不能直接作用在类的对象上,因此常常被作为类方法来实现。例如,Java 类库中 Math 类,其中多数的数学运算的操作都被定义成类方法,如 Math.sqrt(100.0)。因此,一些通用的、公用型的方法可以使用类方法把它们放在合适的类中,从而很好地将它们组织起来。

关于类方法的详细说明和使用见后面的章节。

对象方法调用形式如下:

> **类对象名.类非静态方法名(实参列表)**

例如:

```
Circle c1 = new Circle();                      // r1 是对象名
System.out.println("area = " + c1.getArea());  // c1.getArea 指的是 c1 对象调用 getArea()方法
```

由此可见,要使用对象方法,首先要构造对象,获得实例对象,然后通过实例对象来调用它的方法。

4.2.3 实例化对象

前面讲过,类是创建对象的模板。当使用一个类创建了一个对象时,也可以说给出了这个类的一个实例。通常的格式为:

> Type objectName = new Type([parameterList]);

创建一个对象包括对象的声明、为对象分配内存空间和赋初值 3 个步骤。

(1) 对象的声明。

格式为:

> 类的名称 对象名称;

例如:

```
People zhangPing;
```

这里 People 是一个类的名称,zhangPing 是要声明的对象的名称。

(2) 为声明的对象分配内存。

使用 new 运算符和类的构造方法为声明的对象分配内存,如果类中没有构造方法,系统会调用默认的构造方法。默认的构造方法是无参数的,构造方法的名称必须和类名相同。用 new 可以为一个类实例化多个不同的对象,这些对象分别占用不同的内存空间,因此改变其中一个对象的状态不会影响其他对象的状态。

(3) 最后一步是执行构造方法,进行初始化。

```
zhangPing = new People("20040101");
zhongYong = new People("20040102");       // 实例化另外一个对象
```

上面 3 个步骤,通常可以写成以下简洁的形式:

```
People zhangPing = new People("20040101");
```

【例 4-1】 下面的例子将建立雇员信息类 EmpInfo,并实例化对象,然后打印出若干信息。

```java
// EmpInfo.java
public class EmpInfo {
    String name;                          // 雇员的姓名
    String designation;                   // 雇员的职务
    String department;                    // 雇员的部门

    void print() {                        // 成员方法
        System.out.println(name + " is " + designation + " at " + department);
    }

    public static void main(String argv[]){
        EmpInfo employee = new EmpInfo();           // 创建对象并实例化
        employee.name = " Robert Javaman " ;        // 给成员变量赋值
        employee.designation = " Manager " ;        // 给成员变量赋值
        employee.department = " Coffee Shop " ;     // 给成员变量赋值
        employee.print();                           // 调用方法 print()
    }
}
```

运行结果如下:

```
Robert Javaman is Manager at Coffee Shop
```

4.2.4 构造方法说明

每当由类构造对象时都要调用该类特定的构造方法,在 Java 中,每个类都至少有一个

构造方法。构造方法可以确保用户正确地构造类的对象,同时,构造方法也会对对象做初始化工作。构造方法说明形式如下:

> [构造方法修饰符]方法名([形式参数列表])[throws 异常列表]{方法体}

构造方法修饰符与一般方法修饰符相同,读者可参见 4.2.2 小节。

构造方法不能像一般的方法那样被直接调用,它是在构造类的实例的时候被 new 关键字调用的。当构造一个类的实例的时候,编译器主要完成以下 3 件事情。

(1) 为对象分配内存空间。

(2) 初始化对象中的实例变量的值,初始值可以是默认值,或者变量按指定的值初始化。

(3) 调用对象的构造方法。

一个类的构造方法可以有多个,它们都具有相同的方法名称,即类名。编译器根据参数的类型来决定调用哪个构造方法,这就是构造方法的多态。构造方法分为默认的构造方法(不带参数)和带参数的构造方法。

(1) 默认的构造方法。如果类的定义没有编写构造方法,Java 语言会自动为用户提供。这个由 Java 自动提供的构造方法就是所谓的默认构造方法。默认的构造方法确保每个 Java 类都至少有一个构造方法,该方法应符合方法的定义。

例如,在例 4-1 的类 EmpInfo 中,没有定义构造方法,则 Java 自动提供了一个默认的构造方法,如下:

> public EmpInfo(){};   // 默认的构造方法

这时,对象成员变量的初值按照 Java 规定如表 4-1 所示。

表 4-1　变量的默认初始值

变量的类型	初　始　值
布尔型(boolean)	false
字符型(char)	'\u0000'
整形(byte、short、int、long)	0
浮点型(float、double)	+0.0f 或 +0.0d
对象引用	null

(2) 带参数的构造方法。带有参数的构造方法能够实现这样的功能:当构造一个新对象时,类构造方法可以按需要将一些指定的参数传递给对象的变量。

【例 4-2】　该例采用默认构造方法实例化对象,然后使用 init()给对象赋值。

```
// VariableTest. java
class Variable{
    int x = 0, y = 0, z = 0;          // 类成员变量
    void init(int x, int y){
        this.x = x;
```

```
            this.y = y;
            int z = 5;                           // 局部变量
            System.out.println(" **** in init **** ");
            System.out.println(" x = " + x + " y = " + y + " z = " + z);
        }
    }
    public class VariableTest{
        public static void main(String args[]){
            Variable v = new Variable();          // 使用默认的构造方法
            System.out.println(" **** before init **** ");
            System.out.println(" x = " + v.x + " y = " + v.y + " z = " + v.z);
            v.init(20,30);
            System.out.println(" **** after init **** ");
            System.out.println(" x = " + v.x + " y = " + v.y + " z = " + v.z);
        }
    }
}
```

程序运行结果如下：

```
 **** before init ****
x = 0 y = 0 z = 0
 **** in init ****
x = 20 y = 30 z = 5
 **** after init ****
x = 20 y = 30 z = 0
```

从例 4-2 中可以看到局部变量 z 和类的成员变量 z 的作用域是不同的。

另外，例 4-2 中还用到了 this。这是因为 init() 方法的参数名与类的成员变量 x、y 的名称相同，而参数名会隐藏成员变量，所以在方法中，x、y 指传入的参数，为了区别参数与类的成员变量，必须使用 this。this 用在一个方法中用来引用当前对象，它的值是调用该方法的对象。通常在初始化方法的声明中，所取的参数名和类的成员变量名相同，这时要用到 this 来指明成员变量，在程序中易产生二义性的地方也应使用 this 来指明当前对象，以使代码更清晰。

【例 4-3】 在例 4-1 的基础上编写带参数的构造方法。

```
// EmpInfoC.java
public class EmpInfoC {
    String name;                    // 雇员的姓名
    String designation;            // 雇员的职务
    String department;             // 雇员的部门
    // 带参数的构造方法
    public EmpInfoC(String name,String designation,String department){
        this.name = name;          // this 是用来指向当前对象或类实例
        this.designation = designation;
        this.department = department;
    }

    void print() {                 // 成员方法
```

Java 面向对象程序设计基础

```
        System.out.println(name + " is " + designation + " at " + department);
    }

    public static void main(String argv[]){
        EmpInfoC employee = new EmpInfoC("Robert Javaman ","Manager","Coffee Shop");
        employee.print();        // 调用方法 print()
    }
}
```

运行结果如下:

```
Robert Javaman is Manager at Coffee Shop
```

由于采用了带有参数的构造方法来实例化对象,同时对对象进行初始化,与例 4-1 相比较,代码少了,更简洁更清晰了。

4.2.5 对象的清除

Java 运行时系统通过垃圾收集器周期性地释放无用对象所使用的内存,完成对象的清除。当不存在对一个对象的引用时,该对象成为一个无用对象。Java 的垃圾收集器自动扫描对象的动态内存区,对被引用的对象加标记,然后把没有引用的对象作为垃圾收集起来并释放。垃圾收集器作为一个线程运行,当系统的内存用尽或程序中调用 System.gc()要求进行垃圾收集时,垃圾收集线程与系统同步运行,否则垃圾收集器在系统空闲时异步地执行。在对象作为垃圾被收集器释放前,Java 运行时系统会自动调用对象的方法 finialize(),使它清除自己所使用的资源。

在类的定义中,除了必须定义创建类实例的方法外,还可以在定义中提供用于对象清除的方法 finialize(),它的格式如下:

```
protected void finalize() throws Throwable{
    // 撤销对象
}
```

finalize()方法是类 java.long.Object 中最基本的方法。

对于任意的类,用于对象撤销的方法要完成的功能是类似的,大致可以完成以下功能。

(1) 关闭已经打开的文件。

(2) 保存对象实例中需要保存的信息。

(3) 释放对象中占用的内存空间。

前面已经讲过,Java 提供自动内存垃圾收集和处理程序。然而,在某些情况下,当一个类被破坏后,需要亲自执行一些垃圾收集器不能处理的特殊清理工作。例如,在某个对象的生存期内也许打开了一些文件,而当这个对象被破坏时,若想确认这些文件是否已经被正确地关闭,这时就要用到 finalize 方法。

4.2.6 方法重载

方法重载(Method Overloading)就是一个类中可以有多个方法具有相同的名称,但这些方法的参数必须不同,即或者是参数的个数不同,或者是参数的类型不同,或者是返回值不同。这也是面向对象的程序设计中的奇妙之处,重载反映了大千世界的变化。

从另外的含义上来讲,重载也可以看成是同一个方法具有不同的版本,每个版本之间在参数特征和返回值方面有差别。重载是 Java 实现多态性的一种方式。

当调用一个重载方法时,JVM 自动根据当前对方法的调用形式在类的定义中匹配形式符合的成员方法,匹配成功后,执行参数类型、数量均相同的成员方法。方法重载在 Java 的 API 类库中得到大量的使用。

【例 4-4】 关于成员方法重载的例子。

```java
// DemoOverload.java
class Demo2{
    int a,b;

    int method(){                           // 成员方法一
        return a + b;
    }
    int method(int c){                      // 成员方法二
        return a + b + c;
    }
    int method(int c, int d){               // 成员方法三
        return a + b + c + d;
    }
    Demo2(int a, int b)                     // 构造方法
    {
        this.a = a;
        this.b = b;
    }
}
public class DemoOverload{
    public static void main(String args[]){
        Demo2 aDemo2 = new Demo2(1,2);      // 实例化
        int a = aDemo2.method();            // 调用成员方法一
        System.out.println(a);
        int b = aDemo2.method(3);           // 调用成员方法二
        System.out.println(b);
        int c = aDemo2.method(3,4);         // 调用成员方法三
        System.out.println(c);
    }
}
```

上面程序的运行结果为:

```
3
6
10
```

Java 面向对象程序设计基础

从上面的程序中可以发现成员方法重载的妙用。在该程序中,方法 method 被定义了 3 次,其中第一次没有参数,第二次有一个参数,第三次有两个参数。在调用成员方法时,由于使用的是同一方法名,因此根据成员方法的参数就能找到需要运行的是哪个方法。

构造方法也可以重载,下面是关于构造方法重载的例子。

【例 4-5】 构造方法重载。

```
// ConstructionOverload.java
class Demo{
    int a,b,c;                         // 成员变量
    public Demo(){                     // 构造方法一
    }
    public Demo(int a) {               // 构造方法二
        this.a = a;
    }

    public Demo(int a,int b) {         // 构造方法三
        this.a = a;
        this.b = b;
    }
    public Demo(int a,int b,int c) {   // 构造方法四
        this.a = a;
        this.b = b;
        this.c = c;
    }
}

public class ConstructionOverload{
    public static void main(String args[]){
        // 应用第一种构造方法
        Demo aDemo = new Demo();
        System.out.println("方法一成员变量 a: " + aDemo.a);
        System.out.println("方法一成员变量 b: " + aDemo.b);
        System.out.println("方法一成员变量 c: " + aDemo.c);
        // 应用第二种构造方法
        Demo bDemo = new Demo(1);
        System.out.println("方法二成员变量 a: " + bDemo.a);
        System.out.println("方法二成员变量 b: " + bDemo.b);
        System.out.println("方法二成员变量 c: " + bDemo.c);
        // 应用第三种构造方法
        Demo cDemo = new Demo(1,2);
        System.out.println("方法三成员变量 a: " + cDemo.a);
        System.out.println("方法三成员变量 b: " + cDemo.b);
        System.out.println("方法三成员变量 c: " + cDemo.c);
        // 应用第四种构造方法
        Demo dDemo = new Demo(1,2,3);
        System.out.println("方法四成员变量 a: " + dDemo.a);
        System.out.println("方法四成员变量 b: " + dDemo.b);
        System.out.println("方法四成员变量 c: " + dDemo.c);
    }
}
```

上面程序的输出为：

```
方法一成员变量a: 0
方法一成员变量b: 0
方法一成员变量c: 0
方法二成员变量a: 1
方法二成员变量b: 0
方法二成员变量c: 0
方法三成员变量a: 1
方法三成员变量b: 2
方法三成员变量c: 0
方法四成员变量a: 1
方法四成员变量b: 2
方法四成员变量c: 3
```

从上面的程序中可以看到构造方法的重载。在该程序中,方法 Demo() 被定义了 4 次,每次参数都不同。第一个构造方法,没有参数,也没有方法体,它和系统的默认构造方法是一致的。默认的构造方法确保每个 Java 类都至少有一个构造方法。如果程序中给出了带参数的构造方法,而没有给出默认构造方法,这时调用默认构造方法将导致错误。

在调用构造方法时,由于使用的是同一方法名,因此根据构造方法的参数就能找到需要运行的是哪个方法。

4.3 类和对象的使用

对象的使用包括引用对象的成员变量和方法,通过运算符“.”可以实现对变量的访问和方法的调用,变量和方法可以通过一定的访问权限(见后面的章节)来允许或禁止其他对象对它的访问。

类变量和类方法的使用只需要类名。通过运算符“.”可以实现对变量的访问和方法的调用。

在类中声明一个变量或方法时,可以指定它为类变量(静态变量)和类方法。其格式如下:

```
static type classVar;
static returnType classMethod([paramlist]){
    ...
}
```

上面的程序段分别声明了类变量和类方法。如果在声明时不用 static 修饰,则声明为实例变量和实例方法。

1. 实例变量和类变量

在生成每个类的实例对象时,Java 运行时系统为每个对象的实例变量分配一块内存,然后可以通过该对象来访问这些实例的变量。不同对象的实例变量是不同的。而对于类变量来说,在生成类的第一个实例对象时,Java 运行时系统对这个对象的每个类变量分配一块内存,以后再生成该类的实例对象时,这些实例对象将共享同一个类变量,每个实例对象对类变量的改变都会直接影响到其他实例对象。类变量可以通过类名直接访问,也可以通过实例对象来访问,两种方法的结果是相同的。

2. 实例方法和类方法

实例方法可以对当前对象的实例变量进行操作,也可以对类变量进行操作,但类方法不能访问实例变量。实例方法必须由实例对象来调用,而类方法除了可由实例对象调用外,还可以由类名直接调用。另外,在类方法中不能使用 this 或 super。

关于类方法的使用,有以下几方面限制。

(1) 在类方法中不能引用对象变量。

(2) 在类方法中不能使用 super、this 关键字。

(3) 类方法不能调用类中的对象方法。

如果违反这些限制,编写的程序就会导致编译错误。

与类方法相比,实例方法几乎没有什么限制。

(1) 实例方法可以引用对象变量(这是显然的),也可以引用类变量。

(2) 实例方法中可以使用 super、this 关键字。

(3) 实例方法中可以调用类方法。

【例 4-6】 下面是关于实例变量的例子。

```java
// instVar.java
class koA{
    int a;
    public void display(){
        System.out.print(" a = " + a);
    }
}
public class instVar{
    public static void main(String args[]){
        .koA a1 = new koA(); a1.a = 10;// a1 是一个实例对象
        .koA a2 = new koA(); a2.a = 20;// a2 是另一个实例对象
        a1.display();
        a2.display();
    }
}
```

运行结果为:

```
a = 10 a = 20
```

一个类通过使用 new 运算符可以创建多个不同的对象,这些对象将被分配不同的内存空间,也就是说不同的对象的实例变量将被分配不同的内存空间。本例中 a1、a2 是不同的实例对象,其成员变量虽然同名,但分配在不同的内存区域,因此本质上是两个不同的量。

【例 4-7】 下面是类变量的例子。

```
// classVar.java
class koB{
    static int a;
    public void display(){
        System.out.print(" a = " + a);
    }
}
public class classVar{
    public static void main(String args[]){
        koB a1 = new koB(); a1.a = 10;        // a1 是一个实例对象
        koB a2 = new koB(); a2.a = 20;        // a2 是另一个实例对象
        koB.a = 50;                           // 类方法直接访问类变量
        a1.display();
        a2.display();
    }
}
```

运行结果为:

```
a = 50    a = 50
```

如果类中的成员变量有类变量,那么所有的对象的这个类变量都使用相同的一段内存,改变其中一个对象的这个类变量就会影响到其他对象的这个类变量。也就是说所有对象共享类变量。

【例 4-8】 下面是类方法使用的例子。

```
// classMethodTest.java
class member{
    static int classVar;
        int instanceVar;

    static void setClassVar(int i){
        classVar = i;
        // instanceVar = i;在类方法中不能引用实例成员
    }

    static int getClassVar( ){
      return classVar;
    }

    void setInstanceVar(int i ){
        classVar = i;
        instanceVar = i;
    }

    int getInstanceVar(){
        return instanceVar;
```

```
        }
    }

public class classMethodTest{
    public static void main(String args[]){
        member m1 = new member( );
        member m2 = new member( );
        m1.setClassVar(1);
        m2.setClassVar(2);
        System.out.println("m1.classVar = " + m1.getClassVar( ) +
                           " m2.classVar = " + m2.getClassVar( ));
        m1.setInstanceVar(11);
        m2.setInstanceVar(22);
        System.out.println("m1.InstanceVar = " + m1.getInstanceVar( ) +
                           " m2.InstanceVar = " + m2.getInstanceVar( ));
    }
}
```

运行结果为:

```
m1.classVar = 2    m2.classVar = 2
m1.InstanccVar = 11    m2.InstanceVar = 22
```

从类成员的特性可以看出,可以用 static 来定义全局变量和全局方法,这时由于类成员仍然封装在类中,因此可以通过限制全局变量和全局方法的使用范围来防止冲突。另外,由于可以从类名直接访问类成员,因此访问类成员前不需要对它所在的类进行实例化。一个类的 main()方法必须要用 static 来修饰,这是因为 Java 运行时系统在开始执行一个程序前,并没有生成类的一个实例,它只能通过类名来调用 main()方法作为程序的入口。

另外要注意的是,无论是类方法还是实例方法,当被调用执行时,方法中的局部变量才被分配内存空间,方法调用完毕,局部变量即可释放所占的内存。

4.4　包 package

由于 Java 编译器为每个类生成一个字节码文件,且文件名与类名相同,因此同名的类有可能发生冲突。为了解决这一问题,Java 提供包来管理类名空间。包实际上提供了一种命名机制和可见性限制机制。

Java 虚拟机(JVM)决定如何创建和存储包、子包及相应的编译单元,并决定哪些顶层包名称在特定的编译中是可见的,以及决定哪些包是可访问的。包可以存储在当地文件系统中、分布式文件系统当中,或者某种形式的数据库中。

Java 系统必须支持至少一个无名包(也称默认包),一般为当前目录。在开发小的或临时的应用程序,或者刚刚开始开发时,用无名包是非常方便的。

1. package 语句

package 语句作为 Java 源文件的第一条语句,指明该文件中定义的类所在的包。(若默认该语句,则指定为无名包)。它的格式为:

```
package pkg1[.pkg2[.pkg3…]];
```

Java 编译器把包对应于文件系统的目录。例如，名称为 myPackage 的包中，所有类文件都将存储在目录 myPackage 下。同时，package 语句中，用"."来指明目录的层次，例如：

```
package java.awt.image;
package sun.com.cn;
package myPackage;        //一个 Java 程序只能位于一个包内
```

另外，包层次的根目录 path 是由环境变量 classpath 来确定的。

Java 的 JDK 提供的包（也称基础类库）包括 Java.applet、java.awt、java.awt.datatransfer、java.awt.event、java.awt.image、java.beans、java.io、java.lang、java.lang.reflect、java.math、java.net、java.rmi、java.security、java.sql、java.util 等。每个包中都包含了许多有用的类和接口。用户也可以定义自己的包来实现自己的应用程序。

Java 的基础类库其实就是 JDK 安装目录下面 jre\lib\rt.jar 这个压缩文件。学习基础类库就是学习 rt.jar。基础类库里面的类非常多。但是真正最核心的只有几个，如 java.lang.*、java.io.*、java.util.*、java.sql.* 等。大家可以在学习整个 package 的框架时逐渐掌握这些常用的类。表 4-2 所示为这些包的简单说明。

表 4-2　基础类库包的说明

包　名	包　的　说　明
java.applet	包含所有的实现 Java applet 的类
java.awt	包含抽象窗口工具集中的图形、文本、窗口 GUI
java.awt.image	包含抽象窗口工具集中的图像处理类
java.lang	包含所有的基本语言类
java.io	包含所有的输入输出类
java.net	包含所有实现网络功能的类
java.until	包含常用的数据类型类

如果源程序中省略了 package 语句，源文件中定义命名的类被隐含地认为是无名包的一部分，但该包没有名称。

2. import 语句

为了能使用 Java 中已提供的类，需要使用 import 语句来引入所需要的类。其格式为：

```
import package1[.package2…].(classname|*);
```

import 语句中的 package1[.package2…]表明包的层次，与 package 语句相同，它对应于文件目录，classname 则指明所要引入的类，如果要从一个包中引入多个类，则可以用星号（*）来代替。例如：

```
import java.util.Date;
import java.util.*;
import javax.swing.event.*;
```

Java 编译器为所有程序自动引入包 java.lang,因此不必用 import 语句引入它包含的类就可以使用它。该包中包括了程序中常用的类,如 Boolean、Byte、Character、Class、ClassLoader、Compiler、Double、Float、Integer、Long、Math、Number、Object、Process、Runtime、SecurityManager、Short、String、StringBuffer、System、Thread、ThreadGroup Throwable、Void 等。这些类的说明和使用将在后面的章节中讲解。

例如:

```
Float f = new Float("3.14259");     // 可以直接引用 java.lang 内的类
```

但是若需要使用其他包中的类,如 java.util.Date 类,就必须用 import 语句引入。另外,在 Java 程序中使用类的地方,可以指明包含它的包,这时就不必用 import 语句引入该类了。只是这样要敲入大量的字符,因此一般情况下不使用。但是,如果引入的几个包中包括名称相同的类,则当使用该类时,必须指明包含它的包,使编译器能够载入特定的类。例如,类 Date 包含在包 java.util 中,就可以用 import 语句引入它以实例化一个对象。

```
import java.util.*;
Date today1 = new Date( );
```

也可以直接引入该类:

```
java.util.Date today1 = new java.util.Date( );
```

3. 编译和运行包

前面所举的例子中还没有用到 package 语句,即把文件中所有类都放在默认的无名包中,它对应于当前工作目录。如果用到 package 和 import 语句,编译和运行将复杂得多。

大家已经知道 Java 是通过 Java 虚拟机来解释运行的,也就是通过 java 命令。javac 编译生成的.class 文件就是虚拟机要执行的代码,称为字节码(bytecode),虚拟机通过类装载器(classloader)来装载这些字节码,也就是通常意义上的类。

这里有一个问题,classloader 从哪里知道 Java 本身的类库及用户自己的类放在什么位置呢? 在第 1 章中,就已经指出了 CLASSPATH 环境变量的设置是告知 Java 在哪里能找到第三方提供的类库。

实际上有以下 3 种方法来设置 CLASSPATH 查询路径,同时也有优先级别。

(1) 默认值(即当前路径),用“.”表示

(2) 用户指定的环境变量,一旦设置,将默认值覆盖。

(3) 在运行的时候传参数给虚拟机。命令行参数-cp 或-classpath,一旦指定,将上述两者覆盖。

编译的过程和运行的过程大同小异,只是一个是找出来编译,另一个是找出来装载。实际上 Java 虚拟机是由 java luncher 来初始化的,也就是由 java(即 java.exe)这个程序来完成的。虚拟机按以下顺序搜索并装载所有需要的类。

(1) 引导类:组成 java 平台的类,包含在 rt.jar 中的类。

（2）扩展类：使用 java 扩展机制的类，该类位于扩展目录（＄JAVA_HOME％ /jre/lib/ext）中的.jar 压缩文件中。

（3）用户类：用户定义的类或没有使用 java 扩展机制的第三方产品。用户必须在命令行中使用-classpath 选项，或者使用 classpath 环境变量来确定这些类的位置。

上面使用了％JAVA_HOME％，其值是 JDK 的安装目录。类路径中包含的.jar 或.zip 文件，这些都是可以带目录的压缩包，可以把.jar 及.zip 文件作为一个虚拟的目录，然后就同目录一样对待了就可以了。

一般来说，用户只需指定用户类的位置，而引导类和扩展类是"自动"寻找的。

例如下面这段代码：

```
// packTest.java
package test;
public class packTest{
    …
}
```

程序中用 package 语句指明了一个包，由于包的层次结构必须与文件目录的层次相同，因此要运行该程序步骤要复杂一些。

假设当前目录是 d:\user\chap04，并将 packTest.java 存放在该目录下。对该文件进行编译后，就可得到字节码文件 packTest.class。在当前目录即 d:\user\chap04 下建立 test 子目录，然后将 packTest.class 复制到 d:\user\chap04\test 中，并进行以下的操作：

```
d:\user\chap04\test > java packTest
```

这时解释器返回"can't find class packTest"。请思考这是为什么？

改正的方法可以有以下两种。

（1）在 test 的上一级目录运行。

例如：

```
d:\user\chap04 > java test.packTest
```

（2）修改 CLASSPATH，使其包括当前目录的上一级目录。

由上例可以看出，运行一个包中的类时，必须指明包含这个类的包，而且要在适当的目录下运行，同时正确地设定环境变量 CLASSPATH，使解释器能够找到指定的类。

【例 4-9】 找出 50 以内的素数。

```
// Prime.java
package tom.jiafei;
public class Prime{
    public static void main(String args[]){
        int sum = 0, i, j;
        for( i = 1; i <= 50; i++){    // 找出 50 以内的素数
```

Java 面向对象程序设计基础

```
        for(j = 2;j < = i/2;j++){
                if( i % j == 0)
                break;
        }
        if(j > i/2) System.out.print("素数" + i + " ");
    }
  }
}
```

程序使用了包语句：

```
package tom.jiafei;
```

可以采用以下两种方法来运行上面的程序。

（1）建立子目录结构。在当前目录结构下必须包含有以下的子目录结构\tom\jiafei，由于当前目录为 d:\user\chap04，因此可以将源文件复制到目录 d:\user\chap04\tom\jiafei 中，然后编译源文件，例如：

```
d:\user\chap04\tom\jiafei > javac Prime.java
```

运行程序时必须在目录 c:\user\chap04 中来运行，例如：

```
d:\user\chap04 > java tom.jiafei.Prime
```

（2）或者采用-d 选项来指定包的根目录为当前目录，编译成功后，自动建 tom\jiafei 子目录并将 Prime.class 存入，编译和运行如下：

```
d:\user\chap04 > javac - d . Prime.java
d:\user\chap04 > java tom.jiafei.Prime
```

注意："-d"和"."之间必须有空格。

4.5 成员变量及方法的访问权限

在 Java 语言中，对象就是对一组变量和相关方法的封装，其中变量表明了对象的状态，方法表明对象具有的行为。通过对对象的封装，使用户不必关心对象的行为是如何实现的，只要了解怎样通过给定的接口与对象进行交互就可以了。

在讲述类的成员变量和成员方法时，曾经介绍过当定义一个类的成员变量或成员方法时，可以指定访问权限。在 Java 中，可以选择 4 种访问方式：public、private、protected 和 default，如表 4-3 所示。表中没有填写的单元格内容为"不可以"。

从表 4-3 中可以看出，如果变量或方法在同一个类中，则无论定义为任何形式，都能够互相访问。如果被访问的类不在同一个包中，则只能访问该类的公共(public)成员变量或方法。

表 4-3 Java 类的成员变量和成员方法访问权限

访问权限	同一个类	同一包中	不同包的子类	不同包的非子类
private	可以			
default	可以	可以		
protected	可以	可以	可以	
public	可以	可以	可以	可以

另外 default(默认,本身不是关键字),即没有修饰的访问权限限定在同一类中和同一包中。下面分别根据程序举例介绍另外 3 种类型的访问权限约束符。

1. 公共类型(public)

如果将一个成员变量或成员方法定义为 public 类型,则在同一类、子类、同一包中的类、不同的包中的类均可以访问该成员变量或成员方法,如例 4-10 所示。

【例 4-10】 不同包中的公共类可以相互访问。

```
// Demopub1.java
package pub1;
public class Demopub1{    // public 修饰是必需的
    // 公共类型的成员变量
    public int a;
    // 公共类型的成员方法
    public void method()
    {
        System.out.println();
    }
}
// Demopub2.java
package pub2;
import pub1.*;
class Demopub2
{
    public static void main(String args[])
    {
        Demopub1 aDemo1 = new Demopub1();        // 实例化 aDemo1
        aDemo1.method();                         // 访问 aDemo1 中的公共成员方法
        aDemo1.a = 10;                           // 访问 aDemo1 中的公共成员变量
        int a = aDemo1.a;
        System.out.println("aDemo1 中的公共成员变量 a 的值: " + a);
    }
}
```

编译过程和运行结果如下:

```
D:\user\chap04 > javac - d . Demopub1.java
D:\user\chap04 > javac - d . Demopub2.java
D:\user\chap04 > java pub2.Demopub2
Demo1 中的公共成员变量 a 的值: 10
```

Java 面向对象程序设计基础

上面定义的两个类 Demopub1 和 Demopub2 处于不同包内,因此,Demopub1 必须修饰为 public 类,否则在 Demopub2 中是不能访问的。

按照公共类型的成员变量的访问条件,位于不同包中的类仍然可以访问公共类型的成员变量。

2. 保护类型(protected)

如果声明一个成员变量或成员方法的访问类型为 protected,则该成员变量或成员方法只能够被该类内部、子类和相同包中的类访问。

【例 4-11】 不同包中公共类中 protected 修饰的方法的访问。

```
// Demopro3.Java
package pro3;
public class Demopro3
{
    // 公共类型的成员变量
    public int a;
    // 保护类型的成员方法
    protected void method()
    {
        System.out.println();
    }
}
// Demopro4.Java
package pro4;
import pro3. * ;
public class Demopro4
{
    public static void main(String args[])
    {   Demopro3 aDemo1 = new Demopro3(); // 实例化 Demo1
        // 不能访问 Demopro3 中的保护类型成员方法
        // 原因是该方法是 protected 类型
        // aDemo1.method();
        // 可以访问 Demopro3 中的公共成员变量
        aDemo1.a = 10;
        int a = aDemo1.a;
        System.out.println("Demopro3 中的公共成员变量 a 的值: " + a);
    }
}
```

编译过程和运行结果如下:

```
D:\user\chap04 > javac - d . Demopro3.java
D:\user\chap04 > javac - d . Demopro4.java
D:\user\chap04 > java pro4.Demopro4
Demopro3 中的公共成员变量 a 的值: 10
```

上面的程序 Demopro3.java 位于 pro3 包中,而 Demopro4.java 位于 pro4 包中。需要注意的是,如果程序位于两个包中,需要用 import 语句将要访问的程序所在的包包括进来。在 Demopro3.java 中,定义了公共类型的成员变量 a 和保护类型的成员方法 method()。

如果上面的两个程序处在相同的包中,则 Demopro4.java 中的 aDem01.method() 访问语句就会有效。如果两个程序位于不同的包中,则保护类型的成员变量或成员方法的访问就会受到限制。因此在 Dempro4.java 中的 aDemo1.method() 不能执行,因而被加以注释。

3. 私有类型(private)

如果一个变量或成员声明为私有类型,则该变量或方法只能在同一类中被访问。

【例 4-12】 私有类型变量的访问。

```
// DemoPrivate.java
public class DemoPrivate{
    public int a;                       // 公共类型的成员变量
    private int b;                      // 私有类型的成员变量

    public int getA(){                  // 公共类型的成员方法
            return a;
    }
    private int getB(){                 // 私有类型的成员方法
        return b;
    }
    public DemoPrivate(int a, int b) {  // 构造方法
         this.a = a;
         this.b = b;
    }
    public static void main(String args[])
    {
        DemoPrivate aDemoPrivate = new DemoPrivate(1,2);
        // 访问公共类型的成员方法
        int a = aDemoPrivate.getA();
        System.out.println("变量 a 的值: " + a);
        // 访问私有类型的成员方法
        int b = aDemoPrivate.getB();
        System.out.println("变量 b 的值: " + b);
    }
}
```

上面程序的输出结果为:

```
变量 a 的值: 1
变量 b 的值: 2
```

由上面的程序可以看出,尽管成员变量和成员方法定义为私有类型。但由于处于同一类中,仍然能够对成员变量和成员方法进行访问。如果在另一类中,则访问受到限制。例如,下面的程序段:

```
package pro5;
class A{
  public int n;
  private int method() {
    return n;
```

```
        }
    }
    public class B {
        public static void main(String args[]){
            A aInstance = new A( );              // 实例化 A
            aInstance.n = 10;                    // 为类 A 的公共类型成员变量赋值
            // 不能访问类 A 中的私有方法
            // int b = aInstance.method();
        }
    }
```

上面的程序中,类 A 和类 B 尽管处于相同的包中,但由于受限制于私有成员类型 private,在类 B 中不能访问私有类型的成员方法 method。

另外,对于构造方法,也可以限定它为 private。如果一个类的构造方法声明为 private,则其他类不能生成该类的一个实例。

4.6 final、this 及其他

1. final 关键字

在前面类体的定义中,可以看到在类、类的成员变量和成员方法的定义格式中,都可以使用 final 关键字,对于这 3 种不同的语法单元,final 的作用不同,下面分别加以叙述。

1) final 修饰成员变量

如果一个成员变量前面有 final 修饰,那么这个成员变量就变成了常量,一经赋值,就不允许在程序的其他位置修改。定义方式如下:

```
final type variableName;
```

例如:

```
class ConstTimeExpress{
    final int MaxHour = 23;
    final int MaxMinute = 59;
    final int MaxSecond = 59;
}
```

因此,在上面 ConstTimeExpress 类中定义了 3 个常量 MaxHour、MaxMinute、MaxSecond。

注意：以 final 修饰成员变量时,在定义的同时就应给出其初始值,而对局部变量,不要求在定义的同时给出初始值。但无论哪种情况,初始值一旦给定,就不允许再对其进行修改。

2) final 修饰方法

方法的 final 修饰符表明方法不能被子类覆盖。带有 final 修饰符的方法称为最终方法。Java 的方法除非被说明为最终方法,否则方法是可以被覆盖的。Java 之所以这样规定,主要是因为 Java 的纯面向对象特性,它把覆盖当作面向对象的重要特性,给予了最大限

度的实现。

把方法声明为最终方法有时可增加代码的安全性。

使用方式如下：

```
final returnType methodName(paramList){
}
```

例如：

```
final int getLength(String s){
...
}
```

3）final 类

final 类不能被继承。由于安全性的原因或是面向对象的设计上的考虑，有时候希望一些类不能被继承。例如，Java 中的 String 类，它对编译器和解释器的正常运行有很重要的作用，不能轻易改变它，因此把它修饰为 final 类，使它不能被继承，这就保证了 String 类型的唯一性。同时，如果你认为一个类的定义已经很完美，不需要再生成它的子类，这时也应把它修饰为 final 类。

定义一个 final 类的格式如下：

```
final class finalClassName{
...
}
```

2. this 引用

关键字 this 是用来指向当前对象或类实例的。例如：

```
public class MyDate {
    private int day, month, year;
    public void tomorrow() {
        this.day = this.day + 1;
    }
}
```

这里，this.day 指的是当前对象的 day 字段。

Java 编程语言自动将所有实例变量和方法引用与 this 关键字联系在一起，因此，使用关键字在某些情况下是多余的。下面的代码与前面的代码是等同的。

```
public class MyDate {
    private int day, month, year;
    public void tomorrow() {
        day = day + 1;                    // day 前面没有 this
    }
}
```

也有关键字 this 使用不多余的情况。如需要在某些完全分离的类中调用一个方法并将当前对象的一个引用作为参数传递时。例如：

```
Birthday bDay = new Birthday (this);
```

或者在成员方法定义时，使用的形式参数与成员变量名称相同，这时就要用到 this。例如：

```
class Demothis{
    int a;        // 成员变量
    public Demo(int a)
    {
        this.a = a;
    }
}
```

3. super 关键字

super 关键字指明是对父类的引用。关于 super 可以参考下一章中关于继承的章节。

4. null 关键字

在 Java 语言规范中，null 表示类或变量为空，不代表任何对象或实例，如下面的例子：

```
SomeClass aSomeClass = null;
```

上面的语句中，只定义了类 SomeClass 的实例 aSomeClass，但并没有为之创建任何对象。

5. java. lang. Object 类介绍

类 java. lang. Object 处于 Java 开发环境的类层次的根部，其他所有的类都是直接或间接地继承了此类。该类定义了一些最基本的状态和行为。下面介绍一些常用的方法，如表 4-4 所示。

表 4-4　Object 类的常用方法

方 法 名	说　　明
clone()	创建与该对象的类相同的新对象
equals(Object)	比较两对象是否相等同
finalize()	用于在垃圾收集前清除对象
getClass()	返回对象运行时所对应的类的表示，从而可得到相应的信息
hashCode()	返回该对象的散列码值
toString()	返回该对象的字符串表示
notify()	激活等待队列中的一个线程
notifyAll()	激活等待队列中的全部线程
wait()	等待该对象另一更改线程的通知

另外,instanceof 运算符是一个常用的运算符,该运算符是双目运算符,左面的操作元是一个对象,右面是一个类。当左面的对象是右面的类创建的对象时,该运算符运算的结果是 true,否则是 false。例如:

```
if(b1 instanceof Button) doDealB1();
```

其中 b1 是对象,Button 是一个类名。

【例 4-13】 getClass 和 instanceof 方法的使用。

```java
// ClassAndInstance.java
class SuperClass {
}

class SubClass extends SuperClass {
}

public class ClassAndInstance {
    public static void main(String[] args) {
        test(new SubClass());
        test(new SuperClass());
    }
    static void test(Object x) {
        System.out.println("Testing x of type " + x.getClass());
        System.out.println("x instanceof SubClass " + (x instanceof SubClass));
        System.out.println("x instanceof SuperClass " + (x instanceof SuperClass));
    }
}
```

程序运行结果如下:

```
Testing x of type class SubClass
x instanceof SubClass true
x instanceof SuperClass true
Testing x of type class SuperClass
x instanceof SubClass false
x instanceof SuperClass true
```

6. 递归方法

递归方法有直接递归方法和间接递归方法。

一个方法体中又调用自身,这种方法称为递归方法,更准确地说称为直接递归方法。如果方法体中调用的虽然不是自身,但是它间接地调用自身,这称为间接递归方法。

【例 4-14】 用递归方法求 $1+2+3+4+\cdots+n$ 的累加和。用表达式表示如下:

```
sum(n) = 1 + 2 + 3 + 4 + ... + n
```

分析:设 $sum(n-1)$ 已求出,则 $sum(n)=sum(n-1)+n$。

比较 $sum(n-1)$ 和 $sum(n)$ 形式完全一致,仅是 $n-1$ 替换了 n。

所以求 sum(n)的方法归结于 sum(n−1)方法的递归调用。

当 n＝1 时,sum(n)＝1,sum(n)终止递归调用。

该例的源程序如下:

```java
// SumR. java
import java.io. * ;
public class SumR {
  public static int sum(int n) {
   if(n < 1) return 0;
   else return sum(n - 1) + n;
  }
  public static void main(String args[])
  {
    int result = 0;              // 用来存放计算结果
    String str;                  // 用来存放输入的数字字符串
    int num = 0;                 // 用来存放由输入的字符串转换成的整数值
    System.out.println("Please input the number :");
    try
    {
      DataInputStream in = new DataInputStream(System.in);
      str = in. readLine();      // 输入的数字字符串
      num = Integer. parseInt(str);   // 字符串转换成的整数值
    }
    catch(Exception e){ }
    result = sum(num);           // 调用静态方法 add(),求 1 + 2 + 3 + …… + num
    System.out.println(result);
  }
}
```

本例中用到了从键盘输入数据,以及异常的处理,这些知识详见第 8 章和第 9 章。

7. 命令行参数的输入

在 C 程序中 main()作为一个程序的入口方法,在 Java 中也同样利用这个方法来启动一个 Java 程序。main()使用一个字符串数组作为参数,它表示启动 Java 这个程序时的命令行参数,在下面的例子中展现了如何使用 main 的这个参数。

【例 4-15】 从命令行输入参数。

```java
// MainArgument. java
public class MainArgument{
    public static void main(String[] args) {
      for(int i = 0; i < args. length; i++) {
        System. out. println("Argument[" + i + "]:" + args[i]);
      }
    }
}
```

程序运行结果如下:

```
D:\user\chap04 > java MainArgument One Two
Argument[0]:One
Argument[1]:Two
```

命令行参数并不是必需的,但大多数应用都热衷于这种方式向程序输入一组参数。需要指出的是,在上例中 One 对应的 args 索引为 0,Two 对应的 args 索引为 1;以此类推,熟悉 C 语言的读者会发现其中的不同。

8. JAR 文件的使用

JAR 文件就是 Java Archive File,是 Java 的一种文档格式。JAR 文件非常类似 ZIP 文件,准确地说,它就是 ZIP 文件,所以可以称它文件包。JAR 文件与 ZIP 文件唯一的区别就是在 JAR 文件的内容中,包含了一个 META-INF/MANIFEST.MF 文件,这个文件是在生成 JAR 文件的时候自动创建的。

可以使用 jar.exe 把一些文件压缩成一个 JAR 文件来发布应用程序。jar.exe 是随 JDK 安装的,在 JDK 安装目录下的 bin 子目录中,文件名为 jar.exe。我们可以把 java 应用程序中涉及的类压缩成一个 JAR 文件,如 Tom.jar,然后使用 java 解释器使用参数-jar 执行这个压缩文件,格式如下:

```
java – jar Tom. jar
```

或者双击该文件,就可执行这个压缩文件。

JAR 文件的制作步骤如下。

首先,假设应用程序中有两个类 A、B,其中 A 类是主类(其中包含了 main()方法)。

(1)首先用文本编辑器(如 Windows 下的记事本)编写一个清单文件,其格式如下:

```
Mymoon. mf
Manifest – Version: 1.0
Main – Class: A
Created – By: 1.2.2(Sun Microsystems Inc. )
```

例如,保存 Mymoon.mf 到 D:\user\chap04 中,需要注意的是在编写清单文件时,在"Manifest-Version:"和"1.0"之间,"Main-Class:"和主类"A"之间,以及"Created-By:"和"1.2.2"之间必须有且只有一个空格。

(2)生成 JAR 文件,格式如下:

```
D:\user\chap04 > jar cfm Tom. jar Mymoon. mf A.class B.class
```

其中 cfm 参数中 c 表示要生成一个新的 JAR 文件,f 表示要生成的 JAR 文件的名字,m 表示文件清单文件的名字。

现在就可以将 Tom.jar 文件复制到任何一个安装了 Java 运行环境上,只要双击该文件就可以运行 java 应用程序了。

需要注意的是,如果机器上没有安装过中文版 WinRAR 解压缩软件,那么 Tom.jar 的文件类型是 Executable Jar File。如果机器上安装过中文版 WinRAR 解压缩软件,并将.jar 文件与该解压缩软件做了关联,那么 Tom.jar 的文件类型是 WinRAR,在这种情况下,当双击该文件时,WinRAR 解压缩软件会运行起来准备进行解压缩操作,使得 Java 程序无法运行。因此,在发布软件时,还应该再写一个有以下内容的 bat 文件 Tom.bat。

Tom. bat 文件中内容如下：

```
java – jar Tom. jar
```

另外再写一个帮助文件 help. txt，用来说明该应用软件的功能、使用说明的内容。

可以双击 A. bat 或 Tom. jar 来运行本软件。可以将该. bat 文件、. jar 文件，帮助文件一同发布。还可以将这个 jar 文件存放到 Java 运行环境的扩展类目录下，即将该 jar 文件存放在 JDK 安装目录的 jre\lib\ext 文件夹中。这样，其他的程序就可以使用这个 jar 文件中的类来创建对象了。

有关 jar. exe 的详细使用方法详见 JDK 帮助文档。

习题及思考

1. 什么是类？什么是对象？对象和类是什么关系？

2. 什么是方法？结构方法和一般方法有什么区别？设计方法应考虑哪些因素？

3. 为什么要将类进行封装，封装的原则是什么？

4. 创建一个有两个方法的类，要求其中第一个方法两次调用第二个方法，第一次不使用 this，第二个使用 this。

5. 要求设计一个矩形类 Rectangle，实现构造方法的多态。并利用这些构造方法实例化不同的对象，并输出相应的信息。

6. 计算出 Fibinacci 序列的前 n 项，n 的值要求从命令行输入。Fibinacci 序列的前两项是 1，后续每项的值都是该项的前两项之和。即

$$F(n) = F(n-1) + F(n-2)$$
$$F(1) = F(2) = 1$$

第5章　面向对象高级程序设计

本章将讲述 Java 面向对象技术的另外两个特点：继承和多态，以及由继承机制派生出的接口技术和抽象类等概念。同时，内部类和匿名类，也是在编程中常用的，本章也将涉及。

5.1　继　　承

继承是一种由已有的类创建新类的机制。利用继承，可以先创建一个拥有共同属性的一般类，根据该一般类再创建具有特殊属性的新类。由继承而得到的类称为子类（SubClass），被继承的类称为父类（或称超类，SuperClass）。

直接或间接被继承的类都是父类。子类继承父类的状态和行为，同时也可以修改父类的状态或重写父类的行为，并添加新的状态和行为。Java 中不支持多重继承。

5.1.1　创建子类

通过在类的声明中加入 extends 子句来创建一个类的子类，其格式如下：

```
class SubClass extends SuperClass{
    …
}
```

上面的代码把 SubClass 声明为 SuperClass 的直接子类。如果 SuperClass 又是某个类的子类，则 SubClass 同时也是该类的（间接）子类。子类可以继承父类的成员变量和方法。如果默认 extends 子句，则该类为 java.lang.Object 的子类。子类可以继承父类中访问权限设定为 public、protected、default 的成员变量和方法，但是不能继承访问权限为 private 的成员变量和方法。

例如，在研究猫和狗这两种动物时，可以分别定义出 DogClass 和 CatClass，如图 5-1 所示。这两个类有其共同之处，因此可以创建一个 MammalClass 类来处理这些共同点，这些共同点可以是成员变量或成员方法。

这里可以取出 DogClass 和 CatClass 类声明的共有项，并将它们声明在 MammalClass 类中，然后，可以将 DogClass 和 CatClass 作为 MammalClass 的子类。MammalClass 类声

```
public class DogClass{
String name,eyeColor ;
int age ;
boolean hasTail;
public DogClass( ){
    name="Chase";
    eyeColor="Black";
    age=2;
    hasTail=true;
    }
}
```

```
public class CatClass{
String name,eyeColor ;
int age;
boolean isMale;
public CatClass( ){
    name="Jone";
    eyeColor="Black";
    age=2;
    isMale=true ;
    }
}
```

图 5-1 DogClass 和 CatClass 的定义

明如下：

```
public class MammalClass {
    String name,eyeColor;
    int age;
    public MammalClass {
      name = "The Name";
      eyeColor = "The Color";
      age = 0;
      }
    }
```

注意，MammalClass 类拥有来自于 DogClass 和 CatClass 的相同属性，包括了 name、eyeColor、age 等。现在可以利用继承重写 DogClass 和 CatClass。

```
public class DogClass extends MammalClass {
    boolean hasTail;
    public DogClass() {          // 隐式调用 super()
      name = "Chase";
      eyeColor = "Black";
      age = 2;
      hasTail = true;
      }
    }
public class CatClass extends MammalClass {
    boolean isMale;
    public CatClass() {          // 隐式调用 super()
      name = "Jone";
      eyeColor = "Blue";
      age = 1;
      isMale = true;
      }
    }
```

当 DogClass 继承了 MammalClass 之后，DogClass 拥有 MammalClass 所包含的全部成员变量和方法，同时还增加了自己的成员变量和成员方法。实际上，MammalClass 也是从另一个类继承而来的。Java 中的所有的类最终都是对 java.lang.Object 类的扩展,因此,如果一个类没有被申明继承另一个类,那么该类则隐含对 Object 类的扩展。有一些语言(如C++)允许一个类同时继承多个类(多重继承),但在 Java 中一个类只能继承一个父类。虽然 Java 对使用继承来扩展类层次结构的次数没有限制,但一次只能做一个这样的扩展。虽然多重继承是一个非常好的功能,但它会导致过于复杂的对象层次结构。Java 中有类似这种机制,它可以提供许多相同的优点而不会带来过多的复杂性,被称为接口。

MammalClass 类有一个构造方法,它可以设置非常实用和方便的默认数值,如果子类可以访问这个构造方法,那这一点是很有用的。实际上,子类可以访问这个构造方法。在Java 中,有两种办法可以实现这一访问。如果你没有调用父类的构造方法,Java 将自动地调用它,并将此调用作为子构造方法的首行执行。阻止这一行为的方法是调用某父类的构造方法,并将其作为子类构造方法的首行。构造方法的调用总是按这种方式排列,并且这种机制是不能被改变的。这是 Java 中一个非常受欢迎的特点,因为在其他的面向对象语言中,不调用父类的构造方法是一个普遍的问题。如果没有做这项工作,Java 总是会完成。这就是 DogClass 的构造方法首行的注释内容(隐式地调用 super( )的含义。此时,MammalClass 的构造方法被自动调用。这种机制有赖于一个父类构造方法的存在,这个构造方法没有参数。如果不存在这样的构造方法,并且也没有在子类构造方法的首行调用一个其他的构造方法,则这个类将不能编译。

【例 5-1】 继承的简单例子。

```java
class Father{                    // 父类
    private int money;
    float weight,height;
    String head;
    String speak(String s) {
        return s ;
    }
}
class Son extends Father{        // 子类
    String hand,foot;
}
public class TestExtend {
    public static void main(String args[]){
        Son boy = new Son();
        boy.weight = 120f; boy.height = 1.8f;
        boy.head = "一个头"; boy.hand = "两只手";
        boy.foot = "两只脚";
        System.out.println("我是儿子");
        System.out.println("我有:" + boy.hand + "、" + boy.foot + "、" + boy.head
            + "、重" + boy.weight + "、高" + boy.height);
    }
}
```

上面程序运行结果如下:

```
我是儿子
我有:两只手、两只脚、一个头、重 120.0、高 1.8
```

第 5 章

面向对象高级程序设计

如果子类和父类在同一个包中,那么,子类自然地继承了其父类中不是 private 的成员变量作为自己的成员变量,并且也自然地继承了父类中不是 private 的方法作为自己的方法。

如果子类和父类不在同一个包中,那么,子类可以继承了父类的 protected、public 修饰的成员变量作为子类的成员变量,并且也可以继承了父类的 protected、public 修饰的方法作为子类的方法。另外子类和父类不在同一个包中,则子类不能继承父类的 default 变量和 default 方法。

【例 5-2】 继承不同包中的类的简单例子。

```java
// HouseHold. java
package xing. house;
public class HouseHold {                    // 家类
    protected String address;               // 地址
    public String surnname;                 // 姓,相当于 last name
        String givenname;                   // 名,相当于 first name

    public HouseHold(String add) {
        address = add;
    }

    protected String getAddress(){
        return address;
    }

    void setMoney(String newadd) {
        address = newadd;
    }
    void setAddress(String add){
        address = add;
        }
}
// Mikey. java:
package xing. friend;
import xing. house. HouseHold;
public class Mikey extends HouseHold {       // Mikey 类和 HouseHold 类在不同的包中
    public Mikey(){
        super("Star flight street 110");
    }
    public static void main(String args[]){
        Mikey mikey = new Mikey();
        // mikey. givenname = "Johnson"; 非法,因为 Mikey 没有继承默认的成员
        mikey. surnname = "Math";                    // 合法
        mikey. address = "Star flight street 110";   // 合法
        String m = mikey. getAddress();              // 合法
        // mikey. setAddress("Star flight street 110");
        // 上句非法,因为 Jerry 没有继承方法 setMoney 和 setAddress.
        System. out. println(mikey. surnname + ": " + m);
    }
}
```

程序编译和运行过程如图 5-2 所示。

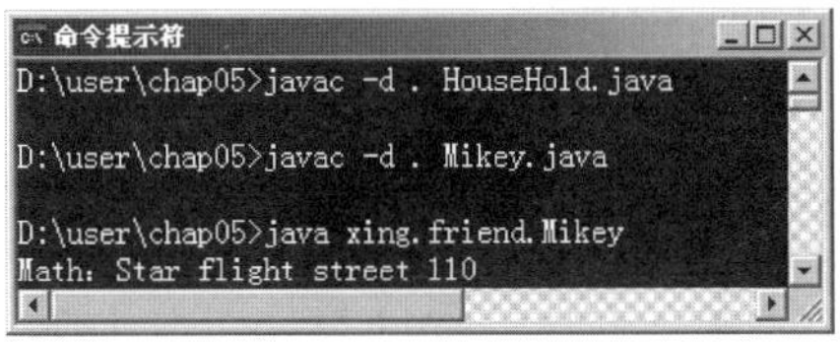

图 5-2　例 5-2 的运行结果

5.1.2　成员变量的隐藏和方法的重写

当在子类中定义的成员变量和父类中的成员变量同名时,此时称子类的成员变量隐藏了父类的成员变量。当子类中定义了一个方法,并且这个方法的名称、返回类型、参数个数,以及类型和父类的某个方法完全相同时,父类的这个方法将被隐藏,这时就说重写了父类的方法。

子类通过成员变量的隐藏和方法的重写可以把父类的状态和行为改变为自身的状态和行为。

例如,下面的这段程序就是这样的情况:

```
class SuperClass {          // 父类
    int y;
    void setY(){
        y = 0;
    }
}
class SubClass extends SuperClass{
    int y;              // 父类变量 y 被隐藏
    void setY(){        // 重写父类的方法 setY()
        y = 1;
    }
}
```

该例中,SubClass 是 SuperClass 的一个子类。其中声明了一个和父类 SuperClass 同名的变量 y,并定义了与之相同的方法 setY(),这时在子类 SubClass 中,父类的成员变量 y 被隐藏,父类的方法 setY()被重写。于是子类对象所使用的变量 y 为子类中定义的 y,子类对象调用的方法 setY()为子类中所实现的方法。子类通过成员变量的隐藏和方法的重写可以把父类的状态和行为改变为自身的状态和行为。

注意:重写的方法和父类中被重写的方法要具有相同的名称、相同的参数表和相同的返回类型。

5.1.3　super

子类在隐藏了父类的成员变量或重写了父类的方法后,常常还要用到父类的成员变量,或者在重写的方法中使用父类中被重写的方法以简化代码的编写,这时就要访问父类的成员变量或调用父类的方法,Java 中通过 super 来实现对父类成员的访问。前面已经介绍,

面向对象高级程序设计

this 用来引用当前对象,与 this 类似,super 用来引用当前对象的父类。

super 的使用可以分为以下 3 种情况。

(1)用来访问父类被隐藏的成员变量,如:

```
super.variable
```

(2)用来调用父类中被重写的方法,如:

```
super.Method([paramlist]):
```

(3)用来调用父类的构造方法,如:

```
super([paramlist]);
```

下面通过示例来说明 super 的使用。

【例 5-3】 调用父类的构造方法的示例。

```
// B.java
class A {                                  // 类 A
    public int n;                          // 公共类型的成员变量
    public A(){
        }
    public A(int n){
        this.n = n;
        }
    int method(){
        return n;
    }
}
public class B extends A {                  // 类 B
    public B(){
        super(15);
    }
    public static void main(String args[]){
        A aInstance = new B( );             // 实例化 A
        int b = aInstance.method();         // 访问类 A 中的方法
        System.out.println("类 A 中的成员变量: " + b);
    }
}
```

上述程序的运行结果为:

```
类 A 中的成员变量: 15
```

例 5-3 中,类 B 从类 A 派生。在类 B 的构造函数中,用 super(15)语句对类 B 的对象进行初始化。实际上,super(15)语句调用的就是父类 A 的构造函数。

【例 5-4】 在下面的例子中将访问父类的成员变量或调用父类的方法。

```java
// inviteSuper.java
class superClass {
    int y;
    superClass( ) {
        y = 30;
        System.out.println("in superClass:y = " + y);
    }
    void doPrint(){
        System.out.println("in superClass.doPrint()");
    }
}
class subClass extends superClass{
    int y;
    subClass( ){
        super();                // 调用父类的构造函数
        y = 50;
        System.out.println("in subClass:y = " + y);
    }
    void doPrint( ){
        super.doPrint();     // call method of superClass
        System.out.println("in subClass.doPrint()");
        System.out.println("super.y = " + super.y + " sub.y = " + y);
    }
}

public class inviteSuper{
    public static void main(String args[]){
        subClass subSC = new subClass();
        subSC.doPrint();
    }
}
```

上述程序运行结果为：

```
in superClass:y = 30
in subClass:y = 50
in superClass.doPrint()
in subclass.doPrint()
super.y = 30 sub.y = 50
```

5.1.4　对象的上转型对象

假设 A 类是 B 类的父类,当用子类创建一个对象,并把这个对象的引用放到父类的对象中时,例如:

```
A a;
a = new B();
```

面向对象高级程序设计

或

```
A a;
B b = new B();
a = b;
```

称这个父类对象 a,是子类对象 b 的上转型对象。

对象的上转型对象的实体是子类负责创建的,但上转型对象会失去原对象的一些属性和功能。上转型对象具有以下特点。

(1) 上转型对象不能操作子类新增的成员变量和子类新增的方法。

(2) 上转型对象既可以操作子类继承或重写的成员变量,也可以使用子类继承的或重写的方法。

(3) 如果子类重写了父类的某个方法后,当对象的上转对象调用这个方法时一定是调用了这个重写的方法,因为程序在运行时知道,这个上转对象的实体是子类创建的,只不过损失了一些功能而已。

不要将父类创建的对象和子类对象的上转型对象相混淆。

上转型对象在 Java 编程中是常见的。

注意:可以将对象的上转型对象再强制转换到一个子类对象,这时该子类对象又具备了子类所给的所有属性和功能。

【**例 5-5**】 上转型对象的使用。

```java
// Monkey. java
class   Mammal{                              // 哺乳动物类
    private int n = 40;
    void crySpeak(String s) {
        System. out. println(s);
    }
}
public class Monkey extends Mammal{          // 猴子类
    void computer( int aa, int bb) {
        int cc = aa * bb;
        System. out. println(cc);
    }
    void crySpeak(String s) {
        System. out. println(" ** " + s + " ** ");
    }

    public static void main(String args[]){
        Mammal mammal = new Monkey();        // mammal 是 Monkey 类的对象的上转型对象
        mammal. crySpeak("I love this game");
        Monkey monkey = (Monkey)mammal;      // 把上转型对象强制转化为子类的对象
        monkey. computer(10,10);
    }
}
```

上述程序的运行结果为：

```
** I love this game **
100
```

在例 5-5 中，上转对象 mammal 调用方法：

```
mammal.crySpeak("I love this game");
```

得到的结果是"** I love this game **"，而不是"I love this game"。因为 mammal 调用的是子类重写的方法 crySpeak。

在 main()中，mammal 为上转型对象时如果调用下面两行代码，那将是错误的：

```
mammal.n = 1000;        // 因为子类本来就没有继承 n
mammal.computer(10,10); // 因为 computer 方法是子类新增的方法
```

5.2 多 态 性

多态(Polymorphism)的意思就是用相同的名字来定义不同的方法。在 Java 中，普通类型的多态为重载，这就意味着可以使几个不同的方法使用相同的名称，这些方法以参数的个数不同、参数的类型不同等方面来进行区分，以使得编译器能够进行识别。

也可以这样讲，重载是同一个方法具有不同的版本，每个版本之间在参数特征方面有差异。重载是 Java 实现多态性的方式之一。

例如，family()方法可以有 3 个版本，格式如下：

```
family( ) { }
family(String ch) { address = ch; }
family(String ch, float n) { address = ch; pay = n; }
```

这些方法并存于程序中，编译时，编译器根据实参的类型和个数来区分调用哪个方法。如果这些方法作为函数或过程同时出现在其他语言的程序中，如 C，那将导致灾难性的错误。

【例 5-6】 构造方法重载的例子。

```
// Poly.java
class person {
    String name = "Johnson";   // 姓名
    int age = 45;              // 年龄
    person(){
    }
    person(String a) {
        name = a;
    }
}
```

```
        person(String a, int b) {
            name = a;
            age = b;
        }
        public void display(){
            System.out.println("Name = " + name + "," + "Age = " + age);
        }
    }
    public class Poly{
        public static void main(String[] args) {
            person ko1 = new person();
            person ko2 = new person("Mike");
            person ko3 = new person("Willian",50);
            ko1.display();
            ko2.display();
            ko3.display();
        }
    }
```

本例的运行结果为：

```
Name = Johnson, Age = 45
Name = Mike, Age = 45
Name = Willian, Age = 50
```

注意重载函数 person 的几种状态。

在 Java 语言中，多态性主要体现在两个方面：由方法重载实现的静态多态性（编译时多态）和方法重写实现的动态多态性（运行时多态）。

1）编译时多态

在编译阶段，具体调用哪个被重载的方法，编译器会根据参数的不同来静态确定调用相应的方法。

2）运行时多态

由于子类继承了父类所有的属性（私有的除外），因此子类对象可以作为父类对象使用。程序中凡是使用父类对象的位置，都可以用子类对象来代替。一个对象可以通过引用子类的实例来调用子类的方法。

如果子类重写了父类的方法，那么重写方法的调用原则为：Java 运行时系统根据调用该方法的实例，来决定调用哪个方法。对子类的一个实例，如果子类重写了父类的方法，则运行时系统调用子类的方法；如果子类继承了父类的方法（未重写），则运行时系统调用父类的方法。

另外，方法重写时应遵循以下的原则。

（1）改写后的方法不能比被重写的方法有更严格的访问权限。

（2）改写后的方法不能比被重写的方法产生更多的异常（异常的概念参见第 8 章）。

进行方法重写时必须遵从这两个原则，否则编译器会指出程序出错。

可以通过对下面的程序段的分析得出这些结论。

【例 5-7】 方法重写的例子。

```java
// RTpolyTest.java
class Parent{
    public void function(){
        System.out.println("I am in Parent!");
    }
}
class Child extends Parent{
    private void function(){
        System.out.println("I am in Child!");
    }
}
public class RTpolyTest{
    public static void main(String args[]){
        Parent p1 = new Parent( );
        Parent p2 = new Child( );
        p1.function( );
        p2.function( );
    }
}
```

编译过程如下：

```
D:\user\chap05 > Javac RTpolyTest.java
RTpolyTest.java:8: function( ) in Child cannot override function( ) in Parent; attempting to
assign weaker access privileges; was public
    private void function(){
                 ^
RTpolyTest.java:16: cannot find symbol
symbol: variable p1
location: class RTpolyTest
    p1.function( );
    ^
2 errors
```

可以看出，该程序中实例 p2 调用 function()方法时会导致访问权限的冲突。改正的方法就是在 Child 类中将 private void function()改为 public void function()。修改后程序如下：

```java
// RTpolyTest.java
class Parent{
    public void function(){
        System.out.println("I am in Parent!");
    }
}
class Child extends Parent{
    public void function(){
        System.out.println("I am in Child!");
    }
```

面向对象高级程序设计

```
    }
public class RTpolyTest{
    public static void main(String args[]){
        Parent p1 = new Parent( );
        Parent p2 = new Child( );        // 上转型对象
        p1.function( );
        p2.function( );
    }
}
```

程序运行结果如下：

```
I am in Parent!
I am in Child!
```

5.3 抽象类和抽象方法

Java 语言中，用 abstract 关键字来修饰一个类时，这个类称为抽象类。一个 abstract 类只关心它的子类是否具有某种功能，并不关心该功能的具体实现，功能的具体行为是由子类负责实现的。例如：

```
public abstract class Drawing {
    public abstract void drawDot(int x, int y);
    public void drawLine(int x1, int y1,int x2, int y2) {
        // draw using the drawDot() method repeatedly.
    }
}
```

用 abstract 来修饰一个方法时，该方法称为抽象方法。与 final 类和方法相反，abstract 类必须被继承，abstract 方法必须被重写。

正如上面 Drawing 这样的类，它声明的是方法的存在而不是方法的实现，当然这个类中也可以包括已经实现的方法。

如果一个类中含有 abstract 方法，那么这个类必须用 abstract 来修（abstract 类也可以没有 abstract 方法）。

当一个类的定义完全表示抽象的概念时，它不应该被实例化为一个对象。例如，Java 中的 Number 类就是一个抽象类，它只表示数字这一抽象概念，只有当它作为整数类 Integer 或实数类 Float 等的父类时才有意义。

定义一个抽象类的格式如下：

```
abstract class abstractClass{
    ...
}
```

由于抽象类不能被实例化,因此下面的语句会产生编译错误:

```
new abstractClass();
```

抽象类中可以包含抽象方法,为所有子类定义一个统一的接口,对抽象方法只需声明,而无须实现,因此它没有方法体。其格式如下:

```
abstract returnType abstractMethod([paramlist));
```

【例 5-8】 使用 abstract 的另一例子。

```java
// AAbstract.java
abstract class AA{
    abstract void callme( );
    void metoo( ){
      System.out.println("Inside AA's metoo() method");
    }
}
class BB extends AA{
    void callme( ){
        System.out.println("Inside BB's callme() method");
    }
}
public class AAbstract{
    public static void main(String args[]){
        AA cc = new BB(); // cc 为上转型对象
        cc.callme();
        cc.metoo();
    }
}
```

程序运行结果如下:

```
Inside BB's callme() method
Inside AA's metoo() method
```

例 5-8 中,首先定义了一个抽象类 AA,其中声明了一个抽象方法 callme(),定义它的子类 BB,并实现了方法 callme()。最后,在类 AAbstract 中,生成类 BB 并把它的引用返回到 AA 型变量 cc 中。由于对象的多态性产生了上述的运行结果。

5.4 接 口

Java 不支持多继承性,即一个类只能有一个父类。单继承性使得 Java 类层次简单,易于程序的管理。为了克服单继承的缺点,Java 使用了接口,一个类可以实现多个接口。使用关键字 interface 来定义一个接口。接口的定义和类的定义很相似,分为接口声明和接口体两部分。

5.4.1 接口声明

1. 接口声明

前面曾使用 class 关键字来声明类,接口通过使用关键字 interface 来声明。

完整的接口定义格式如下:

```
[public] interface interfaceName [extends listOfSuperInterface]{
…
}
```

其中 public 修饰符指明任意类均可以使用这个接口,默认情况下,只有与该接口定义在同一个包中的类才可以访问这个接口。extends 子句与类声明中的 extends 子句基本相同,不同的是一个接口可以有多个父接口,用逗号隔开,而一个类只能有一个父类。子接口继承父接口中所有的常量和方法。

通常接口名称以 able 或 ible 结尾,表明接口能完成一定的行为,如 Runnable、Serializable。

2. 接口体

接口体中包含常量定义和方法定义两部分。其中常量定义部分定义的常量均具有 public、static 和 final 属性。

其格式如下:

```
returnType methodName([paramlist]);
```

接口中只能进行方法的声明,而不提供方法的实现,所以,方法定义没有方法体,且用分号(;)结尾,在接口中声明的方法具有 public 和 abstract 属性。另外,如果在子接口中定义了和父接口名称相同的常量,则父接口中的常量被隐藏。

例如:

```
interface Summaryable {
    final int MAX = 50;          // MAX 具有 public、static、final 属性
    void printone(float x);
    float sum(float x, float y);
}
```

上面这段程序可以以 Summaryable.java 来保存,也可以写入其他 Java 程序中。

注意:Java 8 允许给接口添加一个非抽象的方法实现,只需要使用 default 关键字即可,这个特征又称为扩展方法,示例代码如下:

```
interface Form {
double calculate(int a);
    default double sqrt(int a) {
    return Math.sqrt(a);
    }
}
```

Form 接口在拥有 calculate 方法之外同时还定义了 sqrt 方法,实现了 Form 接口的子类只需要实现一个 calculate 方法,默认方法 sqrt 将在子类上可以直接使用。

3. 接口的使用

一个类通过使用关键字 implements 声明自己使用(或实现)一个或多个接口。如果使用多个接口,用逗号隔开接口名。例如:

```
class Calculate extends Computer implements Summary,Substractable{
…
}
```

类 Calculate 使用了 Summary 和 Substractable 接口,继承了 Computer 类。

如果一个类使用了某个接口,那么这个类必须实现该接口的所有方法,即为这些方法提供方法体。需要注意以下几方面。

(1)在类中实现接口的方法时,方法的名称、返回类型、参数个数及类型必须与接口中的完全一致。

(2)接口中的方法被默认为 public,所以类在实现接口方法时,一定要用 public 来修饰。

(3)另外,如果接口的方法的返回类型如果不是 void 的,那么在类中实现该接口方法时,方法体至少要有一个 return 语句。如果是 void 型,类体除了两个大括号外,也可以没有任何语句。

JavaJDK 提供的接口都在相应的包中,通过引入相应的包可以使用 Java 提供的接口,也可以自己定义接口。一个 Java 源文件就是由类和接口组成的。

5.4.2 使用接口的优点

从本质上讲,接口是一种特殊的抽象类,这种抽象类中只包含常量和方法的定义,而没有变量和方法的实现。通过接口使得处于不同层次,甚至互不相关的类可以具有相同的行为。接口其实就是方法定义和常量值的集合。

使用接口的优点主要体现在以下几个方面。

(1)通过接口可以实现不相关类的相同行为,而无须考虑这些类之间的层次关系。

(2)通过接口可以指明多个类需要实现的方法。

(3)通过接口可以了解对象的交互界面,而无须了解对象所对应的类。

接口把方法的定义和类的层次区分开来,通过它可以在运行时动态地定位所调用的方法。同时接口中可以实现"多重继承",且一个类可以实现多个接口。正是这些机制使得接口提供了比多重继承(如 C++ 等语言)更简单、更灵活,而且更强劲的功能。

【例 5-9】 使用多重接口的例子。

```
// MultInterfaces.java
interface I1 {
    abstract void test(int i);
}
interface I2 {
```

面向对象高级程序设计

```
    abstract void test(String s);
}

public class MultInterfaces implements I1, I2 {
    public void test(int i) {
        System.out.println("In MultInterfaces.I1.test");
    }
    public void test(String s) {
        System.out.println("In MultInterfaces.I2.test");
    }
    public static void main(String[] a) {
        MultInterfaces t = new MultInterfaces();
        t.test(42);
        t.test("Hello");
    }
}
```

程序运行的结果如下:

```
In MultInterfaces.I1.test
In MultInterfaces.I2.test
```

5.5 枚 举 类 型

JDK5.0 及其以后版本中一个重要特性是枚举构造,它是一种新的类型,允许用常量来表示特定的数据片断,而且全部都以类型安全的形式来表示。其关键字为 enum,这个新类型允许表示特定的数据点,这些数据点只接受分配时预先定义的值集合。

枚举就是一个被命名的整型常数的集合,枚举在日常生活中很常见。例如,表示星期的SUNDAY、MONDAY、TUESDAY、WEDNESDAY、THURSDAY、FRIDAY、SATURDAY就是一个枚举。

枚举的说明与结构和联合相似,其形式为:

```
enum 枚举名{ 标识符[ = 整型常数], 标识符[ = 整型常数], … 标识符[ = 整型常数] } 枚举变量;
```

如果枚举没有初始化,即省掉"[＝整型常数]"时,则从第一个标识符开始,顺次赋给标识符 0,1,2,…。但当枚举中的某个成员赋标识符后,其后的成员按依次加 1 的规则确定其值。

具体示例:

```
enum Apple{ Jonathan, GodenDel, RedDel }
```

枚举常量全部被隐式声明为 Apple 的公有、静态成员,且类型就是声明的枚举类型。

枚举一旦被定义就可以创建该类型的变量。尽管枚举能定义类型,却不能使用 new 来实例化。声明枚举变量和使用方法的代码如下：

```
Apple ap;
ap = Apple.RedDel;        // 因 ap 属于 Apple 类型,它只能被赋予 Apple 定义的值
```

两个枚举既可以使用"=="来进行比较,也可用于控制 switch 语句。

注意：在 case 语句中,使用枚举常量名称时不必用枚举类型名进行限定。这是因为 switch 表达式中的枚举类型已隐式指定为 case 常量的枚举类型,因此不必使用枚举类型来限定 case 语句中的常量。

【例 5-10】 示例代码如下。

```
// EnumDemo.java
enum Apple{ Jonathan,Godendel,Reddel }
public class EnumDemo{
    public static void main(String[] args){
        Apple ap;
        ap = Apple.Reddel; // 在 Java 中这些常被称为"自类型化"
        System.out.println("Value of ap:" + ap);
        ap = Apple.Godendel;
        if( ap == Apple.Godendel) System.out.println("ap contains Godendel:");
        switch(ap){
            case Jonathan: System.out.println("Jonathan is red.\n");
                    break;
            case Godendel:System.out.println("Godendel is yellow.\n");
                    break;
            case Reddel:System.out.println("Reddel is red.\n");
                    break;
        }
    }
}                         // 该例的运行结果请读者给出
```

定义枚举类型时本质上就是在定义一个类别,只不过很多细节由编译器帮忙完成了,所以某些程度上,enum 关键字的作用就像是 class 或 interface。

由于枚举能够定义类(相当于类的作用),因此可以有构造函数,添加实例变量和方法,甚至实现接口。每一个枚举常量是它的枚举类型的一个对象,因此要为一个枚举定义构造函数,建立每个枚举常量时都要调用该构造函数。另外,对此枚举类型定义的任何实例变量,每个枚举常量都是用一个它们自己的副本。枚举还有两个静态方法值得注意,格式如下。

```
public static enum - Type[] values()         // 返回枚举常量
public static enum - Type valueOf(str)        // 返回带指定名称的指定枚举类型的枚举常量
```

【例 5-11】 使用构造函数的枚举。

```
enum Apple{
    Jonathan(10),Godendel(9),Reddel(12);
```

面向对象高级程序设计

106

```
        private int price;              // Apple 的价值
        Apple(int p){price = p;}        // 构造函数
        int getPrice(){return price;}
    }
    public class EnumDemo2{
        public static void main(String args){
            Apple ap;                           // display price of Godendel
            System.out.println("Godendel costs " + Apple. Godendel.getPrice() + " cents");
                                                // display all prices and Apple
            System.out.println("All Apple prices:");
            for(Apple a:Apple.values())
                    System.out.println(a + "costs " + a.getPrice() + " cents");
        }
    }
```

该例运行结果如下：

```
Godendel costs 9 cents
All Apple prices:
Jonathancosts 10 cents
Godendelcosts 9 cents
Reddelcosts 12 cents
```

此例子包含三方面内容。

（1）实例 price 表示苹果的价格。

（2）Apple 的构造函数，传递价格。

（3）方法 getPrice 返回价格。

在 main()中声明 ap 后，会为每个指定的常量调用一次 Apple 的构造函数。注意，构造函数的参数放在每个常量后的括号内。传递过程如下：值被传给 Apple 的参数 p；参数 p 再将值赋给 price。同样，构造函数针对每个常量都被调用一次。由于每个枚举常量都有自己的副本，因此可以通过 getPrice()获得一种苹果的价格。在例 5-11 中只包括一个构造函数，但实际上枚举能够提供更灵活的重载形式，如每个枚举常量有两个参数。

注意，枚举有两个限制：①枚举不能继承另一个类；②枚举不能是超类。

5.6 Annotation

从 JDK5 开始提供名称为 Annotation（注释，也称元数据）的功能，它被定义为 JSR-175 规范。注释是以"@注释名"在代码中存在的，还可以添加一些参数值，例如：

```
@SuppressWarnings(value = "unchecked")
```

注释可以附加在 package、class、method、field 等上面，相当于给它们添加了额外的辅助信息，可以通过反射机制编程实现对这些元数据的访问。如果没有外部解析工具等对其加以解析和处理的情况，本身不会对 Java 的源代码或 class 文件等产生任何影响，也不会对它们的执行产生任何影响。

元数据的作用,可分为以下 3 种。

(1) 编写文档,通过代码里标识的元数据生成文档。

(2) 代码分析,通过代码里标识的元数据对代码进行分析。

(3) 编译检查,通过代码里标识的元数据让编译器能实现基本的编译检查。

1. JDK 内置的基本注释

JDK5 内置了一些常用的注释,可以在编译时帮助捕获部分编译错误,以及提示信息,下面介绍一下这些注释的用法。

(1) @Override 定义在 java. lang. Override 中,此注释只适用于修辞方法,表示一个方法声明打算重写超类中的另一个方法声明。如果方法利用此注释类型进行注解但没有重写超类方法,则编译器会生成一条错误消息。例如,为某类重写 toString() 方法却写成了 tostring(),并且为该方法添加了 @Override 注释,代码如下:

```
public class OverrideDemo {
    @Override
    public String tostring() {
        return super.toString();
    }
}
```

在编译时,会提示以下错误信息。

```
OverrideTest.java:4: 方法未覆盖其父类的方法
@Override
^1 错误
```

(2) @Deprecated 定义在 java. lang. Deprecated 中,此注释可用于修辞方法、属性、类,表示不鼓励程序员使用这样的元素,通常是因为它很危险或存在更好的选择。在使用不被赞成的程序元素或在不被赞成的代码中执行重写时,编译器会发出警告。

(3) @SuppressWarnings 定义在 java. lang. SuppressWarnings 中,用来抑制编译时的警告信息。与前两个注释有所不同,需要添加一个参数才能正确使用,这些参数值都是已经定义好的,只要选择性的使用即可,参数如表 5-1 所示。

表 5-1 @SuppressWarnings 定义

参 数	说 明
deprecation	使用了过时的类或方法时的警告
unchecked	执行了未检查的转换时的警告。例如,当使用集合时没有用泛型(Generics)来指定集合保存的类型
fallthrough	当 Switch 程序块直接通往下一种情况而没有 Break 时的警告
path	在类路径、源文件路径等中有不存在的路径时的警告
serial	当在可序列化的类上缺少 serialVersionUID 定义时的警告
finally	任何 finally 子句不能正常完成时的警告
all	关于以上所有情况的警告

2. 自定义 Annotation 注释

通常,应用程序并不是必须定义 Annotation 类型。Annotation 类型声明与一般的接口声明极为类似,区别只在于它在 interface 关键字前面使用"@"符号。Annotation 类型的每个方法声明定义了一个 annotation 类型成员,但方法声明不必有参数或异常声明;方法返回值的类型被限制的范围: primitives、String、Class、enums、annotation 和前面类型的数组;方法可以有默认值。

JDK 5.0 的 java. lang. annotation 包中提供的 4 种注解:@Documented、@Retention、@Target、@Inherited。

下面给出一个简单的例子:

```
public @interface MyAnnotation {
    String value() default "hahaha";
}
```

关于 Annotation 的用法请读者参考 JDK5.0 API 的技术文档。

5.7　内部类和匿名类

在 Java 1.1 之前,Java 语言不支持在类中再嵌套定义类,类只是包的成员,而不是类的成员。Java 1.1 通过对 Java 语言规范进行修改。在那些修改中,最引人注目的就是内部类和匿名类。内部类和匿名类在程序中如果运用得当,可使程序更易理解和维护。

1. 内部类的定义

简单地说,一个类被嵌套定义于另一个类中,称为嵌套类。在大多数情况下,嵌套类(静态的嵌套类除外)就是内部类(inner class),包含内部类的类称为外部类。与一般的类相同,内部类具有自己的成员变量和成员方法。通过建立内部类的对象,可以存取其成员变量和调用其成员方法。

例如:

```
pubic class GroupOne{
    int count;                  // 外部类的成员变量
    public class Student{       // 声明内部类
        String name;            // 内部类的成员变量
        public void output(){   // 内部类的成员方法
            System. out. println(this. name + " ");
        }
    }
}
```

本例声明的 GroupOne 类中包含有 Student 类。相对而言,GroupOne 类称为外部类,类 Student 称为内部类,内部类 Student 中也可以声明成员变量和成员方法。

实际上,Java 语言规范对于内部类有以下的规定。

(1) 在另一个类或一个接口中声明一个类。

（2）在另一个接口或一个类中声明一个接口。

（3）在一个方法中声明一个类。

（4）类和接口声明可嵌套任意深度。

从上面的规定中可以看出，内部类的定义是非常灵活的。

2. 内部类特性

内部类有以下几方面特性。

（1）一般用在定义它的类或语句块之内，在外部引用它时必须给出完整的名称。名称不能与包含它的类名相同。

（2）可以使用包含它的外部类的静态成员变量和实例成员变量，也可以使用它所在方法的局部变量。

（3）可以定义为 abstract。

（4）可以声明为 private 或 protected。

（5）若被声明为 static，就变成了顶层类，不能再使用局部变量。

（6）若想在内部类中声明任何 static 成员，则该内部类必须声明为 static。

Java 将内部类作为外部类的一个成员，就如同成员变量和成员方法一样。因此外部类与内部类的访问原则是：在外部类中，通过一个内部类的对象引用内部类中的成员；反之，在内部类中可以直接引用它的外部类的成员，包括静态成员、实例成员和私有成员。

【例 5-12】 内部类和外部类之间的访问。

本例的类 GroupTwo 中声明了成员变量 count、内部类 Student、实例方法 output 和 main 方法，在内部类 Student 中声明了构造方法和 output 方法，构造方法存取了外部类 GroupTwo 的成员变量 count。

其程序如下：

```java
// GroupTwo. java
public class GroupTwo{
    private int count;                        // 外部类的私有成员变量
    public class Student {                    // 声明内部类
      String name;
      public Student(String n1) {
          name = n1;
          count++;                            // 存取其外部类的成员变量
      }
      public void output(){
        System. out. println(this. name);
      }
    }
    public void output(){                     // 外部类的实例成员方法
        Student s1 = new Student("Johnson");  // 建立内部类对象
        s1. output();                         // 通过 s1 调用内部类的成员方法
        System. out. println("count = " + this. count);
    }
    public static void main(String args[]){
        GroupTwo g2 = new GroupTwo();
        g2. output();
    }
}
```

面向对象高级程序设计

程序运行结果：

```
Johnson
count = 1
```

本例演示嵌套的两个类之间的访问规则，即在外部类 GroupTwo 中，通过一个内部类 Student 的对象 s1 可以引用内部类中的成员；反之，在内部类 Student 中可以直接引用它的外部类的成员，如 count。

本例的外部类 GroupTwo 中有实例方法 output( )，内部类 Student 中也有实例方法 output( )，两者虽然名称相同，却表达不同含义。使用时，外部类 GroupTwo 的对象调用 GroupTwo 的 output，如 g2. output( )，内部类 Student 的对象调用 Student 的 output，如 s1. output( )。

【例 5-13】 内部类访问外部静态变量。

在例 5-10 中，如果在外部类中定义了静态变量，那么必须注意静态变量的访问方法。

在本例内部类 Student 的 output 方法中，访问了 3 个不同含义的 count：外部类的静态变量、内部类的静态变量及方法的参数。这时必须在 count 前加上不同的修饰符，编译系统才能区分。在外部类的 main 方法中，可以使用完整的内部类标识 GroupThree. Student 创建内部类的对象 s1。

其程序如下：

```java
// GroupThree. java
public class GroupThree{
    private static int count;          // 静态变量 GroupThree.count 统计班级数量
    private String name;               // 实例变量 GroupThree.name 表示班级名称

    public class Student{
        private int count;             // 实例变量 Student.count 表示学号
        private String name;           // 实例变量 Student.name 表示学生姓名
        public void Output(int count){
            count++;                   // 存取方法的参数,局部变量
            this.count++;              // 通过对象存取 Student.count
            GroupThree.count++;        // 通过类名存取 GroupThree.count
            GroupThree.this.count++;   // 通过对象名存取 GroupThree.count
            System.out.println(count + "" + this.count + "" +
                    GroupThree.count + "" + GroupThree.this.count++);
        }
    }

    public Student aStu(){             // 返回内部类 Student 的一个对象
        return new Student();
    }
    public static void main(String args[]) {
        GroupThree g3 = new GroupThree ();
        g3.count = 10;                 // GroupThree.count
```

```
        GroupThree.Student s1 = g3.aStu();        // 在外部创建内部类的对象
                                                  // 完整的内部类标识 GroupThree.Student
        s1.Output(5);
    }
}
```

程序运行结果：

```
 6   1   12   12
```

由本例可见,外部类与内部类的成员可以名称相同,通过不同类的对象访问不同的成员。如果在外部创建内部类的对象,必须使用内部类的全名。此时,只能首先使用以下格式来声明内部类的对象 s1：

```
GroupThree.Student s1
```

再通过调用外部类的方法 g3.aStu()获得内部类的一个实例。也可以不用 aStu()方法,改写成以下语句：

```
Group3.Student s1 = new GroupThree().new Student();
```

【例 5-14】 静态公用内部类。

定义为 static 的内部类称为静态内部类。静态内部类将自动转化为顶层类(top-level class),即它没有超类,而且不能引用外部类成员或其他内部类中的成员。非静态内部类不能声明静态成员,只有静态内部类才能声明静态成员。

例如,设计一个大型应用程序时,程序员们自定义的类名可能会重复,产生冲突。如果将一些内部类声明为静态的公用内部类,则其他类能够通过完整的类标识(如 Outer.Inner)来使用这些静态的公用内部类,从而减少类名重复的机会。

本例的类 GroupFour 中声明的一个内部类 Student 是静态的、公用的,其中可以声明静态变量 count。在构造方法中,实例变量 number 得到静态变量 count 的值,实现了自动编号功能。静态内部类 Student 中不能访问外部类成员。

其程序如下：

```
// GroupFour.java
public class GroupFour{
    public static class Student{          // 定义静态公用内部类
        static int count;                 // 静态内部类中的静态变量
        String name;
        int number;                       // 序号
        public Student(String n1){        // 静态内部类的构造方法
            name = n1;
```

面向对象高级程序设计

```
                count++;
                number = count;                    // 序号自动增加
            }
            public void output(){
                System.out.println(this.name + " number = " + this.number);
            }
        }
        public static void main(String args[]){
            GroupFour.Student s1 = new GroupFour.Student("A");
            s1.output();
            GroupFour.Student s2 = new GroupFour.Student("B");
            s2.output();
        }
    }
```

程序运行结果:

```
A number = 1
B number = 2
```

【例 5-15】 抽象内部类。

内部类可以定义为抽象类型,但需要被其他的内部类继承或实现。

本例的类 GroupFive 中声明两个内部类,一个是抽象内部类 Student_abstract,另一个是内部类 Student,它继承了抽象内部类 Student_abstract 并实现抽象类中的 output 方法。

在外部类 GroupFive 的构造方法中,创建了两个内部类的对象 s1 和 s2。

其程序如下:

```
// GroupFive.java
public class GroupFive{
    public abstract class Student_abstract {          // 抽象内部类
        int count;
        String name;
        public abstract void output();                // 抽象方法
    }
    public class Student extends Student_abstract {    // 继承抽象内部类
        public Student(String n1)
        {
        name = n1;
        count++;                                       // Student.count
        }
        public void output(){                          // 实现抽象方法
            System.out.println(this.name + " count = " + this.count);
        }
    }
```

```
    public GroupFive(){
        Student s1 = new Student("A");
        s1.output();
        Student s2 = new Student("B");
        s2.output();
    }
    public static void main(String args[]){
        GroupFive g5 = new GroupFive();
    }
}
```

程序运行结果：

```
A count = 1
B count = 1
```

由运行结果可知，两个不同对象 s1、s2 的 name 值不同，但 count 均为 1。Student 类从抽象内部类中继承的 count 仍是实例变量。对于 Student 对象 s1，s1.count 的初值均为 0，执行 count++ 之后，得到的 s1.count 均为 1。

【例 5-16】 内部接口。

内部类可以是一个接口，这个接口必须由另一个内部类来实现。

本例的类 GroupSix 中声明一个内部接口 Student_info，一个内部类 Student 实现内部接口。在外部类 GroupSix 的构造方法中，根据参数中的数组元素个数，创建了若干个内部类的对象 s1。

其程序如下：

```
// GroupSix.java
public class GroupSix{
    public interface Student_info {                    // 内部接口
        public void output();
    }
    public class Student implements Student_info {     // 内部类实现内部接口
        int count;
        String name;
        public Student(String n1) {
            name = n1;
            count++;
        }
        public void output() {                         // 实现接口方法
            System.out.println(this.name + " count = " + this.count);
        }
    }
    public GroupSix(String name1[])
    {
        Student s1;
        int i = 0;
        while(i < name1.length)
```

```
        {
            s1 = new Student(name1[i]);
            s1.output();
            i++;
        }
    }
    public static void main(String args[])
    {
        String arr[] = {"A","B","C"};
        GroupSix g6;
        new GroupSix(arr);
    }
}
```

运行以下命令：

```
D:\myjava > java Group5 A B C
```

程序结果如下：

```
A count = 1
B count = 1
C count = 1
```

【例 5-17】 局部内部类。

Java 内部类也可以是局部的，它可以定义在一个方法甚至一个代码块之内。

举例如下：

```
// GoodsSeven.java
interface Destination {
    String readLabel();
}

public class GoodsSeven {
    public Destination dest(String s) {
        class GDestination implements Destination {
            private String label;
            private GDestination(String whereTo) {
                label = whereTo;
                System.out.println(readLabel());
            }
            public String readLabel() { return label; }
        }
        return new GDestination(s);
    }
    public static void main(String[] args) {
        GoodsSeven g = new GoodsSeven ();
        Destination d = g.dest("Beijing");
    }
}
```

例 5-15 就是一个局部内部类的例子。在方法 dest 中定义了一个内部类,最后由这个方法返回这个内部类的对象。如果在用一个内部类的时候仅需要创建它的一个对象并创建给外部,就可以这样做。

3. 匿名类

匿名类是不能有名称的类,所以没办法引用它们。必须在创建时,作为 new 语句的一部分来声明它们。

从技术上讲,匿名类可被视为非静态的内部类,所以它们具有和方法内部声明的非静态内部类一样的权限和限制。

内部和匿名类是 Java 提供的两个出色的工具。它们提供了更好的封装,结果就是使代码更容易理解和维护,使相关的类都能存在于同一个源代码文件中(这要归功于内部类),并能避免一个程序产生大量非常小的类(这要归功于匿名类)。

5.8　简　单　案　例

编写求解几何图形(包括三角形、矩形、圆)的周长、面积的应用程序,要求用到继承和接口等技术。

本题目的需求比较简单,主要目的要求在一个稍微大一点的题目中用到继承、接口、包等技术,也就是面向对象编程的各个最基本技术的实现。请读者在阅读下面的代码段后,在Eclipse 平台下调试并运行成功。

```java
// Solution of drawings as triangle, rectangle, circle
package oop123;
import java.io.*;                          // 引入键盘输入所需的类所在的包
interface getProperty {                    // 接口定义
    double Pi = 3.1415926;
    double getArea();
    double getCircum();
    String getName();
}
class mpoint {                             // 定义点
    static int i = 0;
    double x, y;
    mpoint(double a, double b) {
        this.x = a;
        this.y = b;
    }
    double getX(){
        return x;
    }
    double getY() {
        return y;
    }
}
class disp {                              // 定义屏幕输出需要的类
    double area;                          // 图形面积
```

```java
        double circum;                              // 图形周长
        String drawingName;                         // 图形名称
        disp(double a, double b, String ss){
            this.area = a;
            this.circum = b;
            this.drawingName = ss;
        }
        public void display(){
            System.out.println("Drawing is " + drawingName);
            System.out.println("Area = " + area + "Circum = " + circum);
        }
    }
class triangle implements getProperty {             // 定义三角形
        mpoint p1,p2,p3;                            // 三角形的三点
        double s1,s2,s3;                            // 三角形的三边
        String drawingName = "Triangle";
        triangle(mpoint p1,mpoint p2,mpoint p3){
            this.p1 = p1;
            this.p2 = p2;
            this.p3 = p3;
            this.s1 = Math.sqrt( (p1.x - p2.x) * (p1.x - p2.x) + (p1.y - p2.y) * (p1.y - p2.y) );
            this.s2 = Math.sqrt( (p3.x - p2.x) * (p3.x - p2.x) + (p3.y - p2.y) * (p3.y - p2.y) );
            this.s3 = Math.sqrt( (p1.x - p3.x) * (p1.x - p3.x) + (p1.y - p3.y) * (p1.y - p3.y) );
        }
        public double getArea(){
            double ss,ssa;
            ss = (s1 + s2 + s3) * Pi/2.0/Pi;
            ssa = Math.sqrt( ss * (ss - s1) * (ss - s2) * (ss - s3) );
            return ssa;
        }
        public double getCircum(){
            return s1 + s2 + s3;
        }
        public String getName(){
            return drawingName;
        }
        public boolean tline(){                     // 是否是三角形,请读者完善
            return true;
        }
    }
class circle implements getProperty {               // 定义圆
        mpoint p1;                                  // 圆心
        double radius;                              // 半径
        String drawingName = "Circle";
        circle(mpoint p1,double radius){
            this.p1 = p1;
            this.radius = radius;
        }
        public double getArea(){
            double ssa;
            ssa = Math.PI * radius * radius;
            return ssa;
```

```
        }
        public double getCircum(){
            return Math.PI * 2.0 * radius;
        }
        public String getName(){
            return drawingName;
        }
        public boolean tcircle(){
            return true;
        }
    }
    class rectangle implements getProperty {          // 定义长方形
        mpoint p1,p2;
        double s1,s2;
        String drawingName = "Rectangle";
        rectangle(mpoint p1,mpoint p2){
            this.p1 = p1;
            this.p2 = p2;
            this.s1 = Math.sqrt( (p1.x - p2.x) * (p1.x - p2.x) );
            this.s2 = Math.sqrt( (p1.y - p2.y) * (p1.y - p2.y) );
        }
        public double getArea(){
            return s1 * s2;
        }
        public double getCircum(){
            return s1 + s2 + s1 + s2;
        }
        public String getName(){
            return drawingName;
        }
        public boolean rline(){
            return true;
        }
    }
    public class drawing extends disp {               // 定义 main()所在的类
        drawing(double a, double b, String ss){
            super(a,b,ss);
        }
        public static void main(String args[])throws IOException {
            BufferedReader keyin = new BufferedReader(new InputStreamReader(System.in));
            String strxx;
            for(;true;) {
                System.out.print("Input string like Triangle、Rectangle or Circle:");
                strxx = keyin.readLine();
                if (strxx.length() == 0) continue;
                char charxx;
                charxx = strxx.toUpperCase().charAt(0);
                switch( charxx )
                {
                    case 'T':                          // 三角形：输入三点
                    System.out.println("Please input(triangle) 1 point x(enter)y(enter)");
```

面向对象高级程序设计

```
                        mpoint p1 = new mpoint(aVar(keyin),aVar(keyin));
                        System.out.println("Please input 2 point x(enter)y(enter)");
                        mpoint p2 = new mpoint(aVar(keyin),aVar(keyin));
                        System.out.println("Please input 3 point x(enter)y(enter)");
                        mpoint p3 = new mpoint(aVar(keyin),aVar(keyin));
                        triangle t1 = new triangle(p1,p2,p3);                    // 构造三角形
                        disp tdisp = new drawing(t1.getArea(),t1.getCircum(),t1.getName());
                        tdisp.display();
                        break;
                        // ------------------------------------------------------------
                    case 'C':                                                    // 圆：圆心及半径
                        System.out.println("Please input(circle) center x(enter)y(enter)");
                        mpoint p4 = new mpoint(aVar(keyin),aVar(keyin));
                        System.out.println("Please input radius x(enter)");
                        double radius = aVar(keyin);
                        circle t2 = new circle(p4,radius);                       // 构造圆
                        disp cdisp = new drawing(t2.getArea(),t2.getCircum(),t2.getName());
                        cdisp.display();
                        break;
                        // ------------------------------------------------------------
                    case 'R':                                                    // 长方形：输入两点
                        System.out.println("Please input (rectangle)1 point x(enter)y(enter)");
                        mpoint p6 = new mpoint(aVar(keyin),aVar(keyin));
                        System.out.println("Please input 2 point x(enter)y(enter)");
                        mpoint p7 = new mpoint(aVar(keyin),aVar(keyin));
                        rectangle t3 = new rectangle(p6,p7);                     // 构造长方形
                        disp rdisp = new drawing(t3.getArea(),t3.getCircum(),t3.getName());
                        rdisp.display();
                        break;
                        // ------------------------------------------------------------
                    default: System.out.println("Error! please input t(T),c(C) or r(R);");
                }                                                                // switch
            }                                                                    // endoffor
        }                                                                        // main method

    static double aVar(BufferedReader keyin) throws IOException
    { // get a double variable
        String xx;
        xx = keyin.readLine();
        return Double.parseDouble(xx);
    }
}
```

习题及思考

1. 什么是继承？什么是父类？什么是子类？继承的特性可给面向对象编程带来什么好处？什么是单重继承？什么是多重继承？

2. "子类的成员变量和成员方法的数目一定大于或等于父类的成员变量和成员方法的数目"，这种说法是否正确？为什么？

3. 什么是方法的覆盖？方法的覆盖与域的隐藏有什么不同？与方法的重载有什么不同？

4. 什么是多态？面向对象程序设计为什么要引入多态的特性？使用多态有什么优点？

5. 父类对象与子类对象相互转化的条件是什么？如何实现它们的相互转化？

6. 一个类如何实现接口？实现某接口的类是否一定要重载该接口中的所有抽象方法？

7. 编写求解一元多次方程（如一元一次、一元二次、一元高次方程）的解。

面向对象高级程序设计

第6章

字符串处理

本章将介绍 Java 语言中字符串的处理技术。主要涉及在程序运行初始化后不能改变的字符串类 String 和字符串内容可以动态改变的类 StringBuffer,以及用于进行字符串词法分析类 StringTokenizer。同时还将介绍字符串和其他数据类型间的转换。

在 C/C++ 中,字符串是以字符数组的方式来处理的,以字符 '\0' 作为字符串结束的标志,因此在进行字符串处理时比较容易发生错误。而 Java 则将字符串作为对象来处理,在对象中封装了一系列方法来进行字符串处理。利用 Java 字符串处理技术不仅可以减少程序设计的工作量,而且使程序编制更加规范,从而可以减少错误的发生。

6.1 String 类

String 类位于 java.lang 包中,因此在程序中不需要使用 import 语句就可以用 String 来实例化对象。String 类主要用来处理在程序运行初始化后其内容不能被改变的字符串。

1. 字符串的构造

字符串常量是用双引号分隔的一系列 Java 合法字符。在用赋值运算符进行字符串初始化时,JVM 自动为每个字符串生成一个 String 类的实例,如"Java is interesting"。

字符串的声明和其他类一样,格式如下。

```
String s;
```

创建字符串可以使用 String 类的构造方法。例如:

```
s = new String("We are students");
```

也可写成:

```
s = "We are students";
```

声明和实例化对象也可一步完成:

```
String s = new String("We are students");
```

或

```
String s = "We are students";
```

在 Java 2 中，String 类提供的构造方法如表 6-1 所示。

表 6-1 String 类的构造方法

String 类构造方法	说　明
String()	分配一个新的不含有字符的 String
String(byte[])	用默认字符编码方式转换指定的字节数组生成一新的 String
String(byte[],int,int)	用默认字符编码方式转换指定的字节子数组生成一个新的 String
String(byte[],int,int,String)	用默认字符编码方式转换指定的字节子数组生成一个新的 String
String(byte[],String)	用指定的字符编码方式转换指定的字节数组生成一新的 String
String(char[])	分配一个新 String，它包含有当前字符数组参数中的字符
String(char[],int,int)	分配一个新 String，它包含字符数组参数的一个子数组的字符。offset 参数是子数组中第一个字符的索引，count 参数指定了子数组的长度
String(String)	分配一个新 String，它包含与字符串参数相同的字符序列
String(StringBuffer)	分配一个新 String，它包含当前字符串缓冲区参数中的字符序列

有关 String 类构造方法的说明详见 JDK 帮助文档。

利用 String 类提供的构造方法，可以生成空的字符串或由其他基本数据类型生成字符串对象。例如：

（1）利用下面的方法可以生成空的 String 实例。

```
String strDemo = new String( );
```

（2）在 String 类提供的构造方法中，可以由字符数组、字节数组及字符串缓冲区来构成字符串，如下面的代码所示。

```
char cDem0l[] = {'2','3','4','5'};
char cDem02[] = {'1','2','3','4','5'};
String strDem01 = new String(cDem0l);
String strDem02 = new String(cDem02,1,4);
System. out. println(strDem01 +  strDem01 );
```

利用上面的两个构造方法生成的字符串实例的内容均为"2345"。

（3）下面例子说明如何利用字节数组生成字符串。

```
byte cDem0l[] = {66,67,68};
byte cDem02[] = {65,66,67,68};
String strDem01 = new String(cDem0l);
String strDem02 = new String(cDem02,1,3);
```

利用上面的两个构造方法生成的字符串实例的内容均为"BCD"。

2. String 类的常用方法

String 类提供了 length( )、charAt( )、indexOf( )、lastIndexOf( )、getChars( )、getBytes( )、 toCharArray( )等方法。在这些方法中,按用途来分,可以分为字符串长度计算、字符串比较、字符串检索、字符串的截取和字符串的替换等方法,下面将详细介绍这些方法。

1) 字符串长度计算

使用 String 类中的 length( )方法可以获取一个字符串的长度。length( )方法的定义如下:

```
public int length()
```

该方法返回字符串中的 16 位的 Unicode 字符的数量。例如:

```
String s = "we are students",tom = "我们是学生";
int n1,n2,n3;
n1 = s.length();              // n1 的值是 15
n2 = tom.length();            // n2 的值是 5
n3 = "我的爱好".length();       // n3 的值是 4
```

2) 字符串比较

字符串比较的方法有 equals( )、equalsIgnoreCase( )、startsWith( )、endsWith( )、regionMatches( )、compareTo( )、compareToIgnoreCase()等方法。

(1) equals 和 equalsIgnoreCase 方法。在 String 类中 equals()定义如下:

```
public boolean equals(String s)
```

该方法用来比较当前字符串对象的实体与参数指定的字符串 s 的实体是否相同。例如:

```
String tom = new String( "we are students");
String boy = new String( "We are students");
String jerry = new String("we are students");
```

tom. equals(boy)的值是 false,tom. equals(jerry)的值是 true。

注意:tom == jerry 的值是 false。因为字符串是对象,tom、jerry 是引用。其引用位置在内存中是不同的。

在 String 类中 equalsIgnoreCase ( )定义如下:

```
public boolean equalsIgnoreCase(String s)
```

字符串对象调用比较当前字符串对象是否与参数指定的字符串 s 相同,比较时忽略大小写。例如:

```
String tom = new String("ABC"),
Jerry = new String("abc");
```

tom. equalsIgnoreCase(Jerry)的值是 true。

（2）startsWith、endsWith 方法。

字符串对象调用 public boolean srartsWith(String s)方法，判断当前字符串对象的前缀是否是参数指定的字符串 s，例如：

```
String tom = "220302620629021", jerry = "21079670924022";
```

tom. startsWith("220")的值是 true，jerry. startsWith("220")的值是 false。

可以使用 public boolean endsWith(String s)方法，判断一个字符串的后缀是否是字符串 s，例如：

```
String tom = "220302620629021", jerry = "21079670924022";
```

tom. endsWith("021")的值是 true，jerry. endsWith("021")的值是 false。

【例 6-1】 通过学号判断某学生是否是 2004 级的男生。假设某学生学号为"200400581"，前 8 位为学号，最后 1 位为性别标志位，0 表示女生，1 表示男生。程序如下：

```java
// StringStart. java
public class StringStart{
  public static void main(String args[ ]){
      String john = "200400581", start = "2004";
      if((john. startsWith(start)) && (john. endsWith("1")))
          System. out. println("该生是 2004 级男学生.");
      else
          System. out. println("该生不是 2004 级女学生.");
  }
}
```

程序的运行结果如下：

```
该生是 2004 级男学生.
```

（3）regionMatches 方法。

该方法的申明格式为：

```
public boolean regionMatches( int firstStart, String other, int otherStart, int length)
```

或

```
public boolean regionMatches ( boolean b, int firstStart, String other, int otherStart, int length)
```

从当前字符串参数 firstStart 指定的位置开始处，取长度为 length 的一个子串，并将这个子串和参数 other 指定的一个子串进行比较。其中 other 指定的子串是从参数 otherStart

指定的位置开始,从 other 中取长度为 length 的一个子串。如果两个子串相同该方法就返回 true,否则返回 false。注意,字符串的位置编号从 0 开始。

（4） compareTo 和 compareToIgnoreCase 方法。

String 类中 compareTo 和 compareToIgnoreCase 方法申明的格式为:

```
public int compareTo(String s)
public int compareToIgnoreCase(String s)
```

compareTo 方法,按字典顺序与参数 s 指定的字符串比较大小。如果当前字符串与 s 相同,该方法返回值 0,如果当前字符串对象大于 s,该方法返回正值,如果小于 s,该方法返回负值。例如:

```
String str = "abcde";
str.compareTo("boy");      // 小于 0
str.compareTo("aba")       // 大于 0
str.compareTo("abcde")     // 等于 0
```

按字典顺序比较两个字符串还可以使用 compareToIgnoreCase(String s)方法,该方法忽略大小写。

【例 6-2】 将下面的字符串数组按字典顺序重新排列。

```java
// SortStrs. java
public class SortStrs{
  public static void main(String args[]){
    String a[] = {"Java","Basic","C++","Fortran","SmallTalk"};
    for(int i = 0;i < a. length - 1;i++){
      for(int j = i + 1;j < a. length;j++){
        if(a[j]. compareTo(a[i])< 0){
          String temp = a[i];
          a[i] = a[j];
          a[j] = temp;
        }
      }
    }
    for(int i = 0;i < a. length;i++) {
      System. out. print(" " + a[i]);
    }
  }
}
```

程序的运行结果如下:

```
Basic C++ Fortran Java SmallTalk
```

3） 字符串检索

搜索指定字符或字符串在字符串中出现的位置,用于字符或字符串在字符串中的定位。

方法申明格式如下：

```
public int indexOf(int ch)
public int indexOf(int ch, int fromIndex)
public int indexOf(String str)
public int indexOf(String str, int fromIndex)
```

上述 4 个重载的方法分别用于在字符串中定位指定的字符和字符串，并且在方法中可以通过 fromIndex 来指定匹配的起始位置。如果没有检索到字符或字符串，该方法返回的值是 -1。如下面代码所示。

```
String strSource = "I love Java";
int nPosition;
nPosition = strSource.indexOf('v');        // nPosition 的值为：4
nPosition = strSource.indexOf('a',9);      // nPosition 的值为：10
nPosition = strSource.indexOf("love");     // nPosition 的值为：2
nPosition = strSource.indexOf("love",0);   // nPosition 的值为：2
```

另外，String 类还提供字符串中的最后位置的定位，方法申明格式如下：

```
public int lastIndexOf(int ch)
public int lastIndexOf(int ch, int fromlndex)
public int lastIndexOf(String str)
public int lastIndexOf(String str, int fromIndex)
```

上述 4 个重载的方法分别用于在字符串中定位指定的字符和字符串最后出现的位置，并且在上述方法中可以通过 fromIndex 来指定匹配的起始位置。如果没有检索到字符或字符串，该方法返回的值是 -1。

4）字符串的截取

在字符串中截取子字符串，其申明格式如下：

```
public String substring(int beginIndex)
```

该方法将获得一个当前字符串的子串，该子串是从当前字符串的 beginIndex 处截取到最后所得到的字符串。

```
public String substring(int beginIndex, int endIndex)
```

该方法将获得一个当前字符串的子串，该子串是从当前字符串的 beginIndex 处截取到 endIndex-1 结束所得到的字符串。

如下面的代码所示：

```
String strSource = new String("Java is interesting");
String strNew1 = strSource.substring(5);     // strNew1 = "is interesting"
String strNew2 = strSource.substring(5,6);   // strNew2 = "i"
```

5）字符串的替换

在 String 类中字符串替换的申明格式如下：

```
public String replace(char oldChar,char newChar)
```

字符串对象 s 调用该方法可以获得一个串对象，这个串对象是用参数 newChar 指定的字符替换 s 中由 oldChar 指定的所有字符而得到的字符串。

```
public String replaceAll(String old,String new)
```

字符串对象 s 调用该方法可以获得一个串对象，这个串对象是通过用参数 new 指定的字符串替换 s 中由 old 指定的所有字符串而得到的字符串。

```
public String trim()
```

一个字符串 s 通过调用方法 trim() 得到一个字符串对象，该字符串对象是 s 去掉前后空格后的字符串。

如下面的代码所示：

```
String s = "I mist theep";
Strong temp = s.replace( 't', 's' );          // 结果是"I miss sheep"
Strong temp2 = s.replace("mist","miss");       // 结果是"I miss theep"
String s = " I am a student ";
String temp = s.trim();                        // 结果是"I am a student"
```

6）其他的一些方法

（1）字符串大小写转换，申明格式如下：

```
public String toUpperCase(Locale locale)       // 仅对指定位置进行转换
public String toUpperCase()
public String toLowerCase(Locale locale)       // 仅对指定位置进行转换
public String toLowerCase()
```

上面的方法中，toUpperCase 用于将字符串中的所有字符转换为大写，而 toLowerCase 用于将字符串中的所有内容转换为小写。这些方法的返回值类型均为 String，如下面的代码所示：

```
String strSource = new String("Java iS interesting");
String strl,str2;
Strl = strSource.toUpperCase( );               // JAVA IS INTERESTING
Str2 = strSource.toLowerCase( );               // java is interesting
```

（2）转换为字符串数组，申明格式如下：

```
public char[ ] toCharArray( )
```

该方法用于将字符串转换为字符串数组。该方法的返回值类型为字符串数组，如下面的代码所示：

```
String strSource = new String("Java is interesting");
char[ ] ch;
ch = strSource.toCharArray( );
System.out.println(ch);
```

上面代码段的输出为：

```
Java is interesting
```

（3）字符串到字符数组之间的转换，申明格式如下：

```
getChars(int srcBegin, int srcEnd, char[ ] dst, int dstBegin)
```

该方法用于将字符串中的字符内容复制到字符数组中。其中 srcBegin 为复制的起始位置、srcEnd-1 为复制的终止位置、字符串数值 dst 为目的字符数组、dstBegin 为目的字符串数组的复制起始位置。

看下面的例子：

```
String strSource = new String("I love Java");
char[] cDest = new char[11];
strSource.getChars(0,10,cDest,0);
System.out.println(cDest);
```

上面的代码段将字符串中的字符内容复制到字符数组中并输出。

（4）连接两个字符串，申明格式如下：

```
public String concat(String str)
```

该方法用于将两个字符串连接在一起，与字符串的"＋"操作符功能相同。下面是关于字符串连接的例子：

```
String strString = new String("01234");
String strAnothString = "56789";
StrString.concat(strAnotherString); // strString = "0123456789"
```

【例 6-3】 String 类简单方法的调用。

```
// AccessString.java
public class AccessString{
    public static void main(String args[]) {
        int n1,n2,n3;
        String ko = "Visual Baisc",La = "java",s1,s2,s3,s4 = "C++";
        s1 = ko.concat(La);
        s2 = s1.substring (7, 16);
        s3 = ko.replace('s','x');
        n1 = s1.length();
        n2 = s1.indexOf(La);
        n3 = s1.lastIndexOf("Visual");
        System.out.println(s1);
        System.out.println(s2);
        System.out.println(s3);
        System.out.println(n1);
        System.out.println(n2);
        System.out.println(n3);
    }
}
```

运行结果如下：

```
Visual Baiscjava
Baiscjava
Vixual Baixc
16
12
```

6.2　StringBuffer 类

一个 String 型变量一旦经过初始化,就不能被改变了。为什么它作为一个变量而又不能被改变呢？其实变量只是一个代表某个内存区域的引用符号,用来访问或修改它所指向的内存空间。在 String 型变量的情况下,String 型变量所指向的内存空间中的内容是不能被改变的,这是 Java 语言规范规定的。但是该变量可用于指向另外的内存空间。下列代码说明了这一点：

```
String s = new String("Hello");
s = "Hello World";      // 现在 s 指向内存中的新位置
```

首先创建了一个 String 型变量称为 s,它指向一段特定的内存空间,这段内存空间存储字符串"Hello"。第二行代码使 s 指向一段新的内存空间,这段新的内存空间现在存储字符串"Hello World"。这是合法的,因为只改变了变量,而并没有改变它所指向的内存中的内容。这一点说明了变量和它所指向的内存之间的区别。如果想加强对字符串的控制,可以使用 StringBuffer 类。这个类也是 java.lang 包的一部分,它提供了可以修改字符串内容的

方法。下面是一个使用 StringBuffer 类的例子:

```
StringBuffer s = new StringBuffer("Hello");
s.setCharAt(1,'o');        // s 的内容为 "Hollo"
```

StringBuffer 的 setCharAt()方法对字符串中的一个字符做了修改,第一个参数确定了被修改字符在整个字符串中的索引位置,第二个参数为修改后的新值。

在实际应用中,经常会遇到对字符串内容进行动态修改。在这种情况下,String 类在功能上受到限制。Java 提供了 StringBuffer 类来实现对字符串内容进行动态修改功能。根据 StringBuffer 类中提供的成员方法分类,StringBuffer 类主要用于完成字符串的动态添加、插入、替换等操作。

1. StringBuffer 类的构造方法、声明和实例化

StringBuffer 类对象的申明和 String 类对象的申明在形式上是一样的,格式如下:

```
StringBuffer s;                       // 申明 s 为 StringBuffer 对象
s = new StringBuffer("Hello");        // 实例化
s.setCharAt(1,'o');                   // 调用方法,将"Hello"变成"Hollo"
```

StringBuffer 类提供了 3 种构造方法,其格式如下。

(1) public StringBuffer():构造一个不包含字符的字符串缓冲区,其初始的容量设为16 个字符。

(2) public StringBuffer(int):构造一个不包含字符的字符串缓冲区,其初始容量由参数设定。

(3) public StringBuffer(String):构造一个字符串缓冲区,来表示和字符串参数相同的字符序列。字符串缓冲区的初始容量为16 加上字符串参数的长度。

2. StringBuffer 类的常用方法

StringBuffer 类主要用于完成字符串的动态添加、插入、替换等操作。

1) 添加操作 append()

该功能主要由 StringBuffer 类中成员方法 append 完成,其作用就是将一个字符添加到另一个字符串缓冲区的后面。在应用中,如果添加字符的长度超过字符串缓冲区的长度,则字符串缓冲区自动将长度进行扩充。

下面为 append 方法的申明格式说明:

```
public StringBuffer append(boolean b)
public StringBuffer append(char c)
public StringBuffer append(char[] str)
public StringBuffer append(char[] str, int offset, int len)
public StringBuffer append(double d)
public StringBuffer append(float f)
public StringBuffer append(int i)
public StringBuffer append(long l)
public StringBuffer append(Object obj)
public StringBuffer append(String str)
```

上面列举的构造方法,可用来向字符串缓冲区添加逻辑变量、字符、字符数组、双精度数、浮点数、整型数、长整型数、对象类型的字符串和字符串等。上述方法的返回类型均为StringBuffer。

例如:

```
StringBuffer sbfSource = new StringBuffer("1 + 2 = ");
int nThree = 3;
sbfSource.append(nThree);
System.out.println(sbfSource.toString( ));
```

输出结果为:

```
1 + 2 = 3
```

2) 插入操作

下面为 insert 方法的申明格式:

```
public StringBuffer insert(intoffset,Boolean b)
public synchronized StringBuffer insert(int offset,char[] str)
public synchronized StringBuffer insert(int index,char[] sb, int offset, int len)
public StringBuffer insert(int offset,double d)
public StringBuffer insert(int offset,float f)
public StringBuffer insert(int offset,int i)
public StringBuffer insert(int offset,long l)
public synchronized StringBuffer insert(int offset,Object obj)
public synchronized StringBuffer insert(int offset,String str)
```

字符串缓冲区 StringBuffer 的插入操作主要用于动态地向 StringBuffer 中添加字符。根据构造方法中的参数类型,可以向字符串缓冲区插入逻辑变量、字符、字符数组、双精度数、浮点数、整型数、长整型数、对象类型的字符串和字符串等。上述方法的返回类型为StringBuffer。

例如:

```
StringBuffer sbfSource = new StringBuffer("1 += 2");
int nOne = 1;
sbfSource.insert(2,nOne);
System.out.println(sbfSource.toString());
```

输出结果为:

```
1 + 1 = 2
```

3）字符串缓冲区与字符串之间的转换

```
toString()
```

将字符串缓冲区转换为字符串。该方法返回类型为字符串,是从缓冲区字符串向字符串转换的方法,十分重要。

4）取字符

（1）charAt(int index)：取得指定位置的字符。返回值类型为字符 char。位置编号从 0 开始。

下面的代码段为 charAt 方法的例子：

```
StringBuffer sbfSource = new StringBuffer(10);
sbfSource.append("My");
char c = sbfSource.charAt(0);          // "M"
```

（2）getChars(int srcBegin,int srcEnd,char[] dst,int dstBegin)：赋值指定位置的字符到字符串数组 dst,无返回值。

下面的代码段为 getChars 方法的例子：

```
StringBuffer sbfSource = new StringBuffer("You are the best!");
char[] str = new char[10];
sbfSource.getChars(0,2,str,0);          // "Yo"
```

5）删除字符

（1）delete(int start,int end)：删除字符串缓冲区中起始序号为 start、终止序号为 end-1 的字符,该方法的返回类型为 StringBuffer。

下面的代码段为 delete 方法的例子：

```
StringBuffer sbfSource = new StringBuffer("You are the best");
sbfSource.delete(0,3);     // are the best!
```

（2）deleteCharAt(int index)：删除字符串缓冲区中指定位置的字符,该方法的返回类型为 StringBuffer。

6）重设字符串长度

```
public void ensureCapacity(int minimumCapacity)
```

该方法重新设置字符串缓冲区的长度。但必须保证缓冲区的容量至少等于指定的最小数。如果字符串缓冲区的当前容量少于该参数,则分配一个新的更大的内部缓冲区。新容量将取以下参数中较大的一个。

（1）参数 minimumCapacity。

（2）旧容量的两倍加 2。

如果参数 minimumCapacity 非正,该方法不作任何操作,只是简单地返回。

```
public void SetLength( int newLength)
```

该方法将重新设置字符串缓冲区的长度。设置该字符串缓冲区的长度时,如果参数 newLength 小于该字符串缓冲区的当前长度。该字符串缓冲区将被截断来包含恰好等于由参数 newLength 给出的字符数。

7) 内容替换

```
public StringBuffer replace( int start,int end,String str)
```

将字符串缓冲区中起始位置为 start、终止位置为 end 的字符替换为由字符串 str 指定的内容,该方法的返回类型为 StringBuffer。

下面的代码段为 replace 方法的例子:

```
StringBuffer sbfSource = new StringBuffer("You are the best!");
String str = new String("I'm");
sbfSource.replace(0,7,str);    // I'm the best!
```

8) 取子串

(1) public String substring(int start,int end):取得字符串缓冲区中起始位置为 start、终止位置为 end 的内容,该方法的返回类型为 String。下面的代码段为 subString 方法的例子:

```
StringBuffer sbfSource = new StringBuffer("You are the best!");
String str = SbfSource.substring(0,2);    // Yo
```

(2) public String substring(int start):取得字符串缓冲区中从起始位置为 start 直至字符串缓冲区结束的所有字符,该方法的返回类型为 String。

9) 字符串反转

publicStringBuffer reverse():将字符串序列进行反转,结果为 StringBuffer。

下面的代码段为 reverse 方法的例子:

```
StringBuffer sbfSource = new StringBuffer("You are the best!");
String str = SbfSource.reverse();    // !tseb eht era uoY
```

10) 获取长度

(1) public int capacity():用于得到目前字符串缓冲区的剩余长度,该剩余长度表示可用于插入新的字符的存储空间,该方法的返回类型为整数。

下面的代码段为 capacity 方法的例子:

```
StringBuffer sbfSource = new StringBuffer(10);
sbfSource.append("you");
System.out.println("字符串缓冲区的剩余长度为: " + sbfSource.capacity());
```

输出结果为:

```
字符串缓冲区的剩余长度为: 10
```

(2) public int length( ): 用于得到字符串缓冲区的长度(字符数)。该方法的返回类型为整数。

下面的代码段为 length 方法的例子:

```
StringBuffer sbfSource = new StringBuffer(10);
SbfSource.append("you");
System.out.println("字符串缓冲区的长度为:" + sbfSource.length( ));
```

输出结果为:

```
字符串缓冲区的长度为: 3
```

【例 6-4】 将字符串反转。

```java
// Reverse.java
public class Reverse {
    public static void main(String args[ ]){
        String strSource = new String("I love Java");
        String strDest = reverseIt ( strSource );
        System.out.println(strDest);
    }
    public static String reverseIt(String source) {
        int i, len = source.length();
        StringBuffer dest = new StringBuffer(len);
        for (i = (len-1); i >= 0; i--)
            dest.append(source.charAt(i));
        return dest.toString();
    }
}
```

程序运行结果如下:

```
avaJ evol I
```

例 6-4 中是自己编写的反转方法,当然,也可以调用 StringBuffer 类的 reverse()方法。

6.3 StringTokenizer 类的应用

在 Java 类库的 java. util 包中包含一个用于进行字符串词法分析的类 StringTokenizer,目的是将对字符串进行分解的方法进行封装,以简化应用程序设计过程中的工作量。例如,对于字符串"We are Students ",如果把空格作为该字符串的分隔符,那么该字符串有 3 个单词。而对于字符串"You,are,Student",如果把逗号作为了该字符串的分隔符,那么该字符串也有 3 个单词。

1. 构造方法

StringTokenizer 类提供 3 种形式的构造函数:

```
StringTokenizer(String str)
StringTokenizer(String sb,String delim)        // delim 为分隔符号
StringTokenizer(String Sb,String delim,boolean returnTokens)
```

在对一个字符串进行解析的时候,在字符串中必须包括一个用于解析的分隔符号。Java 置默认的分隔符为空格、制表符('\t')、换行符('\n')、回车符('\r')。如果在程序计中想采用自定义的分隔符,可以通过在构造函数中指定 delim 项来设置用户分隔符。相应地,在 StringTokenizer 类中提供了相应的成员方法。

另外,如果 returnTokens 标志为 true,则分隔符字符也被作为标记返回。每个分隔符作为长度唯一的字符串返回。如果标志为 false,则跳过分隔符字符,且把它作为标记之间的分隔符。

例如:

```
StringTokenizer fenxi = new StringTokenizer("we are student");
StringTokenizer fenxi = new StringTokenizer("we,are ; student", ", ; ");
```

2. StringTokenizer 类的常用方法

1) 统计分隔符数量

```
public int countTokens()
```

该方法返回的是字符串中的当前单词的数量,为整数。例如:

```
String str = new String("I love Java");
StringTokenizer st = new StringTokenizer(str);
int nTokens = st.countTokens();        // 值为 3
```

2) 匹配和寻找分隔符

通常,下面的两个组合方法均可以用来完成分隔符的寻找和匹配:

```
hasMoreElements()、nextElement()
```

和

一般是用 hasMoreTokens 方法判断在字符串中是否还有已经定义的分隔符。如果有，除分隔符后到下一个分隔符之前的内容进行一次循环。如果没有则终止循环。下面的两个程序应用 hasMoreTokens()、nextToken()方法来寻找 String 对象中的分隔符。

【例 6-5】 利用 StringTokenizer 类进行简单词法分析。

```java
// TestToken. java
import java.util. * ;
public class TestToken{
    public static void main(String args[]){
        // 构造 StringTokenizer 对象
        StringTokenizer st = new StringTokenizer("this is a Java programming");
        // 在字符串中匹配默认的分隔符
        while(st.hasMoreTokens())
        {
            // 打印当前分隔符和下一分隔符之间的内容
            System.out.println(st.nextToken());
        }
    }
}
```

程序运行结果如下：

```
this
is
a
Java
Programming
```

【例 6-6】 分析字符串，分别输出字符串的单词，并统计出单词个数。

```java
// MumberToken. java
import java.util. * ;
public class MumberToken{
    public static void main(String args[]){
        String s = "I am Xing. zh. l,she is my girlfriend";
        StringTokenizer fenxi = new StringTokenizer(s," ,"); // 空格和逗号做分隔
        int number = fenxi.countTokens();
        while(fenxi.hasMoreTokens()){
            String str = fenxi.nextToken();
            System.out.println(str);
            System.out.println("还剩" + fenxi.countTokens() + "个单词");
        }
        System.out.println("s 共有单词" + number + "个");
```

字符串处理

```
    }
}
```

程序运行结果如下:

```
I
还剩 6 个单词
am
还剩 5 个单词
Xing.zh.1
还剩 4 个单词
she
还剩 3 个单词
is
还剩 2 个单词
my
还剩 1 个单词
girlfriend
还剩 0 个单词
s 共有单词 7 个
```

6.4 字符串与其他数据类型的转换

1. 其他数据转换为字符串

String 类中提供了静态方法 valueOf(),用来把不同类型的简单数据转化为字符串。申明格式如下:

```
public static String valueOf(boolean b)
public static String valueOf(char c)
public static String valueOf(char[] data)
public static String valueOf(char[ ]data,int offset,int count)
public static String valueOf(double d)
public static String valueOf(float f)
public static String valueOf(long l)
public static String valueOf(Object obj)
```

特别注意的是,如果参数是 true,则返回一个等于"true"的字符串;否则返回一个等于"false"的字符串。如果参数是 null,则返回一个等于"null"的字符串,否则返回 obj.toString()。其他方法则返回一个新分配的字符串,其内容为相应类型参数的字符串表示。

例如:

```
System.out.println(String.valueOf(Math.PI) );
```

输出结果为:

```
3.141592653589793
```

通过查阅类库中各个类提供的成员方法可以看到,几乎从 java、lang、Object 类派生的所有类均提供了 toString( )方法,即将该类转换为字符串。例如,Character、Integer、Float、Double、Boolean、Short、Exception、StringBuffer 等类的 toString( )方法用于将字符、整型数、浮点数、双精度数、逻辑数、短整型、Java 异常等类转换为字符串,如例 6-7 所示。

【例 6-7】 将简单数据转换为字符串。

```java
// CovertString.java
public class CovertString{
  public static void main(String args[]){
     int nInt = 10;
     float fFloat = 3.14f;
     double dDouble = 3.1415926;
     // 转换为整型
     Integer obj1 = new Integer(nInt);
     // 转换为浮点数类型
     Float obj2 = new Float(fFloat);
     // 转换为双精度类型
     Double obj3 = new Double(dDouble);
     // 分别调用 toString 方法转换为字符串
     String strString1 = obj1.toString();
     System.out.println(strString1);
     String strString2 = obj2.toString();
     System.out.println(strString2);
     String strString3 = obj3.toString();
     System.out.println(strString3);
  }
}
```

上面程序的输出为:

```
10
3.14
3.1415926
```

2. 字符串转化为其他数据

同时,类 Integer、Double、Float 和 Long 中也提供了方法 valueOf( )把一个字符串转化为对应的数字对象类型。其申明格式如下:

```
public static Double valueOf(String s) throws NumberFormatException
public static Integer valueOf(String s) throws NumberFormatException
```

字符串处理

```
public static Float valueOf(String s) throws NumberFormatException
public static Long valueOf(String s) throws NumberFormatException
```

特别注意的是,若该 String 不能作为相应数据类型对象的转换,则抛出异常。

用户可以调用 Integer、Double、Long、Float 类中的 valueOf 方法将字符串转换为相应的封装数据类型,进而转换为简单数据类型。

Double、Float、Integer、Long 等类都提供了 doubleValue()、floatValue()、intValue()、longValue()等方法将对象转换为其他简单数据类型的方法。

例如:

```
String strPI = "3.1415926";
Double dpi = Double.valueOf(strPI);
double ddPI = dpi.doubleValue();
float ffPI = dpi.floatValue();
```

同时 Boolean、Byte、Double、Float、Integer、Long 等类也分别提供了静态方法 parseDouble(String)、parseFloat(String)、parseInt(String)、parseLong(String)等方法将对象转换为其他简单数据类型的方法。其方法声明格式如下:

```
static boolean parseBoolean(String s)
static int parseInt(String s[, int radix])
static byte parseByte(String s)
static double parseDouble(String s)
    …
static floatparseFloat(String s)
```

例如:

```
String ints = "123";
int a = Integer.parseInt(ints);         // 得到整型数 123;
String ints = "123.45";
float a = Integer.parseFloat(ints);   // 得到浮点数 123.45;
```

对于将字符串转换为字符数组和字节数组,可以通过 String 类的 getChars()、getBytes()、toCharArray()等方法实现,其格式代码如下:

```
String strString = new String("abcd");
char[] cArray = strString.toCharArray();
```

上述代码执行后,字符数组 cArray 中的内容为'a','b','c','d'。

【例 6-8】 将字符串转换为相应的简单数据类型。

```
// CovertSimple.java
public class CovertSimple{
```

```
public static void main(String args[]){
    char[] cArray;
    int nInt;
    float fFloat;
    double dDouble;
        // 生成相应的数据类型
    String strString = new String("I love Java");
    String strInteger = new String("314");
    String strFloat = new String("3.14");
    String strDouble = new String("3.1416");
        // 分别调用各类中的静态方法
    cArray = strString.toCharArray();
    System.out.println(cArray);
    nInt = Integer.parseInt(strInteger);
    System.out.println(nInt);
    fFloat = Float.parseFloat(strFloat);
    System.out.println(fFloat);
    dDouble = Double.parseDouble(strDouble);
    System.out.println(dDouble);
    }
}
```

上面程序的输出为：

```
I love Java
314
3.14
3.1416
```

6.5 自动装箱和拆箱

Java 1.5 中引入了自动装箱((autoboxing)和拆箱(unboxing)机制。

(1) 自动装箱：把基本类型用它们对应的引用类型包装起来,使它们具有对象的特质,可以调用 toString()、hashCode()、getClass()、equals()等方法。

例如：

```
Integer a = 3;        // 这是自动装箱
```

其实编译器调用的是 static Integer valueOf(int i)方法,valueOf(int i)返回一个表示指定 int 值的 Integer 对象,那么就变成这样：

```
Integer a = Integer.valueOf(3);
```

(2) 拆箱：跟自动装箱的方向相反,将 Integer 及 Double 的引用类型的对象重新简化为基本类型的数据。

第 6 章

字符串处理

例如:

```
int i = new Integer(2);              // 这是拆箱
```

编译器内部会调用 int intValue()返回该 Integer 对象的 int 值。

注意: 自动装箱和拆箱是由编译器来完成的,编译器会在编译期根据语法决定是否进行装箱和拆箱动作。

【例 6-9】 装箱和拆箱的例子。

```java
public class AutoBoxing {
        /** 整数类型的自动装箱(unBoxing)和拆箱(AutoBoxing) */
        public static void intAutoBoxing(){
                // 可以装基本数字类型赋给数字对象
                // 在 J2SE 之前,必须用 iObj = new Integer(400);
                int i = 200;
                Integer iObj = 400;        // 将 400AutoBoxing
                System.out.println("开始时: i = " + i + "; iObj = " + iObj);
                // 将数字对象赋给基本数字类型
                // 在 J2SE5.0 之前,必须使用 i = tempObj.intValue();
                Integer tempObj = iObj;
                iObj = i;
                i = tempObj;               // 将对象拆封
                System.out.println("将 i 与 iObj 的值互换后: " + "i = " + i + ";
                                             iObj = " + iObj);
                // 在表达式内可以自动 unBoxing 和 AutoBoxing
                iObj = iObj + i + tempObj;
                i = i * (iObj + tempObj);
                System.out.println("i = " + i + "; iObj = " + iObj);
        }


        /** boolean 类型的自动 unBoxing 与 AutoBoxing */
        public static void booleanAutoBoxing(){
                boolean b = false;
                Boolean bObj = true;       // AutoBoxing
                if(bObj){                  // unBoxing
                    System.out.println("bObj = " + true);
                }
                if(b || bObj){
                    b = bObj;              // unBoxing
                    System.out.println("bObj = " + bObj + "; b = " + b);
                }
        }

        /** 字符类型的自动 unBoxing 与 AutoBoxing */
        public static void charAutoBoxing(){
                char ch = 'A';
                Character chObj = 'B';
                System.out.println("ch = " + ch + "; chObj = " + chObj);
```

```
            if(ch!= chObj){              // unBoxing
                    ch = chObj;          // unBoxing
                    System. out. println("ch = " + ch + "; chObj = " + chObj);
            }
    }

    public static void main(String[] args){
            intAutoBoxing();
            booleanAutoBoxing();
            charAutoBoxing();
    }
}
```

程序运行结果如下：

```
开始时：i = 200; iObj = 400
将 i 与 iObj 的值互换后：i = 400; iObj = 200
i = 560000; iObj = 1000
bObj = true
bObj = true; b = true
ch = A; chObj = B
ch = B; chObj = B
```

习题及思考

1. 找出以下代码有错误的部分。

```
public int searchAccount(int number[25]){
    number = new int[15];
    for(int i = 0; i < number. length; i++)
        number[i] = number[i - 1] + number[i + 1];
    return number;
}
```

2. 将一个字符串中的小写字母变成大写字母，并将大写字母变成小写字母。

3. 求若干个数的平均数，若干个数从键盘输入。

4. 将一个字符串数组按字典顺序重新排列。

5. 编写应用程序，分析字符串，分别输出字符串的单词，并统计出单词个数。

6. 编写应用程序，实现字符串"Dot saw I was Tod"的倒转。

7. 找出两个字符串中所有共同的字符。

8. 从窗口输入一行形如"45.0,23.0"的字符串，请将其中的值作为一点的 XY 坐标，并得到一点的对象。

第7章　Java 标准类库

本章介绍编写 Java 程序时经常使用到的工具类,主要包含在 java. lang、java. util 和 java. text 包中。java. lang 包中的类被自动导入到所有的程序中,它所包含的类和接口对 Java 程序都是必需的。java. util 包中包含了类集合(用类表示的集合,简称类集),一个类集包含一组对象,在批量处理对象时非常方便。java. text 包提供了一些工具类,可以对日期、数字和文本等进行多种形式的格式化。NumberFormat 和 SimpleDateFormat 是常用的几个格式化类。

7.1　简单类型包装器类

在 java. lang 包中有很多类,其中一些类和前面学习过的基本数据类型有关系,这些类中包装了(wrap)简单类型的数据,因此,称为包装器类(wrappers)。

Java 使用的简单数据类型,如整型(int)和字符(char),不是对象层次结构的组成部分,它们通过值传递给方法而不能直接通过引用传递。有时需要将这些简单的类型包装成对象。Java 提供了与每一个简单数据类型相应的类,称为类型包装器或包装器类。

1. 抽象包装器类

抽象类 Number 是数字包装器类的超类。字节型(byte)、短整型(short)、整型(int)、长整型(long)、浮点型(float)和双精度型(double)等简单类型对应的包装器类型为字节型(Byte)、短整型(Short)、整型(Integer)、长整型(Long)、浮点型(Float)、双精度型(Double)。注意每个类型的首字母是大写。Number 定义了返回包装器内部值的抽象方法。主要方法如表 7-1 所示。

表 7-1　**Number** 中定义的主要方法

方　　法	描　　述
byte byteValue( )	返回包装器对象中的值(字节型)
double doubleValue( )	返回包装器对象中的值(双精度)
float floatValue( )	返回包装器对象中的值(浮点型)
int intValue( )	返回包装器对象中的值(整型)
long longValue( )	返回包装器对象中的值(长整型)
short shortValue( )	返回包装器对象中的值(短整型)

2. 浮点包装器类

浮点包装器类型包括 Double 和 Float,分别对应简单类型 double 和 float。Float 构造函数如下所示：

```
Float(double value)
Float(float value)
Float(String s)
```

包装器类型 Double 的构造函数如下：

```
Double(double value)
Double(String s)
```

它们的对象既可以由数值创建，也可以由能转换成数字的字符串创建。

类 Double 和 Float 中都定义了表 7-2 所示的常数：

表 7-2　Float 和 Double 中定义的常量

常　　量	描　　述
MAX_VALUE	最大正值
MIN_VALUE	最小正值
NaN	非数字
POSITIVE_INFINITY	正无穷
NEGATIVE_INFINITY	负无穷

类 Double 和 Float 还定义了一些类型转换函数，主要是和字符串相互转换。

（1）static float parseFloat(String s)：静态函数，直接通过类名使用，把字符串 s 解析为 float 值。

（2）static Float valueOf(String s)：静态函数，把字符串 s 转换为 Float 对象。

（3）static String toString(float value)：把一个 float 数转换为字符串。

（4）static double parseDouble(String s)：把字符串 s 解析为 double 值。

（5）static String toString(double value)：把 double 值转换为字符串。

（6）static Double valueOf(String s)：把字符串 s 转换为 Double 对象。

下面用一个简单的例子来说明 Float 和 Double 的使用。

【例 7-1】　Float 和 Double 的使用。

```java
// SampleFloat. java
public class SampleFloat {
    public static void main(String[] args) {
        float f = 12.3456f;
        String d = "12.34567";
        Float F = new Float(f);
        Double D = Double.valueOf(d);
        // 转化为字符串
        System.out.println(F.toString());
        System.out.println(D.toString());
        // 提取简单类型值
        f = F.floatValue();
```

```
        double dd = D.doubleValue();
        System.out.println(f);
        System.out.println(dd);
        // 比较
        System.out.println(D.equals(F));
    }
}
```

该程序的输出结果如下：

```
12.3456
12.34567
12.3456
12.34567
false
```

类 Float 和 Double 提供了 isInfinite( )和 isNaN( )方法,当被检验的值为无穷大或无穷小值时,isInfinite( )方法返回 true;当被检验值为非数字时,isNaN( )方法返回 true。

3. 整型包装器类

整型包装器类包括 Byte、Short、Integer 和 Long,分别是字节型(byte)、短整型(short)、整型(int)和长整型(long)类型的包装器。它们的构造函数如下:

```
Byte(byte value);       Byte(String str)
Short(short value);     Short(String str)
Integer(int value);     Integer(String str)
Long(long value);       Long(String str)
```

这些包装器类型的对象可由数值或能转换成整数值的字符串创建。

这些类定义了一些方法能够进行包装器类型和字符串之间的相互转换。在这些类中定义了两个常量: MAX_VALUE 和 MIN_VALUE,分别表示每种数据类型表示的最大值和最小值。

这些类中定义的转换方法如下。

(1) 基本类型到包装器类型的转换,其格式如下:

```
static Byte valueOf(byte b)
static Integer valueOf(int i)
static Long valueOf(long i)
static Short valueOf(short i)
```

(2) 从包装器类型中提取值,其格式如下:

```
int intValue()
byte byteValue()
long longValue()
short shortValue()
```

（3）字符串到数字类型的转换，其格式如下：

```
static int parseInt(String s)
static long parseLong(String s)
static byte parseByte(String s)
static short parseShort(String s)
```

例如：

```
int a = Integer.parseInt("234")
```

（4）数字类型到字符串的转换，包装器类 Integer 中定义了下面的方法。

static String toString(int i, int radix)：按照 radix 进制把整数 i 转换成字符串，转换结果含符号字符。

例如：

```
String s = Integer.toString( - 8,2);
```

则 s 的值为"－1000"。

static String toBinaryString(int value)：按二进制转换成字符串（补码方式），转换结果不含符号字符，即最高位为 1 表示负数。

例如：

```
String s = Integer.toBinaryString( - 8);
```

则 s 的值为"11111111111111111111111111111000"。

static String toOctalString(int value)：按八进制转换成字符串，转换结果不含符号字符，即最高位为 1 表示负数。

static String toHexString(int value)：按十六进制转换成字符串，转换结果不含符号字符，即最高位为 1 表示负数。

Byte、Short、Long 中有对应的方法，只是方法的参数类型为对应的简单类型。

（5）包装器类型到字符串的转换，其格式如下：

```
String toString();
```

（6）字符串到包装器类型的转换。

static Integer valueOf(String s, int radix)：按照 radix 进制把字符串 s 转换成 Integer 类型。Byte、Short、Long 中有对应的方法。

4. 字符包装器类

Character 是字符型 char 的一个简单的包装器。其构造函数如下：

```
Character(char ch)
```

这里 ch 是被创建的 Character 对象所包装的字符。调用 charValue( )方法可以获得包含在 Character 对象中的字符型 char 值。

Character 类定义了很多静态方法,常用的方法有以下几种。

（1）static boolean isDigit(char ch)：判断一个字符 ch 是否是数字。

（2）static boolean isLetter(char ch)：判断一个字符 ch 是否是字母。

（3）static boolean isLowerCase(char ch)：判断一个字符 ch 是否是小写。

（4）static boolean isUpperCase(char ch)：判断一个字符 ch 是否大写。

（5）static char toLowerCase(char ch)：把字符 ch 转为小写。

（6）static char toUpperCase(char ch)：把字符 ch 转为大写。

5. 布尔包装器类

Boolean 是 boolean 值的包装器,主要用在通过引用传递布尔变量的场合。它包含了常数 true 和 false,这些常数定义了 Boolean 对象的真与假。在 Boolean 中定义了以下两种构造函数:

```
Boolean(boolean boolValue)
Boolean(String boolString)
```

在第一种形式中,boolValue 要么是 true,要么是 false。在第二种形式中,如果在 boolString 中包含了字符串"true"(不区分大小写),则新的 Boolean 对象将为真,否则为假。

调用 booleanValue()方法可以提取包装器对象内的布尔值。调用 valueOf(String s)方法可以把字符串 s 转换为 Boolean 包装器对象。

6. 自动装箱与拆箱

自 JDK 5 后,基本类型的变量能够自动转换为它的包装器类型的对象,这种自动转换被称为自动装箱(autoboxing)。包装器对象就像"箱子"一样,其中存放着相应的基本类型的值。其反向转换,即自动把包装器类的对象转换为基本类型的值,被称为自动拆箱(unboxing)。

1）自动装箱

```
Integer objVal = 10;
```

语句把 int 型的 10 装箱转换为 Integer 对象。objVal 引用一个 Integer 对象,对象中的值为 10。等价于:

```
Integer objVal = new Integer(10);
```

2）自动拆箱

```
int i = objVal;
```

自动拆箱转换自动提取包装器对象中的基本类型值。objVal 引用一个 Integer 对象,

i 的值为 10。等价于：

```
int i = objVal.intValue();
```

自动装箱与拆箱在许多上下文环境中会被自动应用，常用在赋值和传递引用的时候。读者在学习本章后面的类集合时请注意，类集合中只能存放对象，不能存放基本类型的值，当把基本类型的值放入集合时，就会发生自动装箱转换，把基本类型值转换为对应的包装器对象。

装箱转换可能需要一个包装类的对象，这将消耗内存，由于包装器对象中的值是不可变的，因此，实际上不需要创建拥有相同值的两个不同的包装器类的对象。Java 对于某些类型，在一定值域范围内对相同值的装箱总是产生相同的对象。具体值域范围如表 7-3 所示。

表 7-3　产生相同包装器对象的值域

类　　型	值　　域	类　　型	值　　域
boolean	true, false	short	−128～127
Byte	−128～127	int	−128～127
char	\u0000～ \u00ff		

对于下面的方法：

```
boolean sameObject(Integer i, Integer j) {
    return i == j;
}
```

如果"i＝127,j＝127;"，则 sameObject(127,127)将返回 true，因为在规定范围内。
如果"i＝128,j＝128;"，则 sameObject(128,128)将返回 false，因为超出规定范围。

7.2　System 类

System 类包含了很多静态方法和变量，其提供的设施有标准的输入(in)、输出(out)和错误输出(err)；对外部定义的属性和环境变量的访问；加载文件和库的方法；还有快速复制数组等实用方法。

由 System 类定义的主要方法如表 7-4 所示。当所做的操作是安全策略不允许时，许多方法抛出一个安全异常(SecurityException)。

1. 记录程序执行的时间

调用 currentTimeMillis( )方法可以返回当前系统时间，在程序前后两次调用此方法，计算其差值，得到程序执行的时间。currentTimeMillis( )方法返回自 1970 年 1 月 1 日到现在的时间，单位是毫秒。其准确度取决于底层操作系统。例如，许多操作系统以几十毫秒为单位测量时间。这样，获得的程序执行时间是不准确的。为了更准确地获取程序执行时间可以采用 nanoTime( )，提供纳秒级的精度。

表 7-4　System 中定义的主要方法

方　　法	描　　述
static void arraycopy(Object source，int sourceStart，Object target，int targetStart，int size)	复制数组。被复制的数组由 source 传递，source 中的开始复制下标由 sourceStart 传递。接收复制的数组由 target 传递，target 的开始下标由 targetStart 传递。size 是被复制的元素的个数
static long currentTimeMillis( )	返回自 1970 年 1 月 1 日午夜至今的时间，时间单位为毫秒。在程序中两次调用可以测量代码执行的长度，但不准确。
static long nanoTime( )	返回最准确的系统计时器的当前值，以纳秒为单位。此方法只能用于测量已过的时间，返回值表示从某一固定但任意的时间算起的纳秒数。在程序中两次调用该方法可以准确测量代码执行的时间长度
static void exit(int exitCode)	终止程序执行，返回 exitCode 值给父进程(通常为操作系统)。按照约定，0 表示正常退出，所有其他的值代表某种形式的错误
static Properties getProperties( )	返回与 Java 运行系统有关的属性类(Properties class)
static String getProperty(Stringkey)	返回系统属性 key 的值。如果没有值，返回 null
static String getProperty (Stringkey， String defaultValue)	返回系统属性 key 的值。如果没有值，返回 defaultValue 的值
static SecurityManager getSecurityManager( )	返回当前的安全管理器，如果没有安装安全管理器，则返回 null
static void load(String libraryFileName)	载入由 libraryFileName 指定的动态库，必须指定其完全路径
static void loadLibrary(String libraryName)	载入库名为 libraryName 的动态库
static void setProperties(Properties sysProperties)	设置由 sysProperties 指定的当前系统属性
Static String setProperty(Stringkey，String value)	将 value 值赋给名称为 key 的系统属性
static void setSecurityManager(SecurityManager s)	设置由 s 指定的安全管理器

【例 7-2】　计算程序运行的时间。

```java
// Elapsed. java
public class Elapsed {
    public static void main(String[] args) {
        long start, end, sum = 0, times = 1000000000;
        System.out.print("执行" + times + "次循环需要的时间：");
        start = System.currentTimeMillis();
        for (int i = 0; i < times; i++) {
            sum = sum + i * i;
        }
        end = System.currentTimeMillis();
        System.out.println((end - start) + "毫秒");
    }
}
```

该程序的输出结果如下：

```
执行 1000000000 次循环需要的时间：1119 毫秒
```

2. 复制数组

使用 System. arraycopy( )方法可以将一个任意类型的数组快速地从一个地方复制到另一个地方。这比使用 Java 中编写的循环要快得多。下面是一个用 arraycopy( )方法复制两个数组的例子。将数组 a 复制给数组 b。

【例 7-3】 复制数组。

```java
// ArrayCopyDemo. java
public class ArrayCopyDemo {
    static byte a[ ] = { 66, 67, 68, 69, 70, 71, 72 };
    static byte b[ ] = { 89, 89, 89, 89, 89, 89, 89, 89, 89 };
    public static void main(String[ ] args) {
        System. out. println("a = " + new String(a));
        System. out. println("b = " + new String(b));
        System. arraycopy(a, 0, b, 1, a. length);
        System. out. println("b = " + new String(b));
    }
}
```

该程序的输出结果如下：

```
a = BCDEFGH
b = YYYYYYYYY
b = YBCDEFGHY
```

3. 访问 JVM 环境属性

Java 虚拟机有很多环境属性，可以通过 System 类进行查询和设置。例如，java. vm. version 表示 JVM 的版本，java. home 表示 Java 安装目录。例 7-4 中的程序可以显示当前 JVM 的所有环境属性。

【例 7-4】 访问 Java 系统属性。

```java
// PropsDemo. java
import java. util. Map. Entry;
import java. util. Properties;
public class PropsDemo {
    public static void main(String[ ] args) {
        Properties props = System. getProperties();
        for (Entry en : props. entrySet()) {
            System. out. println(en. getKey() + " = " + en. getValue());
        }
    }
}
```

该程序的输出结果片段如下(不同环境下结果可能不同):

```
java.runtime.name = Java(TM) SE Runtime Environment
sun.boot.library.path = /Library/Java/JavaVirtualMachines/jdk1.8.0_65.jdk/Contents/Home/
jre/lib
java.vm.version = 25.65 - b01
java.vm.vendor = Oracle Corporation
java.vendor.url = http:// java.oracle.com/
java.vm.name = Java HotSpot(TM) 64 - Bit Server VM
file.encoding.pkg = sun.io
user.country = CN
user.dir = /Users/yangrl/Documents/eclipseworkspace/ch07_Utils
java.runtime.version = 1.8.0_65 - b17
os.name = Mac OS X
sun.jnu.encoding = UTF - 8
java.class.version = 52.0
os.version = 10.11.1
user.home = /Users/yangrl
file.encoding = UTF - 8
java.home = /Library/Java/JavaVirtualMachines/jdk1.8.0_65.jdk/Contents/Home/jre
…
```

7.3 Runtime 类

Runtime 类封装了 Java 运行时环境。一般通过调用静态方法 Runtime.getRuntime() 而获得对当前 Runtime 对象的引用,然后,可以调用控制 Java 虚拟机状态和行为的方法。

由 Runtime 定义的常用方法如表 7-5 所示。

表 7-5　由 Runtime 定义的常用方法

方　　法	描　　述
Process exec(String progName) throws IOException	将由 progName 指定的程序作为独立的进程来执行。返回描述新进程的 Process 对象
void exit(int exitCode)	暂停执行并且向父进程返回 exitCode 的值,按照约定,0 表示正常中止,所有的其他值表示有某种形式的错误
long freeMemory()	返回 Java 虚拟机中的空闲内存量,以字节为单位
void gc()	运行垃圾回收器。调用此方法意味着 Java 虚拟机做一些努力来回收未用对象,以便能够快速地重用被占用的内存。该方法返回后,表示虚拟机尽最大努力回收了被丢弃对象的内存
static Runtime getRuntime()	返回当前的 Runtime 对象
void halt(int code)	立即终止 Java 虚拟机,不执行任何的终止线程和善后处理程序。code 的值返回给调用进程
void load(String libraryFileName)	加载指定的动态库。需要一个完整的路径名
void loadLibrary(String libraryName)	加载指定库名的动态库
void runFinalization()	执行所有对象的终止方法
long totalMemory()	返回 Java 虚拟机中的内存总量

尽管 Java 提供了自动垃圾回收,有时也想知道对象堆的大小,以及它还剩下多少。可以利用这些信息检验代码的效率。为了获得这些值,可以使用 totalMemory( )和 freeMemory( )方法。

Java 的垃圾回收器根据特定的算法周期性地运行,将不再使用的对象放入回收站。然而,有时想在回收器的下一个循环之前收集被丢弃的对象。可以通过调用 gc( )方法要求运行垃圾回收器。可以尝试调用 gc( )方法,然后再调用 freeMemory( )方法以获得空闲内存的大小。接着执行程序,并再一次调用 freeMemory( )方法看分配了多少内存。

【例 7-5】 计算内存使用量。

```java
// MemoryDemo.java
public class MemoryDemo {
    private static final int SIZE = 50000;
    public static void main(String[] args) {
        Runtime r = Runtime.getRuntime();
        long mem1, mem2;
        Double mem[] = new Double[SIZE];
        // 总可用内存,不是计算机的总内存,是 JVM 中可用的总内存
        System.out.println("总内存是(Bytes): " + r.totalMemory());
        // 空闲内存
        mem1 = r.freeMemory();
        System.out.println("初始空闲内存 : " + mem1);
        r.gc();
        // 垃圾收集后的空闲内存
        mem1 = r.freeMemory();
        System.out.println("垃圾收集后的空闲内存: " + mem1);
        // 进行内存分配
        for (int i = 0; i < SIZE; i++)
            mem[i] = new Double(i);
        // 分配后的可用空闲内存
        mem2 = r.freeMemory();
        System.out.println("分配数组后的空闲内存: " + mem2);
        // 占用的内存
        System.out.println("数组所占用的内存: " + (mem1 - mem2));
        // 释放对象
        for (int i = 0; i < SIZE; i++)
            mem[i] = null;
        r.gc();                // 垃圾回收
        mem2 = r.freeMemory();
        System.out.println("垃圾收集后的空闲内存: " + mem2);
    }
}
```

该程序的输出结果如下:

```
总内存是(Bytes): 128974848
初始空闲内存 : 127611520
垃圾收集后的空闲内存: 128494120
分配数组后的空闲内存: 127293384
数组所占用的内存: 1200736
垃圾收集后的空闲内存: 128495256
```

7.4　Math 类

Math 类包含了执行基本数学运算的方法和函数,如指数、对数、平方根、三角函数等,这些方法都被定义为静态方法。

常用的三角及反三角函数,如正弦函数 sin(double arg)、反正弦函数 asin(double arg)等。一些指数函数,如 pow(double y, double x),返回以 y 为底数,以 x 为指数的幂值。其他函数,如伪随机函数 random( )等。

Math 定义了两个 double 型常数:自然对数的底数 E(2.718281828459045)和圆周率 PI(近似为 3.141592653589793)。

更多方法请参考 API 文档。

下面通过一个例子来说明 Math 类的使用。

【例 7-6】　Math 类的使用。

```java
// MathDemo.java
public class MathDemo {
    public static void main(String[] args) {
        double ran1 = Math.random();
        System.out.println("随机数: " + ran1);
        double radian = ran1 * Math.PI;
        // 格式化输出
        System.out.printf("弧度: %8.2f\n", radian);
        double sinvalue = Math.sin(radian);
        System.out.println("正弦值: " + sinvalue);
        double asinvalue = Math.asin(sinvalue);
        // 格式化输出
        System.out.printf("反正弦: %1$4.2f\n", asinvalue);
        double angle = Math.toDegrees(radian);
        System.out.println("弧度转角度: " + angle);
        double exp = Math.pow(Math.E, angle);
        System.out.println("指数计算结果: " + exp);
    }
}
```

该程序的输出结果如下(读者执行结果可能与此不同):

```
随机数: 0.6443522959989557
弧度:    2.02
正弦值: 0.898920913960695
反正弦: 1.12
弧度转角度: 115.98341327981201
指数计算结果: 2.3493968370097805E50
```

该程序使用了标准输出流 System.out 的格式化输出功能 printf(),限定浮点数的小数位数为 2。

7.5 日期时间实用工具类

本节介绍 java.util 包中处理日期和时间的实用工具类，包括 Date、Calendar、GregorianCalendar 等。

1. 日期类 Date

Date 类封装了当前的日期和时间，也可以封装一个指定的日期和时间。Date 类支持下面的构造函数：

```
Date( )
Date(long millisec)
```

第一种形式的构造函数用当前的日期和时间初始化对象。第二种形式接收一个参数，等于从 1970 年 1 月 1 日午夜起至今的毫秒数。表 7-6 所示为 Date 类中定义的主要方法。

表 7-6 Date 类中的方法

方　　法	描　　述
boolean after(Date d)	晚于日期 d，则返回 true；否则返回 false
boolean before(Date d)	早于日期 d，则返回 true；否则返回 false
int compareTo(Date d)	与日期 d 的值进行比较。如果数值相等，则返回 0；如果早于 d，则返回一个负值；如果晚于 d，则返回一个正值
boolean equals(Object d)	与 d 相同，则返回 true；否则，返回 false
long getTime( )	返回自 1970 年 1 月 1 日起至今的毫秒值
void setTime(long time)	设置 Date 对象中封装的毫秒值

【例 7-7】 Date 类的使用。

```java
// DateDemo.java
import java.util.Date;
public class DateDemo {
    public static void main(String[] args) {
        Date d1 = new Date(); // 当前时间
        Date d2 = new Date(1640211030304L);
        System.out.println("d1 = " + d1);
        System.out.println("d2 = " + d2);
        if (d1.before(d2))
            System.out.println("d1 早于 d2");
        // 改变的 d2 的值为 d1
        d2.setTime(d1.getTime());
        System.out.println("d2 = d1 is " + d2.equals(d1));
    }
}
```

该程序的输出结果如下(读者执行结果可能与此不同):

```
d1 = Thu Feb 25 15:19:40 CST 2016
d2 = Thu Dec 23 06:10:30 CST 2021
d1 早于 d2
d2 = d1 is true
```

在例 7-7 中说明了如何构造日期对象,如何修改日期对象的值和比较日期。Date 类的 toString()方法把日期对象转化为字符串,是一种英文格式,没有进行本地化。如果要改变日期对象的字符串转换形式,请使用 java. text. SimpleDateFormat。

2. 日历类

日历类 Calendar 是一个抽象类,提供了一组方法,能将以毫秒表示的时间转换为日期,并获取各个日期分量,如年、月、日、小时、分和秒。每个日期或时间分量的域由一个常量表示,如小时分量是 Calendar. HOUR,上午是 Calendar. AM。Calendar 的子类提供特定的功能,按照一定的规则去解释时间信息。

类 GregorianCalendar 是 Calendar 的默认实现子类,实现了标准日历(现在通用的公历)。Calendar 的 getInstance()方法返回 GregorianCalendar 的对象。其定义了两个域:AD 和 BC,分别表示公元后和公元前。

类 GregorianCalendar 有几个构造方法。默认构造方法用默认地区和时区的当前日期和当前时间初始化对象。其提供的 3 种带参数的构造方法如下:

```
GregorianCalendar(int year, int month, int date)
GregorianCalendar(int year, int month, int date, int hours,int minutes)
GregorianCalendar(int year, int month, int date, int hours,int minutes, int seconds)
```

3 种形式中,都设置了年、月、日。这里,year 指定了公元纪年开始的年数。month 指定了月,month 值是基于 0 的,以 0 表示一月,依次类推,11 表示 12 月。月中的日由 date 指定,从 1 开始。未设置的时间分量都为 0。

GregorianCalendar 提供了一个方法 isLeapYear(int year),用于测试某年是否是闰年。当 year 是一个闰年时,该方法返回 true;否则返回 false。

Calendar 定义的一些常用的方法如表 7-7 所示。

表 7-7　Calendar 中的常用方法

方　　法	描　　述
abstract void add(int field, int amount)	增加某一个分量的值,如 Calendar. HOUR。amount 为正数表示增加,负数为减少
final void clear( )	所有时间分量置 0
final void clear(int field)	把 field 指定的时间分量置 0
final int get(int field)	返回一个分量的值
static Locale[ ] getAvailableLocales( )	返回一个 Locale 对象的数组,包含了可以使用日历的地区

方　　法	描　　述
static Calendar getInstance( )	用默认的地区和时区,返回一个 Calendar 子类对象,默认是 GregorianCalendar 的对象
static Calendar getInstance（TimeZone tz，Locale locale)	由 tz 指定的时区,locale 指定的地区语言环境返回一个日历对象
final Date getTime( )	返回对等的 Date 对象
final void set(int field，int val)	设置某一个分量的值
final void set(int year，int month,int dayOfMonth)	设置日历对象的年、月、日
final void set(int year，int month,int dayOfMonth, int hours,int minutes)	设置日历对象的年、月、日、时、分
final void set(int year，int month,int dayOfMonth, int hours,int minutes，int seconds)	设置日历对象的年、月、日、时、分、秒
final void setTime(Date d)	设置日历对象为 d 表示的日期

【例 7-8】　日历类的使用。

```java
// CalendarDemo.java
import java.util.Calendar;
public class CalendarDemo {
    public static void main(String[] args) {
        // 获得当前时间的日历对象
        Calendar c = Calendar.getInstance();
        // 显示当前的日期的各个分量
        displayCal(c);
        System.out.print("1000 天后是：");
        c.add(Calendar.DAY_OF_YEAR, 1000);
        displayCal(c);
        // 设置日期和时间分量
        c.set(2012, 11, 30);
        c.set(Calendar.HOUR, 10);
        c.set(Calendar.MINUTE, 27);
        c.set(Calendar.SECOND, 22);
        System.out.println("更新后时间：");
        displayCal(c);
    }
    static void displayCal(Calendar c) {
        String months[] = { "一月", "二月", "三月", "四月", "五月", "六月", "七月", "八
            月","九月", "十月", "十一月", "十二月" };
        String weekdays[] = { "星期日", "星期一", "星期二", "星期三", "星期四", "星期
            五", "星期六" };
        System.out.print("日期：");
        System.out.print(c.get(Calendar.YEAR) + "年");
        System.out.print(months[c.get(Calendar.MONTH)]);
        System.out.print(c.get(Calendar.DATE) + "日 ");
        System.out.println(weekdays[c.get(Calendar.DAY_OF_WEEK) - 1]);
        System.out.print("时间：");
        System.out.print(c.get(Calendar.HOUR_OF_DAY) + ":");
        System.out.print(c.get(Calendar.MINUTE) + ":");
```

```
            System.out.println(c.get(Calendar.SECOND));
        }
    }
```

该程序的输出结果如下：

```
日期：2016 年二月 25 日 星期四
时间：15:27:38
1000 天后是：
日期：2018 年十一月 21 日 星期三
时间：15:27:38
更新后时间：
日期：2012 年十二月 30 日 星期日
时间：22:27:22
```

3. 日期的格式化与解析

java.text.DateFormat 是日期/时间格式化子类的抽象类，格式化并解析日期或时间。一般用其子类 SimpleDateFormat 进行日期格式化。

DateFormat 提供了很多类方法，以获得基于默认或给定语言环境和多种格式化风格的"格式化器"。格式化风格包括 FULL、LONG、MEDIUM 和 SHORT，这些都是 DateFormat 中定义的常量。获得一个格式化器可以使用下面的方法：

```
DateFormat df = DateFormat.getDateInstance();
```

方法 getDateInstance()有很多重载方法，可以把格式化风格常量作为参数。
要格式化一个当前语言环境下的日期，可以使用 format 方法：

```
String myString = df.format(new Date());
```

把字符串解析为日期，可使用 parse 方法：

```
Date myDate = df.parse("2012 - 12 - 11");
```

还可以在格式上设置时区。如果想对格式化或解析施加更多的控制，可以尝试将 DateFormat 强制转换为 SimpleDateFormat。用户可以设置格式化模式，也可以根据需要使用 applyPattern()方法来修改格式模式。模式字母如表 7-8 所示，详细情况请参考 API 文档。

表 7-8　主要模式字母

字　母	日期或时间元素	表　　示	示　　例
y	年	Year	2012
M	年中的月份	Month	June;06
w	年中的周数	Number	28

字母	日期或时间元素	表　示	示　例
W	月份中的周数	Number	4
D	年中的天数	Number	361
d	月份中的天数	Number	10
F	月份中的星期	Number	2
E	星期中的天数	Text	Friday;Fri
a	Am/pm 标记	Text	PM
H	一天中的小时数(0~23)	Number	0
k	一天中的小时数(1~24)	Number	23
K	am/pm 中的小时数(0~11)	Number	0
h	am/pm 中的小时数(1~12)	Number	11
m	小时中的分钟数	Number	32
s	分钟中的秒数	Number	51
S	毫秒数	Number	778

模式字母通常是重复的,其数量确定其精确表示。

Text:对于格式化来说,如果模式字母的数量大于或等于 4,则使用完全形式;否则,在可用的情况下使用短形式或缩写形式。对于解析来说,两种形式都是可接受的,与模式字母的数量无关。

Number:对于格式化来说,模式字母的数量是最小的数位,如果数位不够,则用 0 填充以达到此数量。对于解析来说,模式字母的数量被忽略,除非必须分开两个相邻字段。

Year:如果格式化 GregorianCalendar 对象,则应用以下规则。

① 对于格式化来说,如果模式字母的数量为 2,则年份截取为两位数,否则将年份解释为 Number。

② 对于解析来说,如果模式字母的数量大于 2,则年份照字面意义进行解释,而不管数位是多少。因此使用模式“MM/dd/yyyy”,将“01/11/12”解析为公元 12 年 1 月 11 日。

Month:如果模式字母的数量为 3 或大于 3,则将月份解释为 Text;否则解释为 Number。

SimpleDateFormat 还支持本地化日期和时间模式字符串。在这些字符串中,以上所述的模式字母可以用其他与语言环境有关的模式字母来替换。SimpleDateFormat 不处理除模式字母之外的文本本地化。

【例 7-9】 格式化和解析日期。

```java
// FormatParseDate.java
import java.text.DateFormat;
import java.text.ParseException;
import java.text.SimpleDateFormat;
import java.util.Date;
public class FormatParseDate {
    public static void main(String[] args) throws ParseException {
        // 使用 DateFormat,使用中等格式
```

```
DateFormat df1 = DateFormat.getDateTimeInstance (DateFormat.MEDIUM,DateFormat.MEDIUM);
Date d = new Date();
// 格式化日期为字符串
String myString = df1.format(d);
System.out.println("中等格式: " + myString);
// 解析字符串为日期
d = df1.parse(myString);
// 使用 SimpleDateFormat 可以灵活地设置解析模式
SimpleDateFormat sdf = new SimpleDateFormat("今天是 yyyy 年 MM 月 dd 日 E kk 点 mm 分");
System.out.println("自定义格式化结果: " + sdf.format(d));
String strDate = "2012 年 10 月 08 日";
String pattern = "yyyy 年 MM 月 dd 日";
// 应用新的模式字符串
sdf.applyPattern(pattern);
// 解析字符串为日期
d = sdf.parse(strDate);
System.out.println(strDate + "自定义解析结果: " + d.getTime() + "ms");
        }
    }
```

该程序的输出结果如下:

```
中等格式: 2016 - 2 - 25 15:36:08
自定义格式化结果: 今天是 2016 年 02 月 25 日 星期四 15 点 36 分
2012 年 10 月 08 日自定义解析结果: 1349625600000ms
```

7.6　Java 类集合

在设计程序时,经常需要批量处理对象或对象的集合。Java 集合框架(Java Collection Framework)提供了处理对象集合的工具类,称为类集合。类集合使处理对象数组的方法标准化。

Java 集合框架高效地实现了类集合,如动态数组、链接表、队列、树和散列表等,提供类集合的互操作;类集合容易扩展,提供了处理集合的通用算法,封装在 Collections 类中,被定义为静态方法。

Java 集合框架提供了迭代器接口 Iterator,也提供了多用途的、标准化的方法访问类集合的每一个元素。

除了类集合之外,Java 集合框架定义了几个映射接口和类。映射(Maps)存储键/值对。每个键/值对称为一项。在集合框架中,可以获得映射的类集合"视图"。这个"视图"包含了存储在映射中的键/值对。因此,可以把映射转换为类集合来处理。

7.6.1　集合接口

集合框架定义了几个接口分别表示不同的集合类型。每个接口都有几个具体的实现类。表示集合类型的接口如表 7-9 所示。

表 7-9　集合接口

接　　口	描　　述
Collection	集合框架的顶层接口,定义了操作类集合的共同方法
List	继承 Collection,表示有序的,可包括重复元素的列表
Set	继承 Collection,表示无序的,无重复元素的集合(数学上的含义)
SortedSet	继承 Set,对 Set 中元素进行排序
Queue	继承 Collection,定义了队列数据结构的操作方式
Deque	继承 Queue,定义了双向队列数据结构的操作方式

除了集合接口之外,集合框架还定义了 Comparator、Iterator 和 ListIterator 等接口。关于这些接口将在本章后面做描述。简单地说,Comparator 接口定义了两个对象如何比较,以及 Iterator 和 ListIterator 接口枚举类集合的对象。

1. Collection 接口

Collection 接口是集合框架的基础。它声明所有类集合都将拥有的核心方法。这些方法如表 7-10 所示。

表 7-10　Collection 定义的主要方法

方　　法	描　　述
boolean add(Object obj)	将 obj 加入到类集合中。加入成功,则返回 true;加入失败,则返回 false
boolean addAll(Collection c)	将 c 中的所有元素都加入到类集合中。加入成功,则返回 true;加入失败,则返回 false
void clear( )	删除所有元素
boolean contains(Object obj)	包含 obj 元素,返回 true;否则,返回 false
boolean containsAll(Collection c)	包含了 c 中的所有元素,则返回 true;否则,返回 false
boolean isEmpty( )	判断集合是否为空
Iterator iterator( )	返回类集合的迭代器
boolean remove(Object obj)	删除 obj。删除成功,则返回 true;删除失败,返回 false
boolean removeAll(Collection c)	删除 c 的所有元素。删除成功,则返回 true;否则,返回 false
boolean retainAll(Collection c)	保留 c 中的全部元素。执行成功,则返回 true;否则;返回 false
int size( )	类集合中元素的个数
Object[ ] toArray( )	返回一个数组,包含了类集合中的所有元素

2. List 接口

List 接口继承了 Collection 并声明了类集合的新特性。使用基于零的下标,可以通过位置插入和访问元素。它可以包含重复元素,扩展的主要方法如表 7-11 所示。

表 7-11　由 List 定义的主要方法

方　　法	描　　述
void add(int index, Object obj)	添加元素 obj 到列表的 index 位置
boolean addAll(int index, Collection c)	添加 c 中的所有元素到列表中的 index 位置
Object get(int index)	返回 index 处的元素
int indexOf(Object obj)	返回 obj 在列表中的位置。如果无该元素,则返回—1

方 法	描 述
int lastIndexOf(Object obj)	返回 obj 在列表中的最后一个位置。如果 obj 不是列表中的元素，则返回－1
Object remove(int index)	删除 index 位置的元素
Object set(int index, Object obj)	设置 index 位置的元素为 obj
List subList(int start, int end)	返回一个子列表，包括了从 start 到 end－1 的元素

3. Set 和 SortedSet 接口

Set 接口定义了一个集合，不允许出现重复元素。试图将重复元素加到集合中时，add( )方法将返回 false。它本身并没有定义任何附加的方法。

SortedSet 接口继承了 Set，并说明了元素按自然序排列的特性。SortedSet 接口扩展的方法如表 7-12 所示。

表 7-12　SortedSet 定义的主要方法

方 法	描 述
Object first( )	返回排序集合的第一个元素
SortedSet headSet(Object end)	返回 end 元素前面的元素的子集合
Object last( )	返回排序集合的最后一个元素
SortedSet subSet(Object start, Object end)	返回一个子集合，包含了从 start 到 end 之间的元素
SortedSet tailSet(Object start)	返回一个子集合，包含了那些 start 之后的元素

4. Queue 和 Deque 接口

Queue 接口定义了一个队列集合，一般以先进先出排序元素，从队列首部取出元素，向队列尾部增加元素。Deque 接口定义了一个双向队列，既可以从队列首部或尾部取出元素，也可以增加元素。Queue 接口的主要方法如表 7-13 所示。

表 7-13　Queue 接口定义的主要方法

方 法	描 述
Boolean offer(E e)	向队列尾部增加元素，成功返回 true，E 指元素的类型
E peek( )	获取队列首部元素，并不删除元素。如果队列为空，返回 null
E poll( )	获取队列首部元素，并删除元素。如果队列为空，返回 null

7.6.2　List 接口实现类

具体实现 List 接口的类主要有 ArrayList、LinkedList、Vector、Stack。ArrayList 实现了动态数组，非线程安全，但不能保证多线程并发访问时的数据正确性；LinkedList 是一个用链表实现的类集合，非线程安全；Vector 也实现了动态数组，是线程安全的；Stack 继承了 Vector，实现了栈数据结构。这些类集合的主要操作方法都是 List 接口定义的，其使用方法非常类似。本节以 ArrayList 为例说明这些类集合的使用方法。

ArrayList 类支持随需要而增长的动态数组。在 Java 中，标准数组是定长的。在数组创建之后，长度不变。ArrayList 能够动态地增加或减小其大小。ArrayList 的对象以一个初始大小被创建。当超过了它的大小，就自动增大。当对象被删除后，就可以自动缩小。使用 ArrayList 的地方可以使用 Vector 类。ArrayList 的性能比 Vector 要好。

ArrayList 有以下的构造函数：

```
ArrayList( )
ArrayList(Collection c)
ArrayList(int capacity)
```

其中第一个构造函数建立一个空的数组列表；第二个构造函数建立一个数组列表，该数组列表由类集 c 中的元素初始化；第三个构造函数建立一个数组列表，该数组有指定的初始容量 capacity。

【例 7-10】 ArrayList 类的使用。

```java
// ArrayListDemo. java
import java.util.ArrayList;
import java.util.Random;
public class ArrayListDemo {
    public static void main(String[] args) {
        // 创建一个 List
        ArrayList al = new ArrayList();
        Random r = new Random();
        // 增加 5 个 Integer 对象到集合中
        for (int i = 5; i > 0; i-- ) {
            al.add(r.nextInt(100));
        }
        // 显示其内容
        System.out.println("List 中的内容: " + al);
        // 删除第一个位置的元素
        al.remove(1);
        System.out.println("删除第一个后: " + al);
        // 转换为数组
        Integer[ ] aa = new Integer[3];
        aa = (Integer[]) al.toArray(aa);
        for (Integer i : aa) {
            System.out.print(i);
            System.out.print("\t");
        }
    }
}
```

该程序的输出如下：

```
List 中的内容: [70, 61, 53, 97, 47]
删除第一个后: [70, 53, 97, 47]
70   53   97   47
```

在例 7-10 中，使用 Random 类生成随机整数，并自动装箱转换为 Integer 对象，然后添加到集合中；使用了 toString()方法显示类集的内容。

161

第7章

Java 标准类库

7.6.3　Set 接口实现类

具体实现 Set 接口的类有 HashSet、TreeSet、LinkedHashSet。HashSet 内部使用哈希表实现 Set 集合,允许存放 null 元素;TreeSet 内部的元素有序排列,可以指定元素之间的比较器,实现了 SortedSet 接口;LinkedHashSet 的内部通过维护双向列表实现集合。这些类集合的主要操作方式由 Set 定义,下面以 HashSet 和 TreeSet 为例说明 Set 型集合的使用。

1. HashSet 类

HashSet 继使用散列表进行存储。散列法的优点在于,对于大的集合,它允许一些基本操作如 add( )、contains( )、remove( )和 size( )方法的运行时间保持常数。存储在 HashSet 中的元素必须正确覆盖根类 Object 中定义的 hashCode()方法。

其构造函数定义为:

```
HashSet( )
HashSet(Collection c)
HashSet(int capacity)
```

第一种形式构造一个默认的散列集合;第二种形式用 c 中的元素初始化集合;第三种形式用 capacity 初始化集合的容量。注意散列集合并没有确保其元素的顺序。如果需要排序存储,可以使用 TreeSet。

【例 7-11】　HashSet 的使用。

```java
// HashSetDemo.java
import java.util.HashSet;
public class HashSetDemo {
    public static void main(String[] args) {
        HashSet hs = new HashSet();
        for (int i = 0; i < 7; i++) {
            hs.add((char) (65 + i));
        }
        // 重新增加一遍,可以测试 Set 中有无重复元素
        for (int i = 0; i < 7; i++) {
            hs.add((char) (65 + i));
        }
        System.out.println(hs);
    }
}
```

该程序的输出如下:

```
[D, E, F, G, A, B, C]
```

从输出结果可以看出,元素并没有按顺序进行存储,并且也没有重复元素。

2. TreeSet 类

TreeSet 是使用树结构存储元素的类集合,默认按照自然升序存储。访问和检索是很

快的。在需要快速检索大量排序元素的情况下，TreeSet 是一个很好的选择。

下面的构造函数定义为：

```
TreeSet( )
TreeSet(Collection c)
TreeSet(Comparator comp)
TreeSet(SortedSet ss)
```

第一种形式构造一个空的树集合，该树集合将根据其元素的自然升序排序；第二种形式构造包含了 c 的元素的树集合；第三种形式构造一个空的树集合，它按照 comp 指定的比较器排序；第四种形式构造一个包含 ss 的元素的树集合。

【例 7-12】 TreeSet 的使用。

```java
// TreeSetDemo.java
import java.util.SortedSet;
import java.util.TreeSet;
public class TreeSetDemo {
    public static void main(String[] args) {
        TreeSet ts = new TreeSet();
        for (int i = 0; i < 7; i++) {
            ts.add((char) (65 + Math.random() * 10));
        }
        System.out.println(ts);
        System.out.println(ts.first());
        System.out.println(ts.last());
        TreeSet ts2 = new TreeSet();
        for (int i = 0; i < 10; i++) {
            ts2.add((char) (68 + Math.random() * 10));
        }
        ts2.addAll(ts);
        // 返回一个子集合,包含'D'之前的元素
        SortedSet ts3 = ts2.headSet('D');
        System.out.println(ts3);
    }
}
```

该程序的输出如下：

```
[A, B, C, E, G, I]
A
I
[A, B, C]
```

TreeSet 按树存储其元素，它们被按照自然顺序自动排序，不能有重复元素。

7.6.4　Queue 接口实现类

实现 Queue 接口的主要类有 LinkedList、ArrayDeque 和 PriorityQueue。LinkedList 用链表实现队列，另实现了 Deque 接口，可以作为双向队列使用。ArrayDeque 用数组实现

队列,也可以作为双向队列使用。PriorityQueue 是一个优先级队列,不同于先进先出队列,每次从队列取出最高优先级元素。默认情况下,队列中的元素按照自然顺序排列。例 7-13 说明一个普通队列和优先级队列的使用。

【例 7-13】 队列的使用。

```java
// QueueDemo.java
import java.util.LinkedList;
import java.util.PriorityQueue;
import java.util.Queue;
import java.util.Random;
public class QueueDemo {
    public static void main(String[] args) {
        Queue que = new LinkedList();
        Queue priQue = new PriorityQueue();
        // 添加元素到队列
        Random r = new Random();
        for (int i = 0; i < 6; i++) {
            que.offer(r.nextInt(100));
        }
        System.out.println("队列大小: " + que.size());
        // 把队列 que 的元素全部添加到队列 priQue
        priQue.addAll(que);
        // 从队列中取出元素
        Object o;
        while ((o = que.poll())!= null) {
            System.out.print(o + "\t");
        }
        System.out.println("\n 取出元素后,队列大小: " + que.size());
        // 从优先级队列中取出元素
        while ((o = priQue.poll())!= null) {
            System.out.print(o + "\t");
        }
        System.out.println("\n 取出元素后,队列大小: " + priQue.size());
    }
}
```

程序输出结果如下:

```
队列大小: 6
51   63   48   17   34   67
取出元素后,队列大小: 0
17   34   48   51   63   67
取出元素后,队列大小: 0
```

从输出结果可以看出,从普通队列和优先级队列取出的元素的顺序是不同的。对于数字类型,优先级队列从小到大取出元素。当然了,也可以自定义元素取出顺序,需要增加一个比较器 Comparator。关于比较器的使用,详见后面章节。

7.6.5 通过迭代接口访问类集合

使用迭代器可以依次访问类集中的元素,迭代器是一个实现 Iterator 或 ListIterator 接口的对象。Iterator 可以遍历类集中的元素,获得或删除元素。ListIterator 继承 Iterator,允许双向遍历列表,并可以修改。Iterator 接口声明的主要方法如表 7-14 所示。ListIterator 接口只能用来遍历 List 类型的集合,声明的主要方法如表 7-15 所示。

表 7-14　Iterator 接口中的主要方法

方　　法	描　　述
boolean hasNext( )	如果存在更多的元素,则返回 true;否则返回 false
Object next( )	返回下一个元素。如果没有下一个元素,则引发 NoSuchElementException 异常
void remove( )	从集合中删除当前元素,如果试图在调用 next( )方法之前,调用 remove( )方法,则引发 IllegalStateException 异常。如果重复调用两次 remove( )方法也会发生这个异常

表 7-15　ListIterator 接口中的主要方法

方　　法	描　　述
void add(Object obj)	将 obj 插入列表,该元素在下一次调用 next( )方法时,被返回
boolean hasNext( )	如果存在下一个元素,则返回 true;否则返回 false
boolean hasPrevious( )	如果存在前一个元素,则返回 true;否则返回 false
int nextIndex( )	返回下一个元素的位置,如果不存在下一个元素,则返回列表的大小
Object previous( )	返回前一个元素,如果前一个元素不存在,则引发一个 NoSuchElementException 异常
int previousIndex( )	返回前一个元素的位置,如果前一个元素不存在,则返回−1
void set(Object obj)	用 obj 替换当前元素

每一个类集合都提供一个 iterator( )函数,该函数返回一个迭代器。通过使用这个迭代器,可以依次访问类集中的每一个元素,步骤如下。

(1) 通过调用类集的 iterator( )方法获得迭代器。

(2) 循环调用 hasNext( )方法,返回 true,就进行循环迭代。

(3) 在循环内部,调用 next( )方法来得到每一个元素。

【例 7-14】 Iterator 接口的使用。

```java
// IteratorDemo.java
import java.util.ArrayList;
import java.util.Iterator;
import java.util.ListIterator;
public class IteratorDemo {
    public static void main(String[] args) {
        ArrayList al = new ArrayList();
        for (int i = 0; i < 6; i++) {
            al.add((char) (65 + i));
        }
        System.out.print("类集合中的内容:");
```

```
         Iterator itr = al.iterator();
         // 正向遍历
         while (itr.hasNext()) {
             Object element = itr.next();
             System.out.print(element + " ");

         }
         System.out.println();
         ListIterator litr = al.listIterator();
         // 正向遍历
         while (litr.hasNext())
             litr.next();
         // 逆向遍历
         while (litr.hasPrevious()) {
             Object element = litr.previous();
             litr.set(element + " + ");       // 修改元素
         }
         System.out.print("修改后的类集合: " + al);
     }
}
```

该程序的输出如下：

```
类集合中的内容: A B C D E F
修改后的类集合: [A + , B + , C + , D + , E + , F + ]
```

例 7-14 中分别使用 Iterator 正向遍历列表、ListIterator 反向遍历列表。

7.6.6　泛型简介

当使用 Iterator 接口中的 next() 方法，从一个集合中取出一个元素时，其返回值的类型是 Object，在使用这个元素时，需要把返回值转换为元素本身的类型。这种类型转化是不安全的，因为在编译时不能进行类型检测，在运行时就可能发生异常，如下面的程序：

```
ArrayList a = new ArrayList();
a.add(new Integer(1));
a.add(new Integer(2));
for(Iterator i = a.iterator();i.hasNext();)
{
    int i1 = ((Integer)i.next()).intValue();
}
```

程序中，集合 a 中存储的是 Integer 类型的元素，next() 方法返回的是 Object 类型，需要把返回类型强制转化为 Integer 类型。

泛型(Generics)提供了一种编译时类型安全检查功能，并能减少类型强制转化的麻烦。集合框架中的大部分类和接口都增加了泛型类型声明，引入了一个名称为 E 的类型变量，如 public class ArrayList < E >。只要把 E 看作特殊类型的变量就可以了，它的值将是传递过来的任何引用类型。泛型类型的调用通常被称为参数化类型，为了实例化这个类，需要在类名称和括号之间加上<Integer>。

上面的程序可以改写为：

```
ArrayList < Integer > a = new ArrayList < Integer >();
a.add(new Integer(1));
a.add(new Integer(2));
for(Iterator < Integer > i = a.iterator(); i.hasNext();)
{
    int i1 = i.next().intValue();
}
```

ArrayList < Integer >指明集合 a 中存储的元素的类型都是 Integer。在通过 iterator 访问集合中的元素时,指明迭代器访问的元素类型,如下面的代码：

```
Iterator < Integer > i = a.iterator();
```

在具体访问元素时,就不需要进行类型转化,如下面的代码：

```
int i1 = i.next().intValue();
```

使用泛型可以清除不安全的类型转化,省去了进行类型转换的代码,并在编译时可以进行类型检查,编译器认为 next()方法返回的类型是元素的实际类型,在上面的程序中能够在编译时判断所调用的 intValue()方法是否是元素类型中的方法。

泛型是通过“类型清除”(type erasure)实现的。泛型的类型信息只在编译时存在,由编译器根据泛型信息生成强制类型转化代码,编译成 class 文件后,就被编译器清除了。这样能够保证强制类型转化是安全的。

用户也可以创建自己的泛型化类型。

【例 7-15】 泛型的使用。

```
// GenericDemo.java
import java.util.ArrayList;
import java.util.Iterator;
public class GenericDemo {
    public static void main(String[] args) {
        // 使用泛型后,集合中存放 Integer 类型的元素
        ArrayList < Integer > a = new ArrayList < Integer >();
        int sum = 0;
        for (int i = 0; i < 10; i++) {
            a.add(i * i);
        }
        // 迭代器中的元素类型是 Integer
        for (Iterator < Integer > i = a.iterator(); i.hasNext();) {
            sum += i.next().intValue();
        }
        System.out.println(sum);
    }
}
```

7.6.7 映射接口

除了类集合,映射接口是一个存储关键字/值对的集合。给定一个关键字,可以得到它的值。关键字和值都是对象,每一对关键字/值,称为一项。关键字必须是唯一的,但值是可以重复的。有些映射可以接收 null 关键字和 null 值,有些映射则不行。

由于映射接口定义了映射的特征和本质,因此先介绍和映射有关的接口。映射接口如表 7-16 所示。

表 7-16　映射接口

接　　口	描　　述
Map	映射类的顶层接口
Map.Entry	描述映射中的项(关键字/值对),这是 Map 的一个内部接口
SortedMap	继承 Map 以便关键字按升序存储

1. Map 接口

Map 接口定义的主要方法如表 7-17 所示。当调用的映射中没有项存在时,其中的几种方法会引发一个 NoSuchElementException 异常。而当对象与映射中的元素不兼容时,会引发一个 ClassCastException 异常。

表 7-17　**Map** 定义的主要方法

方　　法	描　　述
void clear( )	从映射中删除所有的关键字/值对
boolean containsKey(Object k)	如果映射中包含了关键字 k,则返回 true;否则返回 false
boolean containsValue(Object v)	如果映射中包含了值 v,则返回 true;否则返回 false
Set entrySet( )	返回包含了映射中的项的集合(Set)。该集合的元素类型是 Map.Entry
Object get(Object k)	返回与关键字 k 相关联的值
boolean isEmpty( )	如果映射是空的,则返回 true;否则返回 false
Set keySet( )	返回映射中关键字的集合(Set)
Object put(Object k, Object v)	将一个关键字/值对加入映射
void putAll(Map m)	将所有来自 m 的项加入映射
Object remove(Object k)	删除关键字等于 k 的项
int size( )	返回映射中关键字/值对的个数
Collection values( )	返回包含了映射中的值的类集

映射经常使用两个基本操作:get( )和 put( )。使用 put( )方法可以将关键字和值构成的项加入映射。为了得到值,可以将关键字作为参数来调用 get( )方法。

Map 不是 Collection 的子类型,但可以使用 entrySet( )方法返回包含了映射中所有项的集合(Set);可以使用 keySet( )方法得到关键字的集合;可以使用 values( )方法得到所有值的集合。

2. Map.Entry 接口

利用 Map.Entry 接口可以操作映射的项。调用 Map 接口的 entrySet( )方法返回一个包含映射项的集合(Set)。该接口定义的方法如表 7-18 所示。

表 7-18　Map.Entry 中定义的方法

方　　法	描　　述
Object getKey( )	返回该映射项的关键字
Object getValue( )	返回该映射项的值
Object setValue(Object v)	将这个映射项的值赋为 v

7.6.8　Map 接口实现的类

实现 Map 接口的主要类有 HashMap 和 TreeMap。HashMap 使用散列表实现映射；TreeMap 内部使用树结构实现映射，该类还实现了 SortedMap 接口、关键字有序存储。

1. HashMap 类

HashMap 类使用散列表实现 Map 接口。一些基本操作如 get( ) 和 put( ) 的运行时间保持恒定，即使对大型集合，也是这样的。

其构造函数定义为：

```
HashMap( )
HashMap(Map m)
HashMap(int capacity)
```

第一种形式构造一个默认的散列映射；第二种形式用 m 的元素初始化散列映射；第三种形式将散列映射的容量初始化为 capacity。应该注意的是散列映射并不保证它的元素的顺序(由散列函数的特性决定)。因此，元素加入散列映射的顺序并不一定是它们被迭代函数读出的顺序。

【例 7-16】　HashMap 的使用。

```
// HashMapDemo.java
import java.util.HashMap;
import java.util.Iterator;
import java.util.Map;
import java.util.Map.Entry;
import java.util.Random;
import java.util.Set;
public class HashMapDemo {
    public static void main(String[] args) {
        // 使用了泛型
        HashMap < Integer, Integer > hm = new HashMap < Integer, Integer >();
        // 构建随机元素,加入映射
        Random r = new Random();
        for (int i = 1; i < 6; i++) {
            hm.put( i, r.nextInt(100));
        }
        // 得到映射项的集合
        Set < Entry < Integer, Integer >> set = hm.entrySet();
        // 得到迭代器,并使用泛化特性
```

169

第 7 章

Java 标准类库

```
        Iterator < Map. Entry < Integer, Integer >> i = set. iterator();
        // 显示元素
        while (i. hasNext()) {
            Entry < Integer, Integer > me = i. next();
            System. out. println(me. getKey() + ": " + me. getValue());
        }
        // 修改第二个元素的值
        int balance = hm. get(2). intValue();
        hm. put(2, balance + 200);
        System. out. println("映射中的内容: " + hm);
    }
}
```

该程序的输出如下：

```
1: 77
2: 78
3: 72
4: 46
5: 4
映射中的内容: {1 = 77, 2 = 278, 3 = 72, 4 = 46, 5 = 4}
```

该程序演示了如何遍历映射中的元素,修改某关键字对应的值;使用泛型限定了关键字和值的类型,把元素放入映射时,使用了自动装箱,自动把 int 型转换为 Integer 类型。读者也可以先调用 keySet() 方法获得关键字的集合,通过遍历关键字的集合遍历映射。

2. TreeMap 类

TreeMap 类使用树结构实现 Map 接口。TreeMap 提供了按顺序存储关键字/值对的有效途径,同时允许快速检索。

其构造函数定义为:

```
TreeMap( )
TreeMap(Comparator comp)
TreeMap(Map m)
```

第一种形式构造一个空的映射;第二种形式构造一个空的映射,该映射通过使用自定义 comp 比较器来排序;第三种形式用 m 的映射项初始化映射。

【例 7-17】 TreeMap 的使用。

```
// TreeMapDemo. java
import java. util. Iterator;
import java. util. Random;
import java. util. Set;
import java. util. TreeMap;
public class TreeMapDemo {
    public static void main(String[] args) {
```

```
// 创建了一个 TreeMap,使用了泛型
TreeMap< Integer, Integer > tm = new TreeMap< Integer, Integer >();
// 放入元素
Random r = new Random();
for (int i = 1; i < 6; i++) {
    tm.put(i, r.nextInt(50));
}
// 得到关键字列表
Set< Integer > set = tm.keySet();
// 得到迭代器
Iterator< Integer > i = set.iterator();
// 通过迭代器显示 TreeMap 中的值,关键字是有序排列的
while (i.hasNext()) {
    Integer key = i.next();
    System.out.println(key + " = " + tm.get(key).intValue());
}
System.out.println(tm);
    }
}
```

该程序的输出如下:

```
1 = 12
2 = 45
3 = 30
4 = 27
5 = 42
{1 = 12, 2 = 45, 3 = 30, 4 = 27, 5 = 42}
```

注意,TreeMap 对关键字进行了排序,可以使用 Iterator 按关键字的自然顺序访问映射。

7.6.9 比较器

在默认的情况下,TreeSet 和 TreeMap 都是按照"自然顺序"存储它们的元素,如果需要用不同的方法对元素进行排序,可以在构造集合或映射时,指定一个 Comparator 对象。

Comparator 接口定义了两种方法:compare( )和 equals( )。compare( )方法比较了两个元素,确定它们的顺序。

```
int compare(Object obj1, Object obj2)
```

obj1 和 obj2 是被比较的两个对象。当两个对象相等时,该方法返回 0;当 obj1 大于 obj2 时,返回一个正值;否则,返回一个负值。通过创建一个比较器,可以实现元素按自定义顺序排序。

例 7-18 是例 7-17 的修改版,通过定制 Comparator,使集合中的元素按照"自然顺序"的逆序排列。

【例 7-18】 Comparator 在 TreeSet 中的使用。

```java
// TreeMapCompDemo. java
import java.util.Comparator;
import java.util.Iterator;
import java.util.Random;
import java.util.Set;
import java.util.TreeMap;
public class TreeMapCompDemo {
    public static void main(String[] args) {
        // 创建了一个 TreeMap, 使用了自定义比较器
        TreeMap < Integer, Integer > tm = new TreeMap < Integer, Integer >(
                new ComparatorDemo());
        // 放入元素
        Random r = new Random();
        for (int i = 1; i < 6; i++) {
            tm.put(i, r.nextInt(100));
        }
        // 得到关键字列表
        Set < Integer > set = tm.keySet();
        // 得到迭代器
        Iterator < Integer > i = set.iterator();
        // 通过迭代器显示 TreeMap 中的值, 关键字是有序排列的
        while (i.hasNext()) {
            Integer key = i.next();
            System.out.println(key + " = " + tm.get(key).intValue());
        }
        System.out.println(tm);
    }
}
class ComparatorDemo implements Comparator < Integer > {
    @Override
    public int compare(Integer obj1, Integer obj2) {
        // 按自然顺序的逆序, 如, 把 2 排在 1 的前面
        return - obj1.compareTo(obj2);
    }
}
```

该程序的输出如下：

```
5 = 19
4 = 41
3 = 69
2 = 10
1 = 90
{5 = 19, 4 = 41, 3 = 69, 2 = 10, 1 = 90}
```

该程序实现 Comparator 并覆盖 compare( )方法。在 compare( )方法内部, 返回值取反, 导致比较的结果被逆向。

7.6.10 通用类集算法

集合框架定义了一些能用于类集合和映射的算法，在 Collections 类中被定义为静态方法，主要方法如表 7-19 所示。

表 7-19　Collections 中定义的主要方法

方　　法	描　　述
static int binarySearch(List list, Object value)	在 list 中搜寻 value，list 必须被排序。如果 value 在 list 内，则返回 value 的位置。如果在 list 中没有发现 value，则返回－1。此方法有几个重载形式，请参考 API 文档
static void copy(List list1, List list2)	将 list2 中的元素复制给 list1
static Object max(Collection c)	返回按自然顺序确定的 c 中的最大元素，有重载方法
static Object min(Collection c)	返回按自然顺序确定的 c 中的最小元素
static void reverse(List list)	将 list 中的元素逆向排列
static void shuffle(List list)	对 list 中的元素进行混淆（即随机化），有重载方法
static void sort(List list)	按自然顺序对 list 中的元素进行排序，有重载方法
static List synchronizedList(List list)	返回一个线程安全的 List 列表
static Map synchronizedMap(Map m)	返回一个线程安全的映射
static Set synchronizedSet(Set s)	返回一个线程安全的 Set 集合
static void swap(List list, int i, int j)	交换列表中 i，j 两个位置的值

例 7-19 说明了其中的一些算法的使用，创建和初始化了一个列表。reverseOrder( )方法返回一个对 Integer 对象进行逆向比较的 Comparator 对象。列表中的元素按照这个比较函数进行排序并被显示出来。接下来，调用 shuffle( )方法对列表进行打乱。然后显示列表的最大值和最小值。

【例 7-19】 Collections 类的使用。

```java
// CollectionsDemo.java
import java.util.ArrayList;
import java.util.Collections;
import java.util.Comparator;
import java.util.Iterator;
import java.util.List;
public class CollectionsDemo {
    public static void main(String[] args) {
        // 创建一个空的 List
        List < Integer > ll = new ArrayList < Integer >();
        for (int i = 0; i < 5; i++) {
            ll.add((int) (Math.random() * 100));
        }
        System.out.println("原始列表: " + ll);
        Collections.sort(ll);
        System.out.println("排序后: " + ll);
        // 创建一个支持逆序的 comparator
        Comparator < Integer > comp = Collections.reverseOrder();
        // 使用 comparator 进行排序
```

```
        Collections.sort(ll, comp);
        Iterator < Integer > li = ll.iterator();
        System.out.print("倒序排列: ");
        while (li.hasNext())
            System.out.print(li.next() + " ");
        System.out.println();
        Collections.shuffle(ll);
        li = ll.iterator();
        System.out.print("打乱后: ");
        System.out.println(ll);
        System.out.println("最小值: " + Collections.min(ll));
        System.out.println("最大值: " + Collections.max(ll));
    }
}
```

该程序的输出如下:

```
原始列表: [66, 75, 70, 15, 6]
排序后: [6, 15, 66, 70, 75]
倒序排列: 75 70 66 15 6
打乱后: [15, 66, 6, 70, 75]
最小值: 6
最大值: 75
```

类 Collections 中还有很多有用的方法,请读者查 API 文档,认真学习。

7.6.11 数组类

包 java.util 中有一个 Arrays 类,提供了各种对数组进行运算的方法,是类集和数组的桥梁。

Arrays 类中定义了以下 5 种类型的方法。

(1) asList():把数组转换为 List 类集合,支持泛型。

(2) binarySearch():在数组中搜索特定值,有处理不同类型数组的重载方法。

(3) equals():比较两个数组是否相等。

(4) fill():用一个指定的值填充数组。

(5) sort():对不同类型的数组排序,有重载方法。

每个方法的详细描述,请参考 API 文档。

【例 7-20】 Arrays 类的使用。

```
// ArraysDemo.java
import java.util.Arrays;
public class ArraysDemo {
    public static void main(String[] args) {
        // 定义一个数组
        Integer a1[] = new Integer[10];
        for (int i = 0; i < a1.length; i++)
```

```
        a1[i] = (int) (100 * Math.random());
    // 把数组转为 List 并显示
    System.out.println("原始内容: " + Arrays.asList(a1));
    Arrays.sort(a1);
    System.out.println("排序后: " + Arrays.asList(a1));
    Arrays.fill(a1, 4, 6, 100);
    System.out.println("填充新值后: " + Arrays.asList(a1));
    // 搜索 51
    int index = Arrays.binarySearch(a1, 100);
    if (index > - 1) {
        System.out.println("值 100 的位置 = " + index);
    } else {
        System.out.println("不存在 100");
    }
        }
    }
}
```

该程序的输出如下：

```
原始内容: [60, 46, 17, 93, 79, 94, 69, 46, 30, 86]
排序后: [17, 30, 46, 46, 60, 69, 79, 86, 93, 94]
填充新值后: [17, 30, 46, 46, 100, 100, 79, 86, 93, 94]
值 100 的位置 = 4
```

习题及思考

1. 编写一个程序，用 Map 实现学生成绩单的存储和查询，并且对成绩进行排序，求出平均成绩、最大值、最小值。

2. 编写一个程序，周期性的监控 Java 虚拟机内存的使用情况。

3. 给定一个整数 123456789，分别输出它的二进制、八进制和十六进制表示形式。

4. 请使用 java.text.SimpleDateFormat 类对日期进行格式化，形式如公元 2017 年 10 月 10 日。

5. 请使用 java.text.NumberFormat 对数字进行格式化，加入千分位分隔符。

6. 编写一个程序计算任意两个日期之间间隔的天数。

定义一个命令对象，可以完成一定的功能，如进行计算等；然后把一系列命令对象放入队列，排队执行这些命令对象。

第8章   Java 异常处理

本章将介绍 Java 异常处理机制。在传统的面向过程的程序设计中,通常依靠程序设计人员来预先估计可能出现的错误情况,并对出现的错误进行处理,语言系统本身并没有提供行之有效的错误处理机制。因此,在面向过程的程序设计中,错误处理一直是影响程序设计质量的一个瓶颈。在面向对象的程序中,在系统定义异常的基础上,辅之以用户自定义异常,使得程序中出现的异常问题以统一的方式进行处理,不仅增加了程序的稳定性和可读性,更重要的是规范了程序的设计风格,有利于提高程序质量。

8.1   异常的定义

异常(Exception)也称为例外。在 Java 编程语言中,异常就是程序在运行过程中由于硬件设备问题、软件设计错误、缺陷等导致的程序错误。在软件开发过程中,很多情况都将导致异常的产生,如以下几种情况。

(1) 想打开的文件不存在。

(2) 网络连接中断。

(3) 操作数超出预定范围。

(4) 正在装载的类文件丢失。

(5) 访问的数据库打不开。

可见,在程序中产生异常的现象是非常普遍的。在 Java 编程语言中,对异常的处理有非常完备的机制。异常本身作为一个对象,产生异常就是产生一个异常对象。这个对象可能由应用程序本身产生,也可能由 Java 虚拟机产生,这取决于产生异常的类型。该异常对象中包括了异常事件的类型,以及发生异常时应用程序目前的状态和调用过程。请看下面产生异常的例子。

【例 8-1】 文件操作将产生异常。

```java
// Exception1. java
import java.io. * ;
class Exception1 {
  public static void main(String args[]){
      FileInputStream fis = new FileInputStream("text.txt");
      int b;
      while((b = fis.read())!=- 1) {
        System.out. print(b);
```

```
        }
        fis.close();
    }
}
```

当编译这个程序时,屏幕上会输出下面的信息:

```
D:\user\chap08 > javac Exception1.java
Exception1.java:5: unreported exception java.io.FileNotFoundException; must be caught or
declared to be thrown
    FileInputStream fis = new FileInputStream("text.txt");
                          ^
Exception1.java:7: unreported exception java.io.IOException; must be caught or declared to be
thrown
    while((b = fis.read())!=-1) {
                   ^
Exception1.java:10: unreported exception java.io.IOException; must be caught ordeclared to be
thrown
    fis.close();
        ^
3 errors
```

上述程序在编译成二进制代码之前就出现 java.io.FileNotFoundException 和 java.io.
IOException 两个异常,这两个异常必须被捕获或声明抛出编译才能通过。

【例 8-2】 数组下标超界的例子。

```
// Exception2.java
public class Exception2{
    public static void main (String args[]) {
        String langs[] = {"Java","Visaul Basic","C++"};
        int i = 0;
        while (i < 4) {
            System.out.println (langs[i]);
            i++;
        }
    }
}
```

程序的编译和运行结果如下:

```
D:\user\chap08 > javac Exception2.java
D:\user\chap08 > java Exception2
Java
Visaul Basic
C++
Exception in thread "main" java.lang.ArrayIndexOutOfBoundsException: 3
at Exception2.main(Exception2.java:8)
```

例 8-2 编译可以通过,但运行时出现异常信息被抛出。在其循环被执行 4 次之后,数组下标溢出,程序终止,并带有错误信息。

【例 8-3】 被 0 除的例子。

```java
// Exception3.java
class Exception3{
  public static void main(String args[]){
    int a = 0;
    System.out.println(5/a);
  }
}
```

编译这个程序得到其字节码文件,然后运行它,屏幕上的显示如下:

```
D:\user\chap08 > javac Exception3.java
D:\user\chap08 > java Exception3
Exception in thread "main" java.lang.ArithmeticException: / by zero
        at Exception3.main(Exception3.java:5)
```

因为除数不能为 0,所以在程序运行的时候出现了除以 0 溢出的异常事件。

在上面的 3 个例子中都遇到了异常。屏幕上所显示的信息 java.io.IOException、java.io.FileNotFoundException、java.lang.ArrayIndexOutOfBoundsException 和 java.lang.ArithmeticException 分别指明了异常的类型及异常所在的包。同时也可以看到,对于某些异常,在程序中必须对它进行处理,否则编译程序会指出错误(如例 8-1)。但对另一些异常,在程序中可以不做处理,而直接由运行时系统来处理(如例 8-2 和例 8-3)。在下节中,将详细了解这两类异常,以及在程序中如何处理这两类异常。现在先来了解 Java 的异常处理机制。

8.2 异常处理机制

8.2.1 Java 的异常处理机制

在 Java 程序的执行过程中,如果出现了异常事件,就会生成一个异常对象。这个对象可能是由正在运行的方法生成,也可能由 Java 虚拟机生成,其中包含一些信息指明异常事件的类型,以及当异常发生时程序的运行状态等。

Java 语言提供以下两种处理异常的机制。

1. 捕获异常

在 Java 程序运行过程中系统得到一个异常对象时,它将会沿着方法的调用栈逐层回溯,寻找处理这一异常的代码。找到能够处理这种类型异常的方法后,运行时系统把当前异常对象交给这个方法进行处理,这一过程称为捕获(catch)异常。这是一种积极的异常处理机制。如果 Java 运行时系统找不到可以捕获异常的方法,则运行时系统将终止,相应的 Java 程序也将退出。

2. 声明抛弃异常

当 Java 程序运行时系统得到一个异常对象时,如果一个方法并不知道如何处理所出现的异常,则可在方法声明时,声明抛弃(throws)异常。

8.2.2 异常类的类层次

前面已经提到,Java 是采用面向对象的方法来处理错误的,一个异常事件是由一个异常对象来代表的。这些异常对象都对应于类 java.lang. Throwable 及其子类。下面来看一下异常类的层次。

在 java 类库的每个包中都定义了自己的异常类,所有这些类都直接或间接地继承于类 Throwable。图 8-1 所示为一些异常类并指明了它们的继承关系。

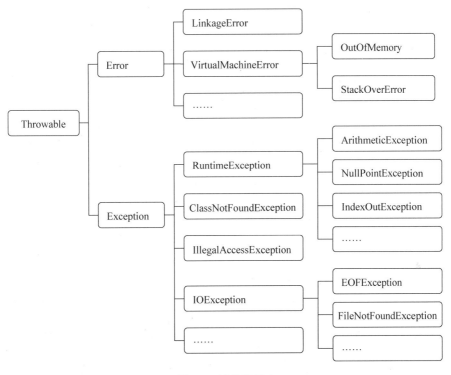

图 8-1 异常类层次

从图 8-1 中可以看出,Java 中的异常事件分为两大类。一类继承于类 Error,它的继承关系如下:

```
java.lang.Object
  └java.lang.Throwable
      └java.lang.Error
```

常见的错误类有 AnnotationFormatError、AssertionError、AWTError、LinkageError、CoderMalfunctionError、FactoryConfigurationError、ThreadDeath、VirtualMachineError、TransformerFactoryConfigurationError 等,包括动态链接失败、线程死锁、图形界面错误、

虚拟机错误等,通常 Java 程序不应该捕获这类异常,也不会抛弃这种异常。

另外一类异常则继承于类 Exception,这是 Java 程序中所大量处理的异常。它的继承关系如下:

```
java.lang.Object
  └java.lang.Throwable
      └java.lang.Exception
```

常 见 的 异 常 类 有 AclNotFoundException、ApplicationException、AWTException、BackingStoreException、ClassNotFoundException、CloneNotSupportedException、DataFormatException、DestroyFailedException、ExecutionException、PrintException、GeneralSecurityException、InterruptedException、InvalidPreferencesFormatException、ParseException、RuntimeException、SAXException、SQLException、TimeoutException、TransformerException、UnsupportedCallbackException、UnsupportedLookAndFeelException、URISyntaxException、UserException、XAException、XMLParseException、XPathException 等,其中包括了运行时异常和非运行时异常。

在类 Exception 之下还有一些子类,其中继承于 RuntimeException 的类代表了 Java 虚拟机在运行时所生成的异常,这类异常称为运行时异常。由于这类异常事件的生成是很普遍的,要求程序全部对这类异常做出处理可能对程序的可读性和高效性带来不好的影响,因此 Java 编译器允许程序不对它们做出处理,如例 8-3 中,程序对运行时异常 ArithmeticException 并没有做出任何处理,而是直接交给运行时系统。当然,在必要的时候,程序也可以处理运行时异常。

其他继承于类 Exception 的子类则代表非运行时异常,如例 8-1 中所涉及的 FileNotFoundException 和 IOException。对于这类异常来说,如果程序不进行处理,可能会带来意想不到的结果,因此 Java 编译器要求程序必须捕获或声明抛弃这种异常。

下面分别介绍常见的运行时异常和非运行时异常。

常见的运行时异常有以下几种。

(1) 类型转换异常 ClassCastException。

```
String strName = new string("123");
int nNumber = (int)strName;
```

(2) 数组超界异常 ArrayIndexOutBoundsException。

```
int[] b = new int[10];
b[10] = 1000;
```

(3) 指定数组维数为负值异常 NegativeArraySizeException。

```
b[-1] = 1001;
```

（4）算术异常 ArithmeticException。

```
int b = 0;
a = 500/b;
```

（5）Java 系统内部异常 InternalException。

JVM 抛出的异常。

（6）类型不符合异常 IncompatibleTypeException。

```
int n = 12345;
String s = (String)n;
```

（7）内存溢出异常 OutOfMemeoryException。

（8）没有找到类定义异常 NoClassDefFoundException。

```
aClass aa = new aClass();        // 但 aClass 类未定义。
```

（9）空指针异常 NullPointerException。

```
int b[ ];
b[0] = 99;              // 没有实例化就访问,将产生空指针
```

常见的非运行时异常有以下几种。

（1）ClassNotFoundException：找不到类或接口所产生的异常。

（2）CloneNotSupportedException：使用对象的 clone 方法,但无法执行 Cloneable 所产生的异常。

（3）IllegalAccessException：类定义不明确所产生的异常。例如,类不为 public,或者包含一个类定义在另一个类库内。

（4）IOException：在一般情况下不能完成 I/O 操作所产生的异常。

（5）EOFException：打开文件没有数据可以读取所产生的异常。

（6）FileNotFoundException：在文件系统中,找不到文件名称或路径所产生的异常。

（7）InterruptedIOException：目前线程等待执行,另一线程中断目前线程 I/O 运行所产生的异常。

在 Oracle 公司提供的各种 API 包中,如 java. io、java. net、java. awt 等,都提供不同情况下可能产生的异常。由于异常的种类非常多,需要读者实际运用中逐渐掌握。

8.2.3 Throwable 类的常用方法

java. lng. Throwable 类是所有 Error 类和 Exception 类的父类,常用的方法有 fillInStackTrace ( )、getLocalizedMessage ( )、getMessage ( )、printStackTrace ( )、printStackTrace (PrintStream)、printStackTrace(PrintWriter)、toString()。下面分别介绍这些方法。

（1）public native Throwable fillInStackTrace()：填写执行堆栈跟踪信息。该方法在

应用程序重新抛出错误或异常时有用。

例如：

```
try {
    a = b / c;
} catch(ArithmeticThrowable e) {
    a = Number.MAX_VALUE;
    throw e.fillInStackTrace();
}
```

（2）public String getLocalizedMessage()：生成该 Throwable 的本地化描述。子类可能会覆盖该方法以便产生一个特定于本地的消息。对于未覆盖该方法的子类，默认返回调用 getMessage()的结果。

（3）public String getMessage()：返回该 throwable 对象的详细信息。如果该对象没有详细信息则返回 null。

（4）public void printStackTrace()：把该 Throwable 和它的跟踪情况打印到标准错误流。

（5）public void printStackTrace(PrintStream s)：把该 Throwable 和它的跟踪情况打印到指定打印流。

（6）public void printStackTrace(PrintWriter s)：把该 Throwable 和它的跟踪情况打印到指定打印流。

（7）public String toString()：返回该 throwable 对象的简短字符串描述。

8.3 异常的处理

对于运行时异常，Java 编译器允许程序不对它们做出处理。但对于非运行时异常，则要求程序必须做捕获或声明抛弃处理，否则程序的编译是无法通过的。

8.3.1 捕获异常 try-catch-finally

一个方法中如果对某种类型的异常对象提供了相应的处理代码，则这个方法可捕获该种异常。捕获异常是通过 try-catch-finally 语句实现的。其语法为：

```
try{
    ...
    }catch( ExceptionName1 e ){
    ...
    }catch( ExceptionName2 e ){
    ...
    }
    ...
    }finally{
    ...
    }
```

1．try

捕获异常的第一步是用 try{…}选定捕获异常的范围,由 try 所限定的代码块中的语句在执行过程中可能会生成异常对象并抛弃。

2．catch

每个 try 代码块可以伴随一个或多个 catch 语句,用于处理 try 代码块中所生成的异常事件。catch 语句只需要一个形式参数来指明它所能够捕获的异常类型,这个类必须是 Throwable 的子类,运行时系统通过参数值把被抛弃的异常对象传递给 catch 块。

catch 块中的代码用来对异常对象进行处理,与访问其他对象一样,可以访问一个异常对象的变量或调用它的方法。getMessage( )是类 Throwable 所提供的方法,用来得到有关异常事件的信息,类 Throwable 还提供了方法 printStackTrace( )用来跟踪异常事件发生时执行堆栈的内容。

例如:

```
try{
    ...
  }catch( FileNotFoundException e ){
    System.out.println( e );
    System.out.println( "message: " + e.getMessage() );
    e.printStackTrace( System.out );
}catch( IOException e ){
    System.out.println( e );
}
```

3．catch 语句的顺序

捕获异常的顺序和 catch 语句的顺序有关,当捕获到一个异常时,剩下的 catch 语句就不再进行匹配。因此,在安排 catch 语句的顺序时,首先应该捕获最特殊的异常,然后再逐渐一般化。也就是一般先安排子类异常,再安排父类异常。例如,上面的程序如果安排成如下的形式:

```
try{
    ...
}catch(IOException e ){
  System.out.println( e );
  System.out.println( "message: " + e.getMessage() );
  e.printStackTrace( System.out );
}catch(FileNotFoundException e ){
  System.out.println( e );
}
```

由于第一个 catch 语句首先得到匹配,第二个 catch 语句将不会被执行。编译时将出现"catch not reached"的错误。

4．finally

捕获异常的最后一步是通过 finally 语句为异常处理提供一个统一的出口,使得在控制流转到程序的其他部分以前,能够对程序的状态做统一的管理。一般是用来关闭文件或释放其他的系统资源。虽然 finally 作为 try-catch-finally 结构的一部分,但在程序中是可选的,也就是说可以没有 finally 语句。如果存在 finally 语句,无论 try 块中是否发生了异常,是否执行过 catch 语句,都要执行 finally 语句。

另外,try-catch-finally 可以嵌套。

8.3.2　声明抛弃异常

如果在一个方法中生成了一个异常,但是这一方法并不确切地知道该如何对这一异常事件进行处理,这时,该方法就应该声明抛弃异常,使得异常对象可以从调用栈向后传播,直到有合适的方法捕获它为止。

声明抛弃异常是在一个方法声明中的 throws 子句中指明的。例如:

```
public int read () throws IOException{
    …
}
```

throws 子句中同时可以指明多个异常,之间用逗号隔开。例如:

```
public static void main(String args[]) throws
        IOException,IndexOutOfBoundsException {
    …
}
```

最后,再次强调,对于非运行时例外,如前例中的 IOException 等,程序中必须要作出处理,或者捕获,或者声明抛弃。而对于运行时例外,如前例中的 ArithmeticException、IndexOutOfBoundsException,则可以不做处理。

下面分别对例 8-1 出现的问题作声明抛弃处理和捕获处理。

【例 8-4】　抛弃异常的例子(对例 8-1 进行改进)。

```
// Exception4.java
import java.io. * ;
public class Exception4{
    public static void main(String args[])throws FileNotFoundException,IOException{
        FileInputStream fis = new FileInputStream("text.txt");
        int b;
        while((b = fis.read())!=- 1){
                System.out.print(b);
        }
        fis.close();
    }
}
```

在 main() 中,由于采用了抛弃 FileNotFoundException、IOException 异常的处理,在编译时就可以顺利通过了。如果 text.txt 文件存在,并且内容正常,那程序就可以正常运行。如果 text.txt 文件不存在或有其他问题,那程序出现的异常将提交虚拟机处理。

【例 8-5】 捕获异常的例子(对例 8-1 进行改进)。

```java
// Exception5.java
import java.io.*;
public class Exception5{
    public static void main(String args[]) {
        try{
            FileInputStream fis = new FileInputStream("text.txt");
            int b;
            while((b = fis.read())!=-1){
                System.out.print(b);
            }
            fis.close();
        }catch(FileNotFoundException e){
            System.out.println( e );
            System.out.println( "message: " + e.getMessage() );
            e.printStackTrace( System.out );
        }catch(IOException e){
            System.out.println( e );
        }
    }
}
```

而对例 8-2 和例 8-3 中出现的运行时异常可以不做处理,当然也可以像例 8-4 和例 8-5 那样将异常抛出或捕获。

8.3.3 抛出异常

抛出异常就是产生异常对象的过程,首先要生成异常对象,异常或者由虚拟机生成,或者由某些类的实例生成,也可以在程序中生成。在方法中,抛出异常对象是通过 throw 语句实现的。

例如:

```java
IOException e = new IOException();
throw e ;
```

可以抛出的异常必须是 Throwable 或其子类的实例。下面的语句在编译时将会产生语法错误:

```java
throw new String("throw anything");
```

自定义异常类必须是 Throwable 的直接或间接子类。

注意:一个方法所声明抛弃的异常是作为这个方法与外界交互的一部分而存在的。所以,方法的调用者必须了解这些异常,并确定如何正确地处理它们。

【例 8-6】 显示抛出异常详细情况的例子。

```java
// Exception6.java
public class Exception6 {
```

```
    public static void main(String[ ] args) {
        try {
            throw new Exception("My Exception");
        } catch (Exception e) {
        System.err.println("Caught Exception");
        System.err.println("getMessage():" + e.getMessage());
        System.err.println("getLocalizedMessage():" + e.getLocalizedMessage());
        System.err.println("toString():" + e);
        System.err.println("printStackTrace():");
        e.printStackTrace();
        }
    }
}
```

程序运行结果如下:

```
d:\user\chap08 > java Exception6
Caught Exception
getMessage():My Exception
getLocalizedMessage():My Exception
toString():java.lang.Exception: My Exception
printStackTrace():
java.lang.Exception: My Exception
                at Exception6.main(Exception6.java:5)
```

【例 8-7】 try-catch-finally 嵌套的例子。

```
// TryInbed.java
class MyoneException extends Exception {
}
public class TryInbed {
  public static void main(String[ ] args) {
    System.out.println("Entering first try block");
    try {
      System.out.println("Entering second try block");
      try {
        throw new MyoneException();
      } finally {
        System.out.println("finally in 2nd try block");
      }        // try-catch-finally 嵌套在 try 限定的范围内.
    } catch (MyoneException e) {
      System.err.println("Caught MyoneException in 1st try block");
    } finally {
      System.err.println("finally in 1st try block");
    }
  }
}
```

程序运行结果如下：

```
Entering first try block
Entering second try block
finally in 2nd try block
Caught MyoneException in 1st try block
finally in 1st try block
```

8.4 创建用户异常类

如果 Java 提供的系统异常类型不能满足程序设计的需求,就可以设计自己的异常类型。

从 Java 异常类的结构层次可以看出,Java 异常的公共父类为 Throwable。在程序运行中可能出现两种问题:一种是由硬件系统或 JVM 导致的故障,Java 定义该故障为 Error。这类问题用户程序是不能够处理的。另一种是程序运行错误,Java 定义为 Exception。这种情况下,可以通过程序设计的调整来实现异常处理。

因此,用户定义的异常类型必须是 Throwable 的直接或间接子类。Java 推荐用户的异常类型以 Exception 为直接父类。创建用户异常的方法如下:

```java
class UserException extends Exception{
   UserException(){
       super();
       …      // 其他语句
   }
}
```

在使用异常时,有以下几点建议需要注意。

(1) 对于运行时例外,如果不能预测它何时发生,程序可以不做处理,而是让 Java 虚拟机去处理。

(2) 如果程序可以预知运行时例外可能发生的地点和时间,则应该在程序中进行处理,而不应简单地把它交给运行时系统。

(3) 在自定义异常类时,如果它所对应的异常事件通常总是在运行时产生的,而且不容易预测它将在何时、何处发生,则可以把它定义为运行时例外,否则应定义为非运行时例外。

【例 8-8】 用户定义的异常类的使用。

```java
// Exception8.java
class MyotherException extends Exception { // 用户定义的异常
   public MyotherException() {
   }
   public MyotherException(String msg) {
     super(msg);
   }
}

public class Exception8 {
```

```
public static void f() throws MyotherException {
  System.out.println("Throwing MyotherException from f()");
  throw new MyotherException();
}
public static void g() throws MyotherException {
  System.out.println("Throwing MyotherException from g()");
  throw new MyotherException("Originated in g()");
}
public static void main(String[] args) {
  try {
    f();
  } catch (MyotherException e) {
    e.printStackTrace();
  }
  try {
    g();
  } catch (MyotherException e) {
    e.printStackTrace();
  }
}
}
```

程序的运行结果如下:

```
Throwing MyotherException from f()
Throwing MyotherException from g()
MyotherException
        at Exception8.f(Exception8.java:13)
        at Exception8.main(Exception8.java:21)
MyotherException: Originated in g()
        at Exception8.g(Exception8.java:17)
        at Exception8.main(Exception8.java:26)
```

习题及思考

1. 什么是异常? 简述 Java 的异常处理机制。

2. 系统定义的异常与用户自定义的异常有什么不同? 如何使用这两类异常?

3. 在 java 的异常处理机制中, try 程序块、catch 程序块和 finally 程序块各起什么作用?

4. 编写从键盘读入 5 个字符放入一个字符数组, 并在屏幕上显示它们的程序。请在程序中处理数组越界的异常。

5. 编写 Java Application, 要求从命令行以参数形式读入两个数据, 计算它们的和, 然后将和输出。编程自定义 OnlyOneException 与 NoOprandException。如果参数的数目不足, 显示相应提示信息并退出程序的执行。

第 9 章 　　　输入/输出处理

　　任何程序都离不开数据的输入和输出(简称 I/O)。例如,从键盘上读取数据、在网络上交换数据、读写文件等。在面向对象的语言中,输入/输出都是通过数据流来实现的。本章介绍 Java 数据流的概念及应用。处理数据流的类主要放在包 java.io 中,本章对其中的主要流的使用方法进行讲解。

　　Java 还有一个与流有关的包 java.nio,主要解决输入/输出过程中的一些复杂的、高级的问题,本章不作介绍,请读者参考 JDK 帮助文档。

9.1　I/O 流的划分

　　数据流(Stream)是一组有顺序的、有起点和终点的字节集合,是对输入和输出的总称和抽象。一般地,数据流分为输入流(InputStream)和输出流(OutputStream)。输入流只能读,不能写；输出流只能写,不能读。

　　Java 程序通过流来完成输入/输出。一个输入流能够抽象化多种不同类型的输入：从磁盘文件、从键盘或从网络套接字。同样,一个输出流可以输出到控制台、硬盘文件、内存空间或相连的网络。尽管流连接的设备各不相同,但是所有的流具有同样的操作方式。

　　Java 定义了两种类型的流：字节流和字符流。字节流(byte stream)以字节为处理单位。字符流(character stream)以字符为处理单位。在最底层,所有的输入/输出都是字节形式的,也就是说,字符流和字节流可以相互转化。基于字符的流为处理字符提供更方便有效的方法。

1. 字节流

　　字节流在顶层有两个抽象类：InputStream 和 OutputStream。每个抽象类都有多个具体的子类,这些子类对不同的外部 I/O 设备进行处理,如文件、网络连接,甚至是内存中的字符串或数组。

　　抽象类 InputStream 和 OutputStream 定义了所有字节流的关键方法。其中,主要的是 read()和 write()系列方法,它们分别用于读写字节,它们在顶层类中是抽象方法。其他子类实现了这些方法,具体处理输入/输出。

　　常用的输入字节流如表 9-1 所示。

　　常用的字节输出流如表 9-2 所示。

　　另外,字节流中的类 RandomAccessFile,提供一个文件位置指针,支持随机存取文件中的内容。

表 9-1　常用的字节输入流

流	描　述
InputStream	表示输入字节流的顶层抽象类
FileInputStream	处理文件的字节输入流
ByteArrayInputStream	内存字节数组输入流,把字节数组作为数据源
FilterInputStream	过滤字节输入流,提供扩展功能
PipedInputStream	管道输入流,可用于线程之间通信
ObjectInputStream	对象输入流,用于对象反串行化
BufferedInputStream	带缓冲功能的字节输入流
DataInputStream	读取 Java 标准数据类型的输入流

表 9-2　常用的字节输出流

流	描　述
OutputStream	表示输出字节流的顶层抽象类
FileOutputStream	处理文件的字节输出流
ByteArrayOutputStream	内存字节数组输出流,把字节数组作为数据接收器
FilterOutputStream	过滤字节输出流,提供扩展功能
PipedOutputStream	管道输出流,可用于线程之间通信
ObjectOutputStream	对象输出流,用于对象的串行化
BufferedOutputStream	带缓冲功能的字节输出流
DataOutputStream	处理 Java 标准数据类型的输出流
PrintStream	打印流,标准输出用此流,包含 print( )系列方法

2. 字符流

顶层字符流包含两个抽象类: Reader 和 Writer,定义了处理字符流的抽象方法。其中,主要的是 read( )和 write( )系列方法,它们分别进行字符数据的读和写。其他子类实现这些方法,进行具体的字符读写。

常用的字符输入流如表 9-3 所示。

表 9-3　常用的字符输入流

流	描　述
Reader	表示字符输入流的顶层抽象类
BufferedReader	带缓冲功能的字符输入流,可以一次读取一行字符
CharArrayReader	把内存字符数组作为输入源
FilterReader	过滤字符输入流
InputStreamReader	把字节输入流转换为字符输入流
PipeReader	管道字符输入流,可以用于线程之间的通信
StringReader	把内存字符串作为流的输入源
FileReader	文件字符输入流

常用的字符输出流如表 9-4 所示。

表 9-4　常用的字符输出流

流	描　　述
Writer	表示字符输出流的顶层抽象类
BufferedWriter	带缓冲功能的字符输出流
OutputStreamWriter	把字节输出流转换为字符输出流
CharArrayWriter	把字符数组作为数据输出流接收器
FilterWriter	过滤字符输出流
PipedWriter	管道字符输出流,可以用于线程之间的通信
PrintWriter	打印字符输出流,类似 PrintStream
StringWriter	把内存字符串作为数据输出流接收器
FileWriter	处理文件的字符输出流

9.2　File 类的使用

java. io. File 类的对象表示一个文件或目录,提供了一些方法来操作文件和获取文件的信息。通过 File 类的方法,可以得到文件或目录的描述信息,包括名称、所在路径、读写性、长度等,还可以创建目录、创建文件、改变文件名、删除文件、列出目录中的文件等。File 类的对象可以配合文件流进行使用。

9.2.1　文件的操作

File 类直接处理文件和文件系统。在构造其对象时,可以使用文件名作为参数,也可以指定一个 URL 地址。

1. 构造方法

下面的构造函数可以用来生成 File 对象:

```
File(String path)
File(String dir, String filename)
File(File dir, String filename)
File(URI uri)
```

这里,dir 是文件所在的目录,filename 是文件名,path 是文件的路径名,uri 是用 URI 方式表示的文件地址。例如,"D:/Java"是一个目录,test. txt 是该目录下面的一个文件,可以用下面的方式构造 File 对象:

```
File f1 = new File("D:/Java");
File f2 = new File("D:/Java","test.txt");
File f3 = new File(f1,"test.txt");
File f4 = new File("file:// D:/Java/test.txt");
```

注意，Java 能正确处理 UNIX 和 Windows/DOS 约定的路径分隔符。如果在 Windows 版本的 Java 下用斜线（/），路径处理依然正确。记住，如果在 Windows/DOS 下使用反斜线（\），就需要在字符串内使用它的转义序列（\\）。Java 约定用 UNIX 和 URL 风格的斜线来作为路径分隔符。

2. File 类的使用

创建一个文件对象后，可以用 File 类提供的方法来获得文件相关信息，如表 9-5 所示，对文件进行操作。

表 9-5 File 类的常用方法

方　　法	描　　述
boolean canRead()	测试文件是否可读
boolean canWrite()	测试文件是否可写
boolean createNewFile()	创建 File 对象表示的文件
static File createTempFile(String prefix, String suffix)	在默认的临时文件目录创建临时文件，创建后，可以用流进行读写
boolean delete()	删除文件
booleanexists()	测试文件是否存在
String getAbsolutePath()	返回绝对路径
String getCanonicalPath()	返回规范的路径字符串
String getName()	返回文件名（不包括路径）
String getParent()	返回父目录
String getPath()	返回路径
boolean isAbsolute()	是否绝对路径
boolean isDirectory()	判断当前 File 对象是否是目录
boolean isFile()	判断当前 File 对象是否是文件
boolean isHidden()	是否隐藏文件
long lastModified()	上次修改时间，从 1970 年 1 月 1 日开始的标准时间（UTC）的毫秒数
long length()	文件长度
String[] list()	列出目录中的文件，返回文件名数组
File[] listFiles()	列出目录中的文件，返回文件对象数组
static File[] listRoots()	列出所有的根目录
boolean mkdir()	创建目录，只创建一层
boolean mkdirs()	创建多层目录
boolean renameTo(File dest)	重命名文件
boolean setLastModified(long time)	设置上次修改时间
boolean setReadOnly()	设置只读
URI toURI()	把文件对象转化成 URI 对象
URL toURL()	把文件对象转化成 URL 对象

【例 9-1】 File 类的使用。

```
// FileDemo.java
import java.io.File;
```

```
import java.io.IOException;
import java.util.Date;
public class FileDemo {
    public static void main(String[] args) throws IOException {
        // 指定的相对路径
        File f = new File("src// FileDemo.java");
        String absPath = f.getAbsolutePath();
        System.out.println("文件的绝对路径: " + absPath);
        File dir = f.getParentFile();
        // 在当前目录下创建一个临时文件
        System.out.println("绝对目录: " + dir.getAbsolutePath());
        System.out.println("存在:" + f.exists());
        System.out.println("文件名: " + f.getName());
        System.out.println("相对文件名: " + f.getPath());
        System.out.println("是否为目录:" + f.isDirectory());
        System.out.println("文件长度: " + f.length());
        System.out.println("最后修改时间:" + new Date(f.lastModified()));
        System.out.println("规范路径名:" + f.getCanonicalPath());
        File temp = File.createTempFile("tmp", ".java", dir);
        System.out.println("临时文件是否存在: " + temp.exists());
        System.out.println("临时文件名: " + temp.getAbsolutePath());
    }
}
```

该程序的输出如下：

```
文件的绝对路径: /Users/yangrl/Documents/eclipseworkspace/ ch09_IO/src/FileDemo.java
绝对目录: /Users/yangrl/Documents/eclipseworkspace/ch09_IO /src
存在:true
文件名: FileDemo.java
相对文件名: src/FileDemo.java
是否为目录:false
文件长度: 1094
最后修改时间:Thu Feb 04 15:15:59 CST 2016
规范路径名:/Users/yangrl/Documents/eclipseworkspace/ ch09_IO/src/FileDemo.java
临时文件是否存在: true
临时文件名: /Users/yangrl/Documents/eclipseworkspace/ ch09_IO/src/tmp1740911285407445742.java
```

9.2.2   目录的操作

File 类把目录当作一种特殊类型的文件，即文件名列表。当给 File 类的构造方法传递一个目录为参数时，即构造一个表示目录的 File 对象，isDirectory( )方法返回 ture。这种情况下，可以调用 list( )和 listFiles( )方法来列出该目录内部的文件和子目录。

```
String[ ] list( )
```

把目录中的所有文件名存储在字符串数组中返回。

```
File[ ] listFiles( )
```

把目录中的所有文件作为 File 对象,存储在数组中返回。

有时需要列出目录内指定类型的文件,如.java、.class 等扩展名的文件。可以使用 File 类的下述 3 个带参数的方法,列出指定类型的文件。

```
String[ ] list(FilenameFilter FFObj)
File[ ] listFiles(FilenameFilter FFObj)
File[ ] listFiles(FileFilter FObj)
```

FFObj 是一个文件名过滤器;FObj 是一个文件对象过滤器,可以根据文件对象的各个属性设置过滤条件。

FilenameFilter 仅定义了一个 accept( )方法。list( )执行时,将调用 accept( )方法检查文件名是否符合特定的要求。它的通常形式如下:

```
boolean accept(File directory, String filename)
```

如果返回 true,名称为 filename 的文件包含在返回列表中,反之,不包含在返回列表中。

FileFilter 也只定义了一个 accept( )方法,它可以根据文件的各种信息过滤文件,如文件大小、创建时间等。它的定义形式如下:

```
boolean accept(File path)
```

如果返回值是 true,path 代表的文件包含在 list( )方法的返回列表中,反之,不包含在返回列表中。

下面的程序说明了如何使用带参数的 list( )方法。

【例 9-2】 列出目录中特定类型的文件。

```java
// DirDemo.java
import java.io.File;
import java.io.FileFilter;
public class DirDemo {
    public static void main(String[] args) {
        File dir = new File("src");
        System.out.println("列出目录" + dir + "中的 java 文件");
        Filter filter = new Filter("java");
        File fs1[] = dir.listFiles(filter);
        display(fs1);
    }
    public static void display(File[] fs) {
        for (int i = 0; i < fs.length; i++) {
            if (fs[i].isDirectory())
                System.out.println("目录:" + fs[i]);
            else
                System.out.println("文件:" + fs[i]);
        }
    }
}
```

```
    }
// 定义文件过滤器
class Filter implements FileFilter {
    String suffix;
    public Filter(String suffix) {
        this.suffix = suffix;
    }
    public boolean accept(File path) {
        return path.getName().endsWith(suffix);
    }
}
```

该程序的输出如下:

```
列出目录 src 中的 java 文件
文件:src/DirDemo.java
文件:src/FileDemo.java
文件:src/tmp1740911285407445742.java
```

9.3　字节流的使用

File 类不能读取文件内容。字节流为处理字节式输入/输出提供了丰富的功能。首先介绍两个字节流的顶层抽象类 InputStream 和 OutputStream。其他字节流都是它们的子类。

9.3.1　InputStream/OutputStream

InputStream 是一个定义了 Java 字节流输入模式的抽象类。该类的所有方法在出错条件下引发一个 IOException 异常,在使用的时候注意异常的处理。表 9-6 所示为 InputStream 的主要方法,请特别注意多个重载的 read()方法。

表 9-6　InputStream 的主要方法

方　　法	描　　述
int available( )	返回当前可输入的字节数
void close( )	关闭输入流。关闭以后就不能再读取了
void mark(int readlimit)	在输入流的当前点放置一个标记。在读取 readlimit 个字节前都保持有效
boolean markSupported( )	如果流支持 mark( )/reset( )方法就返回 true
int read( )	读取一个字节,作为 int 型返回,遇到文件尾时返回-1
int read(byteb[ ])	读取 b.length 个字节到数组 b 中,返回值为实际成功读取的字节数。遇到文件尾时返回-1
int read(byteb[ ], int offset, int len)	读取 len 字节到 b 中,从 offset 开始存放,返回实际读取的字节数。遇到文件尾时返回-1
void reset( )	重新设置输入指针到先前设置的标记处,与 mark 方法配合
long skip(longn)	跳过 n 个输入字节,返回实际跳过的字节数

OutputStream 是字节流输出模式的抽象类。该类的所有方法返回一个 void 值并且在出错的情况下引发一个 IOException 异常。表 9-7 所示为 OutputStream 的主要方法。

表 9-7　**OutputStream 的主要方法**

方　　法	描　　述
void close( )	关闭输出流。关闭以后,就不能再输出了
void flush( )	刷新输出缓冲区
void write(int b)	向输出流写入单个字节。注意参数是一个整型数,输出有效值为 b 的低 8 位,高 24 位被舍弃
void write(byte b[ ])	输出一个完整的字节数组 b
void write(byte b[ ], int offset, int len)	输出数组 b 以 offset 为起点的 len 个字节

9.3.2　标准输入/输出流

标准输入/输出流一般指的是控制台的输入和输出,即以键盘为输入源,以显示器为输出地。Java 通过系统类 System 内部的 3 个公共静态变量实现标准输入/输出的功能:标准输入 in、标准输出 out 和错误输出 err。

1. 标准输入

System.in 被定义为 InputStream 类型,实际使用类 BufferedInputStream 实现标准输入,可以通过 3 个 read()方法从键盘接收数据。

【例 9-3】　从标准输入读取数据。

```java
import java.io.IOException;
public class StdInput {
    public static void main(String[] args) throws IOException {
        System.out.println("输入:");
        byte b[] = new byte[128];
        // 读取一个字节数组
        int count = System.in.read(b);
        System.out.println("输出: ");
        for (int i = 0; i < count; i++) {
            System.out.print(b[i] + " ");
        }
        System.out.println("count = " + count);
        // 把字节数组转换为字符串
        String s = new String(b, 0, count);
        System.out.println("字符串: " + s + "长:" + s.length());
    }
}
```

该程序的输出如下:

```
输入:
abcdefgh
输出:
97 98 99 100 101 102 103 104 13 10 count = 10
字符串: abcdefgh
长:10
```

程序运行时,从键盘输入 4 个字符"abcdefgh"并按 Enter 键,保存在缓冲区 b 中的元素个数 count 为 10,Enter 占用 2 字节(13 10)。用 read()方法读取的是字节,转换为字符串后,就可以看到输入的是什么字符。

System.in 只定义了字节的输入方法,虽然在控制台输入的是字符,但是按照字节读取。如果想直接读取字符,可以使用 Scanner 类封装 System.in,详情请参考后面章节。

2. 标准输出

System.out 作为标准输出,是打印流 PrintStream 的对象。其中定义了 print()和 println()方法,支持 Java 任意基本类型作为参数。例如:

```
public void print(int i);
public void println(int i)
```

两者的区别在于,println 在输出时加一个回车/换行符。该类也有 write()方法,更常用的为 print()方法。

在使用 PrintStream 的方法时,不会抛出 IOException,可以使用 checkError()检查流的状态。

另外,类 PrintStream 支持数据的格式化输出:

```
public PrintStream printf(String format, Object... args)
```

该方法支持可变参数,即方法的参数个数是可变的。format 参数指名输出格式,args 是输出参数列表。

format 字符串的格式是:

```
%[argument_index$][flags][width][.precision]conversion
```

argument_index 用十进制整数表示参数在参数列表中的位置,第一个参数用%1$表示,第二个参数用%2$表示,以此类推,如果只有一个参数,可以只保留%;flags 是调整输出格式的字符集合;width 是一个非负整数,表示输出的最小字符数;precision 是一个非负整数,用于限制字符个数,如果输出浮点数,则是小数点后面的位数。conversion 是一个转换字符,表示参数被如何格式化。该方法在格式化输出时,使用了类 java.util.Formatter 的功能。

常用的转换符如下。

(1) d:十进制整数。

(2) x:十六进制整数。

(3) f:浮点数。

(4) s:字符串。

(5) c:字符。

(6) t:格式化日期,后面还可以跟其他日期转换符。

详细的转换字符(conversion)参见类 java.util.Formatter 的文档。

下面用例子来说明标准输出流的使用。

【例 9-4】 格式化输出。

```java
// PrintfDemo.java
import java.util.Date;
public class PrintfDemo {
    public static void main(String[] args) {
        double d1 = 23456789.567;
        int i = 65;
        // 用逗号作为分隔符, 格式化浮点数,字符
        System.out.printf("%1$,.2f, %2$c\n", d1,i);
        Date c = new Date();
        // 格式化日期
        System.out.printf("日期:%1$tF 时间: %1$tT %1$tA", c);
    }
}
```

该程序输出如下:

```
23,456,789.57,  A
日期:2016-02-04 时间: 16:43:38 星期四
```

格式化数字时:%表示此处有参数,逗号表示数字的千位分隔符,是一个 Flag;".2"表示数据精度,f 表示格式化浮点数;c 表示格式化字符,可以把整数输出为字符。

格式化日期时:%1 表示第一个参数,t 表示格式化日期,F 表示输出日期,如 2015-07-22,T 表示输出时间,如 16:43:38,A 表示提取星期几。

其他转换符的详细情况请参考类 java.util.Formatter 的文档。

9.3.3 文件字节流

文件数据流 FileInputStream 和 FileOutputStream 用于进行文件的输入/输出处理,其数据源和接收器都是文件。

1. FileInputStream

FileInputStream 用于顺序访问本地文件,从超类继承 read()、close()等方法,不支持 mark()方法和 reset()方法。它的两个常用的构造函数如下:

```
FileInputStream(String filepath)
FileInputStream(File fileObj)
```

这里,filepath 是文件名,fileObj 是描述文件的 File 对象。如果给定的文件不存在,引发 FileNotFoundException 异常。构造文件输入流的方法如下:

```
FileInputStream f1 = new FileInputStream("Test.java")
File f = new File("Test.java");
FileInputStream f2 = new FileInputStream(f);
```

FileInputStream 重写了抽象类 InputStream 读取数据的 read()方法。这些方法在读取数据时,遇输入流结束则返回-1。

2. FileOutputStream

FileOutputStream 用于向一个文件写数据。它重写了超类中的 write()、close()等方法。它常用的构造函数如下:

```
FileOutputStream(String filePath)
FileOutputStream(File fileObj)
FileOutputStream(String filePath, boolean append)
FileOutputStream(File fileObj, boolean append)
```

这里,filePath 是文件名,可以包含路径;fileObj 是描述该文件的 File 对象。如果 append 为 true,文件以追加方式打开,不覆盖已有文件的内容,如果为 false,则覆盖原有文件的内容。这些构造函数都可能引发 IOException 或 SecurityException 异常,使用的时候注意异常的处理。

FileOutputStream 的创建不依赖于文件是否存在。如果文件不存在,在打开之前创建它。如果文件已经存在,则打开它,准备写。打开一个只读文件,会引发一个 IOException 异常。

下面的文件复制程序使用 FileOutputStream 创建一个输出流,实现源文件到目标文件的内容复制。

【例 9-5】 文件复制程序。

```java
// FileStreamCopy.java
import java.io.File;
import java.io.FileInputStream;
import java.io.FileOutputStream;
import java.io.IOException;
public class FileStreamCopy {
    public static void main(String[] args) throws IOException {
        // 构造输入流对象
        FileInputStream f = new FileInputStream("src/FileStreamCopy.java");
        File dest = new File("copy - of - file.txt");
        FileOutputStream fout = new FileOutputStream(dest);
        System.out.println("源文件总字节数: " + f.available());
        byte b[] = new byte[256];
        int count = 0;
        // 用循环语句反复读写
        while ((count = f.read(b))!=- 1)
            fout.write(b, 0, count);
        // 最后注意关闭流
        f.close();
        fout.flush();
        fout.close();
        System.out.println("新文件大小: " + dest.length());
    }
}
```

该程序的输出如下:

```
总字节数: 769
新文件大小: 769
```

可以用记事本打开 copy-of-file.txt 文件,检查其内容和本程序是相同的。

9.3.4 过滤流

过滤流在读/写数据的同时可以对数据进行处理,它提供了同步机制,使得某一时刻只有一个线程可以访问一个 I/O 流,以防止多个线程同时对一个 I/O 流进行操作所带来的意想不到的结果。

这些过滤字节流是 FilterInputStream 和 FilterOutputStream。它们的构造函数如下:

```
FilterOutputStream(OutputStream os)
FilterInputStream(InputStream is)
```

为了使用一个过滤流,必须首先把过滤流连接到某个输入/输出流上,通过在构造方法的参数指定所要连接的输入/输出流来实现,如可以把一个过滤流连接到文件流。

过滤流扩展了输入/输出流的功能,典型的扩展是提供缓冲、字符字节转换和数据转换。为了提高数据的传输效率,过滤流可以配备缓冲区(buffer),称为缓冲流。

当向缓冲流写入数据时,系统将数据发送到缓冲区,而不是直接发送到外部设备,缓冲区自动记录数据,当缓冲区满时,系统将数据全部发送到外部设备。

当从一个缓冲流中读取数据时,系统实际是从缓冲区中读取数据。当缓冲区空时,系统会自动从相关设备读取数据,并读取尽可能多的数据充满缓冲区。

缓冲输入/输出是一个非常普通的性能优化。因为有缓冲区可用,缓冲流支持跳过(skip)、标记(mark)和重新设置流(reset)等方法。

常用的缓冲输入流有 BufferedInputStream 和 DataInputStream;常用的缓冲输出流有 BufferedOutputStream、DataOutputStream 和 PrintStream。

下面以 BufferedInputStream/BufferedOutputStream 为例讲解缓冲流的使用。标准输入 System.in 实际为 BufferedInputStream。

Java 的 BufferedInputStream 类允许把任何字节输入流"包装"成缓冲流并使它的性能提高。BufferedInputStream 有两个构造函数:

```
BufferedInputStream(InputStream inputStream)
BufferedInputStream(InputStream inputStream, int bufSize)
```

第一种形式包装一个字节流,并生成了一个默认长度的缓冲区。第二种形式,缓冲区的大小由 bufSize 指定。

BufferedOutputStream 用一个 flush() 方法来保证数据缓冲区被输出到实际的设备。可以调用 flush() 方法输出缓冲区中待写的数据。

下面是两个可用的构造函数:

```
BufferedOutputStream(OutputStream outputStream)
BufferedOutputStream(OutputStream outputStream, int bufSize)
```

第一种形式创建了一个使用 512 字节缓冲区的缓冲流。第二种形式,缓冲区的大小由 bufSize 参数指定。

下面使用缓冲流来实现文件的复制

【例 9-6】 使用缓冲流的文件复制程序。

```java
// BufferedStreamCopy. java
import java. io. BufferedInputStream;
import java. io. BufferedOutputStream;
import java. io. File;
import java. io. FileInputStream;
import java. io. FileOutputStream;
import java. io. IOException;
public class BufferedStreamCopy {
    public static void main(String[] args) throws IOException {
        // 构造输入/输出流对象
        FileInputStream f = new FileInputStream("src /BufferedStreamCopy. java");
        File dest = new File("copy - of - file. txt");
        FileOutputStream fout = new FileOutputStream(dest);
        // 使用缓冲流
        BufferedInputStream bis = new BufferedInputStream(f);
        BufferedOutputStream bos = new BufferedOutputStream(fout);
        System. out. println("总字节数: " + bis. available());
        int n = 512;
        byte b[] = new byte[n];
        int count = 0;
        // 使用缓冲流反复读写
        while ((count = bis. read(b, 0, n))!=- 1)
            bos. write(b, 0, count);
        // 关闭流
        bis. close();
        bos. flush();
        bos. close();
        f. close();
        fout. flush();
        fout. close();
        System. out. println("新文件总字节数: " + dest. length());
    }
}
```

当文件比较大时,缓冲提高的性能非常显著。

9.3.5 随机存取文件

前面介绍的字节流都是顺序访问流,对一个文件不能同时进行读写。输入流只能读,不能写;输出流只能写,不能读。

RandomAccessFile 类提供了随机访问文件的方式,既可以对一个文件同时进行读写操作,也可以在文件的任意位置进行读写操作。

1. 构造函数

RandomAccessFile 实现了 DataInput 和 DataOutput 接口,可以执行基本类型数据的输入/输出。可以在文件内部放置指针,随时回到指针位置进行读写。它有两个构造函数:

```
RandomAccessFile(String filename,String mode) throws FileNotFoundException;
RandomAccessFile(File file,String mode) throws FileNotFoundException;
```

其中,filename 是要读写的文件名,file 是要读写的文件对象;mode 指定访问模式:r 表示读,w 表示写,rw 表示读写。当文件不存在时,构造方法将抛出 FileNotFoundException。

2. 主要的方法

(1) public long length():返回文件的长度。

或 void setLength(long newLength):设置文件的新长度。

(2) public void seek(long pos):改变文件指针位置。

(3) public final int readInt():读入一个整数类型,因为其实现了 DataInput 接口,在读取数据的能力上和 DatInputStream 相同,还可以使用 readDouble()等。

(4) public final void writeInt(int v):写一个整数,因其实现了 DataOutput 接口,写数据的能力和 DataOutputStream 相同。

(5) public long getFilePointer():获取文件指针位置。

(6) public int skipBytes(int n):跳过 n 字节。

(7) close():关闭文件。

【例 9-7】 随机存取文件。

```java
// RandomFileDemo.java
import java.io.FileNotFoundException;
import java.io.IOException;
import java.io.RandomAccessFile;
public class RandomFileDemo {
    public static void main(String args[]) {
        String filename = "raf1.txt";
        RandomAccessFile raf = null;
        String str1 = "Java programming.";
        String str3 = "重庆大学";
        long length;
        long pos;
        try {
            // 构建对象
            raf = new RandomAccessFile(filename, "rw");
            raf.writeChars(str1);
            pos = raf.getFilePointer();
            length = str1.length();
            System.out.println("第一个字符串的长度: " + length);
            // 一个字符用两字节表示,内存中的表示和文件中的表示一致
            System.out.println("写入第一个字符串后,文件指针: " + pos);
            // 又写入一串字符,重置指针位置,读取字符
```

```
            System.out.println("第 2 个字符串:");
            pos = raf.getFilePointer();
            // 写入字符串
            raf.writeChars(str3);
            // 重置指针
            raf.seek(pos);
            System.out.println("从文件中读取的字符: ");
            for (int i = 0; i < str3.length(); i++) {
                System.out.print(raf.readChar());
            }
            pos = raf.getFilePointer();
            System.out.println("\n 写入" + str3.length() + "个字符后, 文件指针: " + pos);
        } catch (FileNotFoundException ex) {
            System.out.println("文件不存在.");
        } catch (IOException ex) {
        }
    }
}
```

该程序的输出如下:

```
第一个字符串的长度: 17
写入第一个字符串后, 文件指针: 34
第 2 个字符串:
从文件中读取的字符:
重庆大学
写入 4 个字符后, 文件指针: 42
```

9.3.6 其他字节流

这里简单介绍其他字节流: ByteArrayInputStream 和 ByteArrayOutputStream。

1. ByteArrayInputStream

ByteArrayInputStream 是把字节数组当作输入源的流。该类有两个构造函数, 每个构造函数需要一个字节数组作为数据源:

```
ByteArrayInputStream(byte[ ] b)
ByteArrayInputStream(byte[ ] b, int offset, int len)
```

这里, b 是输入源。第二个构造函数从字节数组的子集构造输入流, 以 offset 指定索引的字符为起点, 长度由 len 决定。

ByteArrayInputStream 实现了 mark( )和 reset( )方法。

2. ByteArrayOutputStream

ByteArrayOutputStream 把字节数组当作输出流。ByteArrayOutputStream 有两个构造函数, 其格式如下:

```
ByteArrayOutputStream( )
ByteArrayOutputStream( int n)
```

在第一个构造函数里,一个 32 位字节的缓冲区被生成。第二个构造函数生成一个大小为 n 的缓冲区。缓冲区的大小可以根据需要自动增加。该流缓冲区的数据可以通过 toByteArray()方法和 toString()方法获得。

另外,该字节流还提供了一个函数 writeTo(OutputStream out),可以把缓冲区的内容输出到其他字节流,如文件字节流。

9.4　字符流的使用

尽管字节流提供了比较强大的输入/输出功能,但不能直接操作字符。例如,前面讲到的标准输入 System.in,虽然从键盘输入的是字符,但是它不能直接读取字符,读取的是字节,需要执行字节到字符的转换,才能得到字符。

本节将讨论几个字符流,可以直接处理字符。如前所述,字符流层次结构的顶层是 Reader 和 Writer 抽象类。

9.4.1　Reader/Writer

1. 类 Reader

类 Reader 是定义字符流输入模式的抽象类。该类的所有方法在出错情况下都将引发 IOException 异常。读取字符主要使用其定义的多个重载的 read()方法。表 9-8 所示为 Reader 类中的主要方法。

表 9-8　Reader 类中的主要方法

方　　法	描　　述
abstract void close( )	关闭流。关闭之后,再使用将会产生 IOException 异常
void mark(int numChars)	在输入流的当前位置设立一个标记。该标记在 numChars 个字符被读取之前有效
boolean markSupported( )	如果该流支持 mark( )/reset( ),则返回 true
int read( )	从流中读取一个字符,但是作为整数返回。遇到文件尾时返回—1
int read(char buffer[ ])	将字符读入数组 buffer 中,返回实际读取的字符数。遇到文件尾返回—1
int read(charb[ ],int offset,int len)	读取 len 个字符到数组 b 中,存放位置从 offset 开始,返回实际读取的字符数。遇到文件尾返回—1
boolean ready( )	测试流是否准备好可以读取字符
void reset( )	重置输入指针到先前设立的标记处,与 mark()配合
long skip(long n)	跳过 n 个输入字符,返回跳过的字符数

2. Writer 类

类 Writer 是定义字符流输出模式的抽象类。该类的所有方法都返回一个 void 值,在出错的情况下都将引发 IOException 异常。输出字符主要使用其多个重载的 write()方法,也可以使用 append()方法,其功能与 write()方法类似,返回值不同。表 9-9 所示为 Writer 类中的主要方法。

表 9-9　Writer 类中的主要方法

方　　法	描　　述
void close( )	关闭输出流。关闭后的写操作会产生 IOException 异常
void flush( )	刷新输出缓冲区
void write(int ch)	向输出流写入单个字符。注意参数是一个整型,整数的低 16 位被输出
void write(char buffer[ ])	输出一个完整的字符数组
void write(char b[ ],int offset,int len)	输出数组 buffer 中以 offset 为起点的 len 个字符区域内的内容
void write(String str)	输出字符串 str
void write(String str, int offset,int len)	输出 str 中以 offset 为起点的长度为 len 区域内的字符
Writer append(char c)	功能相当于 write(),返回类型为该流,这样多个 append( )方法可以连续使用
Writer append(CharSequence csq)	输出字符序列,返回该流
Writer append (CharSequence csq, int start, int end)	输出字符序列的部分内容

9.4.2　文件字符流

对文件的读写操作都是非常重要的,前面讲的文件字节流是以字节为单位进行读写。现在讲解如何以字符为单位读写文件。

类 FileReader 是一个以字符方式读取文件内容的流,可以通过文件名或 File 对象创建其对象。它最常用的构造函数如下:

```
FileReader(String filePath)
FileReader(File fileObj)
```

这里,filePath 是文件名,fileObj 是描述该文件的 File 对象。如果文件不存在,则引发一个 FileNotFoundException。

FileWriter 类是一个以字符方式写文件内容的流,可以通过文件名或 File 对象创建其对象。它最常用的构造函数如下:

```
FileWriter(String filePath)
FileWriter(String filePath, boolean append)
FileWriter(File fileObj)
```

这里,filePath 是文件名,fileObj 是描述该文件的 File 对象。如果 append 为 true,输出内容附加到文件尾,否则,覆盖文件。FileWriter 类的创建不依赖于文件存在与否。如果文件不存在,则创建文件,然后打开它作为输出。如果试图打开一个只读文件,将引发一个 IOException 异常。

下面用一个程序说明 FileReader 和 FileWriter 类的使用。程序用 FileReader 读取文件的内容,然后写入另外一个目标文件。完成文件复制功能。使用的时候需要注意:字符流只能操作文本文件,如 Java 的源代码文件,但不能操作 class 文件。

【例 9-8】 字符流文件复制程序。

```java
// FileReaderWriterDemo.java
import java.io.File;
import java.io.FileReader;
import java.io.FileWriter;
import java.io.IOException;
public class FileReaderWriterDemo {
    private static final int SIZE = 256;
    public static void main(String[] args) throws IOException {
        // 构造输入流对象
        File src = new File("src/FileReaderWriterDemo.java");
        FileReader fr = new FileReader(src);
        File dest = new File("dest.txt");
        // 构造输出流对象
        FileWriter fw = new FileWriter(dest);
        System.out.println("源文件大小: " + src.length());
        System.out.println("源文件编码:" + fr.getEncoding());
        char b[] = new char[SIZE];
        int count = 0;
        while ((count = fr.read(b, 0, SIZE))!=-1)
        fw.write(b, 0, count);
        fr.close();
        fw.close();
        System.out.println("复本文件大小: " + dest.length());
    }
}
```

该程序的输出结果如下:

```
源文件大小: 826
源文件编码:UTF8
复本文件大小: 826
```

比较源文件和目标文件,内容是相同的。Java 源程序本身是以字符文本文件存放的,所以适合用字符流方式读取。从输出结果可以看出,源文件使用的编码方式是 UTF8。字符流虽然提供了直接读取字符的方法,但是这些方法在执行的时候,需要执行字节向字符的转换操作,要用到编码方式。通俗地说,就是一个或多个字节如何转换成字符。

9.4.3 字节流向字符流的转换

字节流和字符流是 Java 提供的两种输入输出处理方式。字节流以字节为读/写单位,字符流以字符为读/写单位。根据不同的字符编码规范,一般字符由多个字节组成,也就是说,字符可以转换为字节,字节也可以转换为字符。InputStreamReader 和 OutputStreamWriter 用作字节流和字符流的中介,可以从一个字节流构造字符流对象。可以指定字符编码方式,未指定时,用当前平台的默认编码方式。

每次调用 InputStreamReader 中的 read()方法都会导致从底层字节输入流读取一个或

多个字节。InputStreamReader 的构造函数如下：

```
public InputStreamReader(InputStream in)
public InputStreamReader(InputStream in, String charsetName)
public InputStreamReader(InputStream in, Charset cs)
public InputStreamReader(InputStream in, CharsetDecoder dec)
```

这里 in 是一个输入字节流对象，charsetName 是字符集的名称，cs 是表示字符集的对象，dec 是一个字符集解码器。如果使用了不支持的字符集，那么会产生一个 Unsupporte-dEncodingException 异常。

OutputStreamWriter 是字符流转换为字节流的桥梁，可使用指定的字符集将写入流中的字符转换为字节。每次调用 write()方法都会导致在给定字符上调用编码转换器。在写入底层字节输出流之前，得到的这些字节将存在缓冲区中。OutputStreamWriter 的构造函数如下：

```
public OutputStreamWriter(OutputStream out)
public OutputStreamWriter(OutputStream out, String charsetName)
public OutputStreamWriter(OutputStream out, Charset cs)
public OutputStreamWriter(OutputStream out, CharsetEncoder enc)
```

这里 out 是一个输出字节流对象，charsetName 是字符集的名称，cs 是表示字符集的对象，enc 是一个字符集编码器。如果使用了不支持的字符集，那么会产生一个 Unsupporte-dEncodingException 异常。

下面用例子说明 InputStreamReader 和 OutputStreamWriter 的使用。

【例 9-9】 字节流向字符流的转换。

```java
// StreamToReaderWriter.java
import java.io.File;
import java.io.FileInputStream;
import java.io.FileOutputStream;
import java.io.IOException;
import java.io.InputStreamReader;
import java.io.OutputStreamWriter;
public class StreamToReaderWriter {
    public static void main(String[] args) throws IOException {
        int n = 256;
        File src = new File("src/StreamToReaderWriter.java");
        File dest = new File("dest.txt");
        FileInputStream fin = new FileInputStream(src);
        FileOutputStream fout = new FileOutputStream(dest);
        // 字节流向字符流转换
        InputStreamReader reader = new InputStreamReader(fin, "GBK");
        OutputStreamWriter writer = new OutputStreamWriter(fout, "GBK");
        System.out.println("当前输入字符流编码是:" + reader.getEncoding());
        System.out.println("当前输出字符流编码是:" + writer.getEncoding());
        char b[] = new char[n];
        int count = 0;
```

```
        while ((count = reader.read(b, 0, n))!=-1)
            writer.write(b, 0, count);
        reader.close();
        writer.close();
        fin.close();
        fout.close();
    }
}
```

在从字节流构造字符流时,指定了字符集编码方式 GBK,因为在操作系统中,Java 程序文件是按照 GBK 编码存储的,如果 Java 程序文件用 UTF-8 存储,那么应该在构造函数中指定 UTF-8 编码。只有指定了正确的字符集,才能正确地从字节流构造字符流。如果在输出时指定了不同的字符集,则在输出文件中会产生乱码。读者在使用这个程序时,可以试着把编码方式修改为 UTF-8,然后观察复制后的目标文件,比较不同编码方式下的结果。

9.4.4　工具类 Scanner 及 PrintWriter 字符流

除了前面介绍的文件字符流外,还有其他流,如 CharArrayReader、CharArrayWriter、StringReader、StringWriter、PrintWriter 等。这些字符流的详细使用说明请参考 Java 帮助文档,这里不再赘述。一般来说,名称以 Reader 结尾的类都是字符输入流,其读取数据的方法都是使用 read()方法;名称以 Writer 结尾的类都是字符输出流,其写数据的方法都是write()方法、append()方法、print()方法等。

下面介绍的例子会使用到 PrintWriter 字符流,它可以直接把字符输出到文件中,提供了比 FileWriter 更强大的输出功能。实际程序中,经常用它替代 FileWriter。它的主要特点是,包含了一系列 print()方法,并提供 printf()方法,支持格式化输出。

虽然 FileReader 可以以字符的方式读取文本文件,但是其功能比较简单,往往不能满足需要。Java 提供了一个工具类 Scanner,可以非常方便地对字符文本进行处理。

Scanner 是一个可以使用正则表达式来解析基本类型和字符串的简单文本扫描器。Scanner 使用分隔符模式将其输入分解为标记,默认情况下该分隔符模式与空白匹配。然后可以使用不同的 next 方法将得到的标记转换为不同类型的值,在读取下一个标记之前可以使用 hasNext 方法检测一下。

Scanner 不仅可以解析字符串,还可以从文件、字节流、字符流中读取数据并解析。例如,以下代码使用户能够从标准输入流 System.in 中读取一个数,其格式如下:

```
Scanner sc = newScanner(System.in);
int i = sc.nextInt();
```

从文本文件中读取数据可以采用下面的方法:

```
Scanner sc = newScanner(new File("source.txt"));
int i = sc.nextInt();
```

通常情况下,可以使用 Scanner 包装一个文件字节流,提供更强大的字符文件操作,替代 FileReader。例如：

```
Scanner sc = newScanner(new FileInputStream("source.txt"));
String   s = sc.nextLine();
```

对文本文件内容的解析和计算结果的格式化输出是程序设计过程中经常要碰到的问题。例如，一个 source.txt 文件中存放着 3 行数据，每一行表示一个学生的学号、姓名，以及语文、数学、外语等成绩，如图 9-1(a)所示。请分别计算每个学生的总成绩，追加到每一行的末尾，并按总成绩排序输出到文件 dest.txt 中，如图 9-1(b)所示。

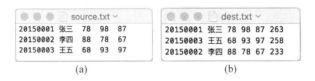

(a)   (b)

图 9-1　source.txt 文件

使用工具类 Scanner 和输出流 PrintWriter 可以非常方便地解决这个问题。使用 PrintWriter 流向文件打印学生信息的格式化表示形式；使用 Scanner 类包装文件输入流，读取并解析输入文件中的数据。为了存储每个学生的数据，需定义一个 StudentScore 类。

【例 9-10】　解析文本文件中的学生成绩数据并格式化输出。

```java
// ScannerPrintWriterDemo.java
import java.io.FileInputStream;
import java.io.IOException;
import java.io.PrintWriter;
import java.io.Serializable;
import java.util.ArrayList;
import java.util.Collections;
import java.util.List;
import java.util.Scanner;
class StudentScore implements Serializable, Comparable<StudentScore> {
    String 学号;
    String 姓名;
    int 语文;
    int 数学;
    int 外语;
    int 总成绩;
    @Override
    public int compareTo(StudentScore o) {
        return o.总成绩 - this.总成绩;
    }
}
public class ScannerPrintWriterDemo {
    public static void main(String[] args) {
        // 解析学生成绩数据
        List<StudentScore> scores = scanStudentScore();
        // 按照总成绩从高到低排序
        Collections.sort(scores);
```

```
            // 使用 PrintWriter 进行格式化输出
        pintf(scores);
    }
    private static void printf(List < StudentScore > scores) {
        PrintWriter pw = null;
        try {
            pw = new PrintWriter("dest.txt");
            for (StudentScore ss : scores) {
                // 格式化输出每一个学生的数据
                pw.printf("%1$s %2$s %3$s %4$s %5$s %6$s\n", ss.学号, ss.姓
                    名, ss.语文, ss.数学, ss.外语, ss.总成绩);
            }
            pw.close();
        } catch (IOException e) {
            e.printStackTrace();
        }
    }
    protected static StudentScore parseScore(String strLine) {
        StudentScore ss = new StudentScore();
        String[] info = strLine.split(" +");
        ss.学号 = info[0];
        ss.姓名 = info[1];
        ss.语文 = Integer.parseInt(info[2]);
        ss.数学 = Integer.parseInt(info[3]);
        ss.外语 = Integer.parseInt(info[4]);
        ss.总成绩 = ss.外语 + ss.数学 + ss.语文;
        return ss;
    }
    protected static List < StudentScore > scanStudentScore() {
        FileInputStream fis = null;
        Scanner s = null;
        List < StudentScore > scores = new ArrayList < StudentScore >();
        try {
            // 从源文件输入,使用 Scanner 读入由空白字符分割的文本文件内容是很方便的
            fis = new FileInputStream("source.txt");
            s = new Scanner(fis);
            while (s.hasNextLine()) {
                String strLine = s.nextLine();
                // 解析每一行数据,构造 StudentScore 对象
                StudentScore ss = parseScore(strLine);
                scores.add(ss);
            }
            s.close();
            fis.close();
        } catch (IOException e) {
            e.printStackTrace();
        }
        return scores;
    }
}
```

上述程序中的 StudentScore 类实现了两个接口：Serializable 和 Comparable。Serializable 用于对象的串行化，将在下一节讲解；Comparable 用于提供了 compareTo()方法，用于两个对象之间的大小比较。按照总成绩排序时，需要用到该方法。在 scanStudentScore()函数中，用 Scanner 类包装文件字节流，实现了文本文件内容的读取，即一次读取一行数据。在 parseScore()函数中，使用字符串对象的 split()函数分割字符串；需要提供一个正则表达式为参数，这里提供了" +"，其中" +"的前面是一个空格，表示用一个或多个空格去分割字符串；分割后的数据赋值给 StudentScore 对象的成员，有些数据需要用 Integer 类的方法把字符串转换为整数。所有的学生对象数据放入了集合中，并利用了工具类 Collections 的 sort()方法进行排序。格式化输出的时候使用了 PrintWriter 的 printf()函数。

9.5　串　行　化

1. 串行化的概念

对象的寿命通常随着生成该对象的程序的终止而终止。某些时候，需要将对象的状态保存下来，将来需要的时候可以恢复。把对象的这种能记录自己的状态以便将来再生的能力，称为对象的持续性(persistence)。对象通过写出描述自己状态的数值来记录自己的过程，称为对象的串行化(Serialization)。

串行化的主要任务是写出对象实例变量的数值。如果变量是另一对象的引用，则引用的对象也要串行化。这个过程是递归的，可能要涉及一个复杂树型结构的串行化，包括原有对象、对象中的对象等。同样在反串行化中，所有的这些对象及它们的引用都被正确地恢复。

2. 串行化的方法

Java 提供了对象串行化的机制，在 java.io 包中，定义了一些接口和类作为对象串行化的工具。

(1) Serializable 接口。只有实现 Serializable 接口的对象才可以被串行化。Serializable 接口没有定义任何成员。如果一个类可以串行化，它的所有子类都可以串行化。

(2) ObjectOutput 接口。ObjectOutput 接口继承了 DataOutput 接口，它增加了 writeObject(Object obj)方法，可以输出一个对象。所有这些方法在出错情况下引发 IOException 异常。

(3) ObjectOutputStream 类。ObjectOutputStream 类继承 OutputStream 类和实现 ObjectOutput 接口。它负责输出对象。实现了超类和接口中的方法，它们在出错情况下引发 IOException 异常。

该类的构造函数如下：

```
ObjectOutputStream (OutputStream out)
```

参数 out 是串行化对象的输出流，常用的有文件输出流。

(4) ObjectInput。ObjectInput 接口继承 DataInput 接口。它支持对象反串行化。其 readObject()方法可以反串行化对象。所有这些方法在出错的情况下引发 IOException 异常。

（5）ObjectInputStream。ObjectInputStream 继承 InputStream 类并实现 ObjectInput 接口。ObjectInputStream 负责从流中读取对象。该类的构造函数如下：

```
ObjectInputStream(InputStream in)
```

参数 in 是串行化对象将被读取的输入流。

（6）串行化注意事项。

① 串行化只能保存对象的非静态成员变量，不保存变量的修饰符。

② transient 关键字。

对于某些类型的变量，无须保存其状态，对于这些变量，可以用 transient 关键字标明。

（7）串行化示例。

① 定义一个可串行化对象。在例 9-10 中，定义了可以串行化的对象 StudentScore，它实现了 Serializable 接口。

② 构造对象输入/出流。要串行化一个对象，必须使用对象的输入/输出流，通过 writeObject()串行化对象，通过 readObject()方法反串行化对象。

对例 9-10 的程序进行修改，把每个学生的信息用串行化的方式保存到文件中。

【例 9-11】 对象串行化。

```java
import java.io.FileInputStream;
import java.io.FileOutputStream;
import java.io.IOException;
import java.io.ObjectInputStream;
import java.io.ObjectOutputStream;
import java.util.ArrayList;
import java.util.Collections;
import java.util.List;
public class SerializableDemo extends ScannerPrintWriterDemo {
    public static void main(String[] args) {
        FileInputStream fis = null;
        FileOutputStream fout;
        List < StudentScore > scores = new ArrayList < StudentScore >();
        try {
            scores = scanStudentScore();
            // 按照总成绩从高到低排序
            Collections.sort(scores);
            fout = new FileOutputStream("dest.ser");
            // 对象输出流
            ObjectOutputStream oo = new ObjectOutputStream(fout);
            for (StudentScore ss : scores) {
                // 使用对象串行化的方式保存
                oo.writeObject(ss);
            }
            scores.clear();
            oo.close();
            fout.close();
            // 反串行化
            fis = new FileInputStream("dest.ser");
```

```
            ObjectInputStream oin = new ObjectInputStream(fis);
            for (int i = 0; i < 3; i++) {
                StudentScore ss = (StudentScore) oin.readObject();
                scores.add(ss);
            }
            for (StudentScore ss : scores) {
                // 控制台格式化输出每一个学生的数据
                System.out.printf("%1$s %2$s %3$s %4$s %5$s %6$s\n", ss.学号,
                    ss.姓名, ss.语文, ss.数学, ss.外语, ss.总成绩);
            }
            oin.close();
            fis.close();
        } catch (IOException e) {
            e.printStackTrace();
        } catch (ClassNotFoundException e) {
            e.printStackTrace();
        }
    }
}
```

该程序输出如下：

```
20150001 张三 78 98 87 263
20150003 王五 68 93 97 258
20150002 李四 88 78 67 233
```

输出结果表明：通过串行化机制正确地保存和恢复了对象的状态。

3. 定制串行化

前面讲的串行化机制，串行化过程是由 writeObject()方法自动进行的，如果想自由地控制对象实例变量的串行化顺序、种类和方式，可以自定义 writeObject()和 readObject()方法。

想定制串行化，可以把例 9-11 稍作修改，定义一个类 StudentScore2 继承 StudentScore 类，增加两个自定义的方法，其他程序保持不变。

```
class StudentScore2 extends StudentScore{
    private void writeObject(ObjectOutputStream out) throws IOException
    {
        out.writeUTF(学号);
        out.writeUTF(姓名);
        out.writeInt(语文);
        out.writeInt(数学);
        out.writeInt(外语);
        out.writeInt(总成绩);
    }
    private void readObject(ObjectInputStream in) throws IOException
    {
        学号 = in.readUTF();
        姓名 = in.readUTF();
```

```
        语文 = in.readInt();
        数学 = in.readInt();
        外语 = in.readInt();
        总成绩 = in.readInt();
    }
}
```

运行程序,可以正确实现串行化和反串行化。

习题及思考

1. 使用 File 类列出某一个目录下创建日期晚于 2016-9-12 的文件。
2. 使用 File 类创建一个多层目录 D:\java\myproject1\src。
3. 使用 File 类实现文件夹的复制程序。
4. 读取一个 Java 源程序,找出其中使用到的关键字,并统计其个数。
5. 请写一个文件分割与合并程序。
6. 实现程序,为文本文件的每一行添加行号。

第10章　　　　线　　程

线程也被称为轻型进程,是现代操作系统中一个重要的概念。与作为操作系统资源调度基本单位的进程不同,线程是处理器调度的基本单位,因此灵活使用多线程进行程序设计,可以有效地简化设计任务,提高程序利用效率。一般来说,线程需要操作系统的支持来实现,因此不是所有的机器都提供线程。但 Java 编程语言已经将线程支持与语言本身融为一体,这种机制,一方面对线程提供了强健的支持,另外也简化了多线程程序设计工作。

本章将介绍线程的基本概念及特点、创建线程的方法、线程的生命周期及调度优先级;多线程中线程的资源共享、线程同步、线程死锁及线程池的使用。

10.1　线程的概念

前面章节所编写的程序,每个程序都有一个入口、一个出口及一个顺序执行的序列,在程序执行过程中的任何指定时刻,都只有一个单独的执行点。事实上,在单个程序内部是可以在同一时刻进行多种运算的,这就是所谓的多线程(这与多任务的概念有相似之处)。

一个单独的线程和顺序程序相似,也有一个入口、一个出口及一个顺序执行的序列,从概念上说,一个线程是一个程序内部的一个顺序控制流。线程并不是程序,它自己本身并不能运行,必须在程序中运行。在一个程序中可以实现多个线程,这些线程同时运行,完成不同的功能。从逻辑的观点来看,多线程意味着一个程序的多行语句同时执行,但是多线程并不等于多次启动一个程序,操作系统也不会把每个线程当作独立的进程来对待。

(1) 任务、线程及进程的关系如图 10-1 所示。

① 二者的粒度不同,是两个不同层次上的概念。进程是由操作系统来管理的,而线程则是在一个程序(进程)内。

② 不同进程的代码、内部数据和状态都是完全独立的,而一个程序内的多线程是共享同一块内存空间和同一组系统资源,有可能互相影响。

③ 线程本身的数据通常只有寄存器数据,以及一个程序执行时使用的堆栈,所以线程的切换比进程切换的负担要小。

(2) 使用多线程具有以下优点。

① 多线程编程简单,效率高(能直接共享数据和资源,多进程不能)。

② 适合于开发服务程序(如 Web 服务、聊天服务等)。

③ 适合于开发有多种交互接口的程序(如聊天程序的客户端、网络下载工具)。

④ 适合于有人机交互又有计算量的程序(如字处理程序 Word、Excel)。

⑤ 减轻编写交互频繁、涉及面多的程序的困难(如监听网络端口)。

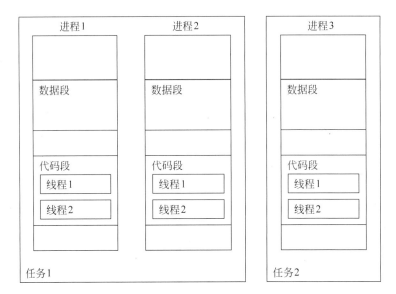

图 10-1　任务、进程及线程的关系

⑥ 程序的吞吐量会得到改善(同时监听多种设备,如网络端口、串口、并口及其他外设)。

⑦ 有多个处理器的系统,可以并发运行不同的线程(否则,任何时刻只有一个线程在运行)。

10.2　线程的创建

为了创建一个新的线程,首先必须指明这个线程所要执行的代码,而这就是在 Java 中实现多线程所需要做的一切。Java 是如何做到这一点的呢?通过类!作为一个完全面向对象的语言,Java 提供了类 java.lang.Thread 来支持多线程编程,这个类提供了大量的方法来方便程序员控制自己的各个线程。在创建线程时,一般会创建 Thread 类或它的子类的对象。Thread 类有很多重载的构造方法,其格式如下:

```
Thread()
Thread(Runnable target)
Thread(Runnable target, String name)
Thread(String name)
Thread(ThreadGroup  group, Runnable  target)
Thread(ThreadGroup group, Runnable target, String  name)
Thread(ThreadGroup group, String name)
```

参数 target 是线程执行的目标对象,即线程执行的代码;group 是线程所在的组;name 是线程的名称。

要学会 Java 中的多线程编程,就得了解 Thread 类中的方法。Java 中创建线程主要有两种方法:一种是继承 Thread;另一种是实现接口 Runnable。可以根据具体的应用环境进行选择。

1. 采用继承创建线程

采用继承创建线程的方法比较简单,主要是通过继承 java. lang. Thread 类,并覆盖 Thread 类的 run()方法来完成线程的创建。Thread 类是一个具体的类,即不是抽象类,该类封装了线程的行为。要创建一个线程,程序员必须创建一个 Thread 类的子类。Thread 类中有两个最重要的方法 run()和 start()。

run()方法必须进行重写,把线程所要执行的代码加入到这个方法中,也就是线程体。

虽然 run()方法是线程体,但不能直接调用 run()方法,而是通过调用 start()方法来启动线程。在调用 start()的时候,start()方法会首先进行与多线程相关的初始化(这也是为什么不能直接调用 run()方法的原因),然后再调用 run()方法。

下面是一个示例程序:

【例 10-1】 使用继承创建线程的例子。

```java
// MyThread. java
// 继承 Tread 类
public class MyThread extends Thread {
    // count 变量用于统计打印的次数并共享变量
    private static int count = 0;
    public MyThread(String name)
    {
        super(name);
    }
    public static void main(String[] args) {
        // main 方法开始
        MyThread p = new MyThread("t1");        // 创建一个线程实例
        p. start();                             // 执行线程
        // 主线程 main 方法执行一个循环
        for (int i = 0; i < 5; i++) {
            count++;
            // 主线程中打印 count + "main"变量的值,并换行
            System. out. println(count + ": main");
        }
    }

    public void run() {
        // 线程类必须有 run()方法
        for (int i = 0; i < 5; i++) {
            count++;
            System. out. println(count + ":" + this. getName());
        }
    }
}
```

该程序的输出结果如下:

```
1: main
2: main
```

```
3: main
4: main
5: main
6:t1
7:t1
8:t1
9:t1
10:t1
```

上面这段程序用 Java 虚拟机启动程序后,main 方法生成新线程 t1,并通过 for 循环输出变量 count 的值和线程的名称。

Java 中只允许单继承,如果你的类已经继承了其他的类(如小程序必须继承自 Applet 类),那么就无法再继承 Thread 类了。为此,java 中提供了另外一种方法来实现多线程。

2. 通过实现接口创建线程

通过实现接口创建线程的方法通过生成实现 java. lang. Runnable 接口的类创建多线程。该接口只定义了一个方法 run(),所以必须在新类中实现它。但是 Runnable 接口并没有任何对线程的支持,还必须创建 Thread 类的实例,这一点可以通过 Thread 类的构造方法 public Thread(Runnable target)来实现。

通过这种方式实现多线程还可以使用 Java 的继承特性。

下面是使用这一方法的示例程序。

【例 10-2】 使用接口创建线程的例子。

```java
// MyThread2. jva
public class MyThread2 implements Runnable {
    int count = 1, number;
    public MyThread2( int i) {
        number = i;
        System. out. println("创建线程 " + number);
    }
    public void run() {
        while (true) {
            System. out. println("线程 " + number + ":计数 " + count);
            if (++count == 6)
                return;
            {
            }
        }
    }
    public static void main(String args[ ]) {
        for (int i = 0; i < 5; i++)
            new Thread(new MyThread2(i + 1)). start();
    }
}
```

10.3　线程的生命周期及调度

1. 线程生命周期

　　线程是动态的,具有一定的生命周期,分别经历从创建、执行、阻塞直到消亡的过程。在每个线程类中都定义了用于完成实际功能的 run 方法,这个 run 方法称为线程体(Thread Body)。按照线程体在计算机系统内存中的状态不同,可以将线程分为创建(new)、就绪(runnable)、阻塞(blocked)和死亡(dead)4 个状态,各个状态之间的状态转换过程如图 10-2 所示。

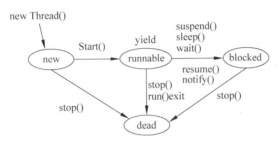

图 10-2　线程状态转换图

　　(1) 创建状态:当利用 new 关键字创建线程对象实例后,它仅仅作为一个对象实例存在,JVM 没有为其分配 CPU 时间片等线程运行资源。

　　(2) 就绪状态:在处于创建状态的线程中调用 start 方法将线程的状态转换为就绪状态。这时,线程已经得到除 CPU 时间之外的其他系统资源,只等 JVM 的线程调度器按照线程的优先级对该线程进行调度,从而使该线程拥有能够获得 CPU 时间片的机会,一旦该线程获得 CPU,就进入运行状态(为后文表达方便,本书将运行状态并入就绪状态)。运行的线程可以调用 yield()自动放弃 CPU,从而回到就绪状态,以便其他线程能够运行。

　　(3) 阻塞状态:阻塞指的是暂停一个线程的执行以等待某个条件发生(如某资源就绪),若线程处于阻塞状态,调度机制不给它分配任何 CPU 时间,直接跳过它。

　　(4) 死亡状态:当线程体运行结束或调用线程对象的 stop 方法后线程将终止运行,由 JVM 收回线程占用的资源。

　　在状态转换的各个过程中,最关键也是最复杂的就是就绪状态和阻塞状态转换的过程。Java 提供了大量方法来支持阻塞,下面逐一分析一下。

　　(1) sleep()方法:sleep()允许指定以毫秒为单位的一段时间作为参数,它使得线程在指定的时间内进入阻塞状态,不能得到 CPU 时间,指定的时间一过,线程重新进入可执行状态。典型地,sleep()被用在等待某个资源就绪的情形——测试发现条件不满足后,让线程阻塞一段时间后重新测试,直到条件满足为止。

　　(2) suspend()和 resume()方法:两个方法配套使用,suspend()使得线程进入阻塞状态,并且不会自动恢复,必须调用其对应的 resume(),才能使得线程重新进入可执行状态。典型地,suspend()和 resume()被用在等待另一个线程产生的结果的情形——测试发现结果还没有产生后,让线程阻塞,另一个线程产生了结果后,调用 resume()使其恢复。

　　在线程运行过程中调用 sleep()方法后,该线程在不释放占用资源的情况下停止运行指定的睡眠时间。时间到达后,线程重新由 JVM 线程调度器进行调度和管理。而调用 suspend 方法后,线程将释放占用的所有资源,由 JVM 调度转入临时存储空间,直至应用程序调用 resume()方法恢复线程运行。

（3）wait()和 notify()方法:两个方法配套使用,wait()使得线程进入阻塞状态,它有两种形式,一种允许指定以毫秒为单位的一段时间作为参数,另一种没有参数,前者当对应的 notify()被调用或超出指定时间时;线程重新进入就绪,后者则必须对应的 notify()被调用。关于这两个方法将在 10.7 节中着重介绍。

2. 线程调度和优先级

虽然说线程是并发运行的,然而事实常常并非如此。当系统中只有一个 CPU 时,以某种顺序在单 CPU 情况下执行多线程被称为调度(scheduling)。Java 采用的是一种简单、固定的调度法,即固定优先级调度(抢先式调度)。这种算法是根据处于可运行态线程的相对优先级来实行调度。当线程产生时,它继承原线程的优先级。在需要时可对优先级进行修改。在任何时刻,如果有多条线程等待运行,系统选择优先级最高的可运行线程运行。只有当它停止、自动放弃或由于某种原因成为非运行态,低优先级的线程才能运行。如果两个线程具有相同的优先级,它们将被交替地运行。Java 实时系统的线程调度算法还是强制性的,在任何时刻,如果一个比其他线程优先级都高的线程的状态变为可运行态,实时系统将选择该线程来运行。

Java 将线程的优先级分为 10 个等级,分别用 1~10 的数字表示。数字越大表明线程的级别越高。相应地,在 Thread 类中定义了表示线程最低、最高和普通优先级的成员变量 MIN_PRIORITY、MAX_PRIORITY 和 NORMAL_PRIORITY,代表的优先级等级分别为 1、10 和 5。当一个线程对象被创建时,其默认的线程优先级是 5。

在应用程序中设置线程优先级的方法很简单,在创建线程对象之后可以调用线程对象的 setPriority()方法改变该线程的运行优先级,同样可以调用 getPriority()方法获取当前线程的优先级。

在 Java 中比较特殊的线程是被称为守护(Daemon)线程的低级别线程。这个线程具有最低的优先级,用于为系统中的其他对象和线程提供服务。将一个用户线程设置为守护线程的方式是在线程对象创建之前调用线程对象的 setDaemon 方法。典型的守护线程例子是 JVM 中的系统资源自动回收线程,它始终在低级别的状态中运行,用于实时监控和管理系统中的可回收资源。

【例 10-3】 线程优先级。

```java
// TestThreadPriority.java
public class TestThreadPriority extends Thread{
    public TestThreadPriority(String name){
        super(name);
    }
    public static void main(String[] args) {
        TestThreadPriority t1 = new TestThreadPriority("Thread1");
        t1.setPriority(Thread.MIN_PRIORITY);
        t1.start();
```

```
            TestThreadPriority t2 = new TestThreadPriority("Thread2");
            t2.setPriority(Thread.NORM_PRIORITY);
            t2.start();
            TestThreadPriority t3 = new TestThreadPriority("Thread3");
            t3.setPriority(Thread.MAX_PRIORITY);
            t3.start();
        }
    public void run() {
        for (int i = 0; i < 3; i++)
            System.out.println(this.getName() + " is running!");
        }
    }
```

其运行结果如下:

```
Thread3 is running!
Thread3 is running!
Thread3 is running!
Thread2 is running!
Thread2 is running!
Thread2 is running!
Thread1 is running!
Thread1 is running!
Thread1 is running!
```

可以看出,3个线程严格按照优先级进行调度,其中线程3尽管启动较晚,但其优先级最高,因此只有等它运行完毕后,具有中等优先级的线程2才能开始运行,最后是具有最低优先级的线程1运行。根据线程调度的这一特点,在设置线程优先级时应该特别小心,一方面,如果将某些线程的优先级设置太低,该线程将无法获得处理器,因此永远无法执行,称为该线程被"饿死"。另一方面,对于某些需要长时间处理的线程,如果其优先级太高,则该线程将一直占有处理器,造成其他线程无法执行。

10.4　线 程 互 斥

1. 问题的提出

首先来看一个例子。类 Account 代表一个银行账户,其中变量 balance 是该账户的余额。

【例 10-4】　线程互斥示例。

```
// Account.java
class Account
{
    double balance;
    public Account(double money) {
```

```
        balance = money;
        System.out.println("Totle Money: " + balance);
    }
}
```

下面定义一个线程,该线程的主要任务是从 Account 中取出一定数目的钱。

```
// AccountThread.java
public class AccountThread extends Thread {
    Account Account;
    int delay;
    public AccountThread(Account Account, int delay) {
        this.Account = Account;
        this.delay = delay;
    }
    public void run() {
        if (Account.balance >= 100) {
            try {
                sleep(delay);
                Account.balance = Account.balance - 100;
                System.out.println("withdraw 100 successful!");
            } catch (InterruptedException e) {
            }
        } else
            System.out.println("withdraw failed!");
    }

    public static void main(String[] args) {
        Account Account = new Account(100);
        AccountThread AccountThread1 = new AccountThread(Account, 1000);
        AccountThread AccountThread2 = new AccountThread(Account, 0);
        AccountThread1.start();
        AccountThread2.start();
    }
}
```

程序运行结果如下:

```
Totle Money: 100.0
withdraw   100 successful!
withdraw   100 successful!
```

该结果非常奇怪,因为尽管账面上只有 100 元,但是两个取钱线程都取得了 100 元,也就是总共得到了 200 元。出错的原因在哪里呢? 图 10-3 所示为一种导致这种结果的线程运行过程。

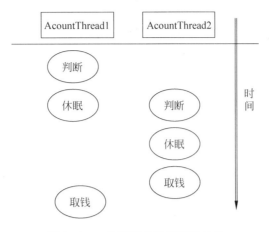

图 10-3　一种可能的线程运行过程

可以看出,由于线程 1 在判断满足取钱的条件后,被线程 2 打断,还没有来得及修改余额。因此线程 2 也满足取钱的条件,并完成了取钱动作。从而使共享数据 balance 的完整性被破坏。

2. 互斥对象

线程互斥的问题并不是新问题,其实在并发程序设计中已经被研究并得到了解决。这里首先回忆两个概念。在并发程序设计中,对多线程共享的资源或数据称为临界资源,而把每个线(进)程中访问临界资源的那一段代码段称为临界代码段。通过为临界代码段设置信号灯,就可以保证资源的完整性,从而安全地访问共享资源。

为了实现这种机制,Java 语言提供以下两方面的支持。

(1) 为每个对象设置了一个"互斥锁"标记。该标记保证在每一个时刻,只能有一个线程拥有该互斥锁,其他线程如果需要获得该互斥锁,必须等待当前拥有该锁的线程将其释放。该对象称为互斥对象。

(2) 为了配合使用对象的互斥锁,Java 语言提供了保留字 synchronized;其基本用法如下:

```
synchronized(互斥对象){
    临界代码段
}
```

当一个线程执行到该代码段时,首先检测该互斥对象的互斥锁。如果该互斥锁没有被别的线程所拥有,则该线程获得该互斥锁,并执行临界代码段,直到执行完毕并释放互斥锁;如果该互斥锁已被其他线程占用,则该线程自动进入该互斥对象的等候队列,等待其他线程释放该互斥锁。如图 10-4(a)所示,一个线程获得了对象的互斥锁,等待队列中有两个线程;如图 10-4(b)所示,线程 1 释放互斥锁后,线程 2 获得互斥锁。

可以看出,任意一个对象都可以作为信号灯,从而解决线程互斥存在的问题。这里首先定义一个互斥对象类,作为信号灯。由于该对象只作为信号量使用,并不需要为它定义其他的方法。因此该类的定义极其简单。

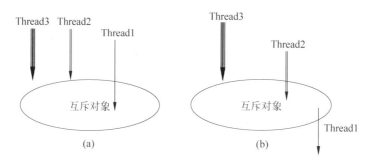

图 10-4　互斥对象及其等待队列

【例 10-5】　首先定义一个类,利用其对象作为互斥信号灯。

```java
// AccountThread2.java
class Semaphore{}
// 可以对上面的程序进行修改,形成新的线程
public class AccountThread2 extends Thread {
    Account account;
    int delay;
    Semaphore semaphore;
    public AccountThread2(Account account, int delay, Semaphore semaphore) {
        this.account = account;
        this.delay = delay;
        this.semaphore = semaphore;
    }
    public void run(){
        synchronized (semaphore) {
            if (account.balance >= 100) {
                try {
                    sleep(delay);
                    account.balance = account.balance - 100;
                    System.out.println("withdraw 100 successful!");
                }
                catch (InterruptedException e) {
                }
            }
            else
                System.out.println("withdraw failed!");
        }
    }
    public static void main(String[] args) {
    Account account = new Account(100);
    Semaphore semaphore = new Semaphore();
    AccountThread2 accountThread1 = new AccountThread2(account,1000,semaphore);
    AccountThread2 accountThread2 = new AccountThread2(account,0,semaphore);
    accountThread1.start();
    accountThread2.start();
    }
}
```

运行该程序,其结果为:

```
Totle Money: 100.0
withdraw 100 successful!
withdraw failed!
```

【例 10-6】 在例 10-5 的程序中,对于临界资源 Account 的访问代码位于线程中。按照面向对象中封装对象的思想,应该将对资源的访问通过对象的方法来提供;另外,对象 Account 本身就是一个互斥对象,因此就可以作为信号灯。综合这两方面,对 Account 对象进行修改如下:

```java
// Account2.java
public class Account2 {
    double balance;
    public Account2(double money) {
        balance = money;
        System.out.println("Totle Money: " + balance);
    }
    public void withdraw(double money) {
        synchronized (this) {
            if (balance >= money) {
                balance = balance - money;
                System.out.println("withdraw 100 success");
            } else
                System.out.println("withdraw 100 failed!");
        }
    }
}
```

这样修改后,线程部分的代码变得很简单。

```java
// AccountThread3.java
public class AccountThread3 extends Thread {
    Account2 account;
    public AccountThread3(Account2 account) {
        this.account = account;
    }
    public void run() {
        account.withdraw(100);
    }
    public static void main(String[] args) {
        Account2 account = new Account2(100);
        AccountThread3 accountThread31 = new AccountThread3(account);
        AccountThread3 accountThread32 = new AccountThread3(account);
        accountThread31.start();
        accountThread32.start();
    }
}
```

其运行结果与例 10-5 相同。

【**例 10-7**】 在类 Account2 中,由于方法 withdraw 的所有代码都为临界代码,因此也可以将关键字 synchronized 加在该方法的声明前面,如下程序所示。它表示以该方法所在的对象为互斥对象,因此不需要明确指出互斥对象,并且该方法的所有代码都作为临界代码。因此与 Account2 完全相同。

```
// Account3
public class Account3 extends Thread {
    double balance;
    public Account3(double money) {
        balance = money;
        System.out.println("Totle Money: " + balance);
    }
    public synchronized void withdraw(double money) {
        if (balance >= money) {
            balance = balance − money;
            System.out.println("withdraw 100 success");
        } else
            System.out.println("withdraw 100 failed!");
    }
}
```

也可以将关键字 synchronized 加在类的声明前面,表示该类的所有方法为临界代码(同步方法),该类的对象为互斥对象。

10.5 线 程 同 步

在前面研究了共享资源的访问问题。在实际应用中,多个线程之间不仅需要互斥机制来保证对共享数据的完整性,而且有时需要多个线程之间互相协作,按照某种既定的步骤来共同完成任务。一个典型的应用称为生产—消费者模型;该模型如图 10-5 所示。其约束条件如下。

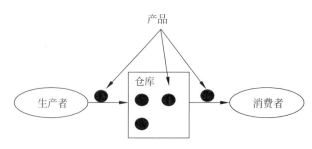

图 10-5 生产—消费者模型

(1) 生产者负责产品,并将其保存到仓库中。

(2) 消费者从仓库中取得产品。

(3) 由于库房容量有限,因此只有当库房还有空间时,生产者才可以将产品加入库房;

否则只能等待。

（4）只有库房中存在满足数量的产品时，消费者才能取走产品；否则只能等待。

实际应用中的许多例子都可以归结为该模型。例如，在操作系统中的打印机调度问题、库房的管理问题等。为了研究该问题，这里仍然以前面的存款与取款问题作为例子，假设存在一个账户对象（仓库）及两个线程：存款线程（生产者）和取款线程（消费者），并对其进行以下的限制。

（1）只有当账户上的余额 balance＝0 时，存款线程才可以存进 100 元；否则只能等待。

（2）只有当账户上的余额 balance＝100 时，取款线程才可以取走 100 元；否则只能等待。根据生产—消费者模型，应该得到一个运行序列：存款 100、取款 100、存款 100、取款 100……很明显，使用前面的互斥对象，已无法完成这两个线程的同步问题。为此，Java 语言为互斥对象提供了两个方法，一个是 wait()，一个是 notify()，用于对两个线程进行同步。需要注意的是，这两个方法虽然用于线程同步，但却不是作为 Thread 类的方法提供，原因在后面内容再详细讲解。

wait()方法的语义是当一个线程执行了该方法，则该线程进入阻塞状态，同时让出同步对象的互斥锁，并自动进入互斥对象的等待队列。

notify()方法的语义是当一个线程执行了该方法，则拥有该方法的互斥对象的等待队列中的第一个线程被唤醒，同时自动获得该互斥对象的互斥锁，并进入就绪状态等待调度。

【例 10-8】 利用 wait()和 notify()两个方法，可以对上面的程序修改如下：

```java
// Account4. java
public class Account4 {
    double balance;

    public Account4()
    {
        balance = 0;
        System. out. println("Totle Money: " + balance);
    }

    public synchronized void withdraw(double money)
    {
        if (balance == 0)
            try {
                wait();
            } catch (InterruptedException e) {
            }
        balance = balance - money;
        System. out. println("withdraw 100 success");
        notify();
    }

    public synchronized void deposite(double money)
```

```
                {
                    if (balance!= 0)
                        try {
                            wait();
                        } catch (InterruptedException e) {
                        }
                    balance = balance + money;
                    System.out.println("deposite 100 success");
                    notify();
                }
        }


// WithdrawThread.java
public class WithdrawThread extends Thread
{
    Account4 account;
    public WithdrawThread(Account4 acount)
    {
        this.account = acount;
    }
    public void run()
    {
        for (int i = 0; i < 5; i++)
            account.withdraw(100);
    }
}
// DepositeThread.java
public class DepositThread extends Thread
{
    Account4 account;
    public DepositThread(Account4 account)
    {
        this.account = account;
    }
    public void run()
    {
        for (int i = 0; i < 5; i++)
            account.deposite(100);
    }
}

// TestProCon.java
public class TestProCon
{
    public static void main(String[] args)
```

```
            {
                Account4 acount = new Account4();
                WithdrawThread withdraw = new WithdrawThread(acount);
                DepositThread deposite = new DepositThread(acount);
                withdraw.start();
                deposite.start();
            }
        }
```

运行程序,其执行结果如下:

```
Totle Money: 0.0
deposite 100 success
withdraw 100 success
deposite 100 success
withdraw 100 success
deposite 100 success
withdraw 100 success
deposite 100 success
withdraw 100 success
deposite 100 success
withdraw 100 success
```

可见,该运行结果满足要求。关于这两个方法的使用,需要注意以下问题。

(1) wait()和 notify()这两个方法必须位于临界代码段中。也就是说,执行该方法的线程必须已获得了互斥对象的互斥锁。这是因为这两个方法实际上也是在操作互斥对象的互斥锁:当一个线程调用 wait()方法进入阻塞状态时,同时会释放互斥对象的互斥锁;只有当另一个线程调用互斥对象的 notify()方法时,该互斥对象等待队列中的第一个线程才能进入就绪状态。这也就是为什么这两个方法是作为互斥对象的方法来实现,而不是作为Thread 类的方法实现的原因。前面讲过,sleep 是作为 Thread 类的方法实现的,当一个线程通过调用 sleep 方法进入阻塞状态时,它并不操作互斥对象的互斥锁,也就是说该线程可能仍然拥有互斥对象的互斥锁。

(2) wait()和 notify()方法必须配对使用。当某个线程由于调用某个互斥对象的 wait()方法进入阻塞状态时,只有另一个线程调用该互斥对象的 notify()方法才能唤醒该线程,使其进入就绪状态,否则该线程将永远处于阻塞状态。

(3) 在某些情况下,可以根据需要使用 notifyall()方法。该方法也是互斥对象的方法,与 notify()方法功能相同,当该方法将会唤醒互斥对象等待队列中所有处于阻塞状态的线程时,使其进入就绪状态。

10.6　线 程 通 信

线程之间的通信问题是指线程之间相互传递信息,这些信息包括数据、控制指令等。前面举例中数据共享也是线程的一种通信方式。此外,Java 语言还提供了线程之间通过管道来进行通信的方式。其结构如图 10-6 所示。管道通信具有以下几个特点。

（1）管道是单向的。一个线程充当发送者，另一个线程充当接收者。如果需要建立双向通信，可以通过建立多个管道解决。

（2）管道通信是面向连接的。因此在程序设计中，一方线程必须建立起对应的端点，由另一方线程来建立连接。

（3）管道中的信息是严格按照发送的顺序进行传送的。因此接收方收到的数据和发送方在顺序上完全一致。

Java 语言管道看作是一种特殊的 I/O 流，并提供了两对相应的基本类来支持管道通信，如图 10-6 所示。这些类都位于 java.io 包中。一对是 PipedOutputStream 和 PipedInputStream，用于建立基于字节的管道通信；另一对是 PipedWriter 和 PipedReader，用于建立基于字符的管道通信。

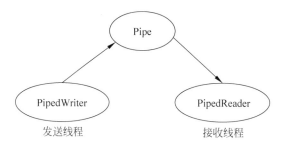

图 10-6　管道通信示意图

【例 10-9】　可以根据实际情况，选用不同的管道类型。下面程序以建立字符管道为例，演示了管道通信的基本过程：首先由发送线程建立管道的发送端，接着由接收线程建立与发送管道的连接，然后两个线程就可以基于 I/O 流进行通信，直到通信结束关闭管道。

```java
// SenderThread. java
import java.io. * ;
class SenderThread extends Thread{
    PipedWriter pipedWriter;
    public SenderThread()
    {
        pipedWriter = new PipedWriter();
    }
    public PipedWriter getPipedWriter()
    {
        return pipedWriter;
    }
    public void run()
    {
        for (int i = 0; i < 5; i++) {
            try {
                pipedWriter.write(i);
            } catch (IOException e) {
            }
            System. out. println("Send: " + i);
        }
```

```
            }
    }


// ReceiverThread. java
class ReceiverThread extends Thread{
    PipedReader pipedReader;
    public ReceiverThread(SenderThread senderThread) throws IOException
    {
        pipedReader = new PipedReader(senderThread. getPipedWriter());
    }
    public void run()
    {
        int i = 0;
        while (true) {
            try {
                i = pipedReader. read();
                System. out. println("Received: " + i);
            } catch (IOException e) {
            }
            if (i == 4)
                break;
        }
    }
}


// ThreadComm. java
import java. io. * ;
public class ThreadComm{
    public static void main(String[ ] args) throws Exception{
        SenderThread sender = new SenderThread();
        ReceiverThread receiver = new ReceiverThread(sender);
        sender. start();
        receiver. start();
    }
}
```

程序运行结果如下：

```
Send: 0
Send: 1
Send: 2
Send: 3
Send: 4
Received: 0
Received: 1
Received: 2
Received: 3
Received: 4
```

10.7 线 程 死 锁

线程死锁是并发程序设计中可能遇到的问题之一。它是指程序运行中，多个线程竞争共享资源时可能出现的一种系统状态：线程 1 拥有资源 1，并等待资源 2，而线程 2 拥有资源 2，并等待资源 3……以此类推，线程 n 拥有资源 n−1，并等待资源 1。在这种状态下，各个线程互不相让，永远进入一种等待状态。

该问题可以形象地描述为哲学家用餐问题（这里对其进行了简化）：5 个哲学家围坐在一个圆桌旁，每人的两边放着一支筷子，共 5 支筷子。大家边讨论问题边用餐，并规定以下的条件。

（1）每个人只有拿起位于自己两边的筷子，合成一双才可以用餐。

（2）用餐后每人必须将两只筷子放回原处。

可以想象，如果每个哲学家都彬彬有礼，并且高谈阔论，轮流吃饭，则这种融洽的气氛可以长久地保持下去。但是可能出现这样一种情景：当每个人都拿起自己左手边的筷子，并同时去拿自己右手边的筷子时，会发生什么情况：5 个人每人拿着一支筷子，盯着自己右手边的那位哲学手里的一支筷子，处于僵持状态。这就是发生了"线程死锁"。需要指出的是，线程死锁并不是必然会发生，在某些情况下，可能会非常偶然。例 10-10 模拟了哲学家用餐问题。运行该程序也可以看出，并不是每次都会发生死锁。因此线程死锁只是系统的一种状态，该状态出现的概率可能会非常小，因此简单的测试往往无法发现。遗憾的是，Java 语言也没有有效的方法可以避免或检测死锁，因此只能在程序设计中尽力去减少这种情况的出现。

【例 10-10】 哲学家用餐问题。

```java
// ChopStick.java
public class ChopStick
{
    private String name;
    public ChopStick(String name)
    {
        this.name = name;
    }
    public String getNumber()
    {
        return name;
    }
}

// Philosopher.java
import java.util. * ;
public class Philosopher extends Thread
{
    private ChopStick leftChopStick;
    private ChopStick rightChopStick;
```

```
        private String name;
        private static Random random = new Random();
        public Philosopher(String name, ChopStick leftChopStick,
                ChopStick rightChopStick)
        {
            this.name = name;
            this.leftChopStick = leftChopStick;
            this.rightChopStick = rightChopStick;
        }
        public String getNumber()
        {
            return name;
        }
        public void run()
        {
            try {
                sleep(random.nextInt(10));
            } catch (InterruptedException e) {
            }
            synchronized (leftChopStick) {
                System.out.println(this.getNumber() + " has "
                        + leftChopStick.getNumber() + " and wait for "
                        + rightChopStick.getNumber());
                synchronized (rightChopStick) {
                    System.out.println(this.getNumber() + " eating");
                }
            }
        }
        public static void main(String args[])
        {
            // 建立 3 支筷子对象
            ChopStick chopStick1 = new ChopStick("ChopStick1");
            ChopStick chopStick2 = new ChopStick("ChopStick2");
            ChopStick chopStick3 = new ChopStick("ChopStick3");
            // 建立哲学家对象,并在其两边摆放筷子
            Philosopher philosopher1 = new Philosopher("philosopher1", chopStick1,chopStick2);
            Philosopher philosopher2 = new Philosopher("philosopher2", chopStick2,chopStick3);
            Philosopher philosopher3 = new Philosopher("philosopher3", chopStick3,chopStick2);
            // 启动 3 个线程
            philosopher1.start();
            philosopher2.start();
            philosopher3.start();
        }
}
```

运行结果如下:

```
philosopher1 has ChopStick1 and wait for ChopStick2
philosopher1 eating
philosopher3 has ChopStick3 and wait for ChopStick2
philosopher3 eating
```

```
philosopher2 has ChopStick2 and wait for ChopStick3
philosopher2 eating
```

一般来说,要出现死锁必须同时具备 4 个条件。因此,如果能够尽可能地破坏这 4 个条件中的任意一个,就可以避免死锁的出现。

(1) 互斥条件。即至少存在一个资源,不能被多个线程同时共享。例如,在哲学家问题中,一支筷子一次只能被一个哲学家使用。

(2) 至少存在一个线程,它拥有一个资源,并等待获得另一个线程当前所拥有的资源。例如,在哲学家聚餐问题中,当发生死锁时,至少有一个哲学家拿着一支筷子,并等待取得另一个哲学家拿着的筷子。

(3) 线程拥有的资源不能被强行剥夺,只能有线程资源释放。例如,在哲学家问题中,如果允许一个哲学家之间可以抢夺筷子,则不会发生死锁问题。

(4) 线程对资源的请求形成一个圆环,即线程 1 拥有资源 1,并等待资源 2,而线程 2 拥有资源 2,并等待资源 3……以此类推,最后线程 n 拥有资源 $n-1$,并等待资源 1,从而构成了一个环。这是构成死锁的一个重要条件。例如,在哲学家问题中,如果规定每个哲学家必须在拿到自己左边的筷子后,才能去拿自己右边的筷子,那样就很容易形成一个请求环,因此也就可能形成死锁。但如果规定其中的某一个哲学家只能在拿到自己右边筷子的前提下,才能去拿左边的筷子,那么就不会形成请求环,从而也不会出现死锁。

10.8 线 程 池

从前面的内容可以看出,如果希望启动一个线程来完成指定的任务,首先要创建线程对象,而且任务执行完毕后线程死亡,不能再启动执行了。这种模式在很多情况下影响程序的执行性能。因为创建与清除线程垃圾都会大量占用 CPU 等系统资源,可以使用线程池来解决资源浪费的问题。

线程池的基本思想是:在系统中开辟一块区域,其中存放一些待命的线程,这个区域称为线程池,如果需要执行任务,则从线程池中"取"一个待命的线程来执行指定的任务,任务结束可以再将所取的线程"放回"。这样就避免了大量重复创建线程对象,浪费 CPU、内存等资源的问题。

实际的开发中,常用的两种线程池为固定尺寸线程池和可变尺寸线程池。固定尺寸线程池中,待命线程的数量是一定的;可变尺寸线程池中待命的数量是根据任务负载的需要动态变化的。

1. 固定尺寸线程池

从 J2SE 5.0 开始,标准类库中提供了丰富的线程池的实现。下面介绍如何使用固定线程池。

通过使用 Executors 类的静态工厂方法来获得一个固定线程池的对象,方法如下:

```
public static ExecutorService   newFixedThreadPool( int nThread)
```

此方法产生一个固定大小的线程池,如果有线程异常终止,将产生新的线程来替代它,参数 nThread 用来给出线程池的尺寸。返回的是 ExecutorService 接口类型的引用,这个引用指向的就是线程池对象,可以通过 ExecutorService 引用调用其 execute 方法来使用线程执行指定的任务。Execute 方法的详细信息为:

```
public void Execute(Runnable    command)
```

command 参数指向实现了 Runnable 接口的对象,此对象中的 run 方法中的代码描述了要执行的任务。

【例 10-11】 固定尺寸线程池的使用。

```java
// FixTest. java
import java.util.concurrent. * ;
public class FixTest implements Runnable{
    private String name;
    public FixTest(String fname){
        this.name = fname;
    }
    public void run(){
        System.out.println("\n---- " + name + "开始执行");
        for(int i = 0;i < 50;i++){
            System.out.print("[" + name + "]");
        }
        System.out.println("\n---- " + name + "执行结束");
    }
    public static void main(String[] args){
        // 创建尺寸为 2 的固定线程池
        ExecutorService threadpool = Executors.newFixedThreadPool(2);
        // 创建 3 个任务对象
        FixTest ft1 = new FixTest("FT1");
        FixTest ft2 = new FixTest("FT2");
        FixTest ft3 = new FixTest("FT3");
        // 启动 3 个任务执行
        threadpool.execute(ft1);
        threadpool.execute(ft2);
        threadpool.execute(ft3);
    }

}
```

程序的运行结果如下:

```
 ---- FT1 开始执行
[FT1][FT1][FT1][FT1][FT1][FT1]
 ---- FT2 开始执行
[FT1][FT2][FT2][FT2][FT2][FT2][FT2][FT2][FT2][FT2][FT2][FT2][FT2][FT2][FT2][FT2][FT2]
[FT2][FT2][FT2][FT2][FT2][FT2][FT2][FT2][FT2][FT2][FT2][FT2][FT2][FT2][FT2][FT2][FT2]
[FT2][FT2][FT2][FT2][FT2][FT2][FT2][FT2][FT2][FT2][FT2][FT2][FT2][FT2][FT2][FT2]
```

```
---- FT2 执行结束

---- FT3 开始执行
[FT3][FT3][FT3][FT3][FT3][FT3][FT3][FT3][FT3][FT3][FT3][FT3][FT3][FT3][FT3][FT3][FT3]
[FT3][FT3][FT3][FT3][FT3][FT3][FT3][FT3][FT3][FT3][FT3][FT3][FT3][FT3][FT3][FT3][FT3]
[FT3][FT3][FT3][FT3][FT3][FT3][FT3][FT3][FT3][FT3][FT3][FT3][FT3][FT3][FT3][FT3]
---- FT3 执行结束
[FT1][FT1][FT1][FT1][FT1][FT1][FT1][FT1][FT1][FT1][FT1][FT1][FT1][FT1][FT1][FT1][FT1]
[FT1][FT1][FT1][FT1][FT1][FT1][FT1][FT1][FT1][FT1][FT1][FT1][FT1][FT1][FT1][FT1][FT1]
[FT1][FT1][FT1][FT1][FT1][FT1][FT1][FT1][FT1]
---- FT1 执行结束
```

线程的固定尺寸为 2,其中只有两个待命线程,因此只能执行两个任务,当任务 ft1 或 ft2 执行结束后 ft3 才开始执行。所有任务结束后不会自动退出,线程池中的线程在执行完任务后并不死亡,而是等待新的任务,如果希望程序执行完所有的任务后退出,可以调用 ExecutorService 接口中的 shutdown()方法关闭线程池。

2. 可变尺寸线程池

下面介绍如何使用可变线程池。

通过调用 Executors 类的静态工厂方法 newCacheThreadPool 可以创建可变尺寸线程池。方法如下:

```
public static ExecutorService   newCachedThreadPool()
```

此方法创建一个线程池,线程池的大小不定,当执行任务时,先选取重用缓存中的已有空闲线程来完成任务,如果没有空闲线程,则创建新线程,空闲超过 60 秒时,线程将从线程池中删除。

【例 10-12】 使用可变线程池示例如下:

```java
// ShrinkTest.java
import java.util.concurrent.*;
public class ShrinkTest implements Runnable {

    private String name;
    public ShrinkTest(String fname){
        this.name = fname;
    }
    public void run(){
        System.out.println("\n----" + name + "开始执行");
        for(int i = 0;i < 50;i++){
            System.out.print("[" + name + "]");
        }
        System.out.println("\n----" + name + "执行结束");
    }
    public static void main(String[] args){
        // 创建尺寸为 2 的固定线程池
        ExecutorService shrinkthreadpool = Executors.newCachedThreadPool();
        // 创建 3 个任务对象
```

```
        ShrinkTest ft1 = new ShrinkTest("FT1");
        ShrinkTest ft2 = new ShrinkTest("FT2");
        ShrinkTest ft3 = new ShrinkTest("FT3");
        // 启动 3 个任务执行
        shrinkthreadpool.execute(ft1);
        shrinkthreadpool.execute(ft2);
        shrinkthreadpool.execute(ft3);
        // 所有任务执行结束后关闭线程池
        shrinkthreadpool.shutdown();

    }

}
```

程序的运行结果如下：

```
    ----FT1 开始执行
[FT1][FT1][FT1][FT1][FT1][FT1][FT1][FT1][FT1][FT1][FT1][FT1][FT1][FT1][FT1][FT1][FT1]
[FT1][FT1][FT1][FT1][FT1][FT1][FT1][FT1][FT1][FT1][FT1][FT1][FT1][FT1][FT1][FT1][FT1]
[FT1][FT1][FT1][FT1][FT1][FT1][FT1][FT1][FT1]
    ----FT2 开始执行

    ----FT3 开始执行
[FT1][FT2][FT3][FT1][FT2][FT3][FT1][FT2][FT3][FT2][FT3][FT1][FT2][FT1][FT2][FT1][FT2]
[FT1][FT2]
    ----FT1 执行结束
[FT2][FT2][FT2][FT2][FT2][FT2][FT2][FT2][FT2][FT2][FT2][FT2][FT3][FT3][FT3][FT3][FT3]
[FT3][FT3][FT3][FT3][FT3][FT3][FT3][FT3][FT3][FT3][FT3][FT3][FT3][FT3][FT3][FT3][FT3]
[FT3][FT3][FT3][FT3][FT3][FT3][FT3][FT3][FT3][FT3][FT3][FT3][FT2][FT3][FT2][FT2][FT2]
[FT3][FT2][FT3][FT2][FT2][FT2][FT2][FT2][FT2][FT2][FT2][FT2][FT2][FT2][FT2][FT2][FT2]
[FT2][FT2][FT2][FT2][FT2][FT2][FT2][FT2][FT2][FT2][FT2][FT2]
    ----FT2 执行结束
[FT3][FT3][FT3][FT3][FT3][FT3][FT3]
    ----FT3 执行结束
```

3 个任务交替并发执行，可变尺寸线程池可以根据任务的多少来自动调整待命线程的数量，优化执行性能。

习题及思考

1. 将窗口分为上下两个区，分别运行两个线程，一个在上面的区域中显示从右向左移动的字符串，另一个在下面的区域显示从左向右移动的字符串。

2. 什么是多线程程序？简述程序、进程和线程之间的关系。

3. 线程有哪 5 个基本状态？它们之间如何转化？简述线程的生命周期。

4. 什么是线程调度？Java 的线程调度采用什么策略？

5. Runnable 接口中包括哪些抽象方法？Thread 类有哪些主要的成员变量和方法？

6. 如何在 Java 程序中实现多线程？试简述使用 Thread 子类和实现 Runnable 接口两

种方法的异同。

7. 利用多线程技术编写 Applet 程序，其中包含一个滚动的字符串。字符串从左向右移动，当所有的字符都从屏幕的右边消失后，字符串重新从左边出现并继续向右移动。

8. 什么是线程池？编写一个多线程程序，其中启动 5 个线程，分别使用固定尺寸线程池和可变尺寸线程池实现，比较这两种方法有什么异同？

第11章 GUI 程序设计

本书第 1 版介绍了如何用 AWT(Abstract Window Toolkit)技术进行图形化用户界面(Graphic User Interface,GUI)程序设计。但随着 Java 技术的发展,AWT 存在的技术缺陷逐渐暴露了出来,从 1997 年开始 Sun 着手用 Java 基类(Java Foundation Class,JFC)作为 GUI 设计的基础。JFC 中包含了 AWT、Swing 和 Java2D。Swing 是一组比 AWT 更具有优势的 GUI 程序组件。Java2D 提供了一组用于高级图形和图像程序设计的 API。使用 JFC 能够创建更为复杂的 GUI 程序。由于 Swing 比 AWT 更具有优势,本章将主要讲解基于 Swing 的 GUI 程序设计方法和相关的图形技术,同时介绍如何用 Applet 技术在网页中编写 GUI 程序。

11.1 JFC 简介

从 Java 1.0(JDK 1.0)发布开始,AWT 就是 JDK 的一部分,并作为 GUI 程序开发的主要类库。但随着开发人员将 Java 应用在越来越多的平台上,AWT 的弱点开始逐渐暴露。其中 AWT 最主要的问题是:AWT 只提供了建立窗口操作应用程序所必需的最少功能,对于构建复杂的窗体程序(如类似 Word、PowerPoint 一样的程序),AWT 提供的功能是远远不够的。Sun 公司很快地意识到了这个问题,并从 JDK 1.1 开始对 AWT 类库进行改进。1997 年 4 月,Sun 公司的 Java 小组(JavaSoft)宣布使用 Java Foundation Classes(Java 基类,简称 JFC)取代早期的 AWT。JFC 主要由 AWT、Swing 和 Java2D 组成,采用 JFC 能够开发界面更加丰富的 GUI 程序。

尽管 AWT 不够完善,但这并不意味着 AWT 不能使用,JFC 中仍然保留了 AWT 的相关组件,因此即使使用 JFC 也可以用 AWT 技术编写 GUI 程序。同时 JFC 提供了一组比 AWT 更为安全、更灵活和更易于移植的名称为“Swing”的 GUI 组件。在 Swing 中不仅包括了 AWT 所具有的全部组件,而且可以使用树形组件(JTree)、表格(JTable)、选项卡(JTabbedPane)等计算机用户习惯的其他特性来设计界面。Swing 还对 AWT 做出了 3 个主要改进。

(1) Swing 不再依赖于运行时平台的本地组件,它完全是用 Java 编写的,从而解决了 AWT 中存在的可移植性问题。

(2) Swing 具有可拔插的外观风格,即通过在几种预先配置好的外观风格(Look and Feel,L&F)中进行选择,可以让 GUI 程序显示出不同的外观风格。

(3) Swing 组件采用了 MVC 模式(Model View Controller)。Swing 组件将所显示的数据和实际显示的外观进行了明确的区分,这种区分意味着 Swing 组件比 AWT 组件更具有灵活性。

图 11-1 所示为使用 Swing 编写的 GUI 程序,并展示了不同外观风格。由于 Swing 不仅包含了 AWT 的全部功能,而且具有更多高级的特性,并且随着 Java 技术的发展用 Swing 替代 AWT 已经成为一种趋势,因此本章将主要讲解 Swing 技术,不再单独介绍 AWT,但在事件处理模型(11.5 节)及图形技术部分(11.7 节)将涉及部分 AWT 类。

(a) Java外观风格　　　　　　　　　　(b) Motif外观风格

(c) Windows XP外观风格

图 11-1　不同外观风格的 Swing 程序

在窗体或窗体组件上绘制图形是编写复杂 GUI 程序的关键技术。早期的 Java 图形程序由于采用了 AWT 技术,因此主要使用 AWT 的图形绘制 API。这些 API 在 Swing 中仍然得到了保留。JFC 同时引入了另外一套绘图 API 称为 Java2D。Java2D 比原有的 AWT 绘图 API 具有更多的高级功能,提供了一组用于高级图形和图像程序设计的 API。采用 Java2D 可以轻松地绘制各种几何图形,可以对几何图形进行拉伸、旋转、扭曲等操作,并能够轻松地实现 2D 动画。Java2D 也提供了图像处理和变换的功能,包括对数字图像的滤波、形状变换和色彩变换等。Java2D 与 Swing 相结合能够创建出更为丰富的界面显示。图 11-2 所示为使用 Java2D 的 Swing 程序。

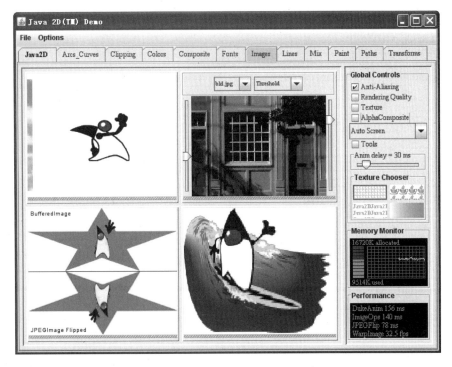

图 11-2　使用 Java2D 的 Swing 程序

JFC 还对 Applet 技术进行了增强，引入了 JApplet。Applet 是一种能够嵌入到网页浏览器中运行的 Java 图形界面程序，使用 Applet 能够创建更为动态、交互能力更强的 Web 页面。JApplet 是 java.applet.Applet 的子类，不仅具有 Applet 的全部功能，而且能够在图形界面中支持 Swing 组件，因此极大提高了 Applet 的表现能力。

11.2　Swing 组件的结构

11.2.1　类层次结构

要学会 Swing 就要熟练掌握常用的 Swing 类。怎样才能做到熟练掌握呢？首先必须知道 Swing 中有什么类可以使用。图 11-3 所示为 Swing 的类层次结构。通过 JDK 的文档可以知道这些类所包含的属性与方法，掌握了这些属性与方法，就能够掌握 Swing。如果读者曾经学习过 AWT（本书第 1 版第 11 章）就很容易发现 Swing 的类层次结构与 AWT 非常相似，甚至如果将首字母带“J”的 Swing 类中的“J”去掉，就可以在 AWT 中找到对应的类。例如，JButton、JLabel、JTextField 分别是按键、标签和文本输入框所对应的 Swing 类，如果去掉首字母“J”，则可以在 AWT 中找到 Button、Label、TextField 类。当然并不是每一个带“J”的 Swing 类去掉“J”之后都能够找到对应的 AWT 类，树形组件（JTree）、表格（JTable）、选项卡（JTabbedPane）等就是 Swing 新引入的 GUI 组件。另外 Swing 与 AWT 所在的包是不同的，Swing 主要包含在 java.swing 中，而 AWT 则包含在 java.awt 中。如果读者已经熟悉 AWT，那么就会很容易掌握 Swing，在学习本章的过程中只需要注意

Swing 引入的一些新功能。如果读者没有学习过 AWT,那么也没有必要学习 AWT,因为 Swing 不仅覆盖了 AWT 的全部功能,而且具有许多高级的特性。当掌握了 Swing 之后,再去学习 AWT,同样相当轻松。

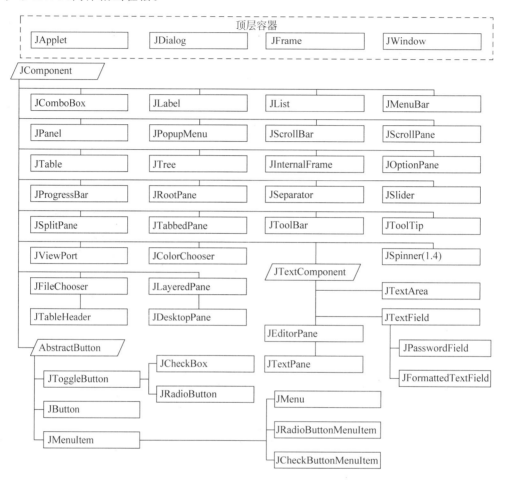

图 11-3　Swing 的类层次结构

Swing 中的类主要分为以下两类。

(1) JComponent 及其子类,称为 Swing 组件。Swing 组件分为两类,一类是 Swing 自带的基础 Swing 组件,包括图 11-3 所示的 JComponent 及其全部子类。另一类是自定义组件,程序员可以通过继承 JComponent 及其子类创建自定义的 Swing 组件。Swing 组件中有一部分组件具有图形外观能在图形界面上与用户进行交互,称为可视化组件,如 JButton、JLabel、JTextField 等。Swing 组件中的另外一些组件没有图形外观,称为非可视化组件。非可视化组件通常需要与可视化组件相结合,共同完成特定的图形功能。

(2) 顶层容器(container)。所谓容器,是指该 Swing 类能够包含其他的容器或 Swing 组件。顶层容器是容器中最顶层的,不能被其他容器所包含,但可以在其上放置其他的非顶层容器和 Swing 组件。顶层容器包含 JApplet、JDialog、JFrame 和 JWindow 及其子类。例如,JFrame 是描述窗体的顶层容器,在 JFrame 之上可以放置按键(JButton)、表格(JTable)、树形组件(JTree)等 Swing 组件,但不能在按键(JButton)之上放置 JApplet 或

JDialog 及其子类。除了顶层容器,Swing 中 JComponent 及其子类都具有容器的能力,都能够包含其他的容器或 Swing 组件,但其显示效果是有差异的。例如,JPanel(面板)是一种专用的轻量级容器类,在 JPanel 之上可以放置其他容器或 Swing 组件,同时 JPanel 也可以被加入到其他的中间容器和顶层容器中,但 JPanel 不能包含顶层容器。原则上 JButton 也具有容器的能力,可以在 JButton 上包含其他的 Swing 组件,但是否能将添加的 Swing 组件显示出来,则是不确定的。

除了图 11-3 所示的 Swing 类之外,Swing 还包括负责管理容器中组件布局的类、负责事件处理的类及一些辅助工具类等,在本章后续章节中将对这些类进行介绍。

11.2.2　MVC 模式

Swing 中的类在设计时采用了模型、视图、控制器(Model View Controller,MVC)模式作为每个组件的基本设计。MVC 模式是 GUI 程序设计中比较常见的一种设计方法,因此理解 MVC 模式不仅有利于学习 Swing,更有助于设计 GUI 程序。MVC 模式将 GUI 组件拆分为模型、视图、控制器 3 个基本要素,每一个要素都对组件的表现起着至关重要的作用。

模型包含每个组件的数据状态,不同类型的组件有不同的模型。什么是组件的数据状态呢? 例如,滚动条组件(JScrollBar)的数据状态就包含滚动条的当前位置、最大值、最小值及滚动条的宽度等。这些数据信息就是滚动条组件的模型。

视图是组件在屏幕上的表现形式。由于 Java 是跨平台的语言,同一个组件在不同的平台上的显示是不相同的,在不同的外观风格下也是不相同的(见图 11-1)。为了让 Java 的 GUI 程序也应该做到“Write once,run anywhere”,Swing 组件依据组件的模型和当前所处的显示环境进行组件绘制。

控制器指示组件如何与事件进行交互。事件的形式有多种,如鼠标单击、获得失去或者焦点、键盘点击等。当这些事件发生时,控制器根据事件的情况,决定组件如何响应。

图 11-4 所示为 MVC 模式,以滚动条为例给出了 MVC 的结构。模型保存了滚动条的最大值(Maximum)、最小值(Minimum)、当前值(Value)及宽度(Width)信息。视图根据模型绘制滚动条组件的外观。当用户点击滚动条两端按键或拖曳滑尺时,控制器相应更新滚动条的模型(当前值),同时视图根据模型重新绘制滚动条。

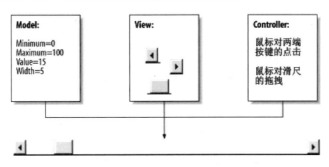

图 11-4　MVC 模式

Swing 的 MVC 设计是一种简化的 MVC,在 Swing 中视图和控制器对象合并到一个类(称为 UI 代理),而模型负责保存组件的当前状态。了解 MVC 对学习 Swing 是非常有益处的。MVC 的一个独特之处是能够将多个视图与同一个模型相绑定,如果需要更改数据及其显示,只需要在一个地方更新数据,其他的视图就可以对应的进行变化。例如,一个表格数据,可以表示为表格形式,也可以表示为柱状图、饼形图等图形。在后面的章节中,读者可以体会 Swing 中的 MVC 设计。

11.3 顶层容器类

11.3.1 JFrame

JFrame 是最常用的一种顶层容器,它的作用是创建一个顶层的 Windows 窗体。JFrame 的外观就像平常 windows 系统下见到的窗体,有标题、边框、菜单、大小等。下面就创建一个窗体。

【例 11-1】 使用 JFrame 类显示一个简单的窗体。

```java
// JFrameDemo.java
import javax.swing.JFrame;
public class JFrameDemo {
    public static void main(String[] args) {
        JFrame frame = new JFrame();          // JFrame 实例化
        frame.setSize(300,300);               // 设置窗体大小为 300x300
        frame.setLocation(400, 400);          // 设置窗体显示位置为(400,400)
        frame.setTitle("JFrameDemo");         // 设置窗体标题为 JFrameDemo
        frame.setDefaultCloseOperation(JFrame.EXIT_ON_CLOSE);  // 设置关闭按键的默认操作
        frame.setVisible(true);               // 显示窗体
    }
}
```

在例 11-1 中首先创建了 JFrame 的实例。JFrame 的对象实例化以后,可以调用 setSize 方法设置窗体大小,setLocation 方法设置窗体显示的位置,setTitle 方法设置窗体的标题,调用 setVisible 来设置该窗口为可见或不可见。由于 JFrame 有许多设置窗体的方法,在此就不再一一叙述,通过查看 JDK 的文档,读者可以找到 JFrame 的全部属性和方法。在例 11-1 中,setDefaultCloseOperation 方法用于设置窗体的默认关闭操作,JFrame. EXIT_ON_CLOSE 表明整个应用程序都终止运行。除此之外,还有 JFrame. DISPOSE_ON_CLOSE、JFrame. DO_NOTHING_ON_CLOSE 和 JFrame. HIDE_ON_CLOSE 等参数。如果不用 setDefaultCloseOperation 方法设置默认关闭操作,则单击窗体的"关闭"按钮时,程序不会终止而只会隐藏窗体。

除了用例 11-1 的方式创建窗体外,还可以采用创建 JFrame 子类的方式来创建一个窗体。

【例 11-2】 使用继承方式创建窗体。

```java
// MyFrame.java
import javax.swing.JFrame;
public class MyFrame extends JFrame {
    public MyFrame()
    {
        setSize(300,300);                     // 设置窗体大小为 300x300
```

```
            setLocation(400, 400);                    // 设置窗体显示位置为(400,400)
            setTitle("MyFrame");                       // 设置窗体标题为 MyFrame
            setDefaultCloseOperation(JFrame.EXIT_ON_CLOSE);  // 设置关闭按键的默认操作
        }
        public static void main(String[] args) {
            MyFrame myFrame = new MyFrame();           // MyFrame 实例化
            myFrame.setVisible(true);                  // 显示窗体
        }
    }
```

例 11-2 与例 11-1 创建的窗体完全等价(除了标题),由于采用继承方式能够更多的利用 Java 语言面向对象的优势,因此这种方式在 GUI 程序中更为常用,本书也主要采用这种方式。JFrame 作为一种顶层容器,它的另一个主要作用是对其他容器和 Swing 组件进行组织和显示。

【例 11-3】 JFrame 作为容器。

```
// ButtonFrame.java
import java.awt.FlowLayout;
import javax.swing.JButton;
import javax.swing.JFrame;
public class ButtonFrame extends JFrame{
    private JButton button = new JButton("按键");
    public ButtonFrame()
    {
        setSize(300,300);
        setLocation(400, 400);
        setTitle("ButtonFrame");
        setDefaultCloseOperation(JFrame.EXIT_ON_CLOSE);
        setLayout(new FlowLayout());       // 设置布局
        add(button);                        // 添加按键
    }
    public static void main(String[] args) {
        ButtonFrame frame = new ButtonFrame();
        frame.setVisible(true);
    }
}
```

在例 11-3 中,窗体通过 add 方法包含了一个 JButton 对象,其窗体的显示如图 11-5 所示。为了让 Swing 组件在窗体上按照特定的位置进行显示,需要对其进行布局管理。setLayout 方法是一个与布局管理相关的函数,其作用是设置窗体上各个组件的布局方式。关于组件的布局管理将在 11.4 节中进行讲解。

11.3.2 JDialog、JWindow 和 JApplet

JDialog 是创建对话框的顶层容器类。JDialog 的使用方式及其所包含的方法和属性与 JFrame 都有许多类似。

图 11-5 容器中添加组件

但 JDialog 创建的对话框与 JFrame 创建的窗体在外观上是不同的,如对话框没有最大化和最小化按钮。在 GUI 编程时可以根据需要选择使用 JDialog 还是 JFrame。

JWindow 也可以创建一个窗体容器,但是 JWindow 创建的窗体没有标题栏,没有最大化、最小化按钮。在某些 GUI 应用中,可能需要编写这种不带修饰的窗体,或者用户希望用自己编写的标题栏、最大化、最小化按钮来替换 Windows 自带的窗体风格,此时就可以选择通过创建 JWindow 来实现这些窗体效果。JWindow 的使用方式及其所包含的方法和属性与 JFrame 也基本类似。

Applet 是一种能够嵌入到网页中执行的 Java 图形程序。JApplet 是创建这种程序的顶层容器。关于 JApplet 的内容,将在 11.8 节进行更详细的介绍。

11.4 布 局 管 理

为了将添加到容器中的 Swing 组件和其他容器进行布局,Swing 采用了两种布局方式:无布局管理器布局和基于布局管理器的布局。其中无布局管理器布局类似于 VB、Delphi 和 VC++ 采用的布局方式,通过指定 Swing 组件在窗体上的绝对位置进行组件布局。基于布局管理器的布局是 Swing 为了实现跨平台的动态布局效果而提出的布局方式。在这种方式下,需要调用容器类(JFrame、JDialog 或 JPanel 等)的 setLayout 方法设置布局管理器,布局管理器有 FlowLayout、BorderLayout、GridLayout 等多种方式。不同的布局管理器使用不同算法和策略来决定各组件在容器内的布局。设置好布局管理器之后,容器内的所有组件的布局就由布局管理器负责,包括组件的排列顺序,组件的大小、位置,当窗口移动或调整大小后组件如何变化等。Swing 程序的初学者往往更喜欢采用无布局管理器的布局方式,但采用布局管理器比无布局管理方式更具有灵活性。例如,当窗体的大小或分辨率发生改变时,采用布局管理器方式能够重新布局组件,而采用无布局管理器布局则需要编程者去控制新的组件位置和大小。

1. 无布局管理器布局

Swing 提供了 setLocation()、setSize()、setBounds()等用于 Swing 组件的布局方法,但 Swing 的容器中存在一个默认的布局管理器,由于被布局管理器覆盖,因此这些设置方法都会失效。如果需要设置组件大小或位置,则应取消该容器的布局管理器,方法为调用容器的 setLayout 方法,并将布局管理器设置为 null。如果采用无布局管理器,则必须使用 setLocation()、setSize()、setBounds()等方法手工设置组件的大小和位置。下面对 Swing 组件提供的常用布局方法进行简单的介绍,只要是 JComponent 的子类均包含这些方法,如表 11-1 所示。

表 11-1 常用布局方法

方 法	作 用
setLocation(java. awt. Point) setLocation(int,int)	设置组件的坐标位置
setSize(java. awt. Dimension) setSize(int,int)	设置组件的大小

方　　法	作　　用
setBounds(java. awt. Rectangle) setBounds(int，int，int，int)	同时设置组件的坐标位置和大小。setBounds(int，int，int，int)的 4 个参数分别是 x,y,width,height。也就是组件的(x,y)坐标，以及组件的 width 和 height

【**例 11-4**】 无布局管理器的布局。

```
// AbsoluteLayoutDemo. java
import java.awt. FlowLayout;
import javax. swing. JButton;
import javax. swing. JFrame;
import javax. swing. JLabel;
import javax. swing. JTextField;
public class AbsoluteLayoutDemo extends JFrame {
    private JButton button = new JButton("JButton");;
    private JTextField textField = new JTextField("JTextField ");
    public AbsoluteLayoutDemo() {
        setSize(300, 300);
        setLocation(400, 400);
        setDefaultCloseOperation(JFrame. EXIT_ON_CLOSE);
        setLayout(null);        // 设置布局管理为 null
        // 设置按键的位置为(20,20),宽 100,高 20
        button. setLocation(20, 20);
        button. setSize(100, 20);
        add(button);
        // 设置输入框的位置为(20,50),宽 200,高 100
        textField. setBounds(20,50,200,100);
        add(textField);
    }
    public static void main(String[ ] args) {
        AbsoluteLayoutFrame frame = new AbsoluteLayoutFrame();
        frame. setVisible(true);
    }
}
```

图 11-6 所示为无布局管理器布局的显示效果,此方法相对于基于布局管理器的布局方式在对组件的大小和位置的控制上较为灵活,但这种布局方式会导致平台相关,在不同的平台上可能产生不同的显示效果。如果想让 GUI 程序以一致的外观在不同的平台上运行,则需要采用基于布局管理器的布局方式。

2. FlowLayout

容器采用 FlowLayout 布局其组件的放置规律是从左到右、从上到下进行放置,如果容器足够宽,第一个组件先添加到容器中第一行的最左边,后续的组件依次添加到上一个组件的右边,如果当前行已放置不下该组

图 11-6　无布局管理器布局

件,则放置到下一行的最左边。当容器的大小发生变化时,用 FlowLayout 管理的组件会发生变化,其变化规律是:组件的大小不变,但是相对位置会发生变化。例如,图 11-6 中有 3 个按钮都处于同一行,但是如果把该窗口变窄,窄到刚好能够放下两个按钮,则第三个按钮将放到第二行。

【例 11-5】 FlowLayout 布局。

```java
// FlowLayoutDemo.java
import java.awt.FlowLayout;
import javax.swing.JButton;
import javax.swing.JFrame;
public class FlowLayoutDemo extends JFrame {
    private JButton button1 = new JButton("First Button");
    private JButton button2 = new JButton("Second Button");
    private JButton button3 = new JButton("Third Button");
    private JButton button4 = new JButton("Fourth Button");
    public FlowLayoutDemo() {
        setSize(300, 150);
        setLocation(400, 400);
        setDefaultCloseOperation(JFrame.EXIT_ON_CLOSE);
        // 设置布局方式为 FlowLayout
        setLayout(new FlowLayout());
        // 添加按键,注意设置布局方式之后任何对组件进行设置的方法,如 setSize、setLocation
        // 等都会失效
        add(button1);
        add(button2);
        add(button3);
        add(button4);
    }
    public static void main(String arg[]) {
        FlowLayoutDemo frame = new FlowLayoutDemo();
        frame.setVisible(true);
    }
}
```

程序运行结果如图 11-7 所示。

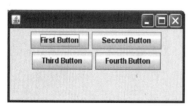

(a)默认运行

(b)窗体大小改变后

图 11-7 FlowLayout 布局

3. BorderLayout

BorderLayout 布局管理器把容器分成 5 个区域：North、South、East、West 和 Center，每个区域只能放置一个组件。如果使用了 BorderLayout 布局，当容器的大小发生变化时，其变化规律为组件的相对位置不变，大小发生变化。例如，如果容器变高了，则 North、South 区域不变，West、Center、East 区域变高；如果容器变宽了，则 West、East 区域不变，North、Center、South 区域变宽。不一定所有的区域都有组件，如果四周的区域（West、East、North、South 区域）没有组件，则由 Center 区域去补充。

【例 11-6】 BorderLayout 布局。

```java
// BorderLayoutDemo.java
import java.awt.BorderLayout;
import javax.swing.JButton;
import javax.swing.JFrame;
public class BorderLayoutDemo extends JFrame {
    private JButton north = new JButton("North");
    private JButton south = new JButton("South");
    private JButton east = new JButton("East");
    private JButton west = new JButton("West");
    private JButton center = new JButton("Center");
    public BorderLayoutDemo() {
        setSize(300, 300);
        setLocation(400, 400);
        setDefaultCloseOperation(JFrame.EXIT_ON_CLOSE);
        // 设置布局方式为 BorderLayout
        setLayout(new BorderLayout());
        // 添加按键,注意设置布局方式之后任何对组件进行设置的方法,如 setSize、setLocation
        // 等都会失效
        add(north, BorderLayout.NORTH);
        add(south, BorderLayout.SOUTH);
        add(east, BorderLayout.EAST);
        add(west, BorderLayout.WEST);
        add(center, BorderLayout.CENTER);
    }
    public static void main(String arg[]) {
        BorderLayoutDemo frame = new BorderLayoutDemo();
        frame.setVisible(true);
    }
}
```

程序运行结果如图 11-8 所示。

4. GridLayout

该布局管理器将整个容器划分成 N 行 M 列的网格，平均占据容器的空间。布局时，按照组件加入的顺序优先考虑按行布局，当一行布局满之后再布局下一行（每行只能布局 m 个组件）。只有当行列不能满足指定的数值时（N×M 小于组件个数），才按行扩展。例如，5 个按键，指定分 2 行 2 列显示，由于 2×2 只能满足 4 个按键，因此自动扩展为 3 列。

GUI 程序设计

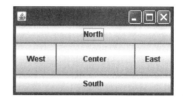

(a) 默认运行　　　　　　　　　　　(b) 窗体大小改变后

图 11-8　BorderLayout 布局

【例 11-7】　GridLayout 布局。

```java
// GridlayoutDemo.java
import java.awt.GridLayout;
import javax.swing.JButton;
import javax.swing.JFrame;
public class GridlayoutDemo extends JFrame {
    private JButton button1 = new JButton("First Button");
    private JButton button2 = new JButton("Second Button");
    private JButton button3 = new JButton("Third Button");
    private JButton button4 = new JButton("Fourth Button");
    public GridlayoutDemo() {
        setSize(300, 300);
        setLocation(400, 400);
        setDefaultCloseOperation(JFrame.EXIT_ON_CLOSE);
        // 设置布局方式为 GridLayout,2 行,2 列
        setLayout(new GridLayout(2,2));
        // 添加组件时不需要设置组件所在行、列
        add(button1);
        add(button2);
        add(button3);
        add(button4);
    }
    public static void main(String arg[]) {
        GridlayoutDemo frame = new GridlayoutDemo();
        frame.setVisible(true);
    }
}
```

程序运行结果如图 11-9 所示。

5. 其他布局管理器

FlowLayout、BorderLayout 和 GridLayout 是较为常用的布局管理器,除此之外 Swing
还有 CardLayout、GridBagLayout、SpringLayout、GroupLayout 等布局方式。CardLayout

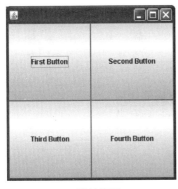
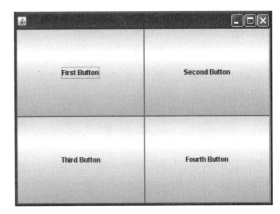

(a) 默认运行　　　　　　　　　　　　　　　(b) 窗体大小改变后

图 11-9　GridLayout 布局

布局管理器能够帮助用户处理两个,甚至更多的成员共享同一显示空间,它把容器分成许多层,每层的显示空间占据整个容器的大小,但是每层只允许放置一个组件,当然每层都可以利用容器来实现复杂的用户界面。一副叠得整整齐齐的扑克牌,有 54 张牌,但是你只能看见最上面的一张牌,如果用 CardLayout 布局管理器来管理,每一张牌就相当于牌布局管理器中的每一层。GridBagLayout 生成的布局管理器也是和 GridLayout 一样是使用网格来进行布局管理的,所不同之处在于 GridBagLayout 可以通过类 GridBagConstraints 来控制容器内各个组件的大小,每个组件都使用一个 GridBagConstraints 对象来给出它的大小和摆放位置,这样就可以按照设计者的意图,改变组件的大小,把它们摆在设计者希望摆放的位置上,这种灵活性是前面几个布局管理器所不具备的。但也正是这种灵活性使得它成为 Java 中最有弹性也是最复杂的一种布局管理器。SpringLayout 是在 JDK1.4 中加入的布局管理器,该布局管理器功能强大,布局灵活,能够模拟其他布局管理器的布局。但由于 SpringLayout 的使用比较复杂,在编程中很少直接使用 SpringLayout,主要在 GUI 开发工具中采用该布局器(如 NetBeans IDE 中的 GUI Builder)。JDK1.6 加入了 GroupLayout,它是以 Group(组)为单位来管理布局,也就是把多个组件(如 JLable、JButton)按区域划分到不同的 Group(组),再根据各个 Group(组)相对于水平轴(Horizontal)和垂直轴(Vertical)的排列方式来管理。有关 CardLayout、GridBagLayout、SpringLayout、GroupLayout 布局管理器使用的详细情况可以参考 JDK 帮助文档。

6. 复杂界面布局

复杂界面的布局往往非常复杂,单纯地使用一种布局管理器很难对 Swing 组件进行布局,因此在对复杂界面进行布局时往往需要将多种布局管理器进行组合使用。图 11-10 所示的界面是采用无布局管理器布局、FlowLayout、BorderLayout 和 GridLayout 布局所构建的复杂的界面布局。

为了实现该布局需要使用容器类,如 JPanel。JPanel 是一种不可见的容器,其作用是对其他容器和组件进行组织。JPanel 可以通过 setLayout 方法设置布局方式,也可以用 add 方法添加 Swing 组件或其他容器(甚至其他 JPanel,但不能添加顶层容器)。JPanel 只有被布局在另外的容器(通常是顶层容器)上才可见。如果 JPanel 上没有任何的 Swing 组件,则

251

第11章

GUI 程序设计

显示空白区域。如果 JPanel 上有其他 Swing 组件或用其他容器(容器中也应该有组件),并且正确设置了布局方式,则可以以该布局方式显示组件。图 11-10 所示的界面,顶层容器采用 GridLayout 方式布局(2 行 2 列),包含了 4 个 JPanel 容器。4 个 JPanel 容器以从左到右、从上到下的顺序,分别采用 BorderLayout、FlowLayout、GridLayout 和无布局管理器布局进行布局。

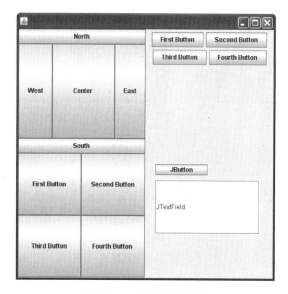

图 11-10　复杂界面布局

【例 11-8】　复杂界面布局。

```java
// ComplexLayoutDemo.java
import java.awt.BorderLayout;
import java.awt.FlowLayout;
import java.awt.GridLayout;
import javax.swing.JButton;
import javax.swing.JFrame;
import javax.swing.JPanel;
import javax.swing.JTextField;
public class ComplexLayoutDemo extends JFrame {
    private JPanel panel1 = new JPanel();
    private JPanel panel2 = new JPanel();
    private JPanel panel3 = new JPanel();
    private JPanel panel4 = new JPanel();
    public ComplexLayoutDemo()
    {
        setSize(500, 500);
        setLocation(400, 400);
        setDefaultCloseOperation(JFrame.EXIT_ON_CLOSE);
        layoutPanel1();            // 对 panel1 进行布局
        layoutPanel2();            // 对 panel2 进行布局
        layoutPanel3();            // 对 panel3 进行布局
```

```
            layoutPanel4();                      // 对 panel4 进行布局
            setLayout(new GridLayout(2,2)); // 对顶层容器进行布局,采用 GridLayout,2 行,2 列
            add(panel1);
            add(panel2);
            add(panel3);
            add(panel4);
        }
    private void layoutPanel1() {
            JButton north = new JButton("North");
            JButton south = new JButton("South");
            JButton east = new JButton("East");
            JButton west = new JButton("West");
            JButton center = new JButton("Center");
            // panel1 采用 BorderLayout 布局
            panel1.setLayout(new BorderLayout());
            panel1.add(north,BorderLayout.NORTH);
            panel1.add(south,BorderLayout.SOUTH);
            panel1.add(east,BorderLayout.EAST);
            panel1.add(west,BorderLayout.WEST);
            panel1.add(center,BorderLayout.CENTER);
        }
    private void layoutPanel2() {
            JButton button1 = new JButton("First Button");
            JButton button2 = new JButton("Second Button");
            JButton button3 = new JButton("Third Button");
            JButton button4 = new JButton("Fourth Button");
            // panel2 采用 FlowLayout 布局
            panel2.setLayout(new FlowLayout());
            panel2.add(button1);
            panel2.add(button2);
            panel2.add(button3);
            panel2.add(button4);
        }
    private void layoutPanel3() {
            JButton button1 = new JButton("First Button");
            JButton button2 = new JButton("Second Button");
            JButton button3 = new JButton("Third Button");
            JButton button4 = new JButton("Fourth Button");
            // panel3 采用 GridLayout 布局,2 行,2 列
            panel3.setLayout(new GridLayout(2,2));
            panel3.add(button1);
            panel3.add(button2);
            panel3.add(button3);
            panel3.add(button4);
        }
    private void layoutPanel4() {
            JButton button = new JButton("JButton");;
            JTextField textField = new JTextField("JTextField");
            // panel2 采用无布局管理器布局
            panel4.setLayout(null);
            button.setLocation(20, 20);
```

```
        button.setSize(100, 20);
        textField.setBounds(20,50,200,100);
        panel4.add(button);
        panel4.add(textField);
    }
    public static void main(String[] args) {
        ComplexLayoutDemo frame = new ComplexLayoutDemo();
        frame.setVisible(true);
    }
}
```

除了 JPanel,JScrollPane 和 JTabbedPane 也 Swing 中常用的容器。JScrollPane 是带有滚动条的容器,如果布局时组件的大小超过了容器的大小,则可以显示水平和垂直方向的滚动条。JTabbedPane 是用于产生选项卡界面的容器。有关 JScrollPane 和 JTabbedPane 的详细内容请读者查看 JDK 的帮助文档。JPanel、JScrollPane 和 JTabbedPane 等容器除了可以直接加入到顶层容器中,还可以互相嵌套,如在 JPanel 中嵌入 JScrollPane,或者在 JTabbedPane 中加入 JPanel 都是可行的。通过这种嵌套就可以设计更为复杂的界面。

11.5　事件处理

11.5.1　事件处理模型

凡是 GUI 程序设计,就需要对环境中发生的各种事件(包括鼠标的点击、值的改变、焦点的获取或丢失、键盘输入等)进行监控并根据事件的类型进行相应的处理。Swing 采用了委托(delegation)事件模型,也称授权事件模型来处理系统发生的各类事件。授权事件模型是 JDK 1.1 开始采用的事件处理模型,而在 JDK 1.1 之前 Java 采用的是层次(hierarchal)模型(本书第 1 版介绍了该模型)。需要读者注意的是,尽管授权事件模型是 Swing 采用的事件模型,但与该模型相关的类都在 java.awt 包中。这是由于该事件模型最初是用于 AWT 的事件处理,后来 Swing 直接采用了该事件模型。

在授权事件模型中,主要包含了以下 3 个对象。

(1) 事件:发生在用户界面上的用户交互行为所产生的一种效果。

(2) 事件源:产生事件的对象。

(3) 事件监听器:接受事件对象并对其进行处理的对象。

组件作为事件源可以触发事件,一个事件源注册一个或多个事件监听器。当特定事件发生时,事件被委托到具体的事件监听器进行处理。具体来说,首先通过组件的 addXXXlistener 方法向组件注册监听器,一个组件可以注册多个监听器。监听器监听特定的事件,如果组件触发了相应类型的事件,此事件被传送给已注册的监听器,事件监听器负责处理事件。委托事件模型具有以下优点。

(1) 事件对象只传给注册的监听器,不会意外地被其他组件或上层容器捕获和处理。

(2) 可以实现过滤器的功能,只监听和处理感兴趣的事件。

(3) 实现了将事件源和事件监听器分开处理的功能。

每个 Swing 组件（JComponent 及其子类）都有若干名为 addXXXlistener 的方法,如
JButton 类有 addActionListener、addChangeListener 等 addXXXlistener 方法。这类方法被
用于注册特定事件的监听器。下面以 JButton 组件的单击事件为例,说明如何编写事件处
理程序。

（1）编写事件监听器。按键单击事件可以由实现了 ActionListener 接口的类进行处
理。因此首先需要编写一个实现了 ActionListener 接口的类。ActionListener 接口中只有
唯一的方法:

```
public void actionPerformed( ActionEvent e)
```

参数 ActionEvent e 是对应单击事件的对象。通过调用该对象的方法可以获取事件的
相关属性,如调用 getSource 方法将返回事件发生的对象。程序员需要为该方法编写特定
的事件处理代码。

（2）为按键注册事件监听程序。为 JButton 注册事件监听程序,需要调用 JButton 的
addActionListener 方法:

```
public void addActionListener (ActionListener handler)
```

该方法能够接受一个实现了 ActionListener 接口的类。如果要对按键注册多个监听
器,则需要编写多个事件监听器,并多次调用 addActionListener 方法,将每个监听器都注册
到组件中。

下面这个简单的例子,可以更好地领会上述各个步骤。

【例 11-9】 简单按键事件。

```java
// EventDemo. java
import java.awt. BorderLayout;
import java.awt. event. ActionEvent;
import java.awt. event. ActionListener;
import javax. swing. JButton;
import javax. swing. JFrame;
public class EventDemo extends JFrame{
    JButton button = new JButton("press me");
    public EventDemo() {
        setSize(300,300);
        setLocation(400, 400);
        setDefaultCloseOperation(JFrame.EXIT_ON_CLOSE);
        // 设置按键事件,使用了匿名类
        button.addActionListener(new ActionListener(){
            public void actionPerformed(ActionEvent e) {
                // 获取被单击的按键
                JButton clickedButton = (JButton) e.getSource();
                // 改变被单击按键的标题
                clickedButton.setText("I have been pressed");
            }
        });
```

```
        setLayout(new BorderLayout());
        add(button,BorderLayout.NORTH);
    }
    public static void main(String[] args) {
        EventDemo frame = new EventDemo();
        frame.setVisible(true);
    }
}
```

上述程序在为按键注册事件监听器时，使用了匿名类，其代码为：

```
button.addActionListener(new ActionListener(){
    public void actionPerformed(ActionEvent e) {
        JButton clickedButton = (JButton) e.getSource();
        clickedButton.setText("I have been pressed");

    }
});
```

匿名类实现了 ActionListener 接口，并在 actionPerformed 中通过 ActionEvent 的 getSource 方法获取被单击的按键。然后调用按键的 setText 方法替换原有按键的标题。在编程过程中，事件的监听器不仅可以实现为匿名类，还可以用内部类、外部类，也可以用主类。这几种方式实现的监听器在对事件的处理上并没有本质的区别。但主类、匿名类和内部类可以访问其所在类的成员方法和属性，包括私有的成员，因此实现监听器时，采用主类、内部类、匿名类在某些情况下比外部类更为容易。不过外部类通常能够重复使用，因此也有特定的优势。编程时应该根据需要进行选择。

程序运行结果如图 11-11 所示。

(a) 单击前

(b) 单击后

图 11-11　例 11-9 运行结果

11.5.2　事件类

在委托事件模型中，事件既是基础，又是联系各个部分的桥梁。首先，组件作为事件源产生事件，不同类型的组件会产生不同类型的事件。事件发生后，事件被传递给对应事件监听器中实现的事件处理方法，并且在事件中，包含着用户传递给系统的交互信息，如文本框中的输入内容等。不同类型的事件由不同的 Java 类来表示,基类是 java. util. EventObject,所有的事件都是从它继承而来的。GUI 事件的基类是 java. awt. AWTEvent,它是 EventObject 的子类。Swing 事件的详细结构图如图 11-12 所示。

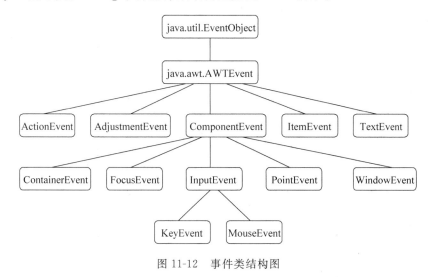

图 11-12　事件类结构图

基类 EventObject 定义了方法 getSource,该方法返回产生或触发事件的对象。AWTEvent 定义了方法 getID,该方法的返回值用来区别用同一个事件类所代表的不同类型的事件。除了 getSource 和 getID 两种方法外,不同的事件子集还定义了返回与某一特定事件类型相关的数据值的方法。例如,MouseEvent 有方法 getX、getY 和 getClickCount,同时还从它的父类 InputEvent 继承了方法 getModifiers 和 getWhen。这样,当用户单击鼠标时,程序会接受 MouseEvent 事件,该事件指定用户何时何地单击了多少次鼠标,以及诸如当时按下了哪个组合键之类的信息。

11.5.3　事件监听器

接收事件并对事件做出相应反映的对象称为事件监听器。java. awt. event 包中按照不同的事件类型定义了多个监听器接口,每类事件都有对应的事件监听器接口,接口中定义了事件发生时可调用的方法。一个类可以实现监听器的一个或多个接口,这就需要把所实现接口中所定义的所有方法实现,当对其中的方法不感兴趣时,也可以将方法体保持为空,而不给出具体方法。

表 11-2 所示为常用事件及其响应的监听器接口,包括 10 类事件和 11 个监听器接口。

表 11-2　事件及监听器对应表

事件类别/接口名称	接口中声明的方法	产生事件的用户操作
ComponentEvent	componentMoved(ComponentEvent e)	移动组件时
组件事件类	componentHidden(ComponentEvent e)	隐藏组件时
ComponentListener	componentResized(ComponentEvent e)	改变组件大小时
组件事件接口	componentShown(ComponentEvent e)	显示组件时

续表

事件类别/接口名称	接口中声明的方法	产生事件的用户操作
ContainerEvent 容器事件类 ContainerListener 容器事件接口	componentAddedComponentEvent e)	添加组件时
	ComponentRemovedComponentEvent e)	移动组件时
WindowEvent 窗口事件类 WindowListener 窗口事件接口	WindowOpened(WindowEvent e)	打开窗口时
	WindowActivated(WindowEvent e)	激活窗口时
	WindowDactivated(WindowEvent e)	窗口失去焦点时
	WindowClosing(WindowEvent e)	关闭窗口时
	WindowClosed(WindowEvent e)	关闭窗口后
	WindowIconified(WindowEvent e)	窗口最小化时
	WindowDeiconified(WindowEvent e)	当窗口从最小恢复到正常大小时
ActionEvent 单击事件类 ActionListener 单击事件接口	ActionPerformed(ActionEvent e)	单击按钮,文本行中按 Enter 键,双击列表框选择菜单项时
TextEvent 文本框事件类 TextListener 文本框事件接口	textValueChanged(TextEvent e)	文本行、文本区中修改内容
ItemEvent 选择事件类 ItemListener 选择事件接口	ItemStateChanged(ItemEvent e)	选择复选框、选择框,单击列表框,选中带复选框的菜单项
MouseEvent 鼠标事件类 MouseMotionListener 鼠标移动事件接口	mouseDragged(MouseEvent e)	鼠标指针拖动时
	mouseMoved(MouseEvent e)	鼠标指针移动时
MouseEvent 鼠标事件类 MouseListener 鼠标移动事件接口	mouseClicked(MouseEvent e)	单击鼠标时
	mouseEntered(MouseEvent e)	鼠标进入时
	mouseExited(MouseEvent e)	鼠标离开时
	ousePressed(MouseEvent e)	按下鼠标时
	mouseReleased(MouseEvent e)	放开鼠标时
MouseWheelEvent 鼠标事件类 MouseWheelListener 鼠标移动事件接口	mouseWheelMoved(MouseWheelEvent e)	鼠标滚轮滑动时
KeyEvent 键盘事件 KeyListener 键盘事件接口	keyPresssed(KeyEvent e)	按下键盘按键时
	keyReleased(KeyEvent e)	释放键盘按键时
	keyTyped(KeyEvent e)	敲击键盘按键时
FocusEvent 焦点事件 FocusListener 焦点事件接口	focusGained(FocusEvent e)	获得焦点时
	focusLost(FocusEvent e)	失去焦点时

11.5.4 事件适配器

在表 11-2 中,可以发现有些接口有多种方法,这时采用实现监听器接口的方法时,不管是否对相关事件进行处理,都必须实现所有这些方法。例如,实现了 WindowListener 接口,就可能只对处理窗口关闭的 windowClosing 方法感兴趣,但是不得不实现其余 6 个方法。事件适配器就是为了解决这一问题的,在表 11-2 中每个有多个方法的监听器接口都对应一个适配器。

java.awt.event 包中定义的事件适配器类包括以下几个。

(1) ComponentAdapter(组件适配器)。

(2) ContainerAdapter(容器适配器)。

(3) FocusAdapter(焦点适配器)。

(4) KeyAdapter(键盘适配器)。

(5) MouseAdapter(鼠标适配器)。

(6) WindowAdapter(窗口适配器)。

使用适配器,只需重写需要实现的方法,无关方法不用实现,这简化了程序代码。与监听器不同的是,监听器是一个接口,而适配器是一个类,要使用适配器,就必须继承对应的适配器类。

对于适配器类的定义,这里以 WindowAdapter 类为例进行说明,WindowAdapter 类是 WindowListener 接口的适配器,而 WindowListener 接口继承了 EventListener 接口,其定义如下:

```
public interface WindowListener extends EventListener {
    public void windowOpened(WindowEvent e);
    public void windowClosing(WindowEvent e);
    public void windowClosed(WindowEvent e);
    public void windowIconified(WindowEvent e);
    public void windowDeiconified(WindowEvent e);
    public void windowActivated(WindowEvent e);
    public void windowDecativated(WindowEvent e);
}
public abstract class WindowAdapter implement WindowListener{
    public void windowOpened(WindowEvent e) {}
    public void windowIconified(WindowEvent e) {}
    public void windowDeiconified(WindowEvent e) {}
    public void windowClosed(WindowEvent e) {}
    public void windowActivated(WindowEvent e) { }
    public void windowDecativated(WindowEvent e) {}
}
```

这时在创建新类时,就可以不实现接口,而是直接继承相应的适配器,这样感兴趣的方法进行重写就可以了。由于 Java 的单一继承机制,当需要多种监听器或此类已有父类时,就不能使用适配器了。下面这个类使用适配器实现了在窗口关闭时进行提示的功能。

【例 11-10】 事件适配器的简单例子。

```java
// WindowClosingDemo.java
import java.awt.event.WindowAdapter;
import java.awt.event.WindowEvent;
import javax.swing.JFrame;
import javax.swing.JOptionPane;
public class WindowClosingDemo extends JFrame {
    public WindowClosingDemo()
    {
        setSize(300,300);
        setLocation(400, 400);
        // 设置默认关闭操作为:什么也不做
        setDefaultCloseOperation(JFrame.DO_NOTHING_ON_CLOSE);
        // 用 WindowAdapter 添加关闭事件
        addWindowListener(new WindowAdapter(){
            public void windowClosing(WindowEvent e) {
                // 询问是否关闭窗口
                int answer = JOptionPane.showConfirmDialog(null,"是否关闭窗口?",
                    "窗口消息",JOptionPane.YES_NO_OPTION);
                // 如果回答"是"则关闭
                if(answer == JOptionPane.YES_OPTION)
                {
                    System.exit(0);
                }
            }
        });
    }
    public static void main(String[] args) {
        WindowClosingDemo frame = new WindowClosingDemo();
        frame.setVisible(true);
    }
}
```

程序运行结果如图 11-13 所示。

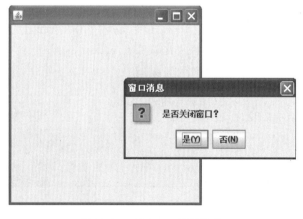

图 11-13 例 11-10 运行结果

11.5.5 键盘与鼠标事件

键盘事件和鼠标事件是 GUI 程序中最常见的两类事件。表 11-2 中，与键盘事件相关的监听器是 KeyListener，与鼠标事件相关的监听器包括 MouseListener、MouseMotionListener 和 MouseWheelListener。为了处理相应的事件，需要调用相应的 addXXXlistener 方法，添加相应的事件监听器。键盘和鼠标事件还有对应的适配器——KeyAdapter 和 MouseAdapter。例 11-11 和例 11-12 简要演示了键盘和鼠标的处理，出于简化程序的目的，示例使用了键盘和鼠标事件对应的适配器——KeyAdapter 和 MouseAdapter。

【例 11-11】 键盘事件处理。

```java
// KeyEventDemo.java
import java.awt.BorderLayout;
import java.awt.event.KeyAdapter;
import java.awt.event.KeyEvent;
import javax.swing.JFrame;
import javax.swing.JLabel;
public class KeyEventDemo extends JFrame{
    JLabel label = new JLabel("按下了按键：");
    public KeyEventDemo() {
        setSize(300,300);
        setLocation(400, 400);
        setDefaultCloseOperation(JFrame.EXIT_ON_CLOSE);
        this.addKeyListener(new KeyAdapter(){
            public void keyPressed(KeyEvent event) {
                switch(event.getKeyCode())
                {
                    case KeyEvent.VK_UP:
                        label.setText("按下了按键：UP");
                        break;
                    case KeyEvent.VK_DOWN:
                        label.setText("按下了按键：DOWN");
                        break;
                    case KeyEvent.VK_LEFT:
                        label.setText("按下了按键：LEFT");
                        break;
                    case KeyEvent.VK_RIGHT:
                        label.setText("按下了按键：RIGHT");
                        break;
                    default:
                        label.setText("按下了按键：" + event.getKeyChar());
                }
            }
        });
        setLayout(new BorderLayout());
        add(label,BorderLayout.CENTER);
    }
    public static void main(String[] args) {
        KeyEventDemo frame = new KeyEventDemo();
        frame.setVisible(true);
    }
}
```

GUI 程序设计

运行例 11-11 将显示图 11-14 所示的窗体。此时如果按下键盘上的按键,窗体上的文字就会根据按键而发生变化。

(a) 按下按键"d"

(b) 按下方向键"UP"

图 11-14　例 11-11 运行结果

KeyAdapter 包含了 keyPresssed、keyReleased 和 keyTyped 方法,分别对应键盘按键的按下、释放和敲击。在例 11-11 中,重写了 keyPresssed 方法,用于处理按下键盘按键的事件。在事件处理过程中使用到了 KeyEvent。KeyEvent 是对键盘事件的封装,在 KeyEvent 中有以下几种常用的方法。

(1) getKeyChar():获取触发事件按键对应的字符。例如,当按下按键"d"时,所获得的字符就是"d"。

(2) getKeyCode():获取触发事件按键对应的键值。所谓键值,在 KeyEvent 中有若干常量与之对应。例如,KeyEvent. VK_UP 对应方向键"上"的键值,KeyEvent. VK_DOWN 对应方向键"下"的键值,按键"d"的键值是 KeyEvent. VK_D。

【例 11-12】　鼠标事件处理。

```java
// MouseEventDemo. java
import java.awt.BorderLayout;
import java.awt. event. MouseAdapter;
import java.awt. event. MouseEvent;
import java.awt. event. MouseWheelEvent;
import javax. swing. JFrame;
import javax. swing. JLabel;
public class MouseEventDemo extends JFrame{
    JLabel label = new JLabel("");
    public MouseEventDemo() {
        setSize(300,300);
        setLocation(400, 400);
        setDefaultCloseOperation(JFrame.EXIT_ON_CLOSE);
        this.addMouseListener(new MouseAdapter(){
            public void mouseClicked(MouseEvent event) {
                label.setText("鼠标在" + event.getX() + "," + event.getY() + "进行了单击");
            }
        });
        this.addMouseMotionListener(new MouseAdapter(){
```

```
            public void mouseMoved(MouseEvent event) {
                label.setText("鼠标移动到了" + event.getX() + "," + event.getY());
            }
        });
        this.addMouseWheelListener(new MouseAdapter(){
            public void mouseWheelMoved(MouseWheelEvent event) {
                label.setText("鼠标滚轮进行了滚动");
            }
        });
        setLayout(new BorderLayout());
        add(label,BorderLayout.CENTER);
    }
    public static void main(String[] args) {
        MouseEventDemo frame = new MouseEventDemo();
        frame.setVisible(true);
    }
}
```

例 11-12 为窗体添加了 MouseListener、MouseMotionListener 和 MouseWheelListener 事件,其运行结果如图 11-15 所示。

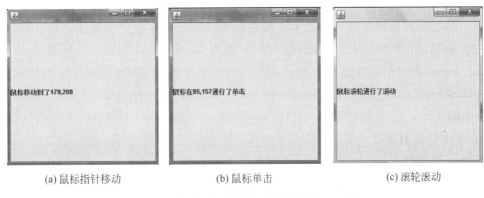

(a) 鼠标指针移动   (b) 鼠标单击   (c) 滚轮滚动

图 11-15 例 11-12 运行结果

除了例 11-15 所示的鼠标事件,表 11-2 中还有其他的鼠标事件,如 mouseMoved、mouseExited、mouseEntered 等。但是在处理这些事件时,需要注意这些事件所对应的监听器。与鼠标事件相关的事件类,主要为 MouseEvent 和 MouseWheelEvent,其中 MouseWheelEvent 是 MouseEvent 的子类,MouseWheelEvent 在 MouseEvent 的基础上增加了关于鼠标滚轮的一些方法。这两个类都有一些共同的方法,常用的包括以下几种。

(1) getButton():可以确定触发鼠标事件的是鼠标按键,返回值包括 MouseEvent.BUTTON1、MouseEvent.BUTTON2、MouseEvent.BUTTON3 和 MouseEvent.NOBUTTON。

(2) getClickCount():获取鼠标按键单击的次数,通过返回值可以确定是否为鼠标双击事件。

(3) getX()、getY():返回鼠标光标的当前位置。

11.6　Swing 组件

Swing 包含了大量的 GUI 组件,其中常用的组件包括 JButton(按键)、JLabel(标签)、JTextField(文本框)、JTextArea(文本输入区)、JTable(表格)、JTree(树)和菜单等。在设计界面的过程中,程序员不仅可以使用这些常用组件,而且可以通过对这些组件进行继承,构建自定义的组件。

1. 按键 JButton

按钮是最常用的一个组件,其相应的类是 JButton。一般的构造方法为:

```
JButton b = new JButton("按键");
```

JButton 的标签允许用 HTML 语言对 text 进行格式化,例如:

```
JButton b = new JButton("< html >< h1 >按键</h1 ></html >");
```

如果使用无参构造函数 JButton(),则构造一个不带标签的按键。使用 JButton 的另外两个构造函数 JButton(Icon icon)和 JButton(String text,Icon icon)都能构造一个带图片的按键。构造好的按键通过容器的 add 方法就可以添加到容器中。当按钮被单击后,会产生 ActionEvent 事件,为了处理这个事件需要用 addActionListener 方法注册实现 ActionListener 接口的监听器。JButton 类还具有一些设置和获取按键外观的方法,包括背景(setBackground 和 getBackground)、边框(setBorder 和 getBorder)、大小(setSize 和 getSize)等。

2. 文本标签 JLabel

JLabel 组件用于显示文本标签。一般构造函数为 JLabel(String text),其中 text 指定要显示的字符串。对于构造好的 JLabel 可以通过 getText()和 setText()来获取和改变字符串的值。JLabel 也有其他的几个构造函数。

(1) JLabel(Icon image):构造一个图片标签。

(2) JLabel(String text,int horizontalAlignment):构造一个文本标签,并通过 horizontalAlignment 指定文本对齐方式。horizontalAlignment 的可取值包括 JLabel. LEFT、JLabel. RIGHT 等。

(3) JLabel(String text,Icon icon,int horizontalAlignment):构造一个带文本和图片的标签,horizontalAlignment 指定对齐方式。

3. 单行文本框 JTextField

JTextField 是单行文本框,用于接收用户的输入信息。但它只能接收一行的用户输入信息,所以当回车键被按下时,会发生 ActionEvent 事件,可以通过 ActionListener 中的 actionPerformed()方法对事件进行相应处理。也可以使用 setEditable(boolean)方法将文本框设置为只读属性,此时它的功能类似于 JLabel,不接收用户的输入。

JTextField 的构造方法如下：

```
JTextField tf1,tf2,tf3,tf4:
tf1 = new JTextField();
tf2 = new JTextField("",20);          // 显示区域为 20 列
tf3 = new JTextField("Java!");        // 按文本区域大小显示
tf4 = new JTextField("Java!",30);     // 初始文本为 Java!，显示区域为 30 列,用户输入的信息
                                      // 将覆盖初始文本
```

4. 文本输入区 JTextArea

与 JTextField 不同,JTextArea 可以显示多行多列的文本,用于多行文本的输入。使用
setEditable(boolean)方法,可以将其设置为只读的。由于 JTextArea 不能显示水平或垂直
的滚动条(这一点与 AWT 中的 TextArea 有区别),因此为了显示滚动条,JTextArea 需要
与 JScrollPane 一起使用,例如:

```
JTextArea area = new JTextArea(100,100);     // 构造 100 行,100 列的输入区
JScrollPane pane = new JScrollPane(area);    // 将输入区加入到 JScrollPane 中
JFrame frame = new JFrame();
frame.add(pane);                             // 将带有输入区的 JScrollPane 加入到一个窗体中
```

由于允许输入多行内容,因此与单行文本框不同,当用户按 Enter 键时,表示将输入下
一行,所以不会引发事件。如果要判断文本是否输入完毕,可以在 JTextArea 旁边设置一个
按钮,通过按钮单击产生的 ActionEvent 对输入的文本进行处理。

5. JTable 和 JTree

JTable 和 JTree 是 Swing 独有的组件,具有强大的功能,能够实现各种复杂的表格和
树形组件,图 11-16 所示为 JTable 和 JTree 组件的功能。由于 JTable 和 JTree 的功能较
多,因此要掌握这两个组件较其他 Swing 组件更复杂。下面主要讲解 JTable 和 JTree 的基
础用法,对于复杂的用法,请读者参考 JDK 的帮助文档及相关其他书籍。如果 JAVA_
HOME 为 JDK 的安装目录,则相应的 Java 程序在 JAVA_HOME\ demo\jfc\SwingSet2 目
录中。

(a)   (b)

图 11-16   JTable 和 JTree 示例

GUI 程序设计

要绘制一个表格需要通过 JTable 的构造方法设置表格的各项属性,JTable 的构造方法主要有以下几种。

(1) JTable():构建一个空的表格,该表格没有任何数据。可以通过 JTable 的其他设置方法,设置表格的属性,包括行列的数目、列的标题名称等。

(2) JTable(int numRows, int numColumns):构建一个 numRows 行,numColumns 列的表格。

(3) JTable(Object[][] rowData, Object[] columnNames):根据 rowData 和 columnNames 构建一个表格。其中 columnNames 是表格各列的列名,rowData 是各个表格项的数据。需要注意的是,rowData 和 columnNames 都是 Object 类型,也就是说表格的列名及表格中的数据不仅可以是 String 或数组,还可以是其他的 Java 对象。

(4) JTable(TableModel dm):根据 dm 构建一个表格。dm 的类型为 TableModel。JTable 采用了 MVC 模式,因此 TableModel 实际上是对 JTable 数据的一种封装。通过设置 TableModel 就可以改变 Jtable 的显示。但由于 TableModel 是一个抽象类,因此需要创建一个 TableModel 的子类。通常可以直接从 TableModel 进行继承,或者从 AbstractTableModel 和 DefaultTableModel 进行继承。例 11-13 所示为通过 JTable(TableModel dm)构造方法创建对象的方法。

【例 11-13】 JTable 的简单例子。

```java
// JTableDemo.java
import java.awt.BorderLayout;
import javax.swing.JFrame;
import javax.swing.JScrollPane;
import javax.swing.JTable;
import javax.swing.table.AbstractTableModel;
public class JTableDemo extends JFrame {
    public JTableDemo() {
        setSize(300, 300);
        setLocation(400, 400);
        setDefaultCloseOperation(JFrame.EXIT_ON_CLOSE);
        setLayout(new BorderLayout());
        // 采用匿名类的方式从 AbstractTableModel 继承
        JTable table = new JTable(new AbstractTableModel() {
            // 列名
            private String columnName[] = {"第 1 列","第 2 列","第 3 列","第 4 列"};
            // 根据列(column)返回列名
            public String getColumnName(int column) {
                return columnName[column];
            }
            // 返回列的大小
            public int getColumnCount() {
                return 4;
            }
            // 返回行的大小
            public int getRowCount() {
                return 4;
            }
```

```
                    // 返回表格中第 row 行,col 列的数据
                    public Object getValueAt(int row, int col) {
                        return new Integer(row * col);
                    }
            });
            // 为了防止表格过长,使用 JScrollPane,使得表格具有滚动条
            JScrollPane scrollpane = new JScrollPane(table);
            add(scrollpane, BorderLayout.CENTER);
        }
        public static void main(String[] args) {
            JTableDemo frame = new JTableDemo();
            frame.setVisible(true);

        }
    }
```

例 11-13 的运行结果如图 11-17 所示。

JTree 的构造方法也有多种类型,较为常用的包括以下几种。

(1) JTree():构造一个空的树形组件,该组件没有任何数据,可以通过 JTree 的其他方法设置该树形组件的外观。

(2) JTree(TreeModel newModel):根据 newModel 定义的模型构造树形组件。newModel 的类型为 TreeModel,与 TableModel 类似,TreeModel 也还是对 JTree 中数据的一个封装。可以通过设置 TreeModel 从而改变 JTree 的外观。

图 11-17 例 11-13 运行结果

(3) JTree(TreeNode root):构造一个以 root 作为树根结点的树形组件。root 的类型为 TreeNode,TreeNode 是一个接口,该接口定义了树形组件上结点的基本操作。在实际使用时通常使用该接口的子类,如 DefaultMutableTreeNode。例 11-14 所示为使用 JTree(TreeNode root)构造方法构造 JTree 的过程。采用该方法需要从树根开始构造每一个结点,并设置好结点之间的"父子"关系。

【例 11-14】 JTree 的简单例子。

```
// JTreeDemo.java
import java.awt.BorderLayout;
import javax.swing.JFrame;
import javax.swing.JScrollPane;
import javax.swing.JTree;
import javax.swing.tree.DefaultMutableTreeNode;
public class JTreeDemo extends JFrame {
    public JTreeDemo() {
        setSize(300, 300);
        setLocation(400, 400);
        setDefaultCloseOperation(JFrame.EXIT_ON_CLOSE);
        setLayout(new BorderLayout());
```

GUI 程序设计

```
    // 创建树的根结点
    DefaultMutableTreeNode root = new DefaultMutableTreeNode("Root");
    // 创建孩子结点
    DefaultMutableTreeNode childOne = new DefaultMutableTreeNode("Child One");
    DefaultMutableTreeNode childTwo = new DefaultMutableTreeNode("Child Two");
    DefaultMutableTreeNode childOfChildOne = new DefaultMutableTreeNode("Child of Child
        One");
    DefaultMutableTreeNode childOfChildTwo = new DefaultMutableTreeNode("Child of Child
        Two");
    // childOne 和 childTwo 作为根结点的孩子
    root.add(childOne);
    root.add(childTwo);
    // childOfChildOne 作为 childOne 的孩子
    childOne.add(childOfChildOne);
    // childOfChildTwo 作为 childTwo 的孩子
    childTwo.add(childOfChildTwo);
    // 创建 JTree
    JTree jtree = new JTree(root);
    // 为了防止树形控件过长,使用 JScrollPane,使得树形控件具有滚动条
    JScrollPane scrollpane = new JScrollPane(jtree);
    add(scrollpane, BorderLayout.CENTER);
}
public static void main(String[] args) {
    JTreeDemo frame = new JTreeDemo();
    frame.setVisible(true);
}
}
```

例 11-14 的运行结果如图 11-18 所示。

6. 菜单

菜单是窗体程序的常用组件,要在窗体上设置菜单涉及
3 个类: JMemuItem、JMenu 和 JMenuBar。在 Swing 中菜单
由一个 JMenuBar 组成,JMenuBar 由多个 JMenu 组成,而
JMenu 由多个 JMenuItem 组成。使用菜单的基本步骤
如下。

(1) 创建 JMenuItem 的实例,并设置 JMenuItem 的事件
(调用 addActionListener)。

(2) 创建 JMenu 的实例,并将创建的 JMenuItem 添加
到 JMenu(调用 add 方法)。

图 11-18 例 11-14 运行结果

(3) 创建 JMenuBar 的实例,并将创建的 JMenu 添加到 JMenuBar(调用 add 方法)。

(4) 调用 JFrame 的 setJMenuBar 方法,将创建的 JMenuBar 设置到 JFrame。注意
JFrame 中 setMenuBar 方法用于设置 AWT 创建的菜单,该方法与 setJMenuBar 只相差一
个"J",在使用时容易出错。

【例 11-15】 菜单的简单例子。

```java
// JMenuDemo.java
import java.awt.BorderLayout;
import java.awt.event.ActionEvent;
import java.awt.event.ActionListener;
import javax.swing.JFrame;
import javax.swing.JMenu;
import javax.swing.JMenuBar;
import javax.swing.JMenuItem;
import javax.swing.JOptionPane;
public class JMenuDemo extends JFrame {
    public JMenuDemo()
    {
        setSize(300, 300);
        setLocation(400, 400);
        setDefaultCloseOperation(JFrame.EXIT_ON_CLOSE);
        setLayout(new BorderLayout());
        // 创建 item1 和 item2
        JMenuItem item1 = new JMenuItem("item1");
        JMenuItem item2 = new JMenuItem("item2");
        // 为 item2 设置事件
        item2.addActionListener(new ActionListener(){
            public void actionPerformed(ActionEvent e) {
                JOptionPane.showMessageDialog(null, "点击了 item2");
            }
        });
        // 创建 menu1
        JMenu menu1 = new JMenu("menu1");
        // 将 item1 和 item2 加入到 menu1
        menu1.add(item1);
        menu1.add(item2);
        // 创建 menu2
        JMenu menu2 = new JMenu("menu2");
        // 创建 JMenuBar
        JMenuBar menuBar = new JMenuBar();
        // 将 menu1 和 menu2 加入到 menuBar
        menuBar.add(menu1);
        menuBar.add(menu2);
        // 为窗体设置 JMenuBar
        setJMenuBar(menuBar);
    }
    public static void main(String[] args) {
        JMenuDemo frame = new JMenuDemo();
        frame.setVisible(true);
    }
}
```

例 11-15 的运行结果如图 11-19 所示。

(a) 创建菜单

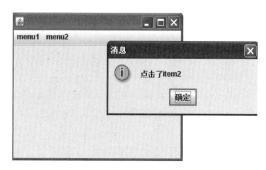

(b) 触发菜单事件

图 11-19　例 11-15 的运行结果

11.7　图　形　编　程

1. AWT 图形 API

Graphics 类(所在包为 java.awt)是从 java1.0 开始就在 AWT 中提供的图形绘制类。由于 Swing 是基于 AWT 发展起来的组件,Graphics 类作为一种图形绘制方式得到了保留(另外一种绘图方式是 Java2D),并可以在 Swing 组件中调用。Graphics 类实现了对图形上下文(graphics context)的封装,具有常用的图形绘制函数,如表 11-3 所示。

表 11-3　Graphics 的主要绘图方法

方 法 名	作　　　用
drawLine	绘制直线
drawOval	绘制椭圆
fillOval	填充椭圆
drawPolygon	绘制多边形
fillPolygon	填充多边形
drawRect	绘制矩形
fillRect	填充矩形
drawRoundRect	绘制圆角矩形
fillRoundRect	填充圆角矩形
drawString	绘制字符串
draw3DRect	绘制带 3D 效果的矩形
fill3DRect	填充带 3D 效果的矩形
drawArc	绘制弧形
fillArc	填充弧形
drawImage	绘制图片,要使用 java.awt.Image 类及其子类
setColor	设置画笔颜色,要使用 java.awt.Color 类
setFont	设置字体,要使用 java.awt.Font 类

尽管 Graphics 类提供了丰富的绘图 API,但是在编程时却无法直接实例化 Graphics 类。因为 Graphics 类是一个抽象类,不能实例化,同时 Java 也没有提供任何可以实例化

Graphics 类的方法,因此 Graphics 类的实例只能够通过其他方式获取。如果需要在 Swing 窗体中绘制图形(JFrame、JDialog、JWindow 和 JApplet 及其子类),可以重写 Swing 窗体的 paint 方法。paint 方法的声明为:

```
public void paint(Graphics g)
```

该方法在窗体绘制时被调用。通过重写该方法,可以获得 Graphics 的实例,并在窗体中绘制图形。

【例 11-16】 菜单的简单例子。

```java
// GraphicsDemo.java
import java.awt.Color;
import java.awt.Graphics;
import javax.swing.JFrame;
public class GraphicsDemo extends JFrame {
    public GraphicsDemo() {
        setSize(400, 400);
        setDefaultCloseOperation(JFrame.EXIT_ON_CLOSE);
    }
    public void paint(Graphics g) {
        super.paint(g);
        g.setColor(Color.RED);              // 设置画笔颜色为红色
        g.drawRect(50, 50, 100, 100);       // 绘制矩形
        g.fillRect(200, 50, 100, 100);      // 填充矩形
        g.setColor(Color.GREEN);            // 设置画笔颜色为绿色
        g.drawOval(50, 200, 100, 100);      // 绘制圆形
        g.fillOval(200, 200, 100, 100);     // 填充圆形
    }
    public static void main(String[] args) {
        GraphicsDemo myFrame = new GraphicsDemo();
        myFrame.setVisible(true);
    }
}
```

例 11-16 的运行结果如图 11-20 所示。

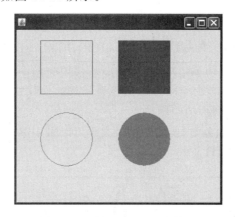

图 11-20 例 11-16 的运行结果

GUI 程序设计

在绘制图形时需要注意 Java 的坐标系统。屏幕左上角的坐标为 $(0,0)$。坐标由一个 x 坐标(水平坐标)和一个 y 坐标(垂直坐标)组成。x 坐标是从左上角向右移动的水平距离,y 坐标是从左上角向下移动的垂直距离。

2. Java2D 图形 API

Java2D 是 JFC 的一员,加强了传统 AWT 的描绘功能。在 Java 2 中已经支持 Java 2D 的使用。通过 Java 2D API,可以轻松地描绘出任意的几何图形、运用不同的填色效果、对图形做旋转、缩放、扭曲等。Java2D API 还有许多增强 AWT 能力的部分,如处理影像档案的不同的滤镜(filter)效果、对于任意的几何图形的碰撞检测,以及图形重叠混色计算等功能。此外 AffineTransform 类的方法允许 Shape 对象进行任意伸缩、旋转、平移和剪切。Java2D 所包含的类主要在以下几个包中。

(1) java.awt:主要是与绘图相关的顶层 API 类,如 AlphaComposite、BasicStroke、Color、Composite、Graphics2D、Paint、Rectangle、Shape、Stroke 和 Font 等。

(2) java.awt.geom:包含基本的几何图形,如 Arc2D、Line2D、Point2D、Rectangle2D、Ellipse2D、CubicCurve2D 等。

(3) java.awt.font:包含与字体相关的类。

(4) java.awt.color:包含与颜色相关的类。

(5) java.awt.image 和 java.awt.image.renderable:包含封装图像及图形处理的类。

(6) java.awt.print:包含打印相关的类。

由 Java2D 所包含的 Java 类可以看出 Java2D 的功能不仅众多,而且相对于 AWT 图形来说,API 编程也更为复杂。因此本书无法完整地对 Java2D 进行讲解,这里主要演示一下 Graphics2D 的用法。关于 Java2D 的其他内容,读者可以参考 JDK 的 HTML 帮助,Sun 公司的网站或其他 Java 书籍。

Java2D 通过 Graphics2D 进行图形绘制,Graphics2D 是 Graphics 的子类,因此 Graphics2D 具有与 Graphics 类相同的功能。但是 Graphics2D 绘制图形主要通过 draw 方法进行绘制,该方法的声明为:

```
public void draw(Shape s)
```

draw 方法的参数为一个 Shape 对象。Shape 是一个接口,实现该接口的子类都是一种几何图形,如 Arc2D、Line2D、Point2D、Rectangle2D、Ellipse2D、CubicCurve2D 等。同时编程时也可以通过扩展 Shape 构造自己的图形。在 Graphics 中所有绘制图形的函数都是预先定义好的,因此 Graphics 的绘图能力是比较有限的。而使用 Graphics2D 就可以通过扩展 Shape 对象,自定义复杂图形的绘制。

Graphics2D 也是一个抽象类,要实例化该类也可以采用重写 paint 方法。

【例 11-17】 使用 Java2D 绘制一个五角星。

```
// Graphics2DDemo.java
import java.awt.BasicStroke;
```

```
import java.awt.Graphics;
import java.awt.Graphics2D;
import java.awt.geom.GeneralPath;
import javax.swing.JFrame;
public class Graphics2DDemo extends JFrame {
    public Graphics2DDemo() {
        setSize(400, 400);
        setDefaultCloseOperation(JFrame.EXIT_ON_CLOSE);
    }
    public void paint(Graphics g) {
        super.paint(g);
        Graphics2D g2 = (Graphics2D) g;          // 通过类型转换获得 Graphics2D 的实例
        g2.setStroke(new BasicStroke(4.0f));   // 设置画笔样式
        GeneralPath p = new GeneralPath(GeneralPath.WIND_NON_ZERO);     // 用 GeneralPath
                                                                        // 构造一个五角星

        p.moveTo( - 100.0f, - 25.0f);
        p.lineTo( + 100.0f, - 25.0f);
        p.lineTo( - 50.0f, + 100.0f);
        p.lineTo( + 0.0f, - 100.0f);
        p.lineTo( + 50.0f, + 100.0f);
        p.closePath();
        g2.translate(200.0f, 200.0f);// 将坐标平移到(200,200)
        g2.draw(p);                          // 绘制五角星,p 是保存了五角星的 GeneralPath 对象
    }
    public static void main(String[] args) {
        Graphics2DDemo myFrame = new Graphics2DDemo();
        myFrame.setVisible(true);
    }
}
```

例 11-17 的运行结果如图 11-21 所示。

例 11-17 重写了 paint 方法,在 paint 方法中首
先通过强制类型转换获得 Graphics2D 的实例:

```
Graphics2D g2 = (Graphics2D) g;
```

请注意该转换只能在使用 Swing 时才能生效,
而在 AWT 中将导致错误。也就是说,如果使用的
是 Swing 组件,那么 paint 函数所传递的参数
Graphics g 实际上是 Graphics2D 的上转型对象。
Graphics2D 的 setStroke 方法能够设置画笔,本例
中使用 BasicStroke 对象设置了宽度为 4 的画笔。
GeneralPath 是实现了 Shape 接口的类,该类能够

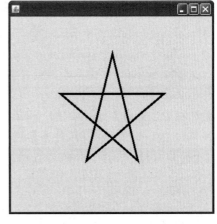

图 11-21　Java2D 绘制的五角星

使用 moveTo 和 LineTo 方法绘制图形,closePath 方法用于封闭该图形。Graphics2D 的 translate 方法能够将坐标原点进行平移,而最后使用 draw 方法则可以将 GeneralPath 构造的五角星绘制到窗体上。

3. 图形相关的父类方法

在 Swing 组件或 Swing 的顶层容器中,某些父类方法在进行图形编程时,可能根据具体的需要进行重载,也可能在特定的场合要进行调用,这些方法主要有 update(Graphics g)、paint(Graphics g)、paintComponent(Graphics g)和 repaint()。

调用 repaint 方法将导致组件或窗体的重绘,通常窗体移动、最大化、最小化等改变窗体的操作都会调用 repaint 方法。repaint 方法也可以被直接调用。当 repaint 方法被触发后,update、paint 和 paintComponet 将按照 update、paint、paintComponet 的顺序执行。update 方法对显示区域进行清空(如清空背景),并调用 paint 方法。paint 方法对显示区域进行绘制,如果是 Swing 组件(JComponet 的子类)会调用 paintCompont 方法进行组件的绘制。在编写图形程序时,如果是在顶层容器或面板(JPanel)上面绘图,可以改写 paint 方法。而如果要绘制 Swing 组件,可以重写 paintComponent 方法。从原理上讲,将绘图程序放置在update、paint 和 paintComponent 方法中都可能是合理的,但由于所继承的父类组件或顶层容器通常在这些方法中有一些独特的绘图代码,因此改写了不正确的函数,将可能导致错误的显示效果。读者可以尝试将例 11-17 改为重写 update 方法或 paintCompont 方法,看是否能够输出图形。

11.8　加载和使用多媒体资源

图像和音频文件是常见的多媒体资源。Java 对这两种资源都提供了相关的类进行支持。这些类不仅可以在基于 Swing 的 GUI 程序中使用,也可以在其他类型的程序,如控制台程序或 Applet 程序中使用。

1. 加载图像

在 Java 程序中使用图像资源有多种方式,本书介绍一种基于 ImageIO 的图像加载和使用方法(第 12 章将介绍另一种方式)。ImageIO 是 javax.imageio 包中的一个类。imageio 包封装了大量的图像操作的 API,这些操作不仅包含了常见的图片文件的操作,还包含了图像设备的(如扫描仪、数码相机等)操作。ImageIO 中关于图像加载的方法主要有 BufferedImage read(Fileinput)、BufferedImage read(ImageInputStream stream)、BufferedImage read(InputStream input)和 BufferedImage read(URL input)。

以上 4 个 read 方法都是静态方法,其返回值是 BufferedImage,BufferedImage 是 java.awt.Image 的子类。通过 ImageIO 的 read 方法就可以将图像以 BufferedImage 的形式加载到内存中。通过 Graphics 的 drawImage 方法可以将图像输出。同时载入的 Image 也在 JButton、JLabel 等 Swing 组件中使用,如通过 JButton 的构造方法构造图像按键。

【例 11-18】 图像的加载方法示例。

```java
// ImageDemo. java
import java.awt.Graphics;
import java.awt.Image;
```

```java
import java.io.FileInputStream;
import java.io.IOException;
import java.io.InputStream;
import javax.imageio.ImageIO;
import javax.swing.JFrame;
public class ImageDemo extends JFrame{
    private Image image = null;
    public ImageDemo() {
        setSize(500,500);
        setLocation(400, 400);
        setDefaultCloseOperation(JFrame.EXIT_ON_CLOSE);
        try {
            InputStream stream = new FileInputStream("images/image.jpg");
            image = ImageIO.read(stream);
        } catch (IOException e) {
            e.printStackTrace();
        }
    }
    public void paint(Graphics g) {
        super.paint(g);
        g.drawImage(image, 0,0,500,500,this);
    }
    public static void main(String[] args) {
        ImageDemo frame = new ImageDemo();
        frame.setVisible(true);
    }
}
```

例 11-18 的输出结果如图 11-22 所示。

图 11-22　加载图像

例 11-18 在加载图像时使用了如下代码:

```
InputStream stream = new FileInputStream("images/image.jpg");
image = ImageIO.read(stream);
```

其中 FileInputStream 的参数为图像所在文件的位置。在 paint 方法中使用了 Graphics 的 drawImage 方法。drawImage 有多个重载的方法,例 11-18 使用的方法为 drawImage (Image img,int x,int y,int width,int height,ImageObserver observer),其参数分别为图像对应的 img 对象,绘制图像的起始 x 和 y 坐标,绘制图像的宽度和高度,最后一个参数为对该图像进行观察的 ImageObserver 对象(该对象涉及图像操作的高级内容请参考其他书籍)。

2. 播放音频文件

在 Java 中播放音频文件也有多种方式,本书介绍基于 AudioSystem 的声音播放方式。AudioSystem 是一个强大的音频操作 API 类,其所在包为 javax. sound. sampled。这里需要提醒读者,注意 Java 对音频操作的 API 只能支持 MIDI 和 WAV 等非压缩格式的音频文件,而对于 MP3、WMA 等压缩格式的音频文件在 Java SE 中没有直接的播放支持。如果在应用程序中需要使用 MP3 和 WMA 等格式,可以使用 Java Media Framework(JMF)或第三方的播放类。使用 AudioSystem 播放音频文件需要以下几个步骤。

(1) 根据音频文件创建 AudioInputStream。AudioInputStream 类封装了对音频流的相关操作,通过 AudioSystem 的 getAudioInputStream 方法可以获取 AudioInputStream 对象。

(2) 使用 AudioSystem 的 getClip 方法获取一个 Clip 对象。

(3) 使用 Clip 对象的 Open 方法打开音频文件所对应的 AudioInputStream。

(4) 使用 Clip 对象的 start 方法开始音频的播放,使用 stop 方法暂停播放。暂停播放后,再次调用 start 方法,将继续音频的播放。

【例 11-19】 播放音频文件。

```
// SoundDemo.java
import java.awt.FlowLayout;
import java.awt.event.ActionEvent;
import java.awt.event.ActionListener;
import java.io.FileInputStream;
import java.io.InputStream;
import javax.sound.sampled.AudioInputStream;
import javax.sound.sampled.AudioSystem;
import javax.sound.sampled.Clip;
import javax.swing.JButton;
import javax.swing.JFrame;
public class SoundDemo extends JFrame {
    private JButton button = new JButton("暂停");
    private Clip clip;
    public SoundDemo() {
        setSize(300, 300);
        setLocation(400, 400);
```

```
        setDefaultCloseOperation(JFrame.EXIT_ON_CLOSE);
        try {
            InputStream stream = new FileInputStream("sounds/music.wav");
            AudioInputStream audioStream = AudioSystem.getAudioInputStream(stream);
            clip = AudioSystem.getClip();
            clip.open(audioStream);
            clip.start();
        } catch (Exception e) {
            e.printStackTrace();
        }
        button.addActionListener(new ActionListener() {
            public void actionPerformed(ActionEvent event) {
                if(button.getText().equals("暂停"))
                {
                    clip.stop();
                    button.setText("重新开始");
                }
                else
                {
                    clip.start();
                    button.setText("暂停");
                }
            }
        });
        setLayout(new FlowLayout());
        add(button);
    }
    public static void main(String[] args) {
        SoundDemo frame = new SoundDemo();
        frame.setVisible(true);
    }
}
```

3. Jar 文件中多媒体资源的加载

在实际的应用程序开发,特别是在网络环境中,为了便于应用程序的分发,通常会将 Java 编写的应用程序与该应用程序使用的资源打包为 Jar 文件(见第 4 章)。例如,例 11-18 及其使用的图像文件可以打包为一个 Jar 文件,图像文件 image.jpg 在 images 目录下,其结构如图 11-23 所示。

但在打包之后,例 11-18 却不能正常运行,程序执行时会抛出如图 11-24 所示的异常。

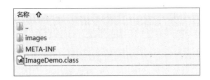

图 11-23　Jar 文件的结构

图 11-24　执行 Jar 文件抛出异常

例 11-18 中采用了以下代码读取图片:

```
InputStream stream = new FileInputStream("images/image.jpg");
```

这段代码导致了执行异常,从异常可以看出应用程序无法找到 images\image.jpg 文件,但从 Jar 文件的结构可以看出,图片文件的位置并没有错误,是什么原因导致文件无法访问呢? 这是 FileInputStream 所指的相对位置是在本地硬盘上,而不是在 Jar 文件里面。由于本地硬盘上并没有 images\image.jpg 文件,因此出现了异常。那么如何才能载入 Jar 文件中的资源呢? 具体方法有以下两种。

(1) 通过当前类的 getClass 方法获取当前类对应的 Class 对象。

(2) 使用 Class 对象的 getResourceAsStream 方法获取资源。

【例 11-20】 修改例 11-18 的图像加载方法的程序如下:

```java
// ImageDemo.java
import java.awt.Graphics;
import java.awt.Image;
import java.io.FileInputStream;
import java.io.IOException;
import java.io.InputStream;
import javax.imageio.ImageIO;
import javax.swing.JFrame;
public class ImageDemo extends JFrame{
    private Image image = null;
    public ImageDemo() {
        setSize(500,500);
        setLocation(400, 400);
        setDefaultCloseOperation(JFrame.EXIT_ON_CLOSE);
        try {
            // 使用新方法加载
            Class clz = this.getClass();
            InputStream stream = clz.getResourceAsStream("images/image.jpg");
            image = ImageIO.read(stream);
        } catch (IOException e) {
            e.printStackTrace();
        }
    }
    public void paint(Graphics g) {
        super.paint(g);
        g.drawImage(image, 0,0,500,500,this);
    }
    public static void main(String[] args) {
        ImageDemo frame = new ImageDemo();
        frame.setVisible(true);
    }
}
```

上述代码中:

```java
Class clz = this.getClass();
InputStream stream = clz.getResourceAsStream("images/image.jpg");
```

通过 getClass 获取的 Class 对象 clz 是对当前类 ImageDemo 的一个描述。getResourceAsStream 方法在查找资源时会以 clz 所在的类路径为相对路径进行资源查找,也就是以

ImageDemo 所在的位置进行查找。由于 ImageDemo 在 Jar 文件中,因此 getResourceAs-Stream 可以找到在 Jar 文件中的 images/image.jpg。除 getResourceAsStream 外,Class 类还有一个方法——getResource,该方法能够返回资源所对应的 URL 地址。读者可以尝试一下,通过 getResource 获取 images/image.jpg 所对应的 URL。

习题及思考

1. JFC 包含哪些技术? 各有什么用途?

2. 简述 Swing 的类层次结构。

3. 什么是 MVC 模式?

4. 简述 BorderLayout、FlowLayout 和 GridLayout 布局方式的用途。

5. 为什么要使用布局管理器? 无布局管理器的布局与有布局管理器的布局二者有什么区别?

6. 在 Swing 中如何处理鼠标事件和键盘事件?

7. 如何在 Swing 程序中加载图像和播放音频文件?

第 12 章

JDBC

1996 年夏,Sun 公司推出了 Java 数据库连接(Java Database Connectivity,JDBC)工具包的第一个版本。该工具包使得程序员可以使用结构化查询语言(SQL)连接到一个数据库,对数据库进行查询,或者对数据库进行更新。相对于其他的数据库编程环境而言,Java和 JDBC 有着跨平台运行的优势。用 Java 和 JDBC 编写的数据库程序既可以在 Windows系列操作系统计算机上运行,也可以在 UNIX 服务器上运行。JDBC 既支持大型的数据库服务器(如 Oracle、DB2、MySQL 等),也支持小型的桌面数据库系统(如 xBase 文件、FoxPro、MS Access 等)。JDBC 甚至可以通过 ODBC 搭桥,访问文本文件和 Excel 电子表。JDBC 使得 Java 不仅能够与远程数据通信,也能够在各种不同的数据源之间通信,从而扩大了 Java 这种跨平台编程语言的应用范围,提高了它的应用价值。

JDBC 是 Java 程序连接和存取数据库的应用程序接口(API),它是 Java 核心 API 的一部分。JDBC 使程序员能够利用当前最新的数据库特性,如同时连接多个数据库、带有约束变量的预编译语句、调用存储过程,以及访问数据字典中的元数据等。JDBC 支持静态和动态的 SQL 语句(在运行时组建查询或更新语句)。JDBC 和 SQL 极大地简化了许多部署方面的问题,因为开发人员可以利用独立于供应商的标准 Java 接口来查询和更新关系数据库。

12.1 JDBC 的结构

12.1.1 JDBC 数据库应用模型

JDBC 由两层组成,上面一层是 JDBC API,下面一层是 JDBC 驱动程序 API,如图 12-1所示。JDBC API 负责与 JDBC 管理器驱动程序 API 进行通信,将各个不同的 SQL 语句发送给它。驱动程序管理器 API(对程序员是透明的)与实际连接到数据库的各个第三方驱动程序进行通信,并且返回查询的信息,或者执行由查询规定的操作。下面分别论述各个部分。

(1) Java 应用程序。Java 程序包括应用程序、Applet 和 Servlet,这些类型的程序都可以利用 JDBC 方法完成对数据库的访问和操作。完成的主要任务有:请求与数据库建立连接、向数据库发送 SQL 请求、为结果集定义存储应用和数据类型、查询结果、处理错误、提交及关闭等操作。

(2) JDBC 驱动程序管理器。JDBC 驱动程序管理器能够动态地管理和维护数据库查询所需的所有厂商或第三方所提供的驱动程序对象,实现 Java 任务与特定驱动程序的连

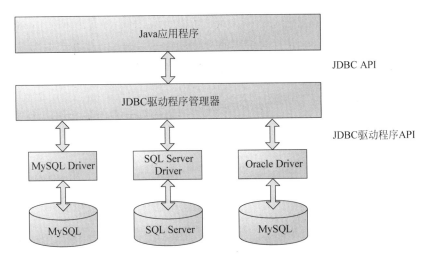

图 12-1　JDBC 功能结构图

接,从而体现 JDBC 与平台无关这一特点。它完成的主要任务有:为特定的数据库选择驱动程序;处理 JDBC 初始化调用;为每个驱动程序提供 JDBC 功能的入口;为 JDBC 调用执行参数等。

(3) 驱动程序。这里的驱动程序一般由数据库厂商或第三方提供,它由 JDBC 方法调用,向特定数据库发送 SQL 请求,并为 Java 程序获取结果。在必要的时候,驱动程序可以进行翻译或优化请求,使 SQL 请求符合 DBMS 支持的语言。驱动程序可以完成下列任务:建议与数据库的连接、向数据库发送请求、用户程序请求时,执行翻译、将错误代码格式转换为标准的 JDBC 错误代码等。

JDBC 是独立于 DBMS 的,而每个数据库系统都有自己的协议与客户端通信,因此,JDBC 利用数据库驱动程序来使用这些数据库引擎。JDBC 驱动程序由数据库软件厂商和第三方提供,因此,根据使用的 DBMS 的不同,所需要的驱动程序也有所不同。

(4) 数据库。这里的数据库是指 Java 程序需要的数据库以及数据库管理系统。

12.1.2　JDBC 驱动程序

JDBC 驱动程序按照连接方式的不同可以分为以下四种类型。

第一种:JDBC-ODBC Bridge(图 12-2)

JDBC-ODBC Bridge 是一种 JDBC 驱动程序,它充分发挥了支持 ODBC 大量数据源的优势。JDBC 利用 JDBC-ODBC Bridge,通过 ODBC 来提取数据,JDBC 调用被传入 JDBC-ODBC Bridge 并转化为 C 语言的 ODBC API,然后通过 ODBC 调用适当的 ODBC 驱动程序,以实现最终的数据存储。

使用 JDBC-ODBC Bridge,JDBC 调用最终转化为 ODBC 调用,应用程序可以通过选择适当的 ODBC 驱动程序来实现对多个厂商的数据库访问。但是这种方式也存在局限性。

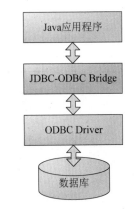

图 12-2　JDBC-ODBC Bridge

（1）JDBC-ODBC Bridge 采用 Native 代码（C 语言），因此，在使用时，所有的本地数据库都必须安装在一台计算机上，并被正确设置。

（2）这种数据库连接有着相当的开销和复杂性，因为调用必须从 JDBC 到 Bridge，再到ODBC，并再从 ODBC 到本地客户 API，直到数据库。

（3）这种驱动程序不容许 Java Applet 即时发送。

（4）ODBC 不能解决的问题 JDBC-ODBC Bridge 也不能解决，例如，Bridge 不能通过Internet 来访问数据库。

一般在下列情况下，可以考虑采用 JDBC-ODBC Bridge。

（1）快速建立原型系统。

（2）三层数据库系统。

（3）数据库系统只提供了 ODBC 驱动，而没有提供 JDBC 驱动。

（4）已经拥有 ODBC 驱动程序时的低成本解决方案。

第二种：Native API Bridge（图 12-3）

Native API Bridge 驱动程序利用客户机上的本地代码库来与数据库进行直接通信。与 JDBC-ODBC Bridge 一样，这种驱动程序也存在许多限制。由于它使用的是本地库，因此这些库就必须事先安装在客户机上。大多数数据库供应商都为其产品提供了这种类型的驱动程序。在下列情况下，可以考虑使用 Native API Bridge 驱动程序。

（1）作为使用 JDBC-ODBC Bridge 的替代。由于是直接与数据库连接，因此这种类型的驱动程序能够比 JDBC-ODBC Bridge 更好地完成工作。

（2）作为低成本的数据库解决方案，当使用了某种提供这种类型的驱动程序的数据库时，使用这种驱动程序是一个方便的选择。

第三种：JDBC-Middleware（图 12-4）

这种类型的 JDBC 驱动程序是 4 种类型中最灵活的。这种驱动程序通常被用在三层网络解决方案中，并能够被发布到 Internet 上。这种类型的驱动程序是一种纯 Java 的驱动程序，它将 JDBC 调用转换为一种与 DBMS 独立的网络协议并与某种中间层连接，然后通过中间层，采用第一、第二或第四种驱动程序与数据库通信。这种驱动程序通常由一些与数据库产品无关的公司开发。在下列情况下，可以考虑采用这种驱动程序。

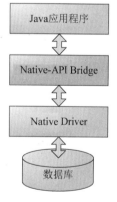

图 12-3　Native API Bridge

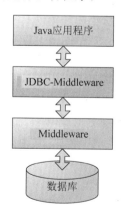

图 12-4　JDBC-Middleware

（1）不需要任何预先安装或配置的 Applet 程序。

（2）数据库产品将被保护在一个中间层之后的安全系统中。

（3）使用了多种不同的数据库产品。这时,中间层通常就是通过 JDBC 访问数据库接口的。

（4）当客户机需要的是一个较小的驱动程序时,采用该类型的驱动程序通常比其他类型的小。

第四种：Pure JDBC Driver(图 12-5)

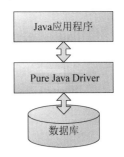

图 12-5　Pure JDBC Driver

这种 JDBC 驱动程序也是一种纯 Java 的驱动程序,它通过本地协议直接与数据库引擎相连。有了合适的通信协议,这种驱动程序也能够应用于 Internet。该类驱动程序相对于其他类型的驱动程序的优势在于它的性能,在它与数据库引擎和客户机之间没有本地代码层或中间层软件。在下列情况下可以考虑使用该类型的驱动程序。

（1）高性能是关键所在。

（2）只使用了一种数据库产品。

（3）Applet。

12.2　通过 JDBC 访问数据库

12.2.1　基本流程

用 JDBC 来实现访问数据库可以采用下面几个步骤。

1. 建立 ODBC 数据源（可选）

当使用 JDBC-ODBC Bridge 来建立连接时,必须先建立 ODBC 数据源。这一点并不是 JDBC 的要求,而是 ODBC 所必需的。ODBC 数据源的配置步骤如下。

（1）打开 Windows 的控制面板,选择“管理工具”→“数据源（ODBC）”命令,弹出如图 12-6 所示的对话框。

图 12-6　“ODBC 数据管理器”对话框

（2）在"用户 DSN"选项卡的"用户数据源"列表中，单击"添加"按钮，弹出"创建新数据源"对话框，如图 12-7 所示。

图 12-7 "创建新数据源"对话框

（3）选择 Microsoft Access Driver 选项，然后单击"完成"按钮，弹出"ODBC Microsoft Access 安装"对话框，如图 12-8 所示。

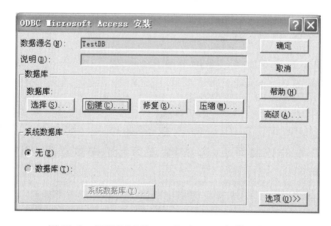

图 12-8 "ODBC Microsoft Access 安装"对话框

（4）在此对话框中输入数据源名称，并单击"创建"按钮，弹出"新建数据库"对话框，如图 12-9 所示。如果事先已经建立了数据库，可以单击"选择"按钮，并指明数据库的存放路径。

（5）在"新建数据库"对话框中，输入需要新建的数据库名称，选择数据库的保存路径，然后单击"确定"按钮，返回到"ODBC Microsoft Access 安装"对话框。

（6）在"ODBC Microsoft Access 安装"对话框中单击"确定"按钮，返回到"ODBC 数据源管理器"对话框，新添加的用户数据源将出现在此对话框中，如图 12-10 所示。此时，单击"确定"按钮，新用户数据源创建完成。数据源创建完成之后，便可以对这个数据源进行数据表的创建和修改，记录的添加、修改和删除等数据库操作。

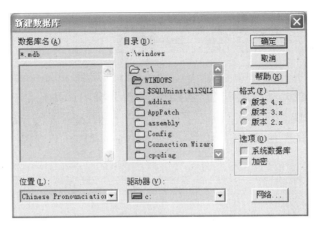

图 12-9　"新建数据库"对话框

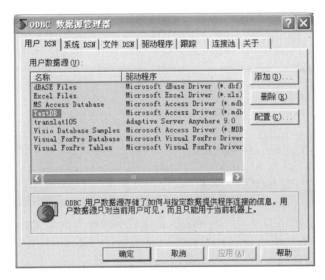

图 12-10　"ODBC 数据源管理器"对话框

2．装入 JDBC 驱动程序

为了要连接数据库，必须要有相应数据库的 JDBC 驱动程序，并将驱动程序的.jar 文件加入到 Classpath 的设置中。此后再在程序中通过 DriverManager 类加载 JDBC 驱动类。

DriverManager 类管理各种数据库驱动程序，建立新的数据库连接，以便 Java 应用程序能够使用正确的 JDBC 驱动程序。

DriverManager 类 包 含 一 系 列 Driver 类，它 们 通 过 调 用 方 法 DriverManager. registerDriver 对自己进行注册。所有 Driver 类都必须包含一个静态方法，利用这个静态方法可以创建该类的实例，然后在加载该实例时向 DriverManager 类进行注册。这样，用户正常情况下将不会直接调用 DriverManager. registerDriver，而是在加载驱动程序时由驱动程序自动调用。加载 Driver 类，然后自动在 DriverManager 中注册的方式有以下两种。

（1）通过调用方法 Class. forName()。这种方法将显式地加载驱动程序类。由于这与外部设置无关，因此推荐使用这种加载驱动程序的方法。例如以下代码加载类 com. microsoft. sqlserver. jdbc. SQLServerDriver：

```
Class.forName("com.microsoft.sqlserver.jdbc.SQLServerDriver");
```

（2）通过将驱动程序添加到 java.lang.System 的属性 jdbc.drivers 中。这是一个由 DriverManager 类加载的驱动程序类名的列表，由冒号分隔。初始化 DriverManager 类时，它将自动搜索系统属性 jdbc.drivers，如果用户已输入了一个或多个驱动程序，则 DriverManager 类将试图加载它们。以下代码将准备加载 3 个驱动程序类：

```
jdbc.drivers = foo.bah.Driver:wombat.sql.Driver:bad.test.ourDriver;
```

对 DriverManager 方法的第一次调用将自动加载这些驱动程序类。

注意： 加载驱动程序的第二种方法需要持久的预设环境。如果对这一点不能保证，则调用方法 Class.forName 显式地加载每个驱动程序就显得更为安全。因为一旦 DriverManager 类被初始化，它将不再检查 jdbc.drivers 属性列表。

在以上两种情况中，新加载的 Driver 类都要通过调用 DriverManager.registerDriver 类进行自我注册。如上所述，加载类时将自动执行这一过程。

3. 建立连接

与数据库建立连接的标准方法是调用方法：

```
DriverManger.getConnection(String url)
DriverManger.getConnection(String url, Properties info)
DriverManger.getConnection(String url, String user, String password)
```

JDBC 中 URL 字符串的准确形式随着数据库的不同而有所变化，但通常总是以"jdbc:"开始，以此表明其中采用的协议。其一般形式是 jdbc:< subprotocol >:< subname >，其中 subprotocol 说明了使用哪种 JDBC 驱动程序。例如，若使用的是 JDBC-ODBC Bridge，就写为"odbc"；若使用的是 SQL Server 的 JDBC 驱动程序，就写为"sqlserver"。subname 则为驱动程序提供了连接数据库所需要的一切信息。例如，jdbc:sqlserver://localhost; databaseName=db_books，表示使用 SQL Server JDBC 驱动程序，连接到本地计算机上的 db_books 数据库。对于 JDBC-ODBC Bridge 来说，subname 就是数据源名。为了存取数据，还要提供用户名和口令。例如：

```
String url = "jdbc:odbc:source";
Connection con = DriverManager.getConnection(url, "user", "password");
```

其中，source 是事先建立的数据源。

4. 执行 SQL 语句

连接一旦建立，就可用来向它所涉及的数据库传送 SQL 语句。JDBC 对可被发送的 SQL 语句类型不加任何限制。这就提供了很大的灵活性，即允许使用特定的数据库语句甚至于非 SQL 语句。然而，它要求用户自己负责确保所涉及的数据库可以处理所发送的 SQL 语句，否则将产生错误。例如，如果某个应用程序试图向不支持存储程序的 DBMS 发送存储程序调用,就会失败并将抛出异常。

JDBC 提供了 3 个类,用于向数据库发送 SQL 语句。Connection 接口中的 3 个方法可用于创建这些类的实例。下面列出这些类及其创建方法。

(1) Statement。由方法 createStatement 所创建。Statement 对象用于发送简单的 SQL 语句。

(2) PreparedStatement。由方法 prepareStatement 所创建。PreparedStatement 对象用于发送带有一个或多个输入参数的 SQL 语句。PreparedStatement 拥有一组方法,用于设置输入参数的值。执行语句时,这些输入参数将被送到数据库中。PreparedStatement 的实例扩展了 Statement,因此它们都包括了 Statement 的方法。PreparedStatement 对象有可能比 Statement 对象的效率更高,因为它已被预编译过并存放在那里以供将来使用。

(3) CallableStatement。由方法 prepareCall 所创建。CallableStatement 对象用于执行 SQL 存储程序——一组可通过名称来调用(就像函数的调用那样)的 SQL 语句。CallableStatement 对象从 PreparedStatement 中继承了用于处理 IN 参数的方法,而且还增加了用于处理 OUT 参数和 INOUT 参数的方法。

5. 检索结果

SQL 语句发送以后,返回的结果通常存放在一个 ResultSet 类的对象中,ResultSet 对象可以看作是一个表,这个表中包含由 SQL 返回的列名和相应的值,ResultSet 对象中维持了一个指向当前行的指针,通过一系列的 getXXX 方法,可以检索当前行的各个列,并显示出来。

6. 关闭连接

在对象使用完毕后,应当使用 close( )方法解除与数据库的连接,并关闭数据库。例如:

```
con.close();
```

图 12-11(a)显示了一个用简单的 JDBC 模型进行连接、执行和获取数据的过程,其中只做了一次连接。实际上 DriverManager 一次可以有多个连接,而一个 Connection 可以执行多个 SQL 语句,图 12-11(b)所示的是用 JDBC API 访问 SQL 数据库的复杂例子。

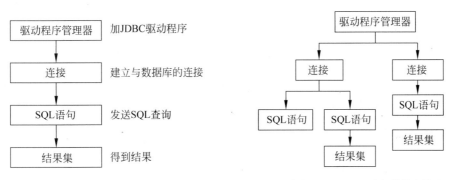

（a）一个简单的通过 JDBC 访问数据库的过程　　　（b）一个复杂的通过 JDBC 访问数据库的过程

图 12-11　通过 JDBC 访问数据库的过程

12.2.2　常用的 JDBC API

JDBC API 提供的类和接口在 java.sql 包中定义。JDBC API 所包含的类和接口非常

多。表 12-1 列出了主要的 java.sql 接口及类。有关这些接口和类的定义，参见对应的 JDK
帮助文档中的 java.sql 包。

表 12-1　java.sql 包中的主要类和接口

类或接口名称	说　　明
java.sql.CallableStatement	用于执行 SQL 存储过程
java.sql.Connection	表示与一个特定数据库的会话。在一个 Connection 的上下文中执行 SQL 语句并返回结果
java.sql.DataTruncation	截断一个数据的值产生的异常
java.sql.Date	对日期的处理类
java.sql.Driver	数据库驱动程序类
java.sql.DriverManager	提供管理 JDBC 驱动器设置的基本服务
java.sql.DriverPropertyInfo	程序员与驱动器交互的类，以发现和提供连接特性
java.sql.PreparedStatement	可用于有效地多次执行预编译的 SQL 语句
java.sql.ResultSet	提供了通过执行一条语句访问所生成的数据表的功能
java.sql.SQLException	提供了关于数据库访问错误的信息
java.sql.SQLWarning	提供了关于数据库访问的警告信息
java.sql.Statement	用于执行一条静态的 SQL 语句并获取它产生的结果
java.sql.Time	处理时间
java.sql.Types	此类定义用于标识 SQL 类型的常量
java.sql.Timestamp	处理具有毫秒级的时间
java.sql.DatabaseMetaData	提供了关于数据库的整体信息

图 12-12 所示的是 JDBC 接口之间的详细关系，是调用 JDBC 数据库进行连接、执行和
获取数据的更详细的过程。

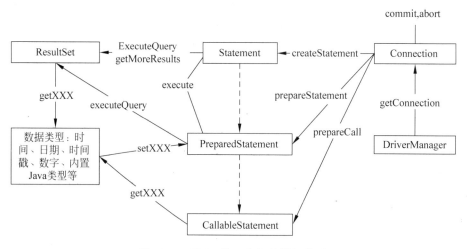

图 12-12　JDBC 接口之间的详细关系

这里只介绍几个常用的类及其成员方法。

1. DriverManager 类

java.sql.DriverManager 类是 JDBC 的管理器，负责管理 JDBC 驱动程序，跟踪可用的
驱动程序并在数据库和相应驱动程序之间建立连接。如果要使用 JDBC 驱动程序，必须加

载 JDBC 驱动程序并向 DriverManager 注册之后才能使用。加载和注册驱动程序可以使用 Class. forName( )这个方法来完成。此外,java. sql. DriverManager 类还处理如驱动程序登录时时间限制及登录和跟踪消息的显示等事务。java. sql. DriverManager 类还提供的常用成员方法如下。

（1）public static synchronized Connection getConnection(String url) throws SQLException 方法。这个方法的作用是使用指定的数据库 URL 创建一个连接,使 DriverManager 从注册的 JDBC 驱动程序中选择一个适当的驱动程序。如果发生数据库访问错误,则程序抛出一个 SQLException 异常。

（2）public static synchronized getConnection（String url，Properties infor）throws SQLException 方法。这个方法使用指定的数据库 URL 和相关信息（用户名、用户密码等属性列表）来创建一个连接,使 DriverManager 从注册的 JDBC 驱动程序中选择一个适当的驱动程序。如果发生数据库访问错误,则程序抛出一个 SQLException 异常。

（3）public static synchronized getConnection（String url，String user，String password）throws SQLException 方法。该方法使用指定的数据库 URL、用户名和用户密码创建一个连接,使 DriverManager 从注册的 JDBC 驱动程序中选择一个适当的驱动程序。如果发生数据库访问错误,则程序抛出一个 SQLException 异常。

（4）public static Driver getDriver(String url) throws SQLException 方法。该方法定位在给定的 URL 下的驱动程序,让 DriverManager 从注册的 JDBC 驱动程序中选择一个适当的驱动程序。如果发生数据库访问错误,则程序抛出一个 SQLException 异常。

（5）public static void deregisterDriver(Driverdriver) throws SQLException 方法。这个方法的作用是从 DriverManager 列表中删除指定的驱动程序。如果发生数据库访问错误,则程序抛出一个 SQLException 异常。

（6）public static int getLoginTimeout( )方法。该方法用来获取连接数据库时驱动程序可以等待的最大时间,以秒为单位。

（7）public static PrintStream getLogStream( )方法。该方法用来获取 DriverManager 和所有驱动程序使用的日志 PrintStream 对象。

（8）public static void println(String message)方法。该方法用来给当前 JDBC 日志流输出指定的消息。

2. Connection 类

java. sql. Connection 类负责建立与指定数据库的连接。Connection 类提供的常用成员方法如下。

（1）public Statement createStatement( )throws SQLException 方法,用来创建 Statement 类对象。

（2）public Statement createStatement(int resultSetType，int resultSetConcurrency) throws SQLException 方法,用来按指定的参数创建 Statement 类对象。

（3）public DatabaseMetaData getMetaData( ) throws SQLException 方法,用来创建 DatabaseMetaData 对象。不同数据库系统拥有不同的特征,DatabaseMetaData 类不但可以保存数据库的所有特性,并且还提供一系列成员方法获取数据库的特征,如取得数据库名称、JDBC 驱动程序名、版本代号及连接数据库的 JDBC URL。

(4) public PreparedStatement prepareStatement(String sql)throws SQLException 方法,用来创建 PreparedStatement 类对象。

(5) public CallableStatement prepareCall(String sql)throws SQLException 方法,用来创建 CallableStatement 类对象,执行存储过程。

(6) public void commit( ) throws SQLException 方法,用来提交对数据库执行添加、删除或修改记录的操作。

(7) public Boolean getAutoCommit( ) throws SQLException 方法,用来获取 Connection 类对象的 Auto_Commit(自动提交)状态。

(8) public Boolean getAutoCommit(Boolean autoCommit) throws SQLException 方法,用来设定 Connection 类对象的 Auto_Commit(自动提交)状态。如果将 Connection 类对象的 autoCommit 设置为 true,则它的每一个 SQL 语句将作为一个独立的事务被执行和提交。

(9) public void rollback( ) throws SQLException 方法,用来取消对数据库执行过的添加、删除或修改记录等操作,将数据库恢复到执行这些操作前的状态。

(10) public void close( ) throws SQLException 方法,用来断开 Connection 类对象与数据库的连接。

(11) public Boolean isClosed( ) throws SQLException 方法,用来测试是否已经关闭 Connection 类对象与数据库的连接。

3. Statement 类

java. sql. Statement 类的主要功能是将 SQL 命令传送给数据库,并将 SQL 命令的执行结果返回。Statement 类提供的常用成员方法如下。

(1) public ResultSet executeQuery(String sql) throws SQLException 方法,用来执行自动的 SQL 查询语句,返回查询结果。如果发生数据库访问错误,则程序抛出一个 SQLException 异常。

(2) public int executeUPdate(String sql) throws SQLException 方法,用来执行 SQL 的 INSERT、UPDATE 和 DELETE 语句,返回值是插入、修改或删除的记录行数或者是 0。如果发生数据库访问错误,则程序抛出一个 SQLException 异常。

(3) public Boolean execute(String sql) throws SQLException 方法,用来执行指定的 SQL 语句,执行结果有多种情况。如果执行结果为一个结果集对象,则返回 true,其他情况返回 false。如果发生数据库访问错误,则程序抛出一个 SQLException 异常。

(4) public ResultSet getResultSet( ) throws SQLException 方法,用来获取 ResultSet 对象的当前结果集。对于每一个结果只调用一次。如果发生数据库访问错误,则程序抛出一个 SQLException 异常。

(5) public int getUpdateCount( ) throws SQLException 方法,用来获取当前结果的更新记录数,如果结果是一个 ResultSet 对象或没有更多的结果,则返回-1。对于每一个结果只调用一次。如果发生数据库访问错误,则程序抛出一个 SQLException 异常。

(6) public void clearWarnings( ) throws SQLException 方法,用来释放 Statement 对象产生的所有警告信息。如果发生数据库访问错误,则程序抛出一个 SQLException 异常。

(7) public void close( ) throws SQLException 方法,用来释放 Statement 对象的数据

库和 JDBC 资源。如果发生数据库访问错误,则程序抛出一个 SQLException 异常。

4. PreparedStatement 类

java. sql. PreparedStatement 类 的 对 象 可 以 代 表 一 个 预 编 译 的 SQL 语 句,它 是 Statement 接口的子接口。因为 PreparedStatement 类会将传入的 SQL 命令编译并暂时存储在内存中,所以当某一 SQL 命令在程序中被多次执行时,使用 PreparedStatement 类的对象执行速度要快于 Statement 类的对象。因此,将需要多次执行的 SQL 语句创建为 PreparedStatement 对象,可以提高效率。

PreparedStatement 对象继承 Statement 对象的所有功能,另外还添加一些特定的方法。PreparedStatement 类提供的常用成员方法如下。

(1) public ResultSet executeQuery( ) throws SQLException 方法,使用 SQL 指令 SELECT 对数据库进行记录查询操作,并返回 ResultSet 对象。

(2) public int executeUpdate( ) throws SQLException 方法,使用 SQL 指令 INSERT、 DELETE 和 UPDATE 对数据库进行添加、删除和修改记录操作。

(3) public void setDate(int parameterIndex, Date x) throws SQLException 方法,用来给指定位置的参数设定日期型数值。

(4) public void setTime(int parameterIndex, Time x) throws SQLException 方法,用来给指定位置的参数设定时间型数值。

(5) public void setDouble(int parameterIndex, double x) throws SQLException 方法,用来给指定位置的参数设定 Double 型数值。

(6) public void setFloat(int parameterIndex, float x) throws SQLException 方法,用来给指定位置的参数设定 Float 型数值。

(7) public void setInt(int parameterIndex, int x) throws SQLException 方法,用来给指定位置的参数设定 Int 型数值。

(8) public void setNull(int parameterIndex, int sqlType) throws SQLException 方法,用来给指定位置的参数设定 NULL 型数值。

5. ResultSet 类

java. sql. ResultSet 类表示从数据库中返回的结果集。当用户使用 Statement 和 PreparedStatement 类提供的 executeQuery( )方法来下达 Select 命令以查询数据库时, executeQuery( )方法将会把数据库响应的查询结果存放在 ResultSet 类对象中供用户使用。ResultSet 类提供的常用成员方法如下。

(1) public boolean absolute(int row) throws SQLException 方法,用来移动记录指针到指定记录。

(2) public boolean first( ) throws SQLException 方法,用来移动记录指针到第一个记录。

(3) public void beforeFirst( ) throws SQLException 方法,用来移动记录指针到第一个记录之前。

(4) public boolean last( ) throws SQLException 方法,用来移动记录指针到最后一个记录。

(5) public void afterLast( ) throws SQLException 方法,用来移动记录指针到最后一

个记录之后。

（6）public boolean previous( ) throws SQLException 方法,用来移动记录指针到上一个记录。

（7）public Boolean next( ) throws SQLException 方法,用来移动记录指针到下一个记录。

（8）public void insertRow( ) throws SQLException 方法,用来插入一个记录到数据表中。

（9）public void updateRow( ) throws SQLException 方法,用来修改数据表中的一个记录。

（10）public void deleteRow( ) throws SQLException 方法,用来删除记录指针指向的记录。

（11）public void update 类型(int ColumnIndex,类型 x) throws SQLException 方法,用来修改数据表中指定的字符的值。

（12）public int get 类型(int ColumnIndex) throws SQLException 方法,用来取得数据表中指定字符的值。

12.2.3 事务

事务由一个或多个这样的语句组成:这些语句已被执行、完成并被提交或还原。当调用方法 commit 或 rollback 时,当前事务即告结束,另一个事务随即开始。

默认情况下,新连接将处于自动提交模式。也就是说,当执行完语句后,将自动对那个语句调用 commit 方法。这种情况下,由于每个语句都是被单独提交的,因此一个事务只由一个语句组成。如果禁用自动提交模式,事务将要等到 commit 或 rollback 方法被显式调用时才结束,因此它将包括上一次调用 commit 或 rollback 方法以来所有执行过的语句。对于第二种情况,事务中的所有语句将作为组来提交或还原。

方法 commit 使 SQL 语句对数据库所做的任何更改成为永久性的,它还将释放事务持有的全部锁。而方法 rollback 将丢弃那些更改。有时用户在另一个更改生效前不想让此更改生效。这可通过禁用自动提交并将两个更新组合在一个事务中来达到。如果两个更新都是成功的,则调用 commit 方法,从而使两个更新结果成为永久性的;如果其中之一或两个更新都失败了,则调用 rollback 方法,以将值恢复为更新之前的值。

大多数 JDBC 驱动程序都支持事务。事实上,符合 JDBC 的驱动程序必须支持事务。DatabaseMetaData 给出的信息描述 DBMS 所提供的事务支持水平。

12.2.4 Java 数据类型和 SQL 数据类型间的关系

我们既需要为常规 SQL 数据类型提供合理的 Java 映射,也需要确保有足够的类型信息以便能正确地存储和检索参数并从 SQL 语句获得结果。

但是,我们并不要求 Java 数据类型要与 SQL 数据类型完全同型。例如,由于 Java 没有固定长度的数组,因此可将固定长度和可变长度 SQL 数组描述为可变长度 Java 数组。同样,即使 Java String 不与任何 SQL CHAR 类型精确匹配,也可自由使用。

表 12-2 显示了各种常规 SQL 数据类型的默认 Java 映射。并非所有这些类型都必须得

到所有数据库的支持。

表 12-2　从 SQL 类型到 Java 类型的标准映射

SQL 类型	Java 类型
CHAR	String
VARCHAR	String
LONGVARCHAR	String
NUMERIC	java. math. BigDecimal
DECIMAL	java. math. BigDecimal
BIT	boolean
TINYINT	byte
SMALLINT	short
INTEGER	int
BIGINT	long
REAL	float
FLOAT	double
DOUBLE	double
BINARY	byte[]
VARBINARY	byte[]
LONGVARBINARY	byte[]
DATE	java. sql. Date
TIME	java. sql. Time
TIMESTAMP	java. sql. Timestamp

同样地，表 12-3 显示了从 Java 类型到 SQL 类型的反向映射。

表 12-3　从 Java 类型到 SQL 类型的标准映射

Java 类型	SQL 类型
String	VARCHAR 或 LONGVARCHAR
java. math. BigDecimal	NUMERIC
boolean	BIT
byte	TINYINT
short	SMALLINT
int	INTEGER
long	BIGINT
float	REAL
double	DOUBLE
byte[]	VARBINARY 或 LONGVARBINARY
java. sql. Date	DATE
java. sql. Time	TIME
java. sql. Timestamp	TIMESTAMP

12.3　数据库存取优化

在前面提到的 JDBC 例子中,都是将 SQL 语句直接嵌入到 Java 代码中,并由 JDBC 接口将其送到数据库,由数据库进行解释。如果在 JDBC 程序中,能够将 SQL 语句做成一个黑箱,将其存放在数据库中,而不是在 Java 程序中直接调用,将大大优化对数据库的访问。

大多数关系数据库系统都提供了这样的工具,也就是存储过程。在 JDBC 中,则提供了一些高级的类和方法来访问数据库的存储过程,以及一些更为复杂的动态数据库访问类来支持数据的存取优化,使用存储过程和动态数据库访问使得我们不再需要那些关于数据库的编程信息,从而能够创建更为健壮的通用数据库访问类。数据库系统通过 Prepared SQL 来优化 SQL 程序。Prepared SQL 有两种类型:Prepared 语句和存储过程。

12.3.1　Prepared 语句

Prepared 语句类似于前面使用的 SQL 语句。两者不同的是,Prepared 语句在它被应用程序调用之前就被送到数据库进行解释。这种方法的好处在于当程序包含了相同的 SQL 语句时,可以提高程序的执行效率。例如,在一个循环程序中包含 SQL 语句,按照以前的方法,JDBC 调用该语句,并将其送到数据库进行解释,这个过程在每一次循环过程中都会重复进行,每一次循环,相同的 SQL 语句被送到数据库,其变化只有输入的参数不同而已。

但使用 Prepared 语句,在进行数据库调用之前,应用程序就会将该语句送到数据库,数据库对其进行解释,并创建一个查询计划。所谓查询计划,就是数据库执行相关查询的一个蓝图,每当有 SQL 语句被送到数据库时,就会建立一个相应的查询计划,并按照这个计划来执行查询操作。采用 Prepared 语句的形式来发送 SQL 语句,将容许数据库对相应的语句仅建立一次查询计划。JDBC 提供了 PreparedStatement 类来处理 prepared SQL 语句。

PreparedStatement 类是 Statement 类的子类。与 Statement 相比 PreparedStatement 增加了在执行 SQL 调用之前,将输入参数绑定到 SQL 调用中的功能。所谓绑定参数,是指它容许将相关参数转换为 Java 数据类型。当需要在同一个数据库表中完成一组记录的更新时,使用 PreparedStatement 类是一个很好的选择。例如:如果需要一次更新多条顾客的购物金额记录时,按照以前的做法,可以采用以下循环:

```
Statement stm = con.createStatement();
int i;
// consumer 为一个对象数组
for(i = 0;i < consumer.length;i++)
{
  stm.executeUpdate("update consumer" + "set totalmoney = "
 + consumer[i].getMoney() + "where id = " + consumer[i].getID());
}
con.commit();
stm.close();
con.close();
```

Statement 对象在每一次循环中,都创建一个相同的查询。为了使用不同的参数来调用 SQL,且避免重复,可以采用 PreparedStatement 类将上述代码改写如下:

```
PreparedStatement pstm = con. prepareStatement("update consumer
    set totalmoney = ? Where id = ?");
    int i;
// consumer 作为一个对象数组
for(i = 0;i < consumer. length;i++)
{
    pstm. setString(1,consumer[i].getMongy());
    pstm. setString(2,consumer[i].getID());
    pstm. execute();
}
con. commit();
pstm. close();
con. close();
```

采用 PreparedStatement,SQL 语句在获得一个 PreparedStatement 对象时就被送到了数据库中,这个过程是通过 java. sql. Connection 中的 PrepareStatement( )方法来完成的。但是此时 SQL 语句并没有被执行,SQL 语句的执行是在 for 循环体内部,虽然每一次循环被重复执行,但是查询计划却仅仅生成了一次。

在执行 SQL 语句之前,必须告诉 JDBC 哪些值作为输入参数,为了绑定输入参数,PreparedStatement 提供了 setXXX( )方法,如 setString( )、setFloat( )、setInt( )等,这些方法与 java. sql. ResultSet 中提供的 getXXX( )方法相对应。getXXX( )方法被用来读出 SQL 语句的查询结果,而 setXXX( )方法则按照 prepareStatement( )中的顺序从左到右地绑定参数。在上面的例子中,将字符串类型的第一个参数绑定为从 consumer 对象中取出的 totalmoney,第一个“?”就对应了第一个参数。

12.3.2 存储过程

尽管采用了 PreparedStatement,但是 SQL 语句仍然是和 Java 代码混在一起的,还没有达到我们需要的“黑箱”效果。而 java. sql. CallableStatement 类则提供了类似“黑箱”的数据库访问方式,即通过存储过程来访问数据库。与嵌入的 SQL 语句相比,存储过程有以下优点。

(1) 由于在大多数数据库系统中,存储过程都是在数据库中进行预编译的,因此,它比每次都需要进行解释的动态 SQL 执行速度快得多。

(2) 存储过程中的任何语法错误都能在编译时就被发现,而不是等到运行时才发现。

(3) Java 开发人员只需要知道存储过程的名称,以及它的输入、输出数据,而无须了解执行情况,如所访问的表的名称、表的结构等。

一个存储过程通常带有一些参数,这些参数在该过程被调用时便绑定到相应的列。列绑定是指定存储过程参数的一个好方法。绝大多数数据库系统都支持存储过程,但其操作方式和语法可能稍有不同。下面是一个 SQL Server 的存储过程:

```
CREATE PROCEDURE sp_select_vip_consumer
    @passmark money
AS
    SELECT id
    FROM users
    WHERE totalmoney >@passmark
GO
```

这个存储过程的名称是 sp_select_vip_consumer。它接收参数 passmark，由@来表示，该参数定义为 VIP 客户的最低总消费金额。该存储过程的作用就是筛选出所有可以称为 VIP 客户的客户编码。

除了输入参数，也可以在存储过程中定义输出的参数，例如，可以通过下面这个存储过程将顾客的消费总金额乘以 80%，并返回新值。

```
CREATE PROCEDURE sp_totalmoney
    @cn_id CHAR(10),
    @new_totalmoney FLOAT OUTPUT
AS
BEGIN
    SET @new_totalmoney = (
        SELECT totalmoney
        FROM dbuser.consumer
        WHERE id = @cn_id
    )

    SET @new_totalmoney = @new_totalmoney * 0.8

    UPDATE dbuser.consumer
    SET totalmoney = @new_totalmoney
    WHERE id = @cn_id
END
GO
```

在上面这个过程中，进行了一些比较复杂的处理。该过程的第一部分获得了当前消费总金额，第二部分将消费总金额乘以 80%，第三部分则修改数据库中的值。相应地，在 Java 程序中可以通过以下代码来调用这个存储过程：

```
// CallProdedure.java
package ch12;

import java.sql.CallableStatement;
import java.sql.Connection;
import java.sql.DriverManager;
import java.sql.SQLException;

public class CallProdedure {
```

```java
/**
 * @param args
 */
public static void main(String[] args) {
    // 声明 JDBC 驱动程序类型
    String JDriver = "com.microsoft.sqlserver.jdbc.SQLServerDriver";
    // 定义 JDBC 的 URL 对象
    String conURL = "jdbc:sqlserver:// localhost;databaseName = TestDB;user = dbuser;
        password = dbuser";
    try {
        Class.forName(JDriver);                    // 加载 JDBC 驱动程序
    }
    catch (java.lang.ClassNotFoundException e) {
        System.out.println("无法加载 JDBC 驱动程序." + e.getMessage());
    }
    Connection con = null;
    CallableStatement cstm = null;
    try {
        con = DriverManager.getConnection(conURL);      // 连接数据库 URL

        // 调用存储过程
        String[] id = { "00002", "00003" };
        int i;
        cstm = con.prepareCall("{call sp_totalmoney(?,?)}");
        for (i = 0; i < id.length; i++) {
            cstm.setString(1, id[i]);
            cstm.registerOutParameter(2, java.sql.Types.FLOAT);
            cstm.execute();
            System.out.println(id[i] + "的消费总金额: " + cstm.getFloat(2));
        }

    }
    catch (SQLException e) {
        System.out.println("SQLException:" + e.getMessage());
    }
    finally {
        try {
            if (cstm != null) {
                cstm.close();
                cstm = null;
            }
            if (con != null)
            {
                con.close();                        // 关闭与数据库的连接
```

```
                    con = null;
                }
            }
        catch (SQLException e) {
                e.printStackTrace();
            }
        }
    }
}
```

CallableStatement 类与 PreparedStatement 类相似。使用 prepareCall()能够在初始化 CallableStatement 对象时指定所要调用的存储过程。通常不同数据库引擎使用不同的调用语法,但是 JDBC 提供了一组独立于数据库的语法,即:

```
{call prodedure_name[(?,?)]}
{? = call prodedure_name[(?,?)]}
```

这些语句中,每一个"?"代表一个存储过程的输入变量或返回变量,JDBC 会将这些语句转换成数据库驱动程序自己的存储过程语法。

如果存储过程有一个输出参数,则在执行这个存储过程之前需要先注册这个返回值的类型。这可以通过 registerOutParameter()方法来完成。例如:

```
CallableStatement cstm;
cstm = con.prepareCall("{call sp_mark(?,?)}");
cstm.registerOutParameter(2, java.sql.Types.FLOAT);
```

12.4　JDBC 编程实例

在本节的例子中,将使用 SQL Server 数据库系统来进行操作。SQL Server 的 JDBC 驱动程序属于第四种。可以在以下网址获得 SQL Server 的驱动程序,本节将使用 Microsoft SQL Server 2005 JDBC 驱动程序:

```
http:// www.microsoft.com/china/sql/downloads/jdbcdownload.mspx
```

【例 12-1】　创建顾客 consumer 表,此表有 3 个字段:顾客编号 id,姓名 name,购物总金额 totalmoney。

```
// CreateTable. java
package ch12;
```

```java
import java.sql.Connection;
import java.sql.DriverManager;
import java.sql.SQLException;
import java.sql.Statement;

public class CreateTable {

    /**
     * @param args
     */
    public static void main(String[] args) {
        // 声明 JDBC 驱动程序类型
        String JDriver = "com.microsoft.sqlserver.jdbc.SQLServerDriver";
        // 定义 JDBC 的 URL 对象
        String conURL = "jdbc:sqlserver:// localhost;databaseName = TestDB;user = dbuser;
            password = dbuser";
        try {
            Class.forName(JDriver);                     // 加载 JDBC 驱动程序
        }
        catch (java.lang.ClassNotFoundException e) {
            System.out.println("无法加载 JDBC 驱动程序." + e.getMessage());
        }
        Connection con = null;
        Statement s = null;
        try {
            con = DriverManager.getConnection(conURL); // 连接数据库 URL
            s = con.createStatement();                  // 建立 Statement 类对象
            String query = "create table consumer(" + "id char(10) not null,"
                + "name char(15)," + "totalmoney float" + ")";  // 创建一个含有 3 个字
                                                                  // 段的顾客表 conumser
            s.executeUpdate(query);                     // 执行 SQL 语句

            System.out.println("创建表成功!");

        }
        catch (SQLException e) {
            System.out.println("SQLException:" + e.getMessage());
        }
        finally {
            try{
                if (s != null) {
                    s.close();
```

```
                    s = null;
                }
                if (con != null)
                {
                    con.close(); // 关闭与数据库的连接
                    con = null;
                }
            }
            catch (SQLException e) {
                e.printStackTrace();
            }
        }
    }
}
```

这段程序的结果是通过数据源 TestDB 在数据库 Mydatabase 中创建了一个顾客表，表中还没有任何记录。

【例 12-2】 在上例创建的数据表 consumer 中插入 3 个顾客的记录。

```java
// InsertRecord. java
package ch12;

import java.sql.Connection;
import java.sql.DriverManager;
import java.sql.SQLException;
import java.sql.Statement;

public class InsertRecord {

    /**
     * @param args
     */
    public static void main(String[] args) {
        // 声明 JDBC 驱动程序类型
        String JDriver = "com.microsoft.sqlserver.jdbc.SQLServerDriver";
        // 定义 JDBC 的 URL 对象
        String conURL = "jdbc:sqlserver:// localhost;databaseName = TestDB; user = dbuser;
            password = dbuser";
        try {
            // 加载 JDBC 驱动程序
            Class. forName(JDriver);
        }
```

```
    catch (java.lang.ClassNotFoundException e) {
        System.out.println("无法加载 JDBC 驱动程序." + e.getMessage());
    }
    Connection con = null;
    Statement s = null;
    try {
        con = DriverManager.getConnection(conURL);        // 连接数据库 URL
        s = con.createStatement();                         // 建立 Statement 类对象
        // 使用 SQL 命令 insert 插入三条顾客记录到表中
        String r1 = "insert into consumer values('00001','王明',360)";
        String r2 = "insert into consumer values('00002','高强',728)";
        String r3 = "insert into consumer values('00003','李丽',1182)";
        s.executeUpdate(r1);
        s.executeUpdate(r2);
        s.executeUpdate(r3);

        System.out.println("插入数据成功!");

    }
    catch (SQLException e) {
        System.out.println("SQLException:" + e.getMessage());
    }
    finally {
        try {
            if (s != null)
            {
                s.close();
                s = null;
            }
            if (con != null)
            {
                con.close();                                // 关闭与数据库的连接
                con = null;
            }
        }
        catch (SQLException e) {
            e.printStackTrace();
        }
    }
}

}
```

301

【例 12-3】 修改上例中的第二条和第三条记录的顾客总消费金额字段的值,并把数据表的内容输出到屏幕上。

第
12
章

JDBC

```java
// UpdateRecord. java
package ch12;

import java.sql.Connection;
import java.sql.DriverManager;
import java.sql.PreparedStatement;
import java.sql.ResultSet;
import java.sql.SQLException;
import java.sql.Statement;

public class UpdateRecord {

    /**
     * @param args
     */
    public static void main(String[] args) {
        // 声明 JDBC 驱动程序类型
        String JDriver = "com.microsoft.sqlserver.jdbc.SQLServerDriver";
        // 定义 JDBC 的 URL 对象
        String conURL = "jdbc:sqlserver:// localhost;databaseName = TestDB;user = dbuser;
            password = dbuser";
        try {
            Class.forName(JDriver);        // 加载 JDBC 驱动程序
        }
        catch (java.lang.ClassNotFoundException e) {
            System.out.println("无法加载 JDBC 驱动程序." + e.getMessage());
        }
        Connection con = null;
        PreparedStatement ps = null;
        Statement s = null;
        try {
            con = DriverManager.getConnection(conURL);        // 连接数据库 URL

            // 修改数据库中数据表的内容
            String[] id = { "00002", "00003" };
            int[] totalmoney = { 989, 1260 };
            ps = con.prepareStatement("UPDATE consumer set totalmoney = ?"
                    + " where id = ?");
            int i = 0;
            do
            {
                ps.setInt(1, totalmoney[i]);
                ps.setString(2, id[i]);
```

```java
            ps.executeUpdate();
            i++;
        }
        while (i < id.length);

        // 查询数据库并把数据表的内容输出到屏幕上
        s = con.createStatement();
        ResultSet rs = s.executeQuery("select * from consumer");
        System.out.println("id \t\tname \t\ttotalmoney");
        while (rs.next())
        {
            System.out.println(rs.getString("id") + "\t"
                    + rs.getString("name") + "\t" + rs.getInt("totalmoney"));
        }

    }
    catch (SQLException e) {
        System.out.println("SQLException:" + e.getMessage());
    }
    finally {
        try {
            if (ps != null)
            {
                ps.close();
                ps = null;
            }
            if (s != null)
            {
                s.close();
                s = null;
            }
            if (con != null)
            {
                con.close();              // 关闭与数据库的连接
                con = null;
            }
        }
        catch (SQLException e) {
            e.printStackTrace();
        }
    }
}
```

【例 12-4】 在上例创建的数据表 consumer 中删除第二条记录,然后把数据表的内容输出到屏幕上。

```java
// DeleteRecord. java
package ch12;

import java.sql.Connection;
import java.sql.DriverManager;
import java.sql.PreparedStatement;
import java.sql.ResultSet;
import java.sql.SQLException;
import java.sql.Statement;

public class DeleteRecord {

    /**
     * @param args
     */
    public static void main(String[] args) {
        // 声明 JDBC 驱动程序类型
        String JDriver = "com.microsoft.sqlserver.jdbc.SQLServerDriver";
        // 定义 JDBC 的 URL 对象
        String conURL = "jdbc:sqlserver:// localhost;databaseName = TestDB;user = dbuser;
            password = dbuser";
        try {
            Class.forName(JDriver);            // 加载 JDBC 驱动程序
        }
        catch (java.lang.ClassNotFoundException e) {
            System.out.println("无法加载 JDBC 驱动程序." + e.getMessage());
        }
        Connection con = null;
        PreparedStatement ps = null;
        Statement s = null;
        try {
            con = DriverManager.getConnection(conURL);      // 连接数据库 URL

            // 删除第二条记录
            ps = con.prepareStatement("delete from consumer where id = ?");
            ps.setString(1, "00002");
            ps.executeUpdate();

            // 查询数据库并把数据表的内容输出到屏幕上
            s = con.createStatement();
            ResultSet rs = s.executeQuery("select * from consumer");
            System.out.println("id \t\tname \t\ttotalmoney");
```

```
        while (rs.next())
        {
            System.out.println(rs.getString("id") + "\t"
                    + rs.getString("name") + "\t" + rs.getInt("totalmoney"));
        }


    }
    catch (SQLException e) {
        System.out.println("SQLException:" + e.getMessage());
    }
    finally {
        try {
            if (ps != null)
            {
                ps.close();
                ps = null;
            }
            if (s != null)
            {
                s.close();
                s = null;
            }
            if (con != null)
            {
                con.close();        // 关闭与数据库的连接
                con = null;
            }
        }
        catch (SQLException e) {
            e.printStackTrace();
        }
    }
}
```

习题及思考

1. 简述 JDBC 的几种不同数据库连接方法。

2. JDBC 访问数据库的基本流程是什么?

3. Statement 对象和 PreparedStatement 对象的区别是什么?

4. 用 JDBC 完成以下编程:

设有 Product(maker, model)、PC(model, speed, ram, hd, price)数据库模式,其中每个字段的类型和含义如表 12-4 和表 12-5 所示。

表 12-4　**Product 字段的类型和含义**

字　段　名	类　　型	描　　述
maker	Varchar(20)	生产厂家的代码
model	Number(4)	产品的型号（primary key）

表 12-5　**PC 字段的类型和含义**

字　段　名	类　　型	描　　述
model	Number(4)	产品的型号（primary key）
speed	Number(4)	计算机的时钟频率，以兆赫计算
ram	Number(4)	内存容量，以兆字节计算
hd	Number(3,1)	硬盘容量，以 G 字节计算
price	Number(6)	价格，以人民币元计算

（1）使用 JDBC 在现有的数据库系统（Access、SQL Server、Oracle 等均可）中建立上述两个表。

（2）使用 JDBC 将下述数据加到两个表中

model	maker	speed	ram	hd	price
1100	Dell	500	128	10	8900
1101	Dell	677	128	20	12000
1201	Compaq	677	128	10	11500
1202	Compaq	733	128	20	15000

（3）从数据库中查找硬盘容量为 20GB，生产厂家为 Compaq 的机器型号和价格。

（4）将原先为 10GB 的 Dell 机器的硬盘更换为 12GB，而价格不变。

（5）删除所有时钟频率小于或等于 500MHz 的机器。

（6）列出时钟频率大于 500MHz 的 Compaq 机器的平均价格。

第13章　网络通信

　　网络通信是指物理上位于两台计算机上的两个进程之间通过网络交换信息的过程。作为目前 Internet 上最为流行的编程语言，Java 语言对网络通信提供了全面的支持。并且由于 Java 语言的网络特性，与其他语言相比，使用 Java 语言编写网络通信程序变得非常简单和便捷。

　　本章首先介绍了网络通信的基础知识，然后对 Java 语言在 3 个方面、也是网络 3 个层次上的通信分别进行介绍，它们分别是基于 URL 通信、Socket 通信及 Java 远程方法调用。

13.1　网络通信简介

　　网络通信的核心是协议。协议是指进程之间交换信息为完成任务所使用的一系列规则和规范。它主要包含两个方面的定义。

　　(1) 定义了进程之间交换消息所必须遵循的顺序。

　　(2) 定义进程之间所交换的消息的格式。

　　通过定义协议，可以看出，两个进程只要遵循相同的协议，就可以相互交换信息，而这两个进程可以用不同的编程语言编写，可以位于两个完全不同的计算机上。国际标准化组织给出了一个通用的参考协议，称为开放式系统互连参考模型（ISO/OSI RM），如图 13-1 所示。

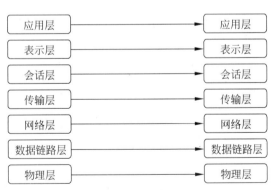

图 13-1　ISO/OSI RM 分层图

　　该模型共由 7 层构成，在定义上遵循以下两个原则。

　　(1) 由于通信一般是在两个计算机之间发生，因此协议的实现一般是由位于发送方和接收方两个程序模块实现。

(2) 采用分层模型。在每一个层次上,定义对等实体之间的通信协议。

该模型一般作为网络研究使用。而目前使用最广泛的协议是互联网的基础协议——TCP/IP 协议。其结构如图 13-2 所示,它是对 OSI RM 协议的简化。

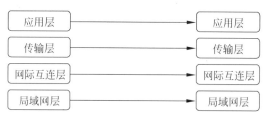

图 13-2 TCP/IP 协议

Java 语言对 TCP/IP 协议提供了全面的支持。

13.2 URL 通信

URL(Uniform Resource Locater)是统一资源定位器的简称,URL 的值表示网络上某个资源(如打印机、文件)的地址,因此只要按 URL 规则定义某个资源,那么网络上的其他程序就可以通过 URL 来访问它。

1. URL 简介

URL 用来网络资源定位,它的值由 5 部分组成,格式如下:

> <传输协议>:// <主机名>:<端口号>/<文件名>♯<引用>

其中传输协议(protocol)指明获取资源所使用的传输协议,如 http、ftp、file 等。主机名(hostname)指定资源所在的计算机,可以是 IP 地址,如 127.0.0.1,也可以是主机名或域名,如 www.oracle.com。一个计算机中可能有多种服务(应用程序),端口号(port)用来区分不同的网络服务,如 http 服务的默认端口号是 80,ftp 服务的默认端口号是 21 等。文件名(filename)包括该文件的完整路径。在 http 协议中,默认的文件名是 index.html,因此,http:// java.oracle.com 就等同于 http:// java.oracle.com/index.html。引用(reference)为资源内的某个引用,用来定位显示文件内容的位置,如 http:// java.oracle.com/index.html ♯chapter1。但并非所有的 URL 都包含这些元素。对于多数的协议,主机名和文件名是必需的,但端口号和文件内部的引用则是可选的。

2. URL 类

为了表示 URL,Java 中定义了 URL 类。URL 类有 6 个构造函数,其中最常用的有以下四种。

(1) URL(String spec)。

这种方法最简单也最常用,其中 spec 应该是一个完整的可在浏览器看到的 URL 地址。例如:

```
URL u = new URL("http:// java.oracle.com:80/docs/books/tutorial.html♯downloading");
```

（2）URL(String protocol，String host，String file)。

（3）URL(String protocol，String host，int port，String file)。

上两种方法将一个 URL 地址分解，按不同部分分别指定协议、主机、端口、文件。例如：

```
URL  u = new URL("http", "java.oracle.com", 80, "docs/books/tutorial.intro.html");
```

（4）URL(URL context，String spec)。

这种方法基于一个已有的 URL 对象创建一个新的 URL 对象，多用于访问同一个主机上不同路径的文件，例如：

```
URL  u = new URL("http:// java.oracle.com:80/docs/books/");
URL  u1 = new URL(u, "tutorial.intro.html");
URL  u2 = new URL(u, "tutorial.super.html");
```

使用 URL 构造方法创建对象时，如果参数有错误，就会产生一个非运行时异常 MalfromedURLException，因此，在构造 URL 对象时必须捕获异常并进行相应处理。

一旦拥有了 URL 对象，就可以使用 getAuthority()、getDefaultPort()、getFile()、getHost()、getPath()、getPort()、getProtocol()、getQuery()、getRef()和 getUserInfo()等方法获取各种 URL 的各种属性。如果 URL 中没有指定端口的部分，getDefaultPort()方法返回 URL 对象的协议使用的默认端口；getFile()方法返回完整的文件名；getProtocol()方法返回协议名；getRef()方法返回 URL 的引用。最后，getUserInfo()方法返回用户信息部分。在这些 URL 属性获取方法中，如果某些属性不存在(如果没有给 URL 对象的协议处理程序指定默认的端口，它也返回—1)，这些方法就返回 null 或—1。

【例 13-1】 URL 的使用。

```
// URL1.java
import java.io. * ;
import java.net. * ;
public class URL1 {
    public static void main(String[ ] args) throws IOException {
        URL url = new URL("http:// www.javajeff.com/articles/articles/html");
        System.out.println("Authority = " + url.getAuthority());
        System.out.println("Default port = " + url.getDefaultPort());
        System.out.println("File = " + url.getFile());
        System.out.println("Host = " + url.getHost());
        System.out.println("Path = " + url.getPath());
        System.out.println("Port = " + url.getPort());
        System.out.println("Protocol = " + url.getProtocol());
        System.out.println("Query = " + url.getQuery());
        System.out.println("Ref = " + url.getRef());
        System.out.println("User Info = " + url.getUserInfo());
    }
}
```

第13章

网络通信

例 13-1 的运行结果如图 13-3 所示。

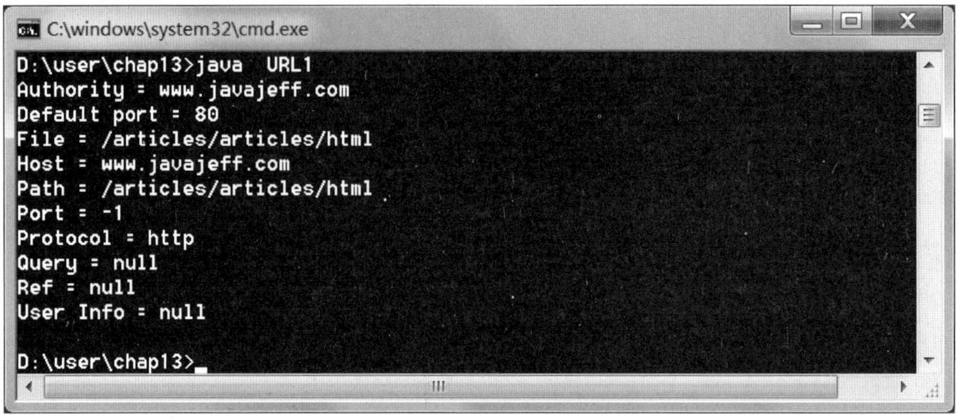

```
C:\windows\system32\cmd.exe

D:\user\chap13>java  URL1
Authority = www.javajeff.com
Default port = 80
File = /articles/articles/html
Host = www.javajeff.com
Path = /articles/articles/html
Port = -1
Protocol = http
Query = null
Ref = null
User Info = null

D:\user\chap13>
```

图 13-3   例 13-1 的运行结果

3. 通过字节流访问 WWW 资源

URL 对象创建后,就可以通过它来访问指定的 WWW 资源。这时需要调用 URL 类的 openStream()方法,该方法与指定的 URL 建立连接并返回一个 InputStream 类的对象,这样访问网络资源的操作就变成了人们熟悉的 I/O 操作,接下来就可以用字节流的方式读取资源数据。

【例 13-2】 通过 URL 对象访问资源。

```java
// URL2.java
import java.io. * ;
import java.net. * ;
public class URL2{
    public static void main(String[ ] args) throws IOException{
        URL url = new URL("http:// www.oracle.com/technetwork/java/index.html ");
        InputStreamReader isr = new InputStreamReader(url.openStream());
        BufferedReader br = new BufferedReader( isr);
        String s;
        while ((s = br.readLine()) != null)
            System.out.println(s);
        br.close();
    }
}
```

上面例程的输出是 URL 指定的 HTML 页面的源代码。

4. 通过 URLConnection 实现双向通信

例 13-2 显示了利用 openStream()以字节流的形式读取资源的方法,而实际应用中,只能读取数据是不够的,很多情况下,我们都需要将一些信息发送到服务器中去,这就要求我们能够实现同网络资源的双向通信,URLConnection 类就是用来解决这一问题的。

类 URLConnection 也是定义在包 java.net 里,它表示 Java 程序和 URL 在网络上的通信连接。当与一个 URL 建立连接时,首先要在一个 URL 对象上通过方法 openConnection() 生成对应的 URLConnection 对象。URLConnection 是以 HTTP 协议为中心的类,其中很多方法只有在处理 HTTP 的 URL 时才起作用。

1）建立连接

```
URL url = new URL("http:// www.yahoo.com/");
URLConnection con = url.openConnection();
```

2）向服务器端送数据

```
PrintStreamps = new  PrintStream(con.getOutputStream());
ps.println(string_data);
```

3）从服务器读数据

```
DataInputStreamdis = new  DataInputStream(con.getInputStream());
dis.readLine();
```

下面的实例中，Java 程序访问 cgi 程序，并传给它 10 个数据，cgi 程序接收后，排序并传送回来。这个实例重点在于演示连接的建立、数据流的建立、java 如何发送数据、如何接收数据。

【例 13-3】 URLConnection 的使用。

```java
// ComWithCgi.java
import java.io. * ;
import java.net. * ;
public class ComWithCgi {
    public static void main(String[ ] args) throws Exception {
        // 建立指向 cgi 的 URL 对象
        URL url = new URL("http:/java.sun.com/test.cgi");
        URLConnection connection = url.openConnection();
        connection.setDoOutput(true);
        PrintStream ps = new PrintStream(connection.getOutputStream());
        ps.println("0123456789");
        ps.close();       // 向服务器输出数据
        DataInputStream dis = new DataInputStream(connection.getInputStream());
        String inputLine;
        while ((inputLine = dis.readLine()) != null) {
            System.out.println(inputLine);
        }
        dis.close();     // 从服务器读数据
    }
}
```

5. 使用 HttpURLConnection

HttpURLConnection 是 URLConnection 的子类。HttpURLConnection 提供了对 Http 协议的支持，如果所访问的 URL 地址是一个 Http 地址，那么就可以使用 HttpURLConnection。例如：

```
URL url = new URL("http:// www.sohu.com");
HttpURLConnection connection = ( HttpURLConnection)url.openConnection();
```

但是要注意如果 URL 地址不是一个 Http 地址,那么就无法用类型转换获取 HttpURLConnection 的实例。

由于 HttpURLConnection 是 URLConnection 的子类,因此 HttpURLConnection 具有 URLConnection 的全部 public 方法,HttpURLConnection 的基本用法也与 URLConnection 相同。同时 HttpURLConnection 有一些独特的方法,常用的方法有以下几种,通过使用这些方法能够直接操作 HTTP 连接,实现某些高级的特性。

(1) public void disconnect():断开与服务端的连接。

(2) public InputStream getErrorStream():返回错误流(Error Stream),所谓错误流是指连接失败时服务端返回的有用数据,这些有用数据通常通过错误流返回。例如服务器端返回 404 错误时(表示所访问的文件无法找到)。

(3) public String getRequestMethod():返回请求的类型,请求类型包括 GET、POST、HEAD、OPTIONS、PUT、DELETE、TRACE。

(4) public int getResponseCode():返回服务器端响应的状态字,如 200 表示 OK,401 表示 Unauthorized。

(5) public String getResponseMessage():返回服务器端的响应消息,如“HTTP/1.0 200 OK”或者“HTTP/1.0 404 Not Found”。

(6) public void setRequestMethod(String method):设置请求的类型,请求类型包括 Get、POST、HEAD、OPTIONS、PUT、DELETE、TRACE。

(7) public boolean usingProxy():返回当前 HTTP 连接是否使用了代理服务器。

13.3　Socket 通信

正处于网络环境下的两个程序,它们之间通过一个交互的连接来实现数据通信。每一个连接的通信端称为一个 Socket。一个完整的 Socket 通信程序应该包含如下几个步骤。

(1) 创建 Socket。

(2) 打开连接到 Socket 的输入/输出流。

(3) 按照一定的协议对 Socket 进行读/写操作。

(4) 关闭 Socket。

13.3.1　服务器程序

服务器程序的任务就是等候建立一个连接,然后用那个连接产生的 Socket 创建一个 InputStream 以及 OutputStream。之后,从 InputStream 读入的所有数据都会反馈给 OutputStream,直到接收到行中止(END)为止,最后关闭连接。客户机建立与服务器的连接,然后创建一个 OutputStream。文本行通过 OutputStream 发送。客户机也会创建一个 InputStream,用它收听服务器说些什么。服务器与客户机(程序)都使用同样的端口号,而且客户机利用本地主机地址连接位于同一台计算机中的服务器(程序),所以不必在一个物理性的网络中完成测试。

下面是服务器程序。

【**例 13-4**】 Socket 通信程序。

```java
// Server_Socket.java
import java.io.*;
import java.net.*;
public class Server_Socket {
    public static final int PORT = 8080;
    public static void main(String[] args) throws IOException {
        ServerSocket s = new ServerSocket(PORT);
        System.out.println("启动服务器: " + s);
        try {
            Socket socket = s.accept();
            try {
                System.out.println("客户端连接建立: " + socket);
                BufferedReader in = new BufferedReader ( new InputStreamReader ( socket.
                    getInputStream()));
                PrintWriter out = new PrintWriter ( new BufferedWriter ( new OutputStreamWriter
                    (socket.getOutputStream())),true);
                while (true) {
                    String str = in.readLine();
                    if (str.equals("END"))
                        break;
                    System.out.println( str);
                    out.println("服务器回复: " + str );
                }
            } finally {
                System.out.println("关闭...");
                socket.close();
            }
        } finally {
            s.close();
        }
    }
}
```

注意,ServerSocket 只要一个端口编号,不需要 IP 地址(因为它就在这台计算机上运行)。调用 accept()时,方法暂时陷入阻塞状态,直到某个客户尝试同它建立连接。建好一个连接以后,accept()会返回一个 Socket 对象,它是那个连接的代表。假如 ServerSocket 对象创建失败,则程序简单地退出(注意,必须保证 ServerSocket 的对象在失败之后不会留下任何打开的网络套接字)。针对这种情况,main()会抛出一个 IOException 异常,所以不必使用一个 try 块。若 ServerSocket 构造方法成功执行,则其他所有方法调用都必须放到一个 try-finally 代码块里,以确保无论块以什么方式结束,ServerSocket 都能正确关闭。

同样的道理也适用于由 accept()返回的 Socket。若 accept()失败,那么必须保证 Socket 不再存在或者含有任何资源,以便不必清除它们。假若执行成功,则后续的语句必须进入一个 try-finally 块内,以保障在发生异常的情况下,Socket 仍能得到正确清除。由于套接字使用了重要的非内存资源,因此在这里必须特别谨慎,必须自己动手将它们清除。无论 ServerSocket,还是由 accept()产生的 Socket 都打印到 System.out 中。这意味着它们的

toString 方法会得到自动调用。这样便产生了:

```
ServerSocket[addr = 0.0.0.0, PORT = 0, localport = 8080]
Socket[addr = 127.0.0.1, PORT = 1077, localport = 8080]
```

在后面的程序中会看到它们如何与客户程序做的事情配合。

程序的下一部分是创建流,以便读取和写入,只是 InputStream 和 OutputStream 是从 Socket 对象创建的。利用两个"转换器"类 InputStreamReader 和 OutputStreamWriter, InputStream 和 OutputStream 对象已经分别转换成为 Reader 和 Writer 对象。也可以直接 使用 InputStream 和 OutputStream 类,但对输出来说,使用 Writer 方式具有明显的优势。 这一优势是通过 PrintWriter 表现出来的,它有一个重载的构造方法,能获取第二个参 数——一个布尔值标志,指出是否在每一次 println( )结束的时候自动刷新输出缓冲区[但 不适用于 print( )语句]。每次写入了输出内容后(写进 out),它的缓冲区必须刷新,使信息 能正式通过网络传递出去。对目前这个例子来说,刷新显得尤为重要,因为客户和服务器在 采取下一步操作之前都要等待一行文本内容的到达。若刷新没有发生,那么信息不会进入 网络,除非缓冲区满(溢出),这会为本程序带来许多问题。

编写网络应用程序时,要特别注意自动刷新机制的使用。每次刷新缓冲区时,须创建和 发出一个数据包(数据封)。就目前的情况来说,这正是我们所希望的,因为假如包内包含了 还没有发出的文本行,服务器和客户机之间的相互联系就会停止。换句话说,一行的末尾就 是一条消息的末尾。但在其他许多情况下,消息并不是用行分隔的,所以不如不用自动刷新 机制,而用内建的缓冲区判决机制来决定何时发送一个数据包。这样一来,我们可以发出较 大的数据包,而且处理进程也能加快。

注意,和我们打开的几乎所有数据流一样,它们都要进行缓冲处理。无限 while 循环从 BufferedReader in 内读取文本行,并将信息写入 System.out,然后写入 PrintWriter 类型的 out。注意这可以是任何数据流,它们只是在表面上同网络连接。客户程序发出包含了 "END"的行后,程序会中止循环,并关闭 Socket。

13.3.2　客户机程序

下面是例 13-4 中客户程序的源码:

```java
import java.net. * ;
import java.io. * ;
public class Client_Socket {
    public static void main(String[ ] args) throws IOException {
        InetAddress addr = InetAddress.getByName(null);
        System.out.println("地址 = " + addr);
        Socket socket = new Socket(addr, Server_Socket.PORT);
        try {
            System.out.println("Socket = " + socket);
            BufferedReader  in = new  BufferedReader ( new  InputStreamReader ( socket.
                getInputStream()));
            PrintWriter out = new PrintWriter(new BufferedWriter(new OutputStreamWriter(socket.
                getOutputStream())), true);
```

```
                    for (int i = 0; i < 10; i++) {
                        out.println("客户端来信" + i);
                        String str = in.readLine();
                        System.out.println(str);
                    }
                    out.println("END");
                } finally {
                    System.out.println("关闭...");
                    socket.close();
                }
            }
        }
```

在 main()中,可看到获得本地主机 IP 地址的 InetAddress 的三种途径:使用 null,使用 localhost,或者直接使用保留地址 127.0.0.1。当然,如果想通过网络向一台远程主机连接, 也可以换用那台计算机的 IP 地址。打印出 InetAddress addr 后[通过对 toString()方法的 自动调用],结果如下:

```
localhost/127.0.0.1
```

通过向 getByName()传递一个 null,它会默认寻找 localhost,并生成特殊的保留地址 127.0.0.1。注意,在名为 socket 的套接字创建时,同时使用了 InetAddress 以及端口号。 打印这样的某个 Socket 对象时,为了真正理解它的含义,请记住一次独一无二的因特网连 接是用下述四种数据标识的:clientHost(客户主机)、clientPortNumber(客户端口号)、 serverHost(服务主机)以及 serverPortNumber(服务端口号)。服务程序启动后,会在本地 主机(127.0.0.1)上占用为它分配的端口(8080)。一旦客户程序发出请求,计算机上下一个 可用的端口就会分配给它(这种情况下是 49892),这一行动也在与服务程序相同的计算机 (127.0.0.1)上进行。现在,为了使数据能在客户及服务程序之间来回传送,每一端都需要 知道把数据发到哪里。所以在同一个"已知"服务程序连接的时候,客户会发出一个"返回地 址",使服务器程序知道将自己的数据发到哪儿。我们在服务器端的示范输出中可以体会到 这一情况:

```
Socket[addr = 127.0.0.1, port = 49892, localport = 8080]
```

这意味着服务器刚才已接收了来自 127.0.0.1 这台计算机的端口 49892 的连接,同时 监听自己的本地端口(8080)。而在客户端:

```
Socket[addr = localhost/127.0.0.1, PORT = 8080, localport = 49892]
```

这意味着客户已用自己的本地端口 49892 与 127.0.0.1 计算机上的端口 8080 建立了 连接。创建好 Socket 对象后,将其转换成 BufferedReader 和 PrintWriter 的过程与在服务 器程序中相同(同样地,两种情况下都要从一个 Socket 开始)。在这里,客户通过发出字串 "客户端来信",并在后面跟随一个数字,从而初始化通信。注意,缓冲区必须再次刷新(这是自动发生的,通过传递给 PrintWriter 构造方法的第二个参数)。若缓冲区没有刷新,那么整个会话(通信)都会被挂起,因为用于初始化的"客户端来信"永远不会发送出去(缓冲区不够满,不足以造成发送动作的自动进行)。从服务器返回的每一行都会写入 System.out,以验证一切都在正常运转。为中止会话,需要发出一个"END"。若客户程序简单地挂起,那么服务器会"抛出"出一个异常对象。

在这里可以看到,客户端程序采用了同样的措施来确保由 Socket 代表的网络资源得到正确清除,这是用一个 try-finally 块实现的。套接字建立了一个"专用"连接,它会一直持续到明确断开连接为止(专用连接也可能间接性地断开,前提是某一端或者中间的某条链路出现故障而崩溃)。这意味着参与连接的双方都被锁定在通信中,而且无论是否有数据传递,连接都会连续处于开放状态。从表面看,这是一种合理的连网方式。然而,它也为网络带来了额外的开销。

图 13-4 所示的是例 13-4 中服务器端的输出。

图 13-4　例 13-4 中服务器端的输出

图 13-5 所示的是例 13-4 中客户端的输出。

图 13-5　例 13-4 中客户端的输出

13.3.3　服务多个客户

前面的例子,Server_Socket 每次只能为一个客户程序提供服务。在服务器中,我们希望同时能处理多个客户的请求。解决方法就是多线程处理机制。通过对多线程的学习,大家已经知道 Java 已对多线程的处理进行了尽可能的简化。Java 的线程处理方式非常直接,让服务器控制多个客户最基本的方法是:在服务器程序中创建单个 ServerSocket,并调用 accept() 来等候一个新连接,一旦 accept() 返回,就用获得的 Socket 新建一个线程,令其只为那个特定的客户服务;然后再调用 accept(),等候下一次新的连接请求。下面这段服务器代码与 Server_Socket.java 例子非常相似,只是为一个特定的客户提供服务的所有操作都已移入一个独立的线程类中。

【例 13-5】 多客户 Socket 通信服务端程序。

```java
// ServerSocketMult.java
import java.io. * ;
import java.net. * ;
class ServerWorker extends Thread{
    private Socket socket;
    private BufferedReader in;
    private PrintWriter out;
    public ServerWorker(Socket s) throws IOException{
        socket = s;
        in = new BufferedReader(new InputStreamReader(socket.getInputStream()));
        out = new PrintWriter(new OutputStreamWriter(socket
                .getOutputStream()), true);
        start();
    }
    public void run(){
        try {
            while (true) {
                String str = in.readLine();
                if (str.equals("END"))
                    break;
                System.out.println("来自客户端: " + str);
                out.println(str);
                Thread.sleep(1000);
            }
            System.out.println("关闭...");
        } catch (IOException e) {
        } catch (InterruptedException e) {
            e.printStackTrace();
        } finally {
            try {
                socket.close();
            } catch (IOException e) {
            }
        }
    }
}

public class ServerSocketMult{
    static final int PORT = 8080;
    public static void main(String[] args) throws IOException{
        ServerSocket s = new ServerSocket(PORT);
```

```
        System.out.println("启动服务器.");
        try {
            while (true) {
                Socket socket = s.accept();
                try {
                    new ServerWorker(socket);
                } catch (IOException e) {
                    socket.close();
                }
            }
        } finally {
            s.close();
        }
    }
}
```

每次有新客户请求建立一个连接时,ServerWorker 线程都会取得由 accept()在 main()中生成的 Socket 对象。它调用 Thread 的特殊方法 start()启动线程,然后调用 run()。程序功能与前例是一样的:从套接字读入某些数据,然后把它原样反馈回去,直到遇到一个特殊的"END"结束标志为止。

ServerSocketMult 和前面的例子一样,创建一个 ServerSocket,并调用 accept()允许一个新连接的建立。accept()的返回值(一个套接字)将传递给 ServerWorker 的构造方法,由它创建一个新线程,并对那个连接进行控制。连接中断后,线程便可简单地消失。如果 ServerSocket 创建失败,则通过 main()抛出异常;如果成功,则位于外层的 try-finally 代码块可以担保正确的清除。位于内层的 try-catch 块只负责防范 ServerWorker 构造方法的失败;若构造方法成功,则 ServerWorker 线程会将对应的套接字关掉。

为了证实服务器代码确实能为多名客户提供服务,下面这个程序将使用线程创建许多客户,并与服务器建立连接。允许创建的线程的最大数量是由 final int maxthreads 决定的。

【例 13-6】 多客户 Socket 通信客户端程序。

```
// ClientSocketMult.java
import java.net.*;
import java.io.*;
class ClientSocketMultThread extends Thread {
    private Socket socket;
    private BufferedReader in;
    private PrintWriter out;
    private static int counter = 0;
    private int id = ++counter;

    public static int threadCount() {
        return counter;
    }

    public ClientSocketMultThread(InetAddress addr) {
        System.out.println("创建客户端: " + id);
        try {
```

```
                socket = new Socket(addr, ServerSoketMult.PORT);
            } catch (IOException e) {
            }
            try {
                in = new BufferedReader(new InputStreamReader(socket.getInputStream()));
                out = new PrintWriter(new OutputStreamWriter(socket.getOutputStream()), true);
                start();
            } catch (IOException e) {
                try {
                    socket.close();
                } catch (IOException e2) {
                }
            }
        }

        public void run() {
            try {
                for (int i = 0; i < 5; i++) {
                    out.println("客户端 " + id + ": 消息" + i);
                    String str = in.readLine();
                    System.out.println("来自服务器: " + str);
                }
                out.println("END");
            } catch (IOException e) {
            } finally {
                try {
                    socket.close();
                } catch (IOException e) {
                }

            }
        }
    }

    public class ClientSocketMult {
        static final int MAX_THREADS = 10;

        public static void main(String[] args) throws IOException, InterruptedException {
            InetAddress addr = InetAddress.getByName(null);
            while (true) {
                if (ClientSocketMultThread.threadCount() < MAX_THREADS)
                    new ClientSocketMultThread(addr);
                Thread.sleep(100);
            }
        }
    }
```

  ClientSocketMultThread 构造方法获取一个 InetAddress 对象,并用它打开一个套接字,并从 Socket 获得输入输出流。同样地,start()启动线程,在 run()中,消息发送给服务器,而来自服务器的信息则在屏幕上回显出来。注意,在套接字创建好以后,但在构造方法完成之前,假若构造方法失败,套接字会被清除。否则,为套接字调用 close()的责任便落到了 run()方法的头上。在 ClientSocketMult.main()中,创建了一定数量的线程。

图 13-6 所示的是例 13-6 中服务器端的运行结果(部分)。

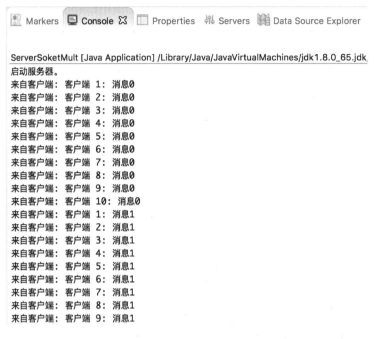

图 13-6　例 13-6 中服务器端的运行结果

图 13-7 所示的是例 13-6 中客户端的运行结果(部分)。

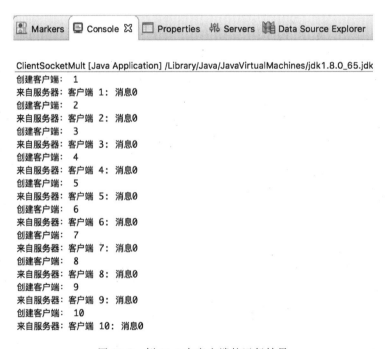

图 13-7　例 13-6 中客户端的运行结果

13.3.4　数据报通信

前面的 Socket 通信使用的是 TCP 协议。TCP 协议具有高度的可靠性,能保证数据顺利抵达目的地。收到字节的顺序与它们发出来时是一样的。不过,TCP 协议具有非常高的开销。此外,还有一种 UDP 协议,它并不刻意追求数据包会完全发送出去,也不能担保它们抵达的顺序与它们发出时一样,是一种"不可靠协议"。由于它的速度快得多,因此在很多场合是很适用的。对某些应用来说,例如声音信号的传输,如果少量数据包在中途丢失了,那么不用太在意,因为传输的速度显得更重要一些。大多数互联网游戏采用的也是 UDP 协议通信,因为网络通信的快慢是游戏是否流畅的决定性因素。也可以想想一台报时服务器,如果某条消息丢失了,那么也无所谓。

使用 UDP 协议时,在客户和服务器程序都可以放置一个 DatagramSocket(数据报套接字),但与 ServerSocket 不同,前者不会等待建立一个连接的请求。对数据报来说,它的数据包必须知道自己来自何处,以及打算去哪里。DatagramSocket 用于收发数据包,而DatagramPacket 包含了具体的信息。准备接收一个数据报时,只需提供一个缓冲区,以便安置接收到的数据。数据包抵达时,通过 DatagramSocket,作为信息起源地的因特网地址以及端口编号会自动得到。

在描述它们之前,必须了解位于同一个位置的 InetAddress 类。它用于描述和包装一个 Internet IP 地址,通过 3 个方法返回 InetAddress 实例。

(1) getLocalhost():返回封装本地地址的实例。

(2) getAllByName(String host):返回封装 Host 地址的 InetAddress 实例数组。

(3) getByName(String host):返回一个封装 Host 地址的实例。其中,Host 可以是域名或者是一个合法的 IP 地址。

DatagramSocket 类用于创建接收和发送 UDP 的 Socket 实例。DatagramSocket 类有 3个构造函数。

(1) DatagramSocket():创建实例。这是比较特殊的用法,通常用于客户端编程,它并没有特定监听的端口,仅仅使用一个临时的。

(2) DatagramSocket(int port):创建实例,并固定监听 Port 端口的报文。

(3) DatagramSocket(int port, InetAddress localAddr):这是个非常有用的构造函数,当一台计算机拥有多于一个 IP 地址的时候,由它创建的实例仅仅接收来自 LocalAddr 的报文。

在创建 DatagramSocket 类实例时,如果端口已经被使用,会产生一个 SocketException的异常抛出,并导致程序非法终止。DatagramSocket 类最主要的方法有以下 4 个。

(1) Receive(DatagramPacket d):接收数据报文到 d 中。receive 方法产生一个"阻塞"。

(2) Send(DatagramPacket d):发送报文 d 到目的地。

(3) SetSoTimeout(int timeout):设置超时时间,单位为毫秒。

(4) Close():关闭 DatagramSocket。在应用程序退出的时候,通常会主动释放资源,关闭 Socket,但是由于异常的退出可能造成资源无法回收,因此,应该在程序完成时,主动使用此方法关闭 Socket,或在捕获到异常抛出后关闭 Socket。

DatagramPacket 类用于处理报文,它将 Byte 数组、目标地址、目标端口等数据包装成报文或者将报文拆卸成 Byte 数组。DatagramPacket 类的构造函数共有 4 个。

(1) DatagramPacket(byte[] buf, int length, InetAddress addr, int port)：从 buf 数组中取出 length 长的数据创建数据包对象，目标是 Addr 地址，Port 端口。

(2) DatagramPacket(byte[] buf, int offset, int length, InetAddress address, int port)：从 buf 数组中取出 Offset 开始的、length 长的数据创建数据包对象，目标是 Addr 地址，Port 端口。

(3) DatagramPacket(byte[] buf, int offset, int length)：将数据包中从 Offset 开始、length 长的数据装进 buf 数组。

(4) DatagramPacket(byte[] buf, int length)：将数据包中 length 长的数据装进 buf 数组。

DatagramPacket 类最重要的方法就是 getData()，它从实例中取得报文的 Byte 数组编码。

【例 13-7】 数据报服务端程序。

```java
// UDP_socket_server.java
import java.net.*;
import java.io.*;
import java.util.*;
public class UDP_socket_server {
    static final int INPORT = 1711;
    private byte[] buf = new byte[1000];
    private DatagramPacket dp = new DatagramPacket(buf, buf.length);
    private DatagramSocket socket;
    public UDP_socket_server() {
        try {
            socket = new DatagramSocket(INPORT);
            System.out.println("启动服务器.");
            while (true) {
                socket.receive(dp);
                String rcvd = new String(dp.getData()) + ", 来自于: " + dp.getAddress()
                    + ", 端口: " + dp.getPort();
                System.out.println(rcvd);
                String echoString = "回写: " + rcvd;
                byte[] buf = echoString.getBytes();
                DatagramPacket echo = new DatagramPacket (buf, buf.length,
                    dp.getAddress(), dp.getPort());
                socket.send(echo);
            }
        } catch (SocketException e) {
            System.err.println("不能打开 Socket.");
            System.exit(1);
        } catch (IOException e) {
            System.err.println("通信错误.");
            e.printStackTrace();
```

```
        }
    }
    public static void main(String[] args) {
        new UDP_socket_server();
    }
}
```

UDP_socket_server 创建了一个用来接收消息的 DatagramSocket(数据报套接字),而不是在每次准备接收一条新消息时都新建一个。这个单一的 DatagramSocket 可以重复使用,它有一个端口号。客户必须确切知道自己把数据报发到哪个地址。尽管有一个端口号,没有为它分配因特网地址,是默认的 localhost。在无限 while 循环中,套接字被告知接收数据(receive())。然后暂时挂起,直到一个数据报出现,再把它反馈回我们希望的接收人。数据包(Packet)会被转换成一个字串,同时插入的还有数据包的起源因特网地址及端口号。这些信息会显示出来,然后添加一个额外的字串,指出已从服务器反馈回来了。

为了将一条消息送回它真正的始发客户,需要知道那个客户的因特网地址以及端口号。这些资料均已被封装到发出消息的 DatagramPacket 内部,要做的事情就是用 getAddress() 和 getPort() 把它们取出来。利用这些资料,可以构建 DatagramPacket echo——它通过与接收用的相同的套接字发送回来。

为测试服务器的运转是否正常,下面程序将创建大量客户(线程),它们都会将数据报包发给服务器,并等候服务器把它们原样反馈回来。

【例 13-8】 数据报客户端程序。

```
// UDP_socket_client
import java.lang.Thread;
import java.net. * ;
import java.io. * ;
public class UDP_socket_client extends Thread {
    private DatagramSocket ds;
    private InetAddress hostAddress;
    private byte[] buf = new byte[1000];
    private DatagramPacket dp = new DatagramPacket(buf, buf.length);
    private int id;
    public UDP_socket_client(int identifier) {
        id = identifier;
        try {
            ds = new DatagramSocket();
            hostAddress = InetAddress.getByName("localhost");
        } catch (UnknownHostException e) {
            System.err.println("未能找到主机.");
            System.exit(1);
        } catch (SocketException e) {
            System.err.println("不能打开 Socket");
            e.printStackTrace();
            System.exit(1);
```

```
            }
            System.out.println("UDP_socket_客户端启动...");
        }
    public void run() {
        try {
            for (int i = 0; i < 5; i++) {
                String outMessage = "客户端 ♯" + id + ", 消息 ♯" + i;
                byte[] buf = outMessage.getBytes();
                ds.send(new DatagramPacket(buf, buf.length, hostAddress,
                    UDP_socket_server.INPORT));
                ds.receive(dp);
                String rcvd = "客户端 ♯" + id + ", 接收 " + dp.getAddress() + ", " +
                dp.getPort() + ": " + new String(dp.getData());
                System.out.println(rcvd);
            }
        } catch (IOException e) {
            e.printStackTrace();
            System.exit(1);
        }
    }
    public static void main(String[] args) {
        for (int i = 0; i < 10; i++)
            new UDP_socket_client(i).start();
    }
}
```

UDP_socket_client 被创建成一个线程(Thread),所以可以用多个客户来访问服务器,从中可以看到,用于接收的 DatagramSocket 在构造方法中,没有附带任何参数,会自动分配端口编号,这从输出结果即可看出。在程序中,如果需要创建一个准备传出去的 DatagramPacket,那么必须知道一个准确的服务器的因特网地址和端口号。

每个线程都有自己独一无二的标识号。在 run()中,创建了一个 String 消息,其中包含了线程的标识编号以及该线程准备发送的消息编号。然后,用这个字串创建一个数据报,发到主机上的指定地址和端口。一旦消息发出,receive()就会暂时被"堵塞"起来,直到服务器回复了这条消息。

运行该程序时,会发现每个线程都会结束,这意味着发送到服务器的每个数据报包都会回转,并反馈回正确的接收者。如果不是这样,一个或更多的线程就会挂起并进入"堵塞"状态,直到它们的输入被显露出来。读者或许认为将文件从一台计算机传到另一台计算机的唯一正确方式是通过 TCP 套接字,因为它们是"可靠"的。然而,由于数据报的速度非常快,因此它才是一种更好的选择。我们只需将文件分割成多个数据报,并为每个包编号。接收计算机会取得这些数据包,并重新"组装"它们;一个"标题包"会告诉计算机应该接收多少个包,以及组装所需的另一些重要信息。如果一个包在中途"走丢"了,接收计算机会返回一个数据报,告诉发送者重传。

图 13-8 所示的是例 13-7 中服务器启动后,接收客户端输入后的状态(部分)。

```
Markers  Console ☒  Properties  Servers  Data Source Explorer

UDP_socket_server [Java Application] /Library/Java/JavaVirtualMachines/jdk1.8.0_65.jc
启动服务器。
客户端 #0, 消息 #0, 来自于: /127.0.0.1, 端口: 60298
客户端 #2, 消息 #0, 来自于: /127.0.0.1, 端口: 60300
客户端 #1, 消息 #0, 来自于: /127.0.0.1, 端口: 60299
客户端 #0, 消息 #1, 来自于: /127.0.0.1, 端口: 60298
客户端 #2, 消息 #1, 来自于: /127.0.0.1, 端口: 60300
客户端 #3, 消息 #0, 来自于: /127.0.0.1, 端口: 60301
客户端 #1, 消息 #1, 来自于: /127.0.0.1, 端口: 60299
客户端 #0, 消息 #2, 来自于: /127.0.0.1, 端口: 60298
客户端 #2, 消息 #2, 来自于: /127.0.0.1, 端口: 60300
客户端 #3, 消息 #1, 来自于: /127.0.0.1, 端口: 60301
客户端 #1, 消息 #2, 来自于: /127.0.0.1, 端口: 60299
客户端 #2, 消息 #3, 来自于: /127.0.0.1, 端口: 60300
客户端 #3, 消息 #2, 来自于: /127.0.0.1, 端口: 60301
客户端 #0, 消息 #3, 来自于: /127.0.0.1, 端口: 60298
客户端 #1, 消息 #3, 来自于: /127.0.0.1, 端口: 60299
客户端 #3, 消息 #3, 来自于: /127.0.0.1, 端口: 60301
客户端 #2, 消息 #4, 来自于: /127.0.0.1, 端口: 60300
客户端 #0, 消息 #4, 来自于: /127.0.0.1, 端口: 60298
```

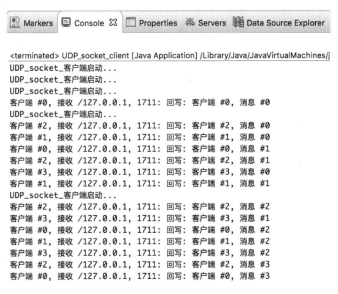

图 13-8　例 13-7 中服务器接收客户端输入后的状态

图 13-9 所示的是例 13-8 中客户端运行后的状态(部分)。

```
Markers  Console ☒  Properties  Servers  Data Source Explorer

<terminated> UDP_socket_client [Java Application] /Library/Java/JavaVirtualMachines/j
UDP_socket_客户端启动...
UDP_socket_客户端启动...
UDP_socket_客户端启动...
客户端 #0, 接收 /127.0.0.1, 1711: 回写: 客户端 #0, 消息 #0
UDP_socket_客户端启动...
客户端 #2, 接收 /127.0.0.1, 1711: 回写: 客户端 #2, 消息 #0
客户端 #1, 接收 /127.0.0.1, 1711: 回写: 客户端 #1, 消息 #0
客户端 #0, 接收 /127.0.0.1, 1711: 回写: 客户端 #0, 消息 #1
客户端 #2, 接收 /127.0.0.1, 1711: 回写: 客户端 #2, 消息 #1
客户端 #3, 接收 /127.0.0.1, 1711: 回写: 客户端 #3, 消息 #0
客户端 #1, 接收 /127.0.0.1, 1711: 回写: 客户端 #1, 消息 #1
UDP_socket_客户端启动...
客户端 #2, 接收 /127.0.0.1, 1711: 回写: 客户端 #2, 消息 #2
客户端 #3, 接收 /127.0.0.1, 1711: 回写: 客户端 #3, 消息 #1
客户端 #0, 接收 /127.0.0.1, 1711: 回写: 客户端 #0, 消息 #2
客户端 #1, 接收 /127.0.0.1, 1711: 回写: 客户端 #1, 消息 #2
客户端 #3, 接收 /127.0.0.1, 1711: 回写: 客户端 #3, 消息 #2
客户端 #2, 接收 /127.0.0.1, 1711: 回写: 客户端 #2, 消息 #3
客户端 #0, 接收 /127.0.0.1, 1711: 回写: 客户端 #0, 消息 #3
```

图 13-9　例 13-8 中客户端运行后的状态

13.4　远程方法调用(RMI)

Java 语言的跨平台性、可移植性使它能够支持网络应用程序的设计。同时 Java 语言提供的远程方法调用(Remote Method Invocation,RMI)特性,使客户机上的程序可以调用服务器上的远程对象,这样就使程序员能够很容易编写出分布计算程序,并在网络环境下进行分布计算。

RMI 使运行在同一台计算机上的 Java 对象可以通过远程方法调用来进行通信，这些方法调用和对同一程序中对象的操作是一样的。在面向过程的语言中实现类似功能的是远程过程调用（Remote Procedure Call，RPC），RPC 使得程序可以方便地调用另一台计算机上的函数，就像调用本机上的函数一样方便，这样就可以使程序员从复杂的网络通信中解脱出来从而集中精力于应用程序的其他工作。

当然 RPC 有自己的缺点，首先 RPC 采用中性语言实现，并且返回的是用外部数据表示的值，对数据表示协议依赖很强，很难应用到面向对象分布计算系统中。而远程调用方法 RMI 实质上模拟了应用在分布计算系统中的 RPC，使用 Java 远程信息交换协议（Java Remote Messaging Protocol，JRMP）进行通信，而 JRMP 是专为 Java 的远程对象通信制定的协议。因此，RMI 就具有 Java 的可移植性，是分布应用的纯 Java 解决方案，更具有面向对象的特征。RPC 的另一个缺点是，它要求程序员掌握一种专门的接口定义语言（Interface Definition Language，IDL）来描述可以被远程调用的函数。而 RMI 不要求程序员学习 IDL 语言，因为所有的网络连接代码都是从程序已有的类中直接生成的。由于 RMI 只支持 Java 一种语言，因此不需要中介语言的 IDL，Java 自己的接口就已经足够了。

RMI 具有以下优点。

（1）面向对象。RMI 可将完整的对象作为参数和返回值进行传递，而不仅仅是预定义的数据类型。也就是说，可以将类似 Java 哈希表这样的复杂类型作为一个参数进行传递。

（2）可移动属性。RMI 可将属性从客户机移动到服务器，或者从服务器移动到客户机。

（3）设计方式。对象传递功能使用户可以在分布式计算中充分利用面向对象技术的强大功能，如二层和三层结构系统。如果用户能够传递属性，那么就可以在自己的解决方案中使用面向对象的设计方式。所有面向对象的设计方式无不依靠不同的属性来发挥功能，如果不能传递完整的对象就会失去设计方式上所提供的优点。

（4）安全性。RMI 使用 Java 内置的安全机制保证下载执行程序时用户系统的安全。RMI 使用专门为保护系统免遭恶意小程序侵害而设计的安全管理程序。

（5）便于编写和使用。RMI 使得 Java 远程服务程序和访问这些服务程序的 Java 客户程序的编写工作变得轻松、简单。

有关 RMI 的实现可以参考相关资料或 JDK 帮助文档。

习题及思考

1. 编写图形界面的 Application 程序，包含一个 TextField 和一个 Label。TextField 接受用户输入的主机名，Label 把这个主机的 IP 地址显示出来。

2. 介绍并比较 URL 类的 4 种构造方法。

3. 使用 Socket 编写一个聊天程序，使用 UDP 协议，并具备图形界面，可以传输文本。

4. 使用 Socket 编写一个文件传输程序，可以在两个应用程序之间传输文件。

5. 使用 Socket 编写一个具备两人对战的俄罗斯方块游戏。

第14章　Web 服务器端编程

基于 Java 的 Web 服务器端编程主要涉及 Servlet 和 JSP 技术。Servlet 是用 Java 编写的 Server 端程序,它与协议及平台无关,运行于 Java-enabled Web Server 中,可以动态地扩展 Server 的能力,并采用请求-响应模式提供 Web 服务。JSP 是 Java Server Page 的缩写,是 Oracle 公司出品的 Web 开发语言,是基于 Servlet 技术的 Web 技术框架。它类似于 Microsoft 公司的 ASP,但由于它的跨平台性,越来越受到广泛的应用。Servlet 与 JSP 之间的交互为 Web 服务提供了优秀的解决方案。本章将介绍这两项最基本的 Java EE 技术,不涉及开发平台及辅助工具,只涉及 Web 服务器 Tomcat。

14.1　在 Tomcat 上运行 Servlet 及 JSP 的简单例子

本节将介绍在 Tomcat 上如何实现最简单的 JSP、Servlet 和 JavaBean 例子,并介绍其配置文件。

1. Tomcat 的安装及配置

Tomcat 和 Resin 是目前最流行的 Java Web 服务器,下面将介绍 Tomcat 服务器的原理、结构和简单的使用。

Tomcat 是 Apache Jakarta 软件组织的一个子项目,Tomcat 是一个 JSP/Servlet 容器,它是在 Sun 公司的 JSWDK(Java Server Web Development Kit)基础上发展起来的一个 JSP 和 Servlet 规范的标准实现,使用 Tomcat 可以体验 JSP 和 Servlet 的最新规范。经过多年的发展,Tomcat 不仅是 JSP 和 Servlet 规范的标准实现,而且具备了很多商业 Java Servlet 容器的特性,并被一些企业用于商业用途。

Tomcat 是一个基于组件的服务器,它的构成组件都是可配置的,其中最外层的组件是 Catalina Servlet 容器,其他的组件按照一定的格式要求配置在这个顶层容器中。Tomcat 的各个组件是在< TOMCAT_HOME >\conf\server. xml 文件中配置的,Tomcat 服务器默认情况下对各种组件都有默认的实现。这些组件元素包括< Server >、< Service >、< Connector >、< Engine >、< Host >、< Context >等。

下面将介绍如何安装 Tomcat 服务器。

(1) 首先安装 Java Development Kit(JDK 8.0)(参见第 1 章)。

(2) 安装 Tomcat。

先下载 Tomcat。打开下载页面为 http:// tomcat. apache. org,选择版本 9.0.0.M15,下载 apache-tomcat-9.0.0.M15-windows-x64 .zip,或在其他资料网站下载。

Tomcat 从 9.0 必须运行在 JDK 8.0(或以后的版本)上。同时,支持 Servlet 4.0 和

Java Server Page (JSP) 2.2 版的规范。用户也可以下载 5.0 及其以后的版本(6.0、7.0、8.0)来使用。

运行 apache-tomcat-9.0.0.M15.exe 按照提示安装,选择安装类型 full(即完全安装)、选择安装目录 D:\Tomcat9.0、设置 Tomcat 使用的端口以及 Web 管理界面用户名和密码(如端口"8080"、用户名"admin"及密码"123456"),然后选择 JVM 的安装路径,然后继续复制安装,安装成功后,在任务栏的托盘上将出现 Tomcat 的启动图标 ◀◉▣(中间那个图标)。

同时设置环境变量,如下所示:

```
Java_home = c:\java\jdk
Path = c:\java\jdk\bin; % path %
Tomcat_home = d:\Tomcat9.0
Classpath = .; % Java_home % \lib\dt.jar; % Java_home % \lib\tools.jar;
        % Tomcat_home % \common\lib\servlet - api.jar;
        % Tomcat_home % \common\lib\jsp - api.jar;
```

在上面 Tomcat 环境配置正确的基础上,就可以顺利启动 Tomcat,在 IE 中访问 http://localhost:8080,就可以看到 Tomcat 的欢迎页面。

关于 Tomcat 的详细安装过程,请参考《Java EE Web 编程(Eclipse 平台)》一书的第 3 章关于 Web 服务器及应用服务器的内容。

注意,如果采用的是 Tomcat 免安装版(直接解压后就可使用),Tomcat 服务器的关闭必须采用系统提供的命令,即 bin 目录下的 shutdown.bat,否则再次启动 Tomcat 将出现异常。

2. JSP 的简单例子

在 d:\Tomcat9.0\webapps 目录下新建一个目录,命令为 myapp,然后在 myapp 下新建一个目录 WEB-INF,注意目录名称是区分大小写的,如图 14-1 所示。

图 14-1　WEB-INF 目录结构

在 WEB-INF 下新建一个文件 web.xml,内容如下:

```
<?xml version = "1.0" encoding = "ISO - 8859 - 1"?>
<!DOCTYPE web - app
    PUBLIC " - //Sun Microsystems, Inc.//DTD Web Application 2.3//EN"
    "http://java.sun.com/dtd/web - app_2_3.dtd">
< web - app >
    < display - name > Servlet 2.4 Examples </display - name >
```

```
    <description>
       A application for test.
    </description>
</web-app>
```

在 myapp 下新建一个测试的 JSP 页面,文件名为 index.jsp,文件内容如下:

```
<html>
<body>
<center>
    Now time is: <% = new java.util.Date() %>
</center>
</body>
</html>
```

重启 Tomcat,打开浏览器,输入 http:// localhost:8080/myapp/index.jsp 就可以看到当前时间,如图 14-2 所示。

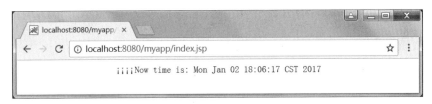

图 14-2　测试的 JSP 页面

3. Servlet 的简单例子

用记事本或其他编辑器新建一个 servlet 程序,文件名为 Test.java,文件内容如下:

```java
package test;
import java.io.IOException;
import java.io.PrintWriter;
import javax.servlet.ServletException;
import javax.servlet.http.HttpServlet;
import javax.servlet.http.HttpServletRequest;
import javax.servlet.http.HttpServletResponse;
public class Test extends HttpServlet{
    protected void doGet(HttpServletRequest request, HttpServletResponse response) throws
    ServletException, IOException{
        PrintWriter out = response.getWriter();
        out.println("<html><body><h3>This is a servlet test.</h3></body></html>");
        out.flush();
    }
}
```

接下来,在 d:\Tomcat9.0\webapps\myapp\WEB-INF\classes 下(如果 classes 目录不存在,就新建一个)建立 test 目录,如图 14-3 所示。

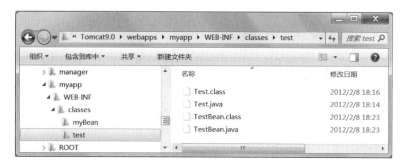

图 14-3　建立 test 目录

将 Test. java 保存在 d:\Tomcat9. 0\webapps\myapp\WEB-INF\classes\test 目录下，然后在该目录下编译这个 Java 程序，如果编译成功将产生 Test. class，这就是一个 servlet 文件。命令如下：

```
d:\Tomcat9.0\webapps\myapp\WEB-INF\classes\test>javac Test.java
```

然后修改 webapps\myapp\WEB-INF\web. xml，添加 servlet 和 servlet-mapping，添加后的内容如下：

```xml
<?xml version = "1.0" encoding = "ISO-8859-1"?>
<!DOCTYPE web-app
    PUBLIC "-//Sun Microsystems, Inc.//DTD Web Application 2.3//EN"
    "http://java.sun.com/dtd/web-app_2_3.dtd">
<web-app>
    <display-name>Servlet 2.4 Examples</display-name>
    <description>
      A application for test.
    </description>
     <servlet>
    <servlet-name>Test</servlet-name>
    <display-name>Test</display-name>
    <description>
        A test for servlet.
    </description>
    <servlet-class>test.Test</servlet-class>
    </servlet>
    <servlet-mapping>
       <servlet-name>Test</servlet-name>
       <url-pattern>/Test</url-pattern>
    </servlet-mapping>
</web-app>
```

配置文件 web. xml 中的 servlet 这一段声明了要调用的 Servlet，而 servlet-mapping 则是将声明的 servlet 映射到地址/Test 上。重新启动 Tomcat，启动浏览器，输入 http://localhost:8080/myapp/Test，就可以看到输出结果，如图 14-4 所示。

很显然这些文本正是我们在 Servlet 中向客户端所打印的信息。通过这样一个简单的

图 14-4　执行 Servlet

程序,读者对 Servlet 的工作原理的基本配置方法应该有了一个大概的了解。

4. JavaBean 的简单例子

JavaBean 是平台独立的软件组件模型,使软件开发者可以设计可重用的软件组件,这些软件组件可以相互集成,还可以与其他应用程序集成。也就是说,用户可以使用 JavaBean 来组装应用程序。

它其实是一个 Java 类而已,该类必须满足下面的要求。

(1) 执行 java.io.Serializable 接口。

(2) 提供无参数的构造器。

(3) 提供 getter 和 setter 方法访问它的属性。

首先建立一个 Bean 文件,用编辑器新建一个 java 程序,文件名为 TestBean.java,文件内容如下:

```java
package test;
public class TestBean{
    private String name = null;
    public TestBean(String strName_p){
        this.name = strName_p;
    }
    public void setName(String strName_p){
        this.name = strName_p;
    }
    public String getName(){
        return this.name;
    }
}
```

将 TestBean.java 保存在 d:\Tomcat9.0\webapps\myapp\WEB-INF\classes\test 目录下,然后在该目录下编译这个 Java 程序,如果编译成功将产生 TestBean.class 文件。

接下来建立一个 TestBean.jsp 文件,存放在 d:\Tomcat9.0\webapps\myapp 下,文件内容为:

```jsp
<%@ page import = "test.TestBean" %>
<html><body>
<center>
<% TestBean testBean = new TestBean("This is a test java bean."); %>
Java bean name is:
<% = testBean.getName() %>
```

```
</center>
</body></html>
```

重新启动 Tomcat,启动浏览器,输入 http:// localhost:8080/myapp/TestBean.jsp,就可以看到输出结果,如图 14-5 所示。

图 14-5　测试 JavaBean

14.2　Servlet 介绍

14.2.1　Servlet 的概念

　　Servlet 就是用 Java 编写的服务器端程序,是由服务器端调用和执行的 Java 类,这种类使用 Java Servlet 应用程序设计接口(API)及相关类和方法。除了 Java Servlet API,Servlet 还可以使用以扩展和添加到 API 的 Java 类软件包。

　　Servlet 是一种采用 Java 来实现 CGI(Common Gate Interface)功能的技术。Servlet 本身与协议无关,与平台也无关。也就是说 Servlet 所适用的网络协议可以是多种多样的,如 HTTP、FTP、SMTP、TELNET 等,但是就目前而言,只有 HTTP 服务已经形成了标准的 Java 组件。对应的软件包有 javax.servlet.http 和 javax.servlet.jsp,分别对应 Servlet 和 JSP 编程。通常所说的 Servlet 编程主要是指针对 HTTP 的 Servlet 编程,用到的就是 javax.servlet.http 包中的类(典型的就是 HttpServlet 类),实际上 Java Servlet 编程的概念要更广一些,在这里约定俗成地使用 Servlet 来指代 HTTP Servlet 的编程,这点读者是需要了解的。由于 JSP 最终都是要经过 JSP 引擎转换成 Servlet 代码的,而且 Servlet 编程和一般的 Java 编程是没有大的区别的,只需要了解一定的规范即可。

14.2.2　Servlet 应用范围和运行环境

　　Servlet 运行于 Servlet 引擎管理的 Java 虚拟机中,被来自客户机的请求所唤醒,与 CGI 不同的是,在虚拟机中只要装载一个 Servlet 就能够处理新的请求,每个新请求使用内存中那个 Servlet 的相同副本,所以效率比 CGI 高。如果采用服务器端脚本,如 ASP、PHP,语言解释程序是内置程序,虽然可以加快服务器的运行,但是效率还是比不上准编译的 Servlet。实际的使用也已经证明,Servlet 是效率很高的服务器端程序,很适合用来开发 Web 服务器应用程序。

　　Java Servlet 能够使用包括 SSL 在内的安全协议。Servlet 与 Java 内在的安全措施紧密相连,如不能直接访问内存等。采用安全管理器,用户能够限定对其他资源的访问,如文件、目录和局域网等资源。

Java Servlet 有着十分广泛的应用。不光能简单地处理客户端的请求,借助 Java 的强大功能,使用 Servlet 还可以实现大量的服务器端的管理维护功能,以及各种特殊的任务,例如,并发处理多个请求,转送请求,代理等。

为了运行 Servlet,首先需要一个 JVM 来提供对 Java 的基本支持,一般需要安装 JRE (Java Runtime Environment)或 JDK(Java Develop Kit,JRE 是其中的一个子集)。其次需要 Servlet API 的支持,一般的 Servlet 引擎都自带 Servlet API,只要安装 Servlet 引擎或安装直接支持 Servlet 的 Web 服务器,便会自动安装上 Servlet 相关的程序包。

Tomcat 自带一个 Servlet/JSP 容器和 HTTP Server,因此要构建一个简单的 Web 环境,只有 Tomcat 已经足够了,不需要额外的支持软件。

14.2.3 Servlet 常用类、接口和生命周期

下面将介绍 Servlet 容器、生命周期以及 Servlet 中常用的类和接口。

1. Servlet 的生命周期

Servlet 容器负责处理客户请求、把请求传送给 Servlet 并把结果返回给客户。不同的 Web 容器实际的实现可能有所不同,但容器与 Servlet 之间的接口是由 Servlet API 定义好的,这个接口定义了 Servlet 容器在 Servlet 上要调用的方法及传递给 Servlet 的对象类。

Servlet 的生命周期可以归纳为下面的步骤。

(1) 装载 Servlet,这一项操作一般是动态执行的。

(2) Server 创建一个 Servlet 实例。

(3) Server 调用 Servlet 的 init 方法。

(4) 一个客户端请求到达 Server。

(5) Server 创建一个请求对象。

(6) Server 创建一个响应对象。

(7) Server 激活 Servlet 的 service 方法,传递请求和响应对象作为参数。

(8) service 方法获得关于请求对象的信息,处理请求,访问其他资源,获得需要的信息。

(9) service 方法使用响应对象的方法。将响应传回 Server,最终到达客户端。service 方法可能激活其他方法以处理请求。如 doGet、doPost 或其他程序员自己开发的方法。

(10) 对于更多的客户端请求,Server 创建新的请求和响应对象,仍然激活此 Servlet 的 service 方法,将这两个对象作为参数传递给它,如此重复以上的循环,但无须再次调用 init 方法,Servlet 一般只初始化一次。

(11) 当 Server 不再需要 Servlet 时(如当 Server 要关闭时),Server 调用 Servlet 的 destroy 方法。

一旦请求了一个 Servlet,就没有办法阻止容器执行一个完整的生命周期。容器在 Servlet 首次被调用时创建它的一个实例,并保持该实例在内存中,让它对所有的请求进行处理。容器可以决定在任何时候把这个实例从内存中移走。在典型的模型中,容器为每个 Servlet 创建一个单独的实例,容器并不会每接到一个请求就创建一个新线程,而是使用一个线程池来动态地将线程分配给到来的请求,但是这从 Servlet 的观点来看,效果和为每个请求创建一个新线程的效果相同。

2. Servlet 接口

```
public interface Servlet
```

它的生命周期由 javax. servlet. servlet 接口定义。当写 servlet 的时候必须直接或间接地实现这个接口。一般趋向于间接实现:通过从 javax. servlet. GenericServlet 或 javax. servlet. http. HttpServlet 派生。在实现 servlet 接口时必须实现它的 5 个方法。

1) init( )

```
public void init(ServletConfig config) throws ServletException
```

一旦对 servlet 实例化后,容器就调用此方法。容器把一个 ServletConfig 对象传递给此方法,这样 servlet 的实例就可以把与容器相关的配置数据保存起来供以后使用。如果此方法没有正常结束就会抛出一个 ServletException 异常。一旦抛出该异常,servlet 就不再执行,而随后对它的调用会导致容器对它重新载入并再次运行此方法。接口规定对任何 servlet 实例,此方法只能被调用一次,在任何请求传递给 servlet 之前,此方法可以在不抛出异常的情况下运行完毕。

2) service( )

```
public void service(ServletRequest req,ServletResponse res)
throws ServletException,IOException
```

只有成功初始化后此方法才能被调用来处理用户请求。前一个参数提供访问初始请求数据的方法和字段,后一个提供 Servlet 构造响应的方法。

3) destroy( )

```
public void destroy()
```

容器可以在任何时候终止 servlet 服务。容器调用此方法前必须给 service( )线程足够时间来结束执行,因此接口规定当 service( )正在执行时 destroy( )不被执行。

4) getServletConfig( )

```
public ServletConfig getServletConfig()
```

在 servlet 初始化时,容器传递进来一个 ServletConfig 对象并保存在 servlet 实例中,该对象允许访问两项内容:初始化参数和 ServletContext 对象,前者通常由容器在文件中指定,允许在运行时向 Servlet 传递有关调度信息,后者为 Servlet 提供有关容器的信息。此方法可以让 Servlet 在任何时候获得该对象及配置信息。

5) getServletInfo( )

```
public String getServletInfo()
```

此方法返回一个 String 对象,该对象包含 Servlet 的信息,如开发者、创建日期、描述信息等。

3. GenericServlet 类

```
public abstract class GenericServlet implements
Servlet,ServletConfig, Serializable
```

此类提供了 servlet 接口的基本实现部分,其中包含的 service()方法被申明为 abstract,因此该类必须被继承。init(ServletConfig conf)方法把 servletConfig 对象存储在一个 private transient(私有临时)实例变量中,getServletConfig()方法返回指向本对象的指针,如果重载此方法,将不能使用 getServletConfig 来获得 ServletConfig 对象,如果确实想重载,要包含对 super. config 的调用。

4. HttpServlet 类

该类扩展了 GenericServlet 类并对 Servlet 接口提供了与 HTTP 更相关的实现。

1) service()

```
protected void service(HttpServletRequest req,HttpServletResponse res) throws
    ServletException,IOException
public void service(HttpServletRequest req,HttpServletResponse res)throws
    ServletException, IOException
```

service()方法是 Servlet 的核心。每当一个客户请求一个 HttpServlet 对象,该对象的 service()方法就要被调用,而且传递给这个方法一个"请求"(ServletRequest)对象和一个"响应"(ServletResponse)对象作为参数。在 HttpServlet 中已存在 service()方法。默认的服务功能是调用与 HTTP 请求的方法相应的 do 功能。例如,如果 HTTP 请求方法为 GET,则默认情况下就调用 doGet()。Servlet 应该为 Servlet 支持的 HTTP 方法覆盖 do 功能。因为 HttpServlet. service()方法会检查请求方法是否调用了适当的处理方法,不必要覆盖 service()方法。只需覆盖相应的 do 方法就可以了。

如果 servlet 收到一个 HTTP 请求而用户没有重载相应的 do 方法,它就返回一个说明此方法对本资源不可用的标准 HTTP 错误。下面是这些 do 方法的说明。

(1) doGet 用来处理 HTTP 的 GET 请求。

(2) doPost 用来处理 HTTP 的 POST 请求。

(3) doPut 用来处理 HTTP 的 PUT 请求。

(4) doDelete 用来处理 HTTP 的 DELETE 请求。

(5) doHead 用来处理 HTTP 的 HEAD 请求。

(6) doOptions 用来处理 HTTP 的 OPTIONS 请求。

(7) doTrace 用来处理 HTTP 的 TRACE 请求。

在开发以 HTTP 为基础的 servlet 中,Servlet 开发者关心方法 doGet 和方法 doPost 即可。

2) getLatModified()

```
protected long getLastModified(HttpServletRequest req)
```

该方法返回以毫秒为单位的自 GMT 时间 1970 年 1 月 1 日 0 时 0 分 0 秒以来的最近一次修改 servlet 的时间,默认是返回一个负数表示时间未知。当处理 GET 请求时,调用此方法可以知道 servlet 的最近修改时间,服务器就可决定是否把结果从缓存中去掉。

5．HttpServletRequest 接口

```
public interface HttpServletRequest extends ServletRequest
```

所有实现此接口的对象(如从 servlet 容器传递的 HTTP 请求对象)都能让 servlet 通过自己的方法访问所有请求的数据。下面是一些用来获取表单数据的基本方法。

1) getParameter()

```
public String getParameter(String key)
```

此方法试图将根据查询串中的关键字定位对应的参数并返回其值。如果有多个值,则返回列表中的第一个值。如果请求信息中没有指定参数,则返回 null。

2) getParametervalues()

```
public String[] getParametervalues(String key)
```

如果一个参数可以返回多个值,如复选框集合,则可以用此方法获得对应参数的所有值。如果请求信息中没有指定参数,则返回 null。

3) GetParameterNames()

```
Public Enumeration getParameterNames()
```

此方法返回一个 Enumeration 对象,包含对应请求的所有参数名称列表。

6．HttpServletResponse 接口

```
public interface HttpServletResponse extends servletResponse
```

servlet 容器提供一个实现该接口的对象并通过 service()方法将它传递给 servlet。通过此对象及其方法,servlet 可以修改响应头并返回结果。

1) setContentType()

```
public void setContentType(String type)
```

在给调用者发回响应前,必须用此方法来设置 HTTP 响应的 MIME 类型。可以是任何有效的 MIME 类型,当给浏览器返回 HTML 就是"text/html"类型。

2) getWriter()

```
public PrintWriter getWriter()throws IOException
```

此方法将返回 PrintWriter 对象,把 servlet 的结果作为文本返回给调用者。PrintWriter 对象自动把 Java 内部的 Unicode 编码字符转换成正确的编码以使客户端能够阅读。

3) getOutputStream()

```
public ServletOutputStream getOutputStream() throws IOException
```

此方法返回 ServletOutputStream 对象,它是 java.io.OutputStream 的一个子类。此对象向客户发送二进制数据。

4) setHeader()

```
public void setHeader(String name,String value)
```

此方法用来设置送回给客户的 HTTP 响应头。有一些快捷的方法用来改变某些常用的响应头,但有时也需要直接调用此方法。

7. HttpSession 接口

HttpSession 接口被 Servlet 引擎用来实现在 HTTP 客户端和 HTTP 会话两者的关联。这种关联可能在多次连接和请求中持续一段给定的时间。Session 用来在无状态的 HTTP 协议下越过多个请求页面来维持状态和识别用户。一个 Session 可以通过 Cookie 或重写 URL 来维持。其方法有 getCreationTime()、getId()、getLastAccessedTime()、getMaxInactiveInterval()、getValue()、getValueNames()、invalidate()、iSNew()、putValue()、removeValue()、setMaxInactiveInterval()等。

8. ServletConfig 和 ServletContext

在 Servlet 的初始化中,初始化方法使用 ServletConfig 对象作为参数,这个方法中将保存这个对象,以便 getServletConfig()方法返回该参数。并且在该方法中重新编写 getServletConfig()方法,以便能够从新的位置得到该对象。

在下面的例子中,初始化方法就是调用 super.init(config)方法来管理安排 ServletConfig 对象的,代码如下:

```
public void init(ServletConfig config)throws ServletException
{
    Super.init(config);
    // 初始化的操作
}
```

在服务器上使用 Session 对象来维持单个客户相关的状态,而当为多个用户的 Web 应用维持一个状态时,则应使用 Servlet 环境(ServletContext)。

ServletContext 既可以用来为一个 Web 应用定义从 URL 到名称的映射,也可以用来让 Servlet 在一个应用程序中访问所有客户的共享信息。Sevlet 环境的状态信息保存在它的属性中。有 3 个 servletContext 方法用于处理环境属性: getAttribute、setAttribute 和 removeAttribute。

有关 Servlet 类、接口及其相关方法的详细资料参考 Servlet 的帮助文档。

14.2.4　Servlet 应 用 举 例

【例 14-1】　使用 Servlet 打印客户端信息。

下面是使用 HttpServletRequest 类和 HttpServletResponse 类得到并打印客户端信息的例子:

```java
// RequestInfo. java
import java.io. * ;
import javax.servlet. * ;
import javax.servlet.http. * ;
public class RequestInfo extends HttpServlet {
    public void doGet(HttpServletRequest request,
    HttpServletResponse response)
    throws IOException, ServletException {
        response.setContentType("text/html");
        // 先设置 Header,在这里只设置 ContentType 一项
        PrintWriter out = response.getWriter();
        // 得到文本输出 Writer
        // 下面打印相关的 HTML
        out.println("<html>");
        out.println("<head>");
        out.println("<title>Request Information Example</title>");
        out.println("</head>");
        out.println("<body>");
        out.println("<h3>Request Information Example</h3>");
        out.println("Request URI: " + request.getRequestURI() + "<br>");
        // 打印请求的路径
        out.println("Protocol: " + request.getProtocol() + "<br>");
        // 打印协议名称
        out.println("PathInfo: " + request.getPathInfo() + "<br>");
        // 打印额外的路径信息
        out.println("Remote Address: " + request.getRemoteAddr());
        // 打印客户机的地址,如果没有打印 IP 地址
        out.println("</body>");
        out.println("</html>");
        out.close();                    // 关闭 Writer
        }
    public void doPost(HttpServletRequest request, HttpServletResponse response)
    throws IOException, ServletException
    {
    // 如果是 POST 请求类型,同样调用 GET 类型的响应函数
        doGet(request, response);
    }
}
```

用前面介绍的方法在 Tomcat 中配置使其运行,得到的结果如图 14-6 所示。

图 14-6　Servlet 打印客户端信息

这样的一个例子很好地说明了动态网页和静态网页的区别,就上面这个例子而言,每个客户看到的内容是不一样的,而静态网页则对每一个客户而言都是一成不变的。

【例 14-2】　Servlet 与表单交互的方法。

表单是 HTML 中使用最广泛的传递信息的手段。搞清楚 Servlet 与表单的交互,就在客户端与服务器之间架起了一座桥梁。Servlet 使用 HttpServlet 类中的方法与表单进行交互。

1) 静态 HTML 文本:information. html

```
< html >
< head >
< title > Input Information </title >
</head >
< body >
< h3 >请输入信息</h3 >
< form name = "ourform" method = "GET" action = "FormDeal">
姓名: < input type = text name = "Name"><br >
性别: < select name = "Sex">
        < option value = "1" selected>男</option >
        < option value = "2">女</option >
</select >< br >      
< input type = "submit" name = "Submit" value = "提交">  
< input type = "reset" name = "Submit2" value = "重置">
</form >
</body >
</html >
```

在 IE 下显示效果如图 14-7 所示。

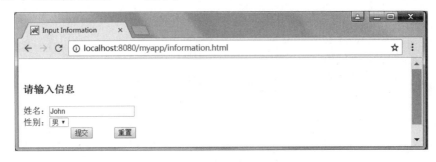

图 14-7　Information 网页界面

不熟悉 HTML 的读者可以参考有关 HTML 的书籍,尤其要注意 form 的两个属性:method 和 action。

2) 处理表单的 Servlet 程序 FormDeal

```java
// FormDeal. java
import java.io. * ;
import javax. servlet. * ;
import javax. servlet. http. * ;
public class FormDeal extends HttpServlet {
    public void doGet(HttpServletRequest request, HttpServletResponse response)
    throws IOException, ServletException // 处理 GET 请求的方法
    { // 解决中文出现乱码的问题
     response. setContentType("text/html; charset = gb2312");
     request. setCharacterEncoding("GB2312");

        // 先设置 Header,在这里只设置 ContentType 一项
        PrintWriter out = response. getWriter();
        // 得到文本输出 Writer
        String name = request. getParameter("Name");
        // 得到表单值 Name
        String sex = request. getParameter("Sex");

        // 打印得到的表单值
        out. println("< html >");
        out. println("< head >");
        out. println("< meta http - equiv = \"Content - Type\" content = \"text/html; charset =
            gb2312\">");
        out. println("< title > Your Infomation </title >");
        out. println("</head >");
        out. println("< body >");
        out. println("< h3 > Data You Posted </h3 >");
        out. println("< table >");
        out. println("< tr >");
        out. println("< td >你的姓名: </td >");
        out. println("< td >" + name + "</td >");
        out. println("</tr >");
        out. println("< tr >");
        out. println("< td >你的性别: </td >");
        out. print("< td >");
        if(sex. equals("1"))
            out. println("男</td >");
        else
            out. println("女</td >");;
        out. println("</tr >");
        out. println("</table >");
        out. println("</body >");
        out. println("</html >");
        out. close(); // 关闭 Writer
    }
}
```

程序运行结果如图 14-8 所示。

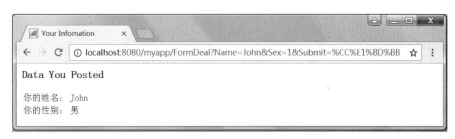

图 14-8　表单处理后生成网页界面

这个 Servlet 也是比较简单的,首先从提交的表单中得到需要的两个值,然后用 HTML 向客户端打印这些信息。

需要注意的是,在这个例子中,由于出现中文字符,必须使用正确的字符编码,否则将会在网页中出现乱码(即中文显示不正确)。按下面的代码设置可以解决中文乱码的问题:

```
response.setContentType("text/html; charset = gb2312");
request.setCharacterEncoding("GB2312");
```

【例 14-3】　Servlet 中 Session 的使用。

HTTP 协议被认为是无状态协议,当用户在多个主页间切换时,服务器无法知道他的身份。用户发出请求,服务器作出响应,这种用户端和服务器端的联系就是离散的,非连续的。HTTP 协议不能提供允许服务器跟踪用户请求的功能。在服务器端完成响应用户的请求之后,服务器不能继续与该浏览器继续保持连接。从服务器这端来看,每一个请求都是独立的。

Session 的出现就是为了弥补这个局限。利用 Session,当一个用户在多个主页间切换的时候也能保存他的信息。在访问者从到达某个特定的主页到离开为止的那段时间,每个访问者都会单独获得一个 Session。

Java Servlet 定义了一个 HttpSession 接口,实现了 Session 的功能,在 Servlet 中使用 Session 的过程如下:

(1) 使用 HttpServletRequest 的 getSession 方法得到当前存在的 Session,如果当前没有定义 Session,则创建一个新的 Session,还可以使用方法 getSession(true)。

(2) 写 Session 变量。可以使用方法 HttpSession.setAttribute(name,value)来向 Session 中存储一个信息。

(3) 读 Session 变量。可以使用方法 HttpSession.getAttribute(name)来读取 Session 中的一个变量值,如果 name 是一个没有定义的变量,那么返回的是 null。需要注意的是,从 getAttribute 读出的变量类型是 Object,必须使用强制类型转换,例如:

```
String uid = (String) session.getAttribute("uid");
```

(4) 关闭 Session。当使用完 Session 后,可以使用 session.invalidate()方法关闭 Session。但是这并不是严格要求的。因为,Servlet 引擎在一段时间之后,自动关闭 Session。

下面的例子说明了 Session 的使用。

```java
// SessionExa.java
import java.io. * ;
import java.util. * ;
import javax.servlet. * ;
import javax.servlet.http. * ;
public class SessionExa extends HttpServlet {
    public void doGet(HttpServletRequest request, HttpServletResponse response)
      throws IOException, ServletException {
    response.setContentType("text/html; charset = gb2312");
    request.setCharacterEncoding("GB2312");                 // 设置 HTTP 头
    PrintWriter out = response.getWriter();                 // 得到输出 Writer
    HttpSession session = request.getSession(true);         // 得到 session 对象
    out.println("< html >");
    out.println("< head >");
    out.println("< meta http - equiv = \"Content - Type\" content = \"text/html; charset =
        gb2312\">");
    out.println("</head >");
    out.println("< body >");
    Date created = new Date(session.getCreationTime());     // 得到 session 对象创建的时间
    Date accessed = new Date(session.getLastAccessedTime());
    // 得到最后访问该 session 对象的时间
    out.println("ID " + session.getId() + "< br >");        // 得到该 session 的 ID,并打印
    out.println("Created: " + created + "< br >");          // 打印 session 创建时间
    out.println("Last Accessed: " + accessed + "< br >");   // 打印最后访问时间
    session.setAttribute("UID","12345678");                 // 在 session 中添加变量 UID = 12345678;
    session.setAttribute("Name","Tom");                     // 在 session 中添加变量 Name = Tom
    Enumeration e = session.getAttributeNames();            // 得到 session 中变量名的枚举对象
    while (e.hasMoreElements()) {                           // 遍历每一个变量
    String name = (String)e.nextElement();                      // 首先得到名称
    String value = session.getAttribute(name).toString();   // 由名称从 session 中得到值
    out.println(name + " = " + value + "< br >");           // 打印
    out.println("</body >");                                // 打印 HTML 标记
    out.println("</html >");
      }
    }
}
```

该 Servlet 运行的结果如图 14-9 所示。

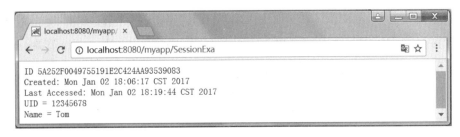

图 14-9　Session 的使用情况

通过以上的几个例子,读者对 Servlet 如何响应 HTTP 请求,并从提交的表单中获取数据,以及 Session 应该有了一个大概的了解。

Servlet 本身实用性很强,各种各样的技巧及各种各样的实现方案,其内容也非常多。本书在这里只做简单的介绍,使读者对 Servlet 有一个概念上的认识,有兴趣的读者可以参考相关书籍。

14.3　JSP 介绍

14.3.1　JSP 的概念

JSP(Java Server Pages)是由 Sun Microsystems 公司倡导、许多公司参与一起建立的一种动态网页技术标准。它在 HTML 代码中,插入 JSP 标记(tag)及 Java 程序片段(Scriptlet),构成 JSP 页面,其扩展名为.jsp。当客户端请求 JSP 文件时,Web 服务器执行该 JSP 文件,然后以 HTML 的格式返回给客户。前面已经提到过 JSP 只是构建在 Servlet 以及整个 Java 体系的 Web 开发技术之上的高层次的动态网页标准,利用这一技术可以建立先进、安全和跨平台的动态网站。因此,从概念上讲,相对 Servlet 而言,JSP 并没有什么新的内容,如果读者对前面的 Servlet 有一定的了解,那么 JSP 的概念可以说与 Servlet 是完全一样的,只不过在实现方法上稍有不同。

总体来讲,JSP 和微软的 ASP(Active Sever Pages)在技术方面有许多相似之处。两者都能为动态交互网页制作提供技术环境支持。ASP 一般只应用于 Windows 98/NT/2000/XP 平台,而 JSP 则可以不加修改地在绝大部分 Web Server 上运行,其中包括 NT 系统,符合“Write once,Run anywhere”(“一次编写,多平台运行”)的 Java 标准,实现平台和服务器的独立性,而且基于 JSP 技术的应用程序比基于 ASP 的应用程序易于维护和管理。JSP 技术具有以下优点。

(1) 将内容的生成和显示进行分离。

(2) 强调可重用的组件。

(3) 采用标记简化页面开发。

(4) JSP 的适应平台更广。

14.3.2　JSP 的运行方式

JSP 的运行方式为:在服务器启动后,当 Web 浏览器端发送过来一个页面请求时,Web 服务器先判断是否为 JSP 页面请求。如果该页面只是一般的 HTML/XML 页面请求,则直接将 HTML/XML 页面代码传给 Web 浏览器端。如果请求的页面是 JSP 页面,则由 JSP 引擎检查该 JSP 页面,如果该页面是第一次被请求、或不是第一次被请求但已被修改,则 JSP 引擎将此 JSP 页面代码转换成 Servlet 代码,然后 JSP 引擎调用服务器端的 Java 编译器 javac.exe 对 Servlet 代码进行编译,把它变成字节码(.class)文件,然后再调用 Java 虚拟机执行该字节码文件,将执行结果传给 Web 浏览器端。如果该 JSP 页面不是第一次被请求,且没有被修改过,则直接由 JSP 引擎调用 Java 虚拟机执行已编译过的字节码.class 文件,然后将结果传送给 Web 浏览器端。

从上面的叙述中不难看出 JSP 和 Servlet 的关系。JSP 引擎负责把 JSP 页面翻译成 Servlet,因此 JSP 在底层完全就是 Servlet(指原始概念上的 Servlet,而不是 HttpServlet)。前面提到 JSP 编程对应 javax.servlet.jsp,更确切地讲,这个包是供 JSP 引擎使用的,它在做翻译的时候需要用到这个包,在编写 JSP 页面的时候是不需要涉及这个包的。

为什么有了 Servlet 还要在高层实现一个 JSP 呢?这个问题与 Servlet 本身编写的繁杂程度有关,如果用 Servlet 来控制页面外观的话,将是一件十分烦琐的事情,如例 14-1 和例 14-2。使用 JSP 就把繁杂的打印任务交给了 JSP 引擎,程序员可以把精力集中到逻辑控制上面。在后面还会有进一步的比较。

一般来说,支持 JSP 的服务器总是支持 Servlet 的,因为 JSP 本身需要 Servlet 的支持。前面介绍的 Tomcat 其实也是一个 JSP 引擎,对 Servlet 的支持只是其功能的一部分。所以不必再寻找什么新的环境去试验 JSP。

14.3.3 JSP 指令介绍

下面开始介绍 JSP 的语法。从本质上讲 JSP 还是 Java 程序,因为它最终还是会被翻译成 Servlet 进而编译成 .class 文件执行。但是由于 JSP 是嵌入式的 Java 程序,有些特殊的符号还是需要了解的。

1. HTML 注释

HTML 注释在客户端可通过查看网页源文件的方法看到。JSP 语法如下:

```
<! -- 注释[ < % = 表达式 % > ] -->
```

例如:

```
<! -- This file displays the user login screen -->
<! - 页面调用日期为:
< % = (new java.util.Date()).toLocaleString() % >
 -->
```

在客户端页面源程序中显示为:

```
<! -- This file displays the user login screen -->
<! -- 页面调用日期为:January 1, 2005 -->
```

2. JSP 注释

JSP 注释作为 JSP 页面的文档资料,但是该注释在客户端通过查看源文件的方法是看不到的。即该注释不发送到客户端。JSP 语法如下:

```
<% -- 注释 -- %>
```

3. 声明

在 JSP 页面脚本语言中声明变量或方法,JSP 语法如下:

```
<%! 声明; [声明;] … %>
```

例如：

```
<%! int i = 8; %>
<%! int n, m, k, j; %>
<%! String s = new String("hello"); %>
```

4. 表达式

在 JSP 脚本语言中，可以使用任何有效的表达式。JSP 语法如下：

```
<% = 表达式 %>
```

例如：

```
<%! String s = new String("hello"); %>
<font color = "blue"><% = s %></font>
<font color = "blue"><% = java.lang.Math.random() %></font>
```

5. 脚本段

在 JSP 页面脚本语言中，包含一段有效的代码片段。JSP 语法如下：

```
<% 代码段 %>
```

例如：

```
<% = java.lang.Math.random() %>              // 表达式
<%
for(int i = 0; i < 8; i++)
{ out.println(i); }
%>
<%
long n = 1234;
application.setAttribute("maxNumber", Long.toString(n));
out.println(application.getAttribute("maxNumber"));
%>
```

6. Include 指令

Include 指令用于包含一个文本或代码的文件。JSP 语法如下：

```
<% @ include file = "relativeURL" %>
```

例如：

random.jsp 文件中内容为：

```
<% = java. lang. Math. random() * 10000 %>
```

另外 include. jsp 文件内容为：

```
<% @ page contentType = "text/html;charset = gb2312" %>
        <! - 上面一行解决网页出现中文乱码的问题 -->
<html>
<head><title> Include 指令测试</title></head>
<body>
随机显示的数为：<% @ include file = "random. jsp" %>
</body>
</html>
```

在页面中显示为：

```
随机显示的数为：2148.093521070482
```

7. Page 指令

Page 指令定义整个 JSP 页面的全局属性。JSP 语法如下：

```
<% @ page
[ language = "java"][ extends = "package. class"][ import = "{ package. class | package. * }, ..." ]
[ session = "true|false" ][ buffer = "none|8kb|sizekb" ][ autoFlush = "true|false" ]
[ isThreadSafe = "true|false" ][ info = "text"][ errorPage = "relativeURL"]
[ contentType = "mimeType [ ;charset = characterSet ]" | "text/html ; charset = ISO - 8859 - 1" ]
[ isErrorPage = "true|false"] %>
```

例如：

```
<% @ page contentType = "text/html;charset = gb2312" %>
<% @ page import = "java. sql. * , java. util. * " %>
<% @ page buffer = "8kb" autoFlush = "false" %>
<% @ page errorPage = "error. jsp" %>
```

Page 指令的作用范围是整个 JSP 文件和该 JSP 文件用 include 指令或< jsp:include > 包含进来的任何静态文件，整个 JSP 文件和这些静态文件一起称为一个"平移单元"。注意，Page 指令不适用于任何动态的包含文件。可以在一个"平移单元"使用多个 Page 指令。但是每一个属性只能使用一次，除了 import。无论将 Page 指令放到 JSP 文件或被包含的文件的任何一个位置，它的作用范围都是整个"平移单元"。然而，一个好的编程风格是常常将它放到文件的顶部。

8. < jsp:forward >元素

将客户端的请求转交给一个 HTML 文件、JSP 文件或脚本段处理。JSP 语法如下：

```
< jsp:forward page = "{ relativeURL | < % = expression % > }" />
```

例如：

```
< jsp:forward page = "/dang/hello.jsp" />
```

< jsp:forward>标签将请求对象从一个 JSP 文件转交给另一个文件处理。特别注意的是 JSP 引擎对主 JSP 页面< jsp:forward>下面的代码不再执行。如果 JSP 文件的输出被设置为缓冲输出（即使用默认的 Page 指令值或直接设置缓冲区的 buffer 大小），则在请求被转交之前，缓冲区被清空。如果输出被设置为非缓冲输出（即用 Page 指令设置 buffer = none），而且输出区中已经有内容，则使用< jsp:forward>元素，将会导致非法异常。

其属性如下：

```
page = "{ relativeURL | < % = expression % > }"
```

该属性用于设置将要转交的文件的相关 URL。

该 URL 不能包含协议名、端口号或域名，只能相对于当前 JSP 文件给出相对的 URL。如果它是绝对地址（以"/"开始），则该路径由 Web 或应用服务器决定。

9. < jsp:include >

在 JSP 文件中，包含一个静态文件或动态文件。JSP 语法如下：

```
< jsp:include page = "{ relativeURL | < % = expression % >}"
  flush = "true" />
```

例如：

```
< jsp:include page = "jsp/dadi.jsp" />
< jsp:include page = "hello.html" />
< jsp:include page = "/index.html" />
```

< jsp:include>标签允许包含一个静态文件或动态文件。一个静态文件被执行后，它的内容插入在主 JSP 页面中。一个动态文件对请求作出响应，而且将执行结果插入到 JSP 页面中。

< jsp:include>标签能处理两种文件类型，当不知道这个文件是静态或动态的文件时，使用该标签是非常方便的。

当 include 动作执行完毕后，JSP 引擎将接着执行 JSP 文件剩下的文件代码。

10. < jsp:plugin >

下载一个 plugin 插件到客户端以便执行 applet 或 Bean。

11. < jsp:useBean >

调用或创建一个指定名称和使用范围的 Bean。JSP 语法如下：

```
< jsp:useBean
  id = "beanInstanceName"
```

```
scope = "page|request|session|application"
{ class = "package.class"| type = "package.class"|
  beanName = "{ package.class | <% = expression %> }"
type = "package.class" }
{ /> | > other tags </jsp:useBean> }
```

例如：

```
< jsp:useBean id = "init" scope = "page" class = "child.basket" />
< jsp:setProperty name = "init" property = " * " />
< jsp:useBean id = "hello" scope = "session" class = "dadi.reg" >
< jsp:setProperty name = "hello" property = "n" value = "45" />
</jsp:useBean>
```

<jsp:useBean>标签首先调用一个指定的名称和使用范围的 Bean，如果这个 Bean 不存在，则创建该 Bean。

1) page 范围

具有 page 范围的对象被绑定到 javax.Servlet.jsp.PageContext 对象中。在这个范围内的对象只能在创建对象的页面中访问。可以调用 pageContext 这个隐含对象的 getAttribute()方法来访问具有这种范围类型的对象(pageContext 对象还提供了访问其他范围对象的 getAttribute 方法)，pageContext 对象本身也属于 page 范围。当 Servlet 类的_jspService()方法执行完毕，属于 page 范围的对象的引用将被丢弃。page 范围内的对象，在客户端每次请求 JSP 页面时创建，在页面向客户端发送回响应或请求被转发(forward)到其他的资源后被删除。

2) request 范围

具有 request 范围的对象被绑定到 javax.servlet.ServletRequest 对象中，可以调用 request 这个隐含对象的 getAttribute()方法来访问具有这种范围类型的对象。在调用 forward()方法转向的页面或者调用 include()方法包含的页面中，都可以访问这个范围内的对象。要注意的是，因为请求对象对于每一个客户请求都是不同的，所以对于每一个新的请求，都要重新创建和删除这个范围内的对象。

3) session 范围

具有 session 范围的对象被绑定到 javax.servlet.http.HttpSession 对象中，可以调用 session 这个隐含对象的 getAttribute()方法来访问具有这种范围类型的对象。JSP 容器为每一次会话，创建一个 HttpSession 对象，在会话期间，可以访问 session 范围内的对象。

4) application 范围

具有 application 范围的对象被绑定到 javax.servlet.ServletContext 中，可以调用 application 这个隐含对象的 getAttribute()方法来访问具有这种范围类型的对象。在 Web 应用程序运行期间，所有的页面都可以访问在这个范围内的对象。

12. <jsp:setProperty>

设置 Bean 的一个或多个属性值。JSP 语法如下：

```
< jsp:setProperty name = "beanInstanceName"
{ property = " * " | property = "propertyName" [
        param = "parameterName"] |
        property = "propertyName" value = "{ string | <% = expression %> }"
}
/>
```

例如:

```
< jsp:setProperty name = "init" property = " * " />
< jsp:setProperty name = "init" property = "username" />
< jsp:setProperty name = "init" property = "username" value = "Math" />
```

<jsp:setProperty>标签用于设置 JavaBean 组件中的属性值。在使用<jsp:setProperty>元素前,必须使用<jsp:useBean>标签声明这个 Bean。在<jsp:setProperty>中的 name 的值必须和在〈jsp:useBean〉中的 id 的值一致。

一般设置属性的值有以下 3 种方法。

```
< jsp:setProperty name = "beanInstanceName" property = " * " />
```

可将用户请求中的所有值(这些值一般是客户表单中的元素的值,且作为参数存储在 request 对象中)和 Bean 中的相匹配的属性赋值。此时,Bean 中属性的名称必须和客户端表单中元素的名称一样。

```
< jsp:setProperty name = "beanInstanceName" property =
"propertyName" [ param = "parameterName" ] />
```

用请求对象中一个特定的值和 Bean 中相匹配的属性赋值。当用表单中一个元素的值给 Bean 中一个属性赋值,而且元素名和属性名不一样时,则必须用 param 指定一个参数。

```
< jsp:setProperty name = "init" property = "username" value = "
{ string | <% = expression %> }" />
```

用字符串的值或表达式的值直接设置为 Bean 的属性。

13. < jsp:getProperty >

取得 Bean 属性的值,以便在结果页面中显示。JSP 语法如下:

```
< jsp:getProperty name = "beanInstanceName" property = "propertyName"/>
```

例如,Bean 的程序代码为:

```
package AccessDatabase;
public class Readdate{
```

```
        private String username = "John";
        public String void getUsername(){
        return username;
    }
}
```

JSP 文件的内容为:

```
<html>
  <body>
<jsp:useBean id = "init" scope = "page"
  class = "AccessDatabase.readdate" />
从 Bean 中取得属性名为 username 的值为:
<jsp:getProperty name = " init " property = "username" />
</body>
</html>
```

执行后显示结果为:

```
从 Bean 中取得属性名为 user 的值为: John
```

描述: 在使用<jsp:getProperty>前,必须使<jsp:useBean>元素创建或调用一个 Bean 实例。<jsp:getProperty>标签是用于取得 JavaBeans 属性值,相当于调用 Bean 中的某个属性的 getXXX()方法。

其属性说明如下:

```
name = "beanInstanceName"
```

在<jsp:useBean>标签中声明的 Bean 实例的名称。

```
property = "propertyName"
```

Bean 属性的名称。

使用<jsp:getProperty>元素时如上例中"<jsp:getProperty name = " init " property = "username" />",username 必须是 Bean(Readdate)中的属性,且该 Bean 中要有 getUsername()方法,否则编译时会出错。

以上是编写 JSP 要用到的一些语法,在需要的时候进行查询即可,在使用中会自然而然地熟练起来。

14.3.4 JSP 中的隐藏对象

由于 JSP 是嵌入式的语言,不能显式地把一些必需的参数传递进来,如 Request 对象、Response 对象等,因此在 JSP 规范中提供了几个隐含的对象来实现其功能。所谓隐含的对象,就是大家约定好使用一个名称来指代某个特定的对象,在编写 JSP 的时候不用显式地声明就能使用,由 JSP 引擎负责在解释的时候把隐含对象加入到解释完的.java 文件中。常用的隐含对象有 application、session、request、response、out、page、exception、pageContext。

1. session 对象

前面在 Servlet 部分已经提到过,当客户第一次访问 Web 服务器发布目录(一个 Web 服务器有一个或多个"发布目录")下的网页文件时,Web 服务器会自动创建一个 session 对象,并为其分配唯一的 ID 号,客户可以将其需要的一些信息保存到该 session 对象,以便需要时使用。session 对象是指通过 getSession 方法得到的对象,在 JSP 中是隐含对象,关于 session 对象的使用可以参见 Servlet API。

2. application 对象

当 Web 服务器启动时,Web 服务器会自动创建 application 对象。Application 对象一旦创建,它将一直存在,直到 Web 服务器关闭。因此,application 对象可以实现多客户间的数据共享。application 是相对应用程序的,一般来说,一个用户有一个 session,并且随着用户离开而消失;而 application 则一直存在,类似一个 servlet 程序,类似整个系统的"全局变量",而且只有一个实例。

application 对象的基类是 javax. servlet. ServletContext 类。可以用该类中的 getServletContext()方法取得 application。具体的使用方法参见 Servlet API。

3. request 对象

request 对象主要用于取得客户在表单中提交的数据信息及多个网页之间数据信息传递等。同时通过它也可以取得 Web 服务器的参数。跟 Servlet 参数中的 Request 对象是相对应的。

request 对象的基类为 javax. servlet. ServletRequest;如果传输协议是 http,则是 javax. servlet. HttpServletRequest。具体的使用方法参见 Servlet API。

4. response 对象

response 对象主要用于向客户端输出信息,响应客户端的请求。与 Servlet 参数中的 response 对象是相对应的。

respose 对象的基类是 javax. servlet. ServletResponse;如果传输协议是 http,则为 javax. servlet. HttpServletResponse。具体的使用方法参见 Servlet API。

5. out 对象

out 对象用于向客户端输出数据。

out 对象的基类是 javax. servlet. JspWriter,与 Servlet 中由 HttpServletResponse 得到的 PrintWriter 略有不同,但是都是从 Writer 继承而来的,所以基本上还是一样的。具体的使用方法参见 Servlet API。

6. page 对象

page 对象是当前 JSP 页面本身的一个实例。它的类型是 java. lang. Object。其方法就是 Object 类中的方法,如 Class getClass()返回一个对象在运行时所对应的类的表示,从而可以得到相应的信息。String toString()返回当前对象的字符串表示。page 对象在当前页面中可以用 this 代替。具体的使用方法参见 Servlet API。

7. exception 对象

当 JSP 页面在执行过程中发生例外或错误时,会自动产生 exception 对象。在当前页面用<%@ page isErrorPage＝"true" %>设置后,就可以使用该 exception 对象,来查找页面出错信息。

exception 对象的类型是 java. lang. Exception 类。具体的使用方法参见 JDK 帮助文档。

8. pageContext 对象

pageContext 对象相当于当前页面的容器,可以访问当前页面的所有对象。pageContext 对象的基类是 javax. servlet. jsp. PageContext 类。具体的使用方法参见 Servlet API。

JSP 的基本思想和 Servlet 是完全一样的,以上只是对 JSP 作简单的介绍。其中很多语法与 JSP 中的一些高级的技术是有关的,如 bean、plugin 等,读者在以后的实践中才能有所体会。

14.3.5　JSP 应用举例

【**例 14-4**】　本例中将演示 JSP 与表单交互的方法。

information2. html 是静态网页文件,其中的表单搜集数据,并提交给 JSPDeal. jsp 来处理。

1. 静态 HTML 文件 information2. html

```
< html >
< head >
< title > Input Information </title >
</head >
< body >
< h3 >请输入信息</h3 >
< form name = "form1" method = "GET" action = " JSPDeal. jsp ">
姓名:< input type = text name = "Name"><br >
性别:< select name = "Sex">
        < option value = "1" selected>男</option >
        < option value = "2">女</option >
</select >< br >      
< input type = "submit" name = "Submit" value = "提交">  
< input type = "reset" name = "Submit2" value = "重置">
</form >
</body >
</html >
```

该网页显示结果如图 14-10 所示。

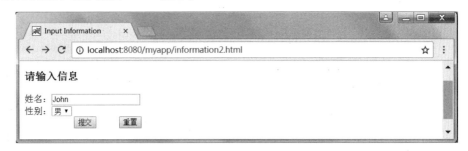

图 14-10　网页 information2 的运行界面

2. JSP 文件：JSPDeal. jsp

```
<%@ page contentType = "text/html; charset = gb2312" %>
<html><head>
<meta http-equiv = "Content-Type" content = "text/html; charset = gb2312">
<title>Your Info</title></head>
<body>
<h3>Data You Posted</h3>
<%
   String name = request.getParameter("Name");
   String sex = request.getParameter("Sex");
%>
<table>
<tr><td>你的姓名：</td><td><% = name %></td></tr>
<tr><td>你的性别：</td><td><% if(sex.equals("1")) out.print("男");
   else out.print("女"); %></td>
</tr>
</table>
</body>
</html>
```

网页提交数据后由 JSPDeal. jsp 处理生成的网页如图 14-11 所示。

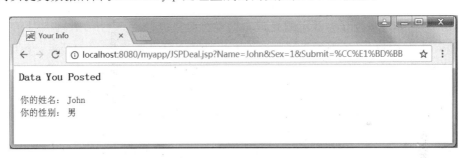

图 14-11　JSPDeal. jsp 处理数据后生成的动态网页

这个例子的执行结果和前面是一模一样的。在以前 Servlet 分析的基础上，读者看懂这个例子应该没什么问题，这里就不对语法做过多分析了。下面来分析一下这个例子的几个特点。

首先最明显的一点就是，使用 JSP 之后文件变得更短，格式更清晰了，这也是要使用JSP 的一个最主要的原因，使用 Servlet 来打印大量的 HTML 语句是很费事的，而 JSP 的主体是 HTML，嵌入的 Java 语句只负责动态效果，所以使用比 Servlet 方便得多。当然 Servlet 和 JSP 可以互相配合，取长补短，获得更好的应用效果。

另外一个就是 JSP 使用的时候不需要单独配置每一个文件，只要是扩展名为 jsp，JSP 引擎会自动识别。而 Servlet 是必须进行配置后才能投入使用的，这也是出于安全性的考虑，直接访问. class 文件是不允许的，因为不能保证它是一个合法的 Servlet。而 JSP 是没有经过编译的文本，即使是编译成了 Servlet，也肯定是符合 Servlet 规范的，尽管可能不符合HTML 语法，但它是安全的。

还有就是中文问题在这里得到了简化，本地的中文字符串不需要编码转换就能够正常

353

在客户端显示。这里关键的一点是在头部设置页属性<%@ page contentType = "text/html; charset = gb2312" %>,其中 charset = gb2312 就是告诉 JSP 引擎本地编码是 gb2312,然后 JSP 引擎就会自动进行转换,不需要手工转换了。但是,并不是说就这么一劳永逸了,中文问题在 JSP 页面之间传参的时候还是存在的,读者只要掌握了编码的转换方式,才能解决中文转换的问题。

上例中的 JSPDeal.jsp 经 Resin 转换成 Servlet 之后生成的临时 Java 文件,其内容是标准的 Servlet 文件,比较复杂。该临时文件保存在 mytest\WEB-INF\work 目录下,文件名为_jspdeal__jsp.java。有兴趣的读者可以打开该文件仔细研究,了解该文件对编写 JSP 文件是有好处的。

上面给出了一个简单的 JSP 的例子,只涉及简单的 JSP 语法。通过上面的介绍,读者应该对 JSP 有了一个概念上的认识,也应该有能力编写简单的 JSP 文件。如果对某些概念还不是很清楚,也不必着急,多多练习就会有更深的体会。下面会对 JSP 和 Servlet 的关系做进一步的讨论,希望能帮助读者更好地理解 Servlet 和 JSP。

14.4 JSP 和 Servlet 协同工作

在使用 JSP 技术开发网站时,并不强调使用 Servlet。这是为什么呢? Servlet 的应用是没有问题的,它非常适合服务器端的处理和编程。但是如果用 Servlet 处理大量的 HTML 文本,那么将是一件极其烦琐的事情。这种事情更适合机器去做,否则就是浪费程序员的精力。所以 Servlet 更适合处理后端的事务,前端的效果用 JSP 来实现更为合适。

早期的 JSP 标准给出了两种使用 JSP 的方式。这些方式都可以归纳为 JSP 模式 1 和 JSP 模式 2,主要的差别在于处理大量请求的位置不同。在模式 1 中,JSP 页面独自响应请求并将处理结果返回客户。这里仍然有视图和内容的分离,因为所有的数据都依靠 bean 来处理。尽管模式 1 可以很好地满足小型应用的需要,但却不能满足大型应用的需要。大量使用模式 1,常常会导致页面被嵌入大量的 Script 和 Java 代码。特别是当需要处理的商业逻辑很复杂时,情况会变得很严重。也许这对于 Java 程序员来说不是大问题。但是如果开发者是前台界面设计人员,在大型项目中,这是很常见的,则代码的开发和维护将出现困难。在任何项目中,这样的模式多少是会导致定义不清的响应和项目管理的困难,图 14-12 所示的是模式 1 的示意图。

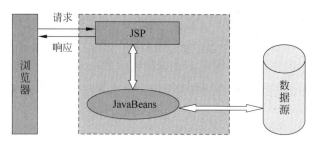

图 14-12 JSP 模式 1

JSP 模式 2 是一种面向动态内容的实现,结合了 Servlet 和 JSP 技术。它利用两种技术原有的优点,采用 JSP 来表现页面,采用 Servlet 来完成大量的处理,Servlet 扮演一个控制者的角色,并负责响应客户请求。接着,Servlet 创建 JSP 需要的 Bean 和对象,再根据用户的行为,决定将哪个 JSP 页面发送给用户。特别要注意的是,JSP 页面中没有任何商业处理逻辑,它只是简单的检索 Servlet 先前创建的 Bean 或者对象,再将动态内容插入预定义的模板。

从开发的观点来看,这一模式具有更清晰的页面表现,清楚的开发者角色划分,可以充分地利用开发小组中的界面设计人员。事实上,越是复杂的项目,使用模式 2 的好处就越突出,如 Struts 技术框架就是模式 2 最好的实现。

在模式 2 中,JSP 和 Servlet 可以在功能上最大幅度地分开。正确使用模式 2,将会有一个中心化的控制器(Servlet),以及只完成显示的 JSP 页面。另一方面,模式 2 的实现很复杂,因此,在简单应用中,可以考虑使用模式 1。图 14-13 所示的是模式 2 的示意图。

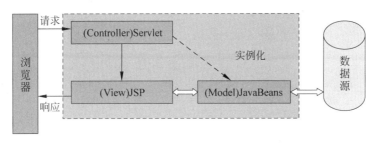

图 14-13　JSP 模式 2

【例 14-5】　如何使用 JavaBean 由 Servlet 向 JSP 传输数据。

在实现 MVC 框架的 Web 应用时,通常都是首先经过 Servlet 的处理,然后再把处理的结果传给 JSP 页面以显示给用户,这时,Servlet 就需要向 JSP 页面传输数据。

前面已经说过,可以把需要传输到下个页面的数据绑定到 HttpSession、ServletContext、HttpServletRequest 对象,然后再调用 forward()方法进行数据传递。但当需要传输的数据过多时,直接采用这种方法显得有些零散,不利于开发管理。其实,可以把一些有关联的、描述同一事物的数据捆绑成一个数据对象,然后再进行传递,这样可以通过 JavaBean 的方式实现。

JavaBean 是一种封装属性和方法的类,可以用来存储数据和提供某些特殊的功能。在本例中,JaveBean 文件 User.java 用于存储用户的信息。

User.java 的源代码如下:

```
// User.java
package myBean;
public class User {
    String name;
    int age;
    public User() {}
    public int getAge() { return age;}
    public void setAge(int age) {this.age = age; }
```

```
        public String getName() { return name; }
        public void setName(String name) { this.name = name;}
    }
```

该 Javabean 有两个属性，即姓名和年龄，每个属性都有对应的 setXxx() 方法和 getXxx() 方法。

文件 UseBeanServlet.java 使用这个 JavaBean 保存数据，然后将这个 Bean 的实例绑定到 HttpSession 对象上，再调用 forward() 方法重定向到 userBean.jsp。

UseBeanServlet.java 内容如下：

```java
// UseBeanServlet.java
import java.io. * ;
import javax.servlet. * ;
import javax.servlet.http. * ;
import myBean.User;

public class UseBeanServlet extends HttpServlet {
    public void doGet(HttpServletRequest request, HttpServletResponse response)
        throws ServletException, IOException {
            User usr = new User();
            usr.setAge(18);
            usr.setName("somebody");
            HttpSession session = request.getSession();
            session.setAttribute("user", usr);
            getServletConfig().getServletContext().getRequestDispatcher("/usebean.jsp")
                .forward(request,response);
        }
}
```

文件 usebean.jsp 从会话对象上取出 UseBeanServlet.java 绑定的 User 对象，然后对其信息输出。usebean.jsp 文件的内容如下：

```jsp
<% @ page contentType = "text/html;charset = GBK" %>
<% @ page import = "myBean.User" %>
<html>
<head>
<title>使用 JavaBean 从 Servlet 传递数据到 JSP</title>
</head>
<body>
<%
  User user = (User)session.getAttribute("user");
  out.print("姓名: " + user.getName() + "<BR>年龄: " + user.getAge());
%>
</body>
</html>
```

对 UseBeanServlet.class 这个 Servlet 作简单配置，运行这个 Servlet 就可以得到所要的结果。本例的运行结果如图 14-14 所示。

图 14-14　使用 JavaBean 由 Servlet 向 JSP 传输数据

习题及思考

使用 JSP 和 Servlet 技术编写简单的用户注册登录 Web 应用,要求使用 MySQL 数据库作为后台数据库,并用到 JSP 模式 2。

第15章 轻型框架介绍

Java EE 框架是非常全的技术框架,尤其是 EJB。EJB 是 J2EE 技术框架中的精华,它主要针对大型企业的软件项目,使用了 EJB 的 J2EE 框架适合于大型企业或大型项目。对于大多数中小型企业或中小型项目,反而需要敏捷轻型的框架,不需要或暂时不需要分布式的设计模式,这样既可以加速企业管理项目的开发速度,同时也节约了开发成本,而且也满足了企业的要求。目前这种轻型框架是非常流行的,如 Hibernate、Struts、WebWork、Spring、Tapestry、JSF 等。

一般认为,EJB 框架为重型框架,因为它需要启动应用服务器加载 EJB 组件。软件架构复杂,启动加载时间长。需要的系统昂贵,软件费用花销也很大。而轻型框架则不同,它不需要昂贵的设备和软件费用,系统搭建容易,服务器启动快捷,非常适合于中小型企业或项目。

目前 J2EE 轻型框架发展非常迅速,下面就目前非常流行的 Hibernate 框架、Struts 框架、Spring 框架作一定的介绍。然后给出一个关于 Hibernate 的简单实现案例。

15.1 Hibernate、Struts 和 Spring 介绍

Hibernate 框架、Struts 框架、Spring 框架是目前非常流行的 Java EE 框架,这 3 个框架可以很好地在一起协同工作,也可以在项目中单独应用。在实际应用中,无论是单独应用,还是 3 个协同或是其中两个协同工作,均取得了成功。

15.1.1 Hibernate 框架介绍

Hibernate 是一个 ORM 工具。它的工作原理是通过文件把值对象和数据库表之间建立起一个映射关系,这样,只需要通过操作这些值对象和 Hibernate 提供的一些基本类,就可以达到使用数据库的目的。例如,使用 Hibernate 的查询,可以直接返回包含某个值对象的列表(List),而不必向传统的 JDBC 访问方式一样把结果集的数据逐个装载到一个值对象中,为编码工作节省了大量的劳动。Hibernate 提供的 HQL 是一种类 SQL 语言,它和 EJBQL 一样都是提供对象化的数据库查询方式,但 HQL 在功能和使用方式上都非常接近于标准的 SQL。

Hibernate 不会强迫修改对象的行为方式,它们不需要实现任何不可思议的接口以便能够持续存在。唯一需要做的就是创建一份 XML"映射文件",告诉 Hibernate 如何保存表示数据库记录的类,以及它们如何关联到该数据库中的表和列,然后就可以要求它以对象的形式获取数据,或者把对象保存为数据。

运行时，Hibernate 读取映射文档，然后动态构建 Java 类，以便管理数据库与 Java 之间的转换。在 Hibernate 中有一个简单而直观的 API，用于对数据库所表示的对象执行查询。一般情况下，要修改这些对象只需在程序中与它们进行交互，然后告诉 Hibernate 保存修改即可。类似地，创建新对象也很简单，只需以常规方式创建它们，然后告诉 Hibernate 有关它们的信息，这样就能在数据库中保存它们。

Hibernate API 学习起来很简单，而且它与程序流的交互相当自然。在适当的位置调用它，就可以达成目的。它带来了很多自动化和代码节省方面的好处，所以花时间学习它是值得的。而且还可以获得另一个好处，即代码不用关心要使用的数据库种类（否则的话甚至必须知道）。如果在开发过程后期被迫更换数据库厂商的话，会造成巨大的损失。但是借助于 Hibernate，只需要简单地修改 Hibernate 配置文件即可。

对于熟悉使用关系数据库和了解如何执行完美的 SQL 查询与企业数据库交互的人来说，Hibernate 似乎有些碍手碍脚。这种人可以研究一下 iBATIS（另一种 ORM 框架）。Hibernate 的创建者本身就把 iBATIS 当作是另一种选择。以 SQL 为中心的解决方案（如 iBATIS）是"反向的"对象/关系映射工具，而 Hibernate 是一个更为传统的 ORM。

15.1.2　Struts 框架介绍

Struts 是一个基于 Sun J2EE 平台的 MVC 框架，主要是采用 Servlet 和 JSP 技术来实现的，其最初萌芽于 Craig McClanahan 的构思。现在，Struts 是 Apache 软件基金会旗下 Jakarta 项目组的一部分，其官方网站是 http://jakarta.apache.org/struts。由于 Struts 能充分满足应用开发的需求，简单易用，敏捷迅速。Struts 把 Servlet、JSP、自定义标签和信息资源（Message Resources）整合到一个统一的框架中，开发人员利用其进行开发时不用再自己编码实现全套 MVC 模式，极大地节省了时间，所以说 Struts 是一个非常不错的应用框架。

Struts 框架可分为以下 4 个主要部分，其中 3 个就和 MVC 模式紧密相关，如图 15-1 所示。

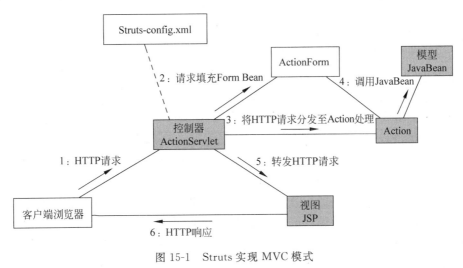

图 15-1　Struts 实现 MVC 模式

轻型框架介绍

（1）模型(Model)，本质上来说在 Struts 中 Model 是一个 Action 类(这个会在后面详细讨论)，开发者通过其实现商业逻辑，同时用户请求通过控制器(Controller)向 Action 的转发过程是基于由 struts-config.xml 文件描述的配置信息的。

（2）视图(View)。View 是由与控制器 Servlet 配合工作的一整套 JSP 定制标签库构成，利用它们可以快速建立应用系统的界面。

（3）控制器(Controller)，本质上是一个 Servlet，将客户端请求转发到相应的 Action 类。

（4）一些用来做 XML 文件解析的工具包，Struts 是用 XML 来描述如何自动产生一些 JavaBean 的属性的。此外 Struts 还利用 XML 来描述在国际化应用中的用户提示信息的(这样一来就实现了应用系统的多语言支持)。

Struts 首先在 Container 启动的时候调用 ActionServlet 的 init()方法。初始化各种配置。这些配置写在 struts-config.xml 文件中。struts-config.xml 的内容大致如下：

```xml
<?xml version = "1.0" encoding = "UTF - 8"?>
<! DOCTYPE struts - config PUBLIC "
 - // Apache Software Foundation// DTD Struts Configuration 1.1// EN"
"http:// jakarta. apache. org/struts/dtds/struts - config_1_1.dtd">
<struts - config>
<data - sources />          // 定义数据源
<form - beans />           // 定义 ActionForm
<global - exceptions />    // 定义全局异常
<global - forwards />       // 定义全局转向 url
<action - mappings />      // 定义 action
<controller />              // 配置 Controller
<message - resources />   // 配置资源文件
</struts - config>
```

Struts 由上述几部分组成。其中最主要的是 Action 和 Form。下面简单叙述一下其处理过程。

一个请求提交给 ActionServlet，ActionServlet 会寻找相应的 Form 和 Action，首先将提交的 request 对象映射到 form 中，然后将 form 传递给 action 来进行处理。action 得到 form、mapping、request 和 response 4 个对象，并调用 execute()方法然后返回一个 forward-URL 给 ActionServlet，最终返回给客户端。

Struts 的工作流程为：所有的请求都提交给 ActionServlet 来处理。ActionServlet 是一个 FrontController，它是一个标准的 Servlet，它将 request 转发给 RequestProcessor 来处理，ActionMapping 是 ActionConfig 的子类，实质上是对 struts-config.xml 的一个映射，从中可以取得所有的配置信息，RequestProcessor 根据提交过来的 url，如 *. do，从 ActionMapping 中得到相应的 ActionForm 和 Action。然后将 request 的参数对应到 ActionForm 中，进行 form 验证。如果验证通过则调用 Action 的 execute()方法来执行 Action，最终返回 ActionFoward。ActionFoward 是对 mapping 中一个 foward 的包装，对应于一个 URL，ActionForm 使用了 ViewHelper 模式，是对 HTML 中 form 的一个封装。其中包含有 validate 方法，用于验证 form 数据的有效性。ActionForm 是一个符合 JavaBean

规范的类,所有的属性都应满足 get 和 set 对应。对于一些复杂的系统,还可以采用 DynaActionForm 来构造动态的 Form,即通过预制参数来生成 Form。这样可以更灵活地扩展程序。

ActionErrors 是对错误信息的包装,一旦在执行 action 或者 form. validate 中出现异常,即可产生一个 ActionError 并最终加入到 ActionErrors。在 Form 验证的过程中,如果有 Error 发生,则会将页面重新导向至输入页,并提示错误。

Action 是用于执行业务逻辑的 RequestHandler。每个 Action 都只建立一个 instance。Action 不是线程安全的,所以不应该在 Action 中访问特定资源。一般来说,应该使用 Business Delegate 模式来对 Business 层进行访问以解除耦合。

Struts 提供了多种 Action 供选择使用。普通的 Action 只能通过调用 execute 执行一项任务,而 DispatchAction 可以根据配置参数执行,而不是仅进入 execute()函数,这样可以执行多种任务,如 insert、update 等。LookupDispatchAction 可以根据提交表单按钮的名称来执行函数。

总之,Struts 是一种基于 MVC 设计模式的 Java Web 框架,它使系统开发过程各个模块更加细化。利用 taglib 获得可重用的代码;利用 ActionServlet 配合 struts-config. xml 实现对整个系统导航,增强了开发人员对系统的整体把握;用户界面、业务逻辑和业务控制的分离使系统的层次结构更加清晰,易于分工协作,同时增强系统的可扩展性、维护性。

Struts 框架目前已经越来越多地应用于企业平台之上,许多大型网站已成功地应用了 Struts 框架。

15. 1. 3　Spring 框架介绍

Spring 是一个轻量级的 J2EE 应用程序框架。它的起源可以回溯到 Rod Johnson 编写的 *Expert One-on-One J2EE Design and Development*《J2EE 设计开发编程指南》一书 (Wrox, 2002)。在这本书中,Rod 讲述了他的轻型 J2EE 框架,并为自己的应用程序编写了这一框架。这一框架被发布到开源世界后,成为了目前 Spring 框架的基础。

Spring 的核心是个轻量级容器(Container),实现了 IoC(Inversion of Control)模式的容器,Spring 的目标是实现一个全方位的整合框架,在 Spring 框架下实现多个子框架的组合,这些子框架之间彼此可以独立,也可以使用其他的框架方案加以替代。

Spring 是一个优雅的框架,其优点如下。

(1) Spring 能有效地组织中间层对象,无论是否选择使用了 EJB。如果仅仅使用了 Struts 或其他的包含了 J2EE 特有 APIs 的框架,这时会发现 Spring 关注了遗留下的问题。

(2) Spring 能消除在许多工程上对 Singleton 的过度使用。

(3) Spring 能消除使用各种各样格式的属性定制文件的需要,在整个应用和工程中,可通过一种一致的方法来进行配置。Spring 能通过接口而不是类促进好的编程习惯,减少编程代码量。

(4) Spring 被设计为让使用它创建的应用尽可能少地依赖于其他的 APIs。在 Spring 应用中的大多数业务对象没有依赖于 Spring。

(5) 使用 Spring 构建的应用程序易于单元测试。

(6) Spring 能使 EJB 的使用成为一个实现选择,而不是应用架构的必然选择。开发者能选择用 POJOs 或 Local EJBs 来实现业务接口,却不会影响调用代码。

(7) Spring 能使用 AOP 提供声明性事务而不通过使用 EJB 容器,如果仅仅需要与单个数据库打交道,甚至不需要 JTA 实现。

(8) Spring 为数据存取提供了一致的框架,无论是使用 JDBC 或 O/R mapping 产品(如 Hibernate)。

Spring 的核心即是 IoC/DI 的容器,它可以帮助程序设计人员完成组件之间的依赖关系注入,使得组件之间的依赖达到最小,进而提高组件的重用性,Spring 是个低侵入性(invasive)的框架,Spring 中的组件并不会意识到它正置身于 Spring 中,这使得组件可以轻易地从框架中脱离,而几乎不用任何修改,反过来说,组件也可以简单的方式加入框架中,使得组件甚至框架的整合变得容易。

Spring 最为人重视的另一方面是支持 AOP(Aspect-Oriented Programming),然而 AOP 框架只是 Spring 支持的一个子框架。面向方面编程(AOP)提供从另一个角度来考虑程序结构以完善面向对象编程(OOP)。面向对象将应用程序分解成各个层次的对象,而 AOP 将程序分解成各个方面或者说关注点,这使得像事务管理、安全、持久化等诸多横切多个对象的关注点可以模块化。Spring 的一个关键组件就是 AOP 框架。Spring IoC 容器(BeanFactory 和 ApplicationContext)并不依赖于 AOP,这意味着如果开发者不需要使用,AOP 也可以不用,AOP 完善了 Spring IoC,使之成为一个有效的中间件解决方案。

AOP 在 Spring 中的使用如下。

(1) 提供声明式企业服务,特别是作为 EJB 声明式服务的替代品。这些服务中最重要的是声明式事务管理,这个服务建立在 Spring 的事务管理抽象之上。

(2) 允许用户实现自定义的方面,用 AOP 完善他们的 OOP 的使用。这样开发者可以把 Spring AOP 看作是对 Spring 的补充,它使得 Spring 不需要 EJB 就能提供声明式事务管理;或者使用 Spring AOP 框架的全部功能来实现自定义的方面编程。

Spring 同时还提供 MVC Web 框架的解决方案,但也可以将自己所熟悉的 MVC Web 框架与 Spring 结合,如 Struts、Webwork 等,都可以与 Spring 整合而成为自己应用系统的解决方案。Spring 还提供其他方面的整合,如持久层的整合包括 JDBC、O/R Mapping 工具(Hibernate、iBATIS)、事务处理等,Spring 作了对多方面整合的努力,所以说 Spring 是全方位的应用程序框架。

15.1.4　轻型框架的流行

框架,即 Framework。其实就是某种应用程序的半成品,把不同应用程序中有共性的一些东西抽取出来,做成一个半成品程序,这样的半成品就是所谓的程序框架。

1. 为什么要使用框架

软件系统发展到今天已经很复杂了,特别是服务器端软件,涉及的知识、内容、问题非常多。在某些方面使用别人成熟的框架,就相当于让别人帮你完成一些基础工作,你只需要集中精力完成系统的业务逻辑设计。这样每次开发就不用白手起家,而是可以在这个基础上开始搭建。

使用框架的最大好处不仅在于减少重复开发工作量、缩短开发时间、降低开发成本,同时还有其他的好处,如使程序设计更合理、程序运行更稳定等。基于这些原因,基本上现在在开发中,都会选用某些合适的开发框架,从而达到快捷高效的目的。

2. 如何选择框架

选择合适的框架,是一个谨慎的事情。框架选择得好,系统开发轻松、代码量少,运行稳定。反之,则系统结构混乱、不易维护和调试。

选择框架可以参照以下原则。

(1) 框架的学习一定要简单,上手一定要快。

(2) 一定要能得到很好的技术支持,在应用的过程中,或多或少都会出现这样或者那样的问题,如果不能很快很好的解决,会对整个项目开发带来影响。

(3) 开发框架结合其他技术的能力一定要强,例如,在逻辑层要使用 Spring 或者 Ejb3,那么该开发框架一定要很容易、很方便地与它们进行结合。

(4) Web 开发框架的扩展能力一定要强。任何框架都有力所不及的地方,这就要求该框架有很好的 Web 开发框架的功能,以满足新的业务需要。同时要注意扩展的简单性。

(5) Web 开发框架最好能提供可视化的开发和配置,可视化开发对开发效率的提高已经得到业界公认。

(6) 开发框架的设计结构一定要合理,应用程序会基于这个框架,框架设计得不合理会大大影响到整个应用的可扩展性。

(7) 开发框架一定要是运行稳定的,运行效率高的。框架的稳定性和运行效率直接影响到整个系统的稳定性和效率。

(8) 选择开发框架还要注意的一点就是:任何开发框架都不可能是十全十美的,也不可能是适应所有的应用场景的,也就是说任何开发框架都有它适用的范围。所以选择的时候要注意判断应用的场景和开发框架的适用性。

3. 目前流行的框架组合

在目前流行的框架中,开发者可以根据自己的喜好进行组合,这些组合几乎是任意的。在实际工程中也取得了成功。

下面列出一些常见组合,且这些组合会随着新技术的出现而变化。

(1) JSP＋Servlet＋JavaBean＋JDBC。

(2) Struts＋MySQL＋JDBC。

(3) Hibernate＋JDBC＋JSP。

(4) Struts＋Hibernate。

(5) Hibernate＋Spring。

(6) Spring＋Struts＋JDBC。

(7) Struts＋Hibernate＋Spring。

(8) Struts＋EJB。

(9) JSF＋Hibernate。

(10) Typetry＋Hibernate＋Spring。

(11) Freemaker＋Struts＋Hibernate＋Spring。

(12) JSP＋EJB＋Oracle。

15.2 Hibernate 案例实现

目前流行的各种 ORM 框架较多,如 Java 阵营的 Hibernate、iBatis、JDO、微软的 ObjectSpaces、DevExpress 公司的 XPO 等。Hibernate 是目前最流行的 ORM 开发工具。

15.2.1 Hibernate 的体系结构

Hibernate 作为 ORM 开发工具,通过配置文件 hiberante.cfg.xml 或 hibernate. properties 和映射文件(*.hbm.xml)把 java 对象或持久化对象(Persistent Object,PO)映射到数据库中的数据表,然后通过操作 PO,对数据库中的表进行各种操作。

Hibernate 的体系结构如图 15-2 所示。

由于 Hibernate 非常灵活,且支持多种应用方案。下面描述一下两种极端的情况。第一种,"轻型"的体系结构方案,要求应用程序提供自己的 JDBC 连接并管理自己的事务。这种方案使用了 Hibernate API 的最小子集。

另外一种为"全面解决"的体系结构方案,它将应用层从底层的 JDBC/JTA API 中抽象出来,而让 Hibernate 来处理这些细节,如图 15-3 所示。JTA(Java Transaction API)就是 Java 关于数据库事务的 API。

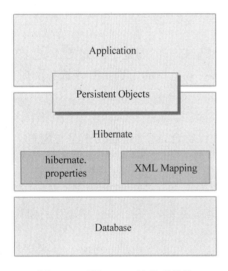

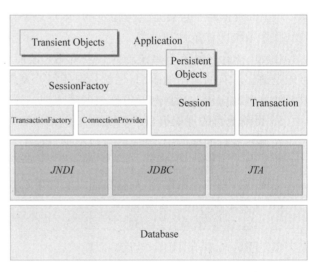

图 15-2　Hibernate 的体系结构　　　　　图 15-3　全面解决方案的体系结构

在图 15-3 中,Hibernate 接口可以分为以下几种类型。

(1) 基本的创建、读取、更新、删除操作以及查询操作数据库的接口。这些接口是 Hibernate 实现用户程序的商业逻辑的主要接口,它们包括 Session、Transaction 和 Query。

(2) Hibernate 用来读取诸如映射表这类配置文件的接口。

(3) 回调(Callback)接口。它允许应用程序能对一些事件的发生作出相应的操作。

(4) 一些可以用来扩展 Hibernate 的映射机制的接口。

Hibernate 使用了 J2EE 架构中的一些技术,如 JDBC、JTA、JNDI。其中 JDBC 是一个支持关系数据库操作的一个基础层;它与 JNDI 和 JTA 一起结合,使得 Hibernate 可以方便地集成到 J2EE 应用服务器中去。

下面简单地介绍一下每个主要接口的功能。要详细地了解 Hibernate API 接口,请参阅 Hibernate 的源码包中的 org.hibernate 子包。下面是主要接口。

(1) Session 接口。一个持久层管理器,是一个轻量级的类。它包含一些持久层相关的操作,诸如存储持久对象至数据库,以及从数据库获得它们。不同于 JSP 应用中的 HttpSession。

(2) SessionFactory 接口。工厂模式,用户程序从工厂类 SessionFactory 中取得 Session 的实例。

(3) Configuration 接口。该接口定位映射文档的位置,读取这些配置,然后创建一个 SessionFactory 对象。

(4) Transaction 接口。是对实际事务实现的一个抽象,如对 JBDC、JTA、CORBA 事务。

(5) Query 和 Criteria 接口。对数据库及持久对象进行查询的接口。

(6) Callback 接口。当一些有用的事件发生时该接口会通知 Hibernate 去接收一个通知消息,可用于日志。

15.2.2 Hibernate 的文档和软件

Hibernate 的有关书籍和资料都非常丰富,Hibernate 的设计者编写了 *Hibernate in Action* 这本书。该书对 Hibernate 做了比较全面的介绍。在 Hibernate 的官方网站上也可以找到很多开发文档和很多好的文章。

在 Hibernate 的官方网站(http://www.hibernate.org)可以下载最新的 Hibernate 包。截至笔者完稿时最新版本是 5.2.6。本书使用 3.2.1 版本。解压缩 Hibernate 包中有一 hibernate.jar 和 lib 目录。在 lib 目录中包括许多 JAR 文件,如 dom4j、CGLIB、asm、Commons Collections、Commons Logging、EHCache 等。这些 JAR 文件有一些是在使用 Hibernate 时必需的。在 Hibernate 运行时,并不是只要 Hibernate 就可以的。表 15-1 列出所需要的 Java 包。

表 15-1　Hibernate 包介绍

hibernate3.jar	核心框架包
cglib-asm.jar	CGLIB 库,Hibernate 用它来实现 PO 字节码的动态生成,非常核心的库,必须使用的 jar 包
dom4j.jar	dom4j 是一个 Java 的 XML API,类似于 jdom,用来读写 XML 配置文件的
commons-collections.jar	包含了一些 Apache 开发的集合类,功能比 java.util.* 强大。必须使用的 jar 包
commons-lang.jar:	包含了一些数据类型工具类,是 java.lang.* 的扩展。必须使用的 jar 包
commons-logging.jar	包含了日志功能,必须使用的 jar 包。这个包本身包含了一个 Simple Logger,但是功能很弱。在运行的时候它会先在 CLASSPATH 找 log4j
antlr-2.7.6.jar	Hibernate 使用 ANTLR 来产生查询分析器,这个类库在运行环境下时也是必需的

续表

hibernate3.jar	核心框架包
jta.jar	当 Hibernate 使用 JTA 的时候需要
ehcache-1.1.jar	Hibernate 可以使用不同 Cache 缓存工具作为二级缓存。EHCache 是默认的 Cache 缓存工具
dom4j-1.6.1.jar	Hibernate 使用 dom4j 解析 XML 配置文件和 XML 映射元文件
asm.jar	ASM 字节码库

15.2.3 Hibernate 的简单案例

Hibernate 可以运行于单机之上，也可以运行于 Web 应用程序之中，如果是运行于单机，则将所有用到的 jar 包（包括 JDBC 驱动程序）设定至 classpath 中，如果是运行于 Web 应用程序中，则将 jar 包置于 WEB-INF/lib 中。本章中的实例将作为应用程序运行于单机中。

Hibernate 运行时，先从 Hibernate 配置文件中读取数据库的连接信息，进行数据库连接，然后通过映射文件动态建立持久化对象实例。这些实例就是数据记录。由于 Hibernate API 对 JDBC 做了封装，因此，利用 Hibernate API 可以很方便地操作持久化类。

要运行本章中的案例，必须安装一个数据库服务器并且有相关的 JDBC 驱动程序。本章将使用 MySQL 5.0 数据库，假设读者已经掌握了 JDBC 的基本知识，并能使用 MySQL 的 JDBC 驱动程序。本章将使用从 MySQL 官方网站上下载的驱动程序 mysql-connector-java- 3.1.12-bin.jar。

本例要运行于单机上，必须涉及 classpath 的设置。将图 15-4 中的包置于 classpath 中。将把所涉及的 jar 文件放置在 d:\jars 目录下，如图 15-4 所示。

如果读者使用的集成 IDE，可以将这些包导入外加类库中即可。如果读者使用 JDK 5.0，用命令行方式运行程序，请在系统环境变量或系统自动批处理文件中来设置 classpath，另外也可以在 DOS 窗口下直接进行设置（本 DOS 窗口有效）。

接下来可以将 hibernate3.zip 解压后 etc 目录下的 log4j. properties 复制至 Hibernate 项目的 Classpath 下，并修改一下其中的 log4j. logger. org. hibernate 为 error，也就是只在错误发生时显示必要的信息。

图 15-4 classpath 中涉及的包

下面介绍案例中文件的具体布置和配置以及运行情况。首先建立工作目录，如 D:\chap15\hbexample1，同时建立子目录 lizhx。其中的文件如图 15-5 所示，文件的生成见下面的叙述。

首先，设置环境变量，编写批处理文件，如 setjars. bat，如图 15-6 所示。然后打开 DOS 窗口，运行 setjars. bat。假设 D:\jars 目录下存放了所有可能用到的包。

如果使用 JDK 6.0（包括其后版本），那么还可以使用 JDK 6.0 的新功能来设置 classpath，如下：

(a)

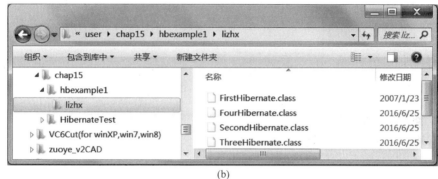

(b)

图 15-5　简单案例文件布置

图 15-6　系统环境变量的设置

```
set classpath = .;d:\jars\ * ;
```

下面以一个简单的单机程序来示范 Hibernate 的配置与运行。首先做数据库的准备工作,在 MySQL 中新增一个 hdata1 数据库,并建立 user 表格,其内容如下(CreateUser. sql):

```
CREATE TABLE user ( id INT(11) NOT NULL auto_increment PRIMARY KEY,
            name VARCHAR(100) NOT NULL default '',age INT);
```

对于这个表格,必须有一个 User 类与之对应,表格中的每一个字段将对应至 User 实例中的 Field 成员。这个 User. java 类就是一个 POJO。

POJO 在 Hibernate 语义中理解为数据库表所对应的 Domain Object。这里的 POJO 就是所谓的"Plain Ordinary Java Object",字面上来讲就是无格式普通 Java 对象,简单地可以理解为一个不包含逻辑代码的值对象(Value Object,VO)。

User.java 的内容如下:

```
package lizhx;
public class User {
    private Integer id;
    private String name;
    private Integer age;
    // 必须有一个预设的构造方法
    public User() {}
    public Integer getId() {return id;}
    public void setId(Integer id) {this.id = id;}
    public String getName() {return name;}
    public void setName(String name) {this.name = name;}
    public Integer getAge() {return age;}
    public void setAge(Integer age) {this.age = age;}
}
```

其中 id 是一个特殊的属性,Hibernate 会使用它来作为主键识别,这是在 XML 映射文件中完成的,为了告诉 Hibernate 所定义的 User 实例如何映射至数据库表格,需编写一个 XML 映射文件名为 User.hbm.xml,内容如下所示:

```
<?xml version = "1.0" encoding = "utf-8"?>
<!DOCTYPE hibernate-mapping PUBLIC "-// Hibernate/Hibernate Mapping DTD 3.0// EN"
"http:// hibernate.sourceforge.net/hibernate-mapping-3.0.dtd">
<hibernate-mapping>
<class name = "lizhx.User" table = "user">
<id name = "id" column = "id" type = "java.lang.Integer">
<generator class = "native" />
</id>
<property name = "name" column = "name" type = "java.lang.String" />
<property name = "age" column = "age" type = "java.lang.Integer" />
</class>
</hibernate-mapping>
```

<class>标签中的 name 属性为所映射的对象,而 table 为所映射的表格;<id>中 column 属性指定了表格字段,而 type 属性指定了 User 实例中的 id 类型,这时 type 中所设定的是直接指定 Java 中的对象类型,Hibernate 也定义有自己的映射类型,作为 Java 对象与 SQL 数据的标准对应类型。

<id>中主键的产生方式在这里设定为"native",表示主键的生成方式由 Hibernate 根据数据库 Dialect 的定义来决定,当然还有其他主键的生成方式。同样地,<property>标签中的 column 与 type 都各自指明了表格中字段与对象中属性的对应。Hibernate 对属性使用的类型不加限制。所有的 Java JDK 类型和原始类型(如 String、char 和 float)都可以被映射,也包括 Java 集合框架(Java collections framework)中的类。可以把它们映射成为值,值集合,或者与其他实体相关联。id 是一个特殊的属性,代表了这个类的数据库标识符(主键),它对于类似于 User 这样的实体是必需的。

Hibernate 从本质上来讲是一种"对象-关系型数据映射"（Object Relational Mapping，ORM）。前面的 POJO 在这里体现的就是 ORM 中 Object 层的语义，而映射（Mapping）文件则是将对象（Object）与关系型数据（Relational）相关联的纽带，在 Hibernate 中，映射文件通常以".hbm.xml"作为后缀。

下面开始设置基本的 Hibernate 配置文件，可以使用 XML 或 Properties 文件，这里使用 XML 文件，文件名为 hibernate.cfg.xml，内容如下：

```xml
<?xml version = '1.0' encoding = 'utf - 8' ?>
<! DOCTYPE hibernate - configuration PUBLIC
"- // Hibernate/Hibernate Configuration DTD 3.0// EN"
"http:// hibernate.sourceforge.net/hibernate - configuration - 3.0.dtd">
<hibernate - configuration>
<session - factory>
<! -- JDBC 驱动程序 -->
<property name = "connection.driver_class">com.mysql.jdbc.Driver</property>
<! -- JDBC URL -->
<property name = "connection.url">jdbc:mysql:// localhost/hdata1</property>
<! -- 数据库使用者 -->
<property name = "connection.username">root</property>
<! -- 数据库密码 -->
<property name = "connection.password">root</property>
<! -- SQL 方言,这边设定的是 MySQL -->
<property name = "dialect">org.hibernate.dialect.MySQLDialect</property>
<! -- 显示实际操作数据库时的 SQL -->
<property name = "show_sql">true</property>
<! -- 以下设置对象与数据库表格映像文件 -->
<mapping resource = "lizhx/User.hbm.xml"/>
</session - factory>
</hibernate - configuration>
```

构建 Hibernate 基础代码通常有以下 3 种途径。

（1）手工编写。

（2）直接从数据库中导出表结构,并生成对应的 ORM 文件和 Java 代码。这是实际开发中最常用的方式,也是这里所推荐的方式。通过直接从目标数据库中导出数据结构,最小化了手工编码和调整的可能性,从而最大限度保证了 ORM 文件和 Java 代码与实际数据库结构相一致。如采用 Synchronizer、Middlegen 等工具。

（3）根据现有的 Java 代码生成对应的映射文件,将 Java 代码与数据库表相绑定。通过预先编写好的 POJO 生成映射文件,这种方式在实际开发中也经常使用,特别是结合了 xdoclet 之后显得尤为灵活,其潜在问题就是与实际数据库结构之间可能出现的同步上的障碍,由于需要手工调整代码,往往调整的过程中由于手工操作的疏漏,导致最后生成的配置文件错误,这点需要在开发中特别注意。

下面编写一个测试的程序 FirstHibernate.java,这个程序直接以 Java 程序设计人员熟悉的语法方式来操作对象,而实际上也直接完成对数据库的操作,程序会将一条记录数据存入表格之中：

```
// FirstHibernate. java
package lizhx;
import org. hibernate. Session;
import org. hibernate. SessionFactory;
import org. hibernate. Transaction;
import org. hibernate. cfg. Configuration;
public class FirstHibernate {
    public static void main(String[ ] args) {
        // Configuration 负责管理 Hibernate 配置信息
        Configuration config = new Configuration().configure();
        // 根据 config 建立 SessionFactory
        // SessionFactory 将用于建立 Session
        SessionFactory sessionFactory = config. buildSessionFactory();
        // 将持久化的物件
        User user = new User();
        user. setName("JavaBoy");
        user. setAge(new Integer(40));
        // 开启 Session,相当于开启 JDBC 的 Connection
        Session session = sessionFactory. openSession();
        // Transaction 表示一组对 DB 的交易
        Transaction tx = session. beginTransaction();
        // 将对象映射至数据库表格中储存
        session. save(user);
        tx. commit();
        session. close();
        sessionFactory. close();
        System. out. println("新增记录成功,请在 MySQL 中观看结果!");
    }
}
```

编译过程如下:

```
D:\ch15\hbexample1 > javac - d . FirstHibernate. java
D:\ch15\hbexample1 > java lizhx. FirstHibernate
```

运行结果如图 15-7 所示。

Hibernate: insert into user (name, age) values (?, ?)
新增记录成功.请在MySQL中观看结果!

图 15-7　运行结果

在本程序中,Configuration 代表了 Java 对象至数据库的映射设定,这个设定是从上面的 XML 而来,接下来从 Configuration 取得 SessionFactory 对象,并由它来开启一个 Session,它代表对象与表格的一次会话操作,而 Transaction 则表示一组会话操作,这里只需要直接操作 User 对象,并进行 Session 与 Transaction 的相关操作,Hibernate 就会自动完成对数据库的操作。多次运行上面的程序,在 MySQL 中可以得到如图 15-8 所示的结果。

图 15-8　数据库中的结果

接下来介绍使用 hibernate 进行数据库的简单查询,文件为 SecondHibernate. java。

当储存数据之后,更重要的是如何将记录读出,Hibernate 中也可以不写一句 SQL,而以 Java 中操作对象的习惯来查询数据。SecondHibernate. java 内容如下:

```java
// SecondHibernate. java
package lizhx;
import org. hibernate. Criteria;
import org. hibernate. Session;
import org. hibernate. SessionFactory;
import org. hibernate. cfg. Configuration;
import org. hibernate. criterion. Expression;
import java. util. Iterator;
import java. util. List;
public class SecondHibernate {
    public static void main(String[ ] args) {
        Configuration config = new Configuration(). configure();
        SessionFactory sessionFactory = config. buildSessionFactory();
        Session session = sessionFactory. openSession();
        Criteria criteria = session. createCriteria(User. class);
        // 查询 user 所有字段
        List users = criteria. list();
        Iterator iterator = users. iterator();
        System. out. println("id \t name \t          age");
        while (iterator. hasNext()) {
        User user = (User) iterator. next();
        System. out. println(user. getId() + " \t " + user. getName() + "\t" + user. get      Age());
        }
        // 查询 user 中符合条件的字段
        criteria. add(Expression. eq("name", "JavaBoy"));
        users = criteria. list();
        iterator = users. iterator();
        System. out. println("id \t name \t          age");
        while (iterator. hasNext()) {
        User user = (User) iterator. next();
        System. out. println(user. getId() + " \t " + user. getName() + "\t" +
        user. getAge());
        }
        session. close();
        sessionFactory. close();
    }
}
```

Criteria 对 SQL 进行封装,对于不甚了解 SQL 的开发人员来说,使用 Criteria 也可以轻易地进行各种数据的检索,也可以使用 Expression 设定查询条件,并将之加入 Criteria 中对查询结果作限制,Expression. eq()表示设定符合条件的查询,如 Expression. eq("name","JavaBoy")表示设定查询条件为"name"字段中为" JavaBoy "的数据。

编译过程如下:

```
D:\ch15\bhexample1 > java lizhx. SecondHibernate
```

上述运行结果如图 15-9 所示。

```
log4j:WARN No appenders could be found for logger (org.hibernate.cfg.Environment
).
log4j:WARN Please initialize the log4j system properly.
Hibernate: select this_.id as id0_0_, this_.name as name0_0_, this_.age as age0_
0_ from user this_
id      name        age
1       JavaBoy      40
Hibernate: select this_.id as id0_0_, this_.name as name0_0_, this_.age as age0_
0_ from user this_ where this_.name=?
id      name        age
1       JavaBoy      40
```

图 15-9　运行结果

上例也可以通过 HQL(Hibernate Query Language)来进行查询。

15.3　Hibernate Synchronizer 插件

Hibernate Synchronizer 是一个 Eclipse 插件,可以自动生成 *.hbm.xml 文件、持久化类和 DAO 模式。

DAO 模式是设计关系数据库系统结构的对象类的集合。它们提供了完成管理一个关系型数据库系统所需的全部操作的属性和方法,如创建数据库,定义表、字段和索引,建立表间的关系,定位和查询数据库等,使得编写 Hibernate 的配置文件更容易和简单。

Hibernate Synchronizer 支持 db-hbm-pojo-dao 的自动同步更改,支持 Eclipse2 和 3 系列的版本,如果之前采用 Middlegen 来进行 DB Schema-hbm 转换,会发现在手工更改 hbm 中的某些特性时,再使用 Middlegen 来同步 DB Schema-hbm 时,手工更改的信息将会丢失,Synchronizer 则不会。

15.3.1　Hibernate Synchronizer 简介

Hibernate Synchronizer 插件在修改映射文档时自动更新 Java 代码。通过为每个被映射的对象创建一对类,它比 Hibernate 的内置代码生成工具更为先进。它"拥有"一个基类,当修改映射时,它可以随意重写这个基类,它还提供一个扩展了这个基类的子类,可以在这个子类中加入业务逻辑和其他代码。

Hibernate Synchronizer 还提供一个用于 Eclipse 的新编辑器组件,为此类文档提供智能辅助和代码自动完成功能。该编辑器提供了一个映射中的属性和关系的图形化视图、创建新元素的"向导"界面。而且,在其默认配置中,编辑器会在用户编辑映射文档时自动重新生成数据访问类。

Hibernate Synchronizer 还有其他的功能。它在 Eclipse 的 New 菜单中加入了一个区域,为创建 Hibernate 配置和映射文件提供向导,并在包的资源管理器和其他适当的位置中添加了上下文菜单项,使用户可以轻松访问相关的 Hibernate 操作。要了解 Hibernate Synchronizer 插件的详细信息可以访问 http:// www. binamics. com /hibernatesync/。

Hibernate Synchronizer 的主要功能如下。

(1) 通过一个向导配置并生成 Hibernate Configuration File。

(2) 通过一个向导同步生成数据库表的 *.hbm.xml 文件。

（3）通过 ∗.hbm.xml 文件同步生成 Hibernate 持久化类和 DAO。

（4）提供 Hibernate Synchronizer editor 编辑 ∗.hbm.xml 文件。

（5）用一种称为 Velocity 的语言定制个性化的代码和资源生成模板。

15.3.2　Hibernate Synchronizer 的获取与安装

Hibernate Synchronizer 插件可以通过两种方式来进行安装。

1. 传统的安装方式

传统的安装方法，就是从官方网站下载其插件文件。其官方网站网址是 http://www.binamics.com/hibernatesync。也可以从其他网站下载 HibernateSynchronizer-3.1.9。下载以后，把插件的文件复制到 Eclipse 的 plugins 目录和 feature 目录下。

2. 更新安装

更新安装就是通过 Eclipse 的插件更新直接安装，具体步骤如下。

（1）在 Eclipse3.2 中，Help→Software Updates→Find and Install，在 Install/Update 对话框中，选中 Search for new features to install 单选按钮，单击 Next 按钮，操作界面如图 15-10 和图 15-11 所示。

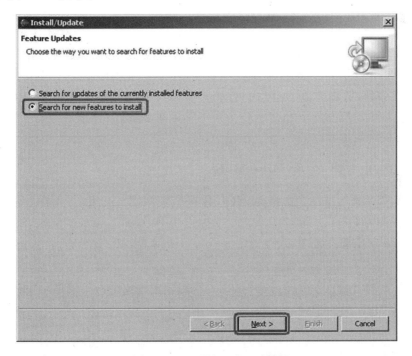

图 15-10　Install/Update 对话框

（2）选择 New Remote Site，在 New Update Site 对话框中的 Name 输入"Hibernate Synchronizer update site"，在 URL 中输入"http://www.binamics.com/hibernatesync"，单击 OK 按钮，确认 Hibernate Synchronizer update site 被选中，单击 Finish 按钮在完成 Searching 之后，选中 Hibernate Synchronizer update site 复选框，单击 Next 按钮，选中 I accept，单击 Next 按钮，然后单击 Finish 按钮。

（3）在下载完成后，重启 Eclipse 即安装成功。

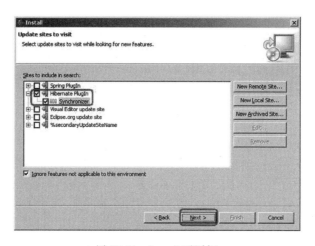

图 15-11 Install 对话框

15.4 在 Eclipse 中使用 Hibernate Synchronizer 进行开发

本节将介绍如何使用 Hibernate Synchronizer 插件进行开发。参照第 15.2 节的例子，再创建一个数据表 Person。手动编写配置文件是一件较麻烦的事情，而且也很容易出错。在本节中将体会到，使用 Hibernate Synchronizer 插件将使这一切变得很简单。但对于初学者，建议进行手动编写。下面演示一个最简单的单表操作，使读者熟悉使用 Hibernate Synchronizer 的开发过程。

15.4.1 在项目中使用 Hibernate

先进行数据库表的准备。选择 MySQL 数据库来做这个应用，首先在 MySQL 中建立一个新的数据库为 Hdata1，再建立一个数据表，名为 Person，包含 ID、Name、Sex、Address 4 个字段，建表的 SQL 语句如下：

```
CREATE TABLE 'person' (
    'ID' int(11) NOT NULL auto_increment,
    'Name' varchar(20) collate gb2312_bin NOT NULL default '',
    'Sex' char(1) collate gb2312_bin default NULL,
    'Address' varchar(200) collate gb2312_bin default NULL,
    PRIMARY KEY ('ID')
) ENGINE = MyISAM;
```

数据库表如图 15-12 所示。

名称	类型	空	默认值	属性
◆ ID	int(11)	yes	<空>	auto_increment
◆ Name	varchar(20)	no		
◆ Sex	char(1)	yes	<空>	
◆ Address	varchar(200)	yes	<空>	

图 15-12 数据库表

然后新建一个普通的 Java 项目：File→Project→New Project→Java Project，如图 15-13 所示。

图 15-13　创建 Java 工程

输入项目名称"HibernateTest"，如图 15-14 所示。

图 15-14　输入项目名称

注意加入 Hibernate 的所有 lib 文件，包括 Hibernate 下面的 hibernate3.jar 和 lib 目录下面的所有.jar 文件；还要加入 MySQL 的 jdbc 驱动文件，如 mysql-connector-java-3.0.14-production-bin.jar(驱动程序自己选择加载，版本不同，文件名也不同)，如图 15-15 所示。当然，也可以采用加入 User Library 的方式将加入的 Jar 文件放入一个文件夹(如 lib)中。

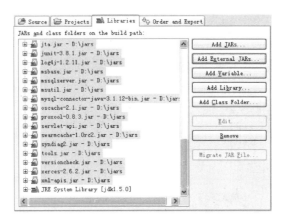

图 15-15　导入涉及的包

下面创建 src 目录,如图 15-16 所示。

图 15-16　创建 src 目录

15.4.2　创建 Hibernate Configuration File 文件

下面在项目中加入一个 Hibernate 的配置文件,在 src 目录下选择 New→Other→ Hibernate→Hibernate Configuration File 选项,如图 15-17 所示。

图 15-17　选择 Hibernate 的配置文件

在弹出的界面中需要指定要使用的数据库,以及连接数据库所需要的信息,在这里对应地选择了数据库为 MySQL,并配置了数据库的 URL 和管理员账号与密码,如图 15-18所示。

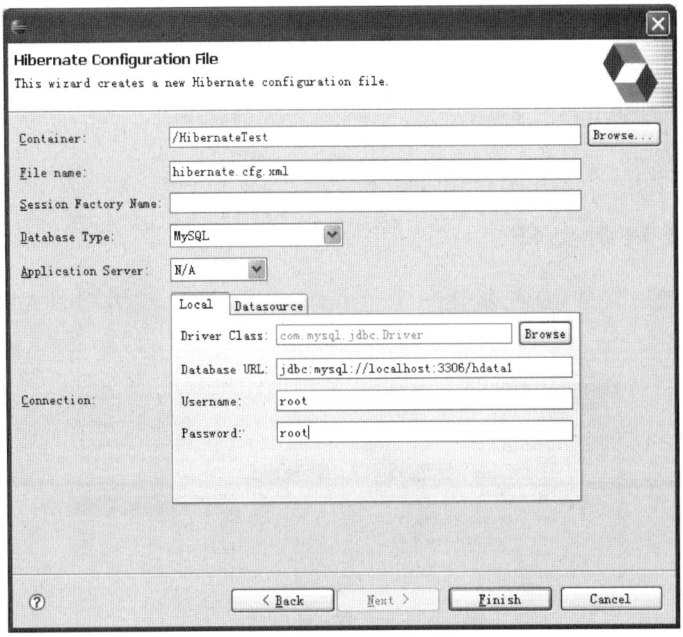

图 15-18　配置 Hibernate 的图形界面

单击 Browse 按钮,在弹出的对话框的 Select entries 文本框中输入"Driver",在下面就会出现相应的驱动所在的包,选择 com. mysql. jdbc. Driver 所在的包的文件,确定即可,如图 15-19 所示。

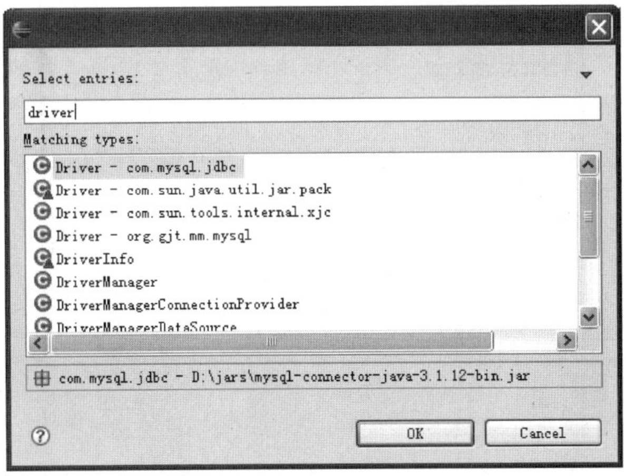

图 15-19　配置数据库驱动程序

单击 Finish 按钮之后,系统会生成一个名为 hibernate. cfg. xml 的文件,里面包含了基本的配置信息,如果需要高级配置,可以手动配置,如图 15-20 所示,也可以通过其他插件进行编辑,例如 MyEclipse 的 XML Editor。

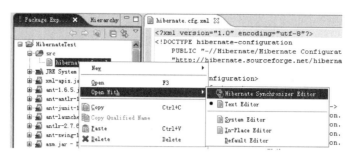

图 15-20　修改 Hibernate 配置文件

15.4.3　创建映射文件

下面要生成映射文件,首先新建一个包 New→Package,输入"lizhx. test",如图 15-21 所示。

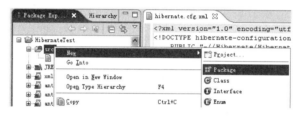

图 15-21　新建 lizhx. test 包

在 lizhx. test 包下选择 New→Other→Hibernate→Hibernate Mapping File 选项,在弹出的对话框中单击 Refresh 按钮,将会列出库中所有的数据表,选择要使用的 person 表,单击 Browse 按钮,选择所要生成的 POJO 文件所在的包 lizhx. test,如图 15-22 所示。

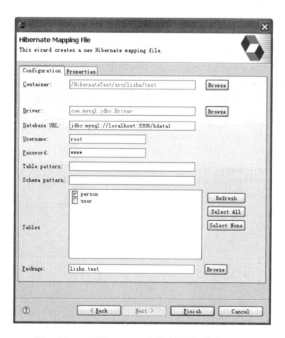

图 15-22　配置 POJO 文件并选择数据库表

在上述对话框的 Properties 选项卡中可以配置 hbm. xml 的其他选项,包括文件扩展名、聚合列名、ID生成规则等。完成后,系统会自动生成一个名为 Person. hbm. xml 的文件,可以通过这个文件生成相关的存根类,如图 15-23 所示。

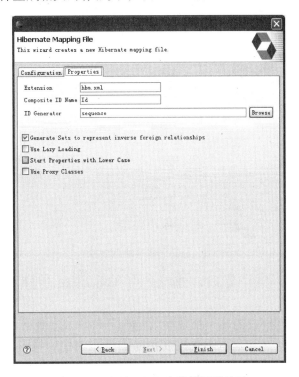

图 15-23　配置 POJO 参数的图形界面

在 Person. hbm. xml 选项上右击,在弹出的快捷菜单中选择 Hibernate Synchronizer 选项,在级联菜单中选择 Synchronize Files 选项,如图 15-24 所示。

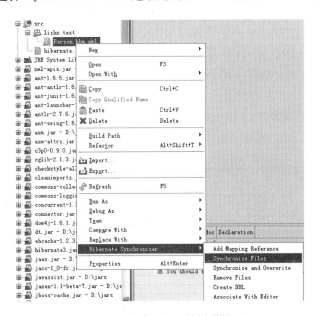

图 15-24　生成 POJO 的图形界面

轻型框架介绍

该操作成功后将生成 Person. hbm. xml,编辑 Person. hbm. xml,将下面语句中的 false 改成 true,然后存盘,如图 15-25 所示。

```
<meta attribute = "sync - DAO">false</meta>
```

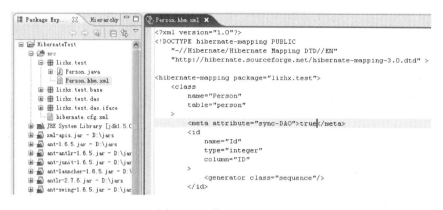

图 15-25　修改映射文件

该操作将生成 3 个包 8 个类文件,里面封装了 Hibernate 的操作细节,让我们可以专心面对业务逻辑的开发。

base 包中存放插件生成的 5 个抽象类,在 Hibernate Synchronizer"再同步"时会覆盖 base 包中的类,因此用户不要把客户代码放在 base 中的类里。换句话说,任何时候不要修改这些类。

dao 包中存放的 3 个类分别继承自 base 包中相应的 3 个类。dao 包中的 3 个类完全是空的实现,客户可以在这里插入自己的代码。采用这样的结构,就把客户代码从插件生成的代码中分离出来,既实现了客户对插件生成代码的定制,又不会在插件"再同步"时影响到客户代码。

仔细阅读这些文件可以进一步提高对 Hibernate 的认识,增长应用技巧。

如果没有将 false 改成 true,那么,系统将只生成两个包 5 个类文件,不包括 DAO 模式。那么本例和上一节的例子就很类似。这时读者也可以编写自己的 DAO。

然后需要在 Hibernate 的配置文件中添加对 Person 的相关信息,在 Person. hbm. xml 上右击,在弹出的快捷菜单中选择 Synchronizer→Add Mapping Reference 选项。这样操作成功后,在 hibernate. cfg. xml 中加入 Person 的映射文件,如图 15-26 所示。

图 15-26　Hibernate 的配置文件

经过 DAO 模式封装后的 PersonDAO 接口内容如下：

```
package lizhx.test.dao.iface;
public interface PersonDAO {
    public lizhx.test.Person get(java.lang.Integer key);
    public lizhx.test.Person load(java.lang.Integer key);
    public java.util.List findAll ();
    public java.lang.Integer save(lizhx.test.Person person);
    public void saveOrUpdate(lizhx.test.Person person);
    public void update(lizhx.test.Person person);
    public void delete(java.lang.Integer id);
    public void delete(lizhx.test.Person person);
}
```

上面是基本的 CURD 操作。

（1）save()方法：把 Java 对象保存在数据库中。

（2）update()方法：更新数据库中的 Java 对象。

（3）delete()方法：把 Java 对象从数据库中删除。

（4）load()方法：从数据库中加载 Java 对象。

（5）find()方法：从数据库中查询 Java 对象。

更详细的封装可以参看 BasePersonDAO.java。

15.4.4　运行 Hibernate 实例

现在开始编写自己的程序逻辑。

在 src 中建立包 lizhx.app，在该包中建立类 Test.java，如图 15-27 所示。该程序的作用是在数据库中增加一条新的记录。这个类的代码不会被插件进行修改。

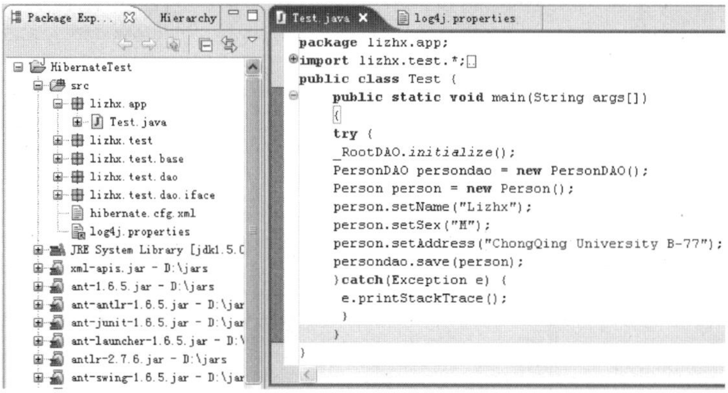

图 15-27　编辑 Test.java

Test.java 的内容如下：

```
package lizhx.app;
import lizhx.test.*;
import lizhx.test.dao.*;
```

```
public class Test {
    public static void main(String args[]){
        try{
        _RootDAO.initialize();
        PersonDAO persondao = new PersonDAO();
        Person person = new Person();
        person.setName("Lizhx");
        person.setSex("M");
        person.setAddress("ChongQing University B - 77");
        persondao.save(person);
        }
        catch(Exception e){
        e.printStackTrace();
        }
    }
}
```

_RootDAO.initialize()是必需的。Hibernate Synchronizer 生成的持久对象是标准的 Hibernate 持久对象,包含一组 set 和 get 方法。DAOs 负责操作持久对象,包括对 session 和事务管理、load 和释放对象、save 或 update、查询等功能。

可以看出,插件已经把 session 操作和事务操作都封装起来了,代码工作得到了极大的简化。而且也可以利用插件自带的 Hibernate Editor 来编辑 hbm.xml 文件,非常方便。

还需要把 ID 的生成方式改为 identity,右击 Person.hbm.xml 选择 Open With → Hibernate Synchronizer Editor,把 ID 的生成方式改为identity,如图 15-28 所示。

要让这个程序正常运行,还需要对配置文件 hibernate.cfg.xml 做一些修改。

使用 Eclipse 的文本编辑器打开该文件,其中有如下内容:

图 15-28　编辑 Person.hbm.xml

```
<! --
< property name = "hibernate.transaction.factory_class">
    org.hibernate.transaction.JDBCTransactionFactory
</property>
-->
```

由于在例子中并没有使用 JTA 来控制事务,因此需要将上面的内容注释掉,Test.java 程序才能正常运行。

现在可以开始运行了,选择 Test.java,单击 Run 按钮,在出现的配置中选择 Java Application,如图 15-29 所示。

单击 Run 按钮开始运行,如果以上各步操作正确的话,可以看到数据已经被保存到数

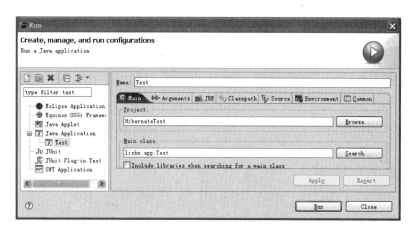

图 15-29　运行 Test.java

据库,如图 15-30 所示。

　　如果在实际开发工作中,需要重新设计数据表结构,那么只需要在.hbm.xml 文件中做相应的修改,然后执行 Synchronize and Overwrite 的操作,插件会重新生成存根文件,只需要修改程序逻辑就可以了,非常方便。有了这样的功能插件,可以从配置文件的编写、查错中解脱出来,从而提高工作效率。

图 15-30　数据库内 Person 表的内容

　　对 Test.java 程序稍加修改,应用 get、load、findAll、save、saveOrUpdate、update、delete 等方法,就可完成对对象的删除、更新、查询等操作。

　　虽然 get 和 load 方法都可以取得 POJO 对象实体,但还是有区别的。下面是 get()和 load()方法在执行检索时的区别。

　　(1) get()在类检索级别时总是执行立即检索,而且如果检索不到相关的对象的话会返回 null,load()方法则会抛出一个 ObjectNotException。

　　(2) load()方法可返回一个实体代理类类型,而 get()方法直接返回的是实体类对象。

　　(3) load()方法可以充分利用内部缓存和二级缓存,而 get()方法会忽略二级缓存,若内部缓存没有查询到会到数据库中去查询。

　　关于 Hibernate 的配置文件,请参考《Java EE Web 编程(Eclipse 平台)》一书。

习题及思考

　　使用 JSP 和 Servlet 技术编写简单的用户注册登录 Web 应用,要求使用 MySQL 数据库作为后台数据库,并使用 Hibernate 插件和 Hibernate Synchronizer 插件。

第16章　Java 技术应用简单案例

16.1　Java 桌面应用程序案例

在此运用前面所学的 Java SE 知识,编写一个拼图桌面程序。它的游戏规则如下:将一张大图打散成 9 张小图,然后在游戏中任意挑 8 张图,贴在 3 行 3 列的矩阵中的任意位置。通过鼠标或键盘的方向键移动打乱的 8 张图片,让其复原成原来的顺序,玩家就胜利了,游戏就结束了。在游戏结束之后,会算出玩家的得分。

图 16-1 所示的是一张原图,大小为 360×360,为 JPEG 图片。

将该图打散成 9 张小图,然后在游戏中任意挑 8 张图,贴在 8 个位置,如图 16-2 所示。

图 16-1　原图

图 16-2　重新布置

游戏初始界面如图 16-3 所示。

图 16-3　游戏初始界面

16.1.1 编写游戏主程序类 Pintu

该拼图游戏总体上是一个 Java 应用程序。在 Pintu 类中创建应用程序窗体，实例化绘图容器对象 PicPanel 和状态栏标签对象，并引入事件处理机制对键盘事件进行响应。

```java
// Pintu.java
package pintu;

import java.awt.BorderLayout;
import java.awt.Color;
import java.awt.Font;
import java.awt.Graphics;
import java.awt.HeadlessException;
import java.awt.Image;
import java.awt.MediaTracker;
import java.awt.Toolkit;
import java.awt.event.KeyEvent;
import java.awt.event.KeyListener;
import java.awt.event.MouseEvent;
import java.awt.event.MouseListener;
import java.awt.image.BufferedImage;
import javax.swing.JFrame;
import javax.swing.JLabel;
import javax.swing.JPanel;

public class Pintu extends JFrame implements KeyListener
{
    private static final long serialVersionUID = 1L;

    PicPanel picPanel ;
    JLabel statusText = new JLabel("");
    public static void main(String[] args)
    {
        Image img = Toolkit.getDefaultToolkit().getImage("img/pintu.jpg");
        Pintu pintu1 = new Pintu(img);
        pintu1.setVisible(true);
    }

    public Pintu(Image img) throws HeadlessException
    {
        picPanel = new PicPanel(img,statusText);
        this.setLayout(new BorderLayout());
        add( picPanel ,BorderLayout.CENTER);
        add(statusText,BorderLayout.SOUTH);
        setTitle("拼图游戏");
        this.setDefaultCloseOperation(JFrame.EXIT_ON_CLOSE);
        setSize(600, 400);
        addKeyListener(this);
    }
```

```java
@Override
public void keyPressed(KeyEvent e)
{
    // Invoked when a key has been pressed.
    // System.out.println("press key" + KeyEvent.getKeyText(e.getKeyCode()));

    int nDirection = picPanel.DIRECTION_NONE;
    switch (e.getKeyCode())
    {
        case KeyEvent.VK_DOWN:
            nDirection = picPanel.DIRECTION_DOWN;
            break;
        case KeyEvent.VK_UP:
            nDirection = picPanel.DIRECTION_UP;
            break;
        case KeyEvent.VK_LEFT:
            nDirection = picPanel.DIRECTION_LEFT;
            break;
        case KeyEvent.VK_RIGHT:
            nDirection = picPanel.DIRECTION_RIGHT;
            break;
        case KeyEvent.VK_F1: // F1 键按下，重新开始游戏
            picPanel.initData();
            repaint();
            return;
        case KeyEvent.VK_Y: // 显示原图
            if (picPanel.bOnShowAll)
                picPanel.bOnShowAll = false;
            else
                picPanel.bOnShowAll = true;
            repaint();
            return;
        default:
            return;
    }
    boolean bCanMove = picPanel.move(nDirection);
    if (bCanMove)
    {
        picPanel.nStep++;
        repaint();
    }
}

@Override
public void keyReleased(KeyEvent e)
{
}
```

```
        @Override
        public void keyTyped(KeyEvent e)
        {
        }
}
```

16.1.2　编写绘图容器类 PicPanel

在类 PicPanel 中实现图片的绘制，使用多线程机制来计算时间的流逝，并响应鼠标事件来实现图片的移动。

```
class  PicPanel  extends JPanel implements MouseListener, Runnable
{
    private static final long serialVersionUID = 1L;
    BufferedImage[] m_Image = new BufferedImage[9];        // 9 个用来装入拼图的图片对象
    Image m_ImgAll;                                        // 总的大图片
    int m_nImageNo[][] = new int[3][3];                    // 标志现在各个拼图的排列情况
    final int NO_IMAGE = -1;                               // 此位置没有拼图
    final int IMAGE_WIDTH = 120;                           // 每张拼图的宽
    final int IMAGE_HEIGHT = 120;                          // 每张拼图的高
    final int DIRECTION_UP = 1;
    final int DIRECTION_DOWN = 2;
    final int DIRECTION_LEFT = 3;
    final int DIRECTION_RIGHT = 4;
    final int DIRECTION_NONE = -1;
    final int DELTAX = 120;                                // 标志提示信息区的宽度
    Thread thTimer;                                        // 计时器线程
    int nTime = 0;                                         // 已经玩过的时间,以秒为单位
    boolean bWantStartNewGame = false;                     // 游戏是否结束,是否需要开始新游戏
    int nStep = 0;                                         // 已经走的步数
    int nScore = 0;                                        // 玩家所得的分数
    int m_nNumOfImg = 0;                                   // 拼图底图所使用的图片的个数
    String m_sImgName = null;                              // 记录拼图底图的名称
    boolean bOnShowAll = false;                            // 预览的开关

    JLabel statusText;

    public PicPanel(Image img, JLabel statusText)
    {
        this.statusText = statusText;
        setBackground(Color.white);
        m_sImgName = "pintu.jpg";
        MediaTracker mediaTracker = new MediaTracker(this);      // 建立一个监视器
        try
        {
            // 装载总的大图片
            m_ImgAll = Toolkit.getDefaultToolkit()
                    .getImage("img/" + m_sImgName);
            mediaTracker.addImage(m_ImgAll, 1);
```

Java 技术应用简单案例

```
                mediaTracker.waitForID(1);
        }
        catch (Exception e)
        {
            System.out.println("图片装载出错:" + e.getMessage());
            System.exit(1);
        }
        if (mediaTracker.isErrorAny())
        {
            System.out.println("图片装载出错");
            System.exit(1);
        }
        for (int i = 0; i < 9; i++)
        {
            m_Image[i] = new BufferedImage(IMAGE_WIDTH, IMAGE_HEIGHT,
                    BufferedImage.TYPE_INT_ARGB);
            Graphics g = m_Image[i].createGraphics();
            int nRow = i % 3;
            int nCol = i / 3;
            g.drawImage(m_ImgAll, 0, 0, IMAGE_WIDTH, IMAGE_HEIGHT, nRow
                    * IMAGE_WIDTH, nCol * IMAGE_HEIGHT, (nRow + 1)
                    * IMAGE_WIDTH, (nCol + 1) * IMAGE_HEIGHT, this);
        }
        thTimer = new Thread(this);      // 为线程分配内存空间
        thTimer.start();                 // 开始线程
        initData();

        addMouseListener(this);

        // System.out.println("init over");
    }

    public void checkStatus()
    {
        boolean bWin = true;            // 定义成员,默认值为真
        int nCorrectNum = 0;

        // 比较拼图是否都放到了正确的位置上,如果有一个没有放到正确位置上,则游戏就不能结束
        for (int j = 0; j < 3; j++)
        {
            for (int i = 0; i < 3; i++)
            {
                if (m_nImageNo[i][j] != nCorrectNum
                        && m_nImageNo[i][j] != NO_IMAGE) bWin = false;
                nCorrectNum++;
            }
        }
        if (bWin) this.bWantStartNewGame = true;
    }

    public int directionCanMove(int nCol, int nRow)
    {
```

```java
        if ((nCol - 1) >= 0)
            if (m_nImageNo[nRow][nCol - 1] == NO_IMAGE) return DIRECTION_UP;
        if ((nCol + 1) <= 2)
            if (m_nImageNo[nRow][nCol + 1] == NO_IMAGE) return DIRECTION_DOWN;
        if ((nRow - 1) >= 0)
            if (m_nImageNo[nRow - 1][nCol] == NO_IMAGE) return DIRECTION_LEFT;
        if ((nRow + 1) <= 2)
            if (m_nImageNo[nRow + 1][nCol] == NO_IMAGE) return DIRECTION_RIGHT;
        return DIRECTION_NONE;
}

public void initData()
{
    int[] nHasDistrib = new int[9];
    for (int i = 0; i < 9; i++)
        nHasDistrib[i] = 0;
    for (int j = 0; j < 3; j++)
    {
        for (int i = 0; i < 3; i++)
        {
            int nImgNo = -1;
            do
            {
                nImgNo = (int) (Math.random() * 9);
            }
            while (nHasDistrib[nImgNo] == 1);        // 1 代表已经分配了这张图片
            m_nImageNo[i][j] = nImgNo;
            nHasDistrib[nImgNo] = 1;
        }
    }
    m_nImageNo[(int) (Math.random() * 3)][(int) (Math.random() * 3)] = NO_IMAGE;
    nStep = 0;
    nTime = 0;                                       // 清空计时器
}


@Override
public void mouseClicked(MouseEvent e)
{
    // Invoked when the mouse has been clicked on a component.
    if (bOnShowAll) return;
    if (bWantStartNewGame)
    {
        initData();
        repaint();
        bWantStartNewGame = false;
        return;
    }

    int nX = e.getX() - DELTAX;
    int nY = e.getY();
    int nCol = nY / IMAGE_HEIGHT;
    int nRow = nX / IMAGE_WIDTH;
```

```java
            System.out.println("col:" + nCol + " row:" + nRow);
            int nDirection = directionCanMove(nCol, nRow);
            if (nDirection != DIRECTION_NONE)
            {
                move(nCol, nRow, nDirection);
                nStep++;
                repaint();
            }
        }

        @Override
        public void mouseEntered(MouseEvent arg0)
        {
            // TODO Auto - generated method stub

        }

        @Override
        public void mouseExited(MouseEvent arg0)
        {
            // TODO Auto - generated method stub

        }

        @Override
        public void mousePressed(MouseEvent arg0)
        {
            // TODO Auto - generated method stub

        }

        @Override
        public void mouseReleased(MouseEvent arg0)
        {
            // TODO Auto - generated method stub

        }

        public boolean move(int nDirection)
        {
            int nNoImageCol = - 1;
            int nNoImageRow = - 1;
            int i = 0;
            int j = 0;
            while (i < 3 && nNoImageRow == - 1)
            {
                while (j < 3 && nNoImageCol == - 1)
                {
                    if (m_nImageNo[i][j] == NO_IMAGE)
                    {
                        nNoImageRow = i;
                        nNoImageCol = j;
```

```
                }
                j++;
            }
            j = 0;
            i++;
        }
        // 以上判断哪个拼图可以往方向 nDirection 移动
        // 可以移动的拼图的位置为第 nNoImageCol 行, 第 nNoImageRow 列
        System.out.println(nNoImageCol + ",," + nNoImageRow);
        switch (nDirection)
        {
            case DIRECTION_UP:
                if (nNoImageCol == 2) return false;
                m_nImageNo[nNoImageRow][nNoImageCol] = m_nImageNo[nNoImageRow]
                    [nNoImageCol + 1];
                m_nImageNo[nNoImageRow][nNoImageCol + 1] = NO_IMAGE;
                break;
            case DIRECTION_DOWN:
                if (nNoImageCol == 0) return false;
                m_nImageNo[nNoImageRow][nNoImageCol] = m_nImageNo[nNoImageRow]
                    [nNoImageCol - 1];
                m_nImageNo[nNoImageRow][nNoImageCol - 1] = NO_IMAGE;
                break;
            case DIRECTION_LEFT:
                if (nNoImageRow == 2) return false;
                m_nImageNo[nNoImageRow][nNoImageCol] = m_nImageNo[nNoImageRow + 1]
                    [nNoImageCol];
                m_nImageNo[nNoImageRow + 1][nNoImageCol] = NO_IMAGE;
                break;
            case DIRECTION_RIGHT:
                if (nNoImageRow == 0) return false;
                m_nImageNo[nNoImageRow][nNoImageCol] = m_nImageNo[nNoImageRow - 1]
                    [nNoImageCol];
                m_nImageNo[nNoImageRow - 1][nNoImageCol] = NO_IMAGE;
                break;
        }
        return true;
    }


    public void move(int nCol, int nRow, int nDirection)
    {
        switch (nDirection)
        {
            case DIRECTION_UP:
                m_nImageNo[nRow][nCol - 1] = m_nImageNo[nRow][nCol];
                m_nImageNo[nRow][nCol] = NO_IMAGE;
                break;
            case DIRECTION_DOWN:
                m_nImageNo[nRow][nCol + 1] = m_nImageNo[nRow][nCol];
                m_nImageNo[nRow][nCol] = NO_IMAGE;
                break;
            case DIRECTION_LEFT:
```

```
                m_nImageNo[nRow - 1][nCol] = m_nImageNo[nRow][nCol];
                m_nImageNo[nRow][nCol] = NO_IMAGE;
                break;
            case DIRECTION_RIGHT:
                m_nImageNo[nRow + 1][nCol] = m_nImageNo[nRow][nCol];
                m_nImageNo[nRow][nCol] = NO_IMAGE;
                break;
        }
    }

    public void paint(Graphics g)
    {
        g.setColor(Color.white);                          // 将当前颜色变为白色
        g.fillRect(0, 0, DELTAX, IMAGE_HEIGHT * 3);       // 填充左边的提示信息区域
        g.setFont(new Font("宋体", Font.PLAIN, 15));       // 设置字体
        g.setColor(Color.blue);                           // 设置颜色
        g.drawString("步数: " + nStep, 5, 20);
        g.setColor(Color.white);
        if (bOnShowAll)
        {
            int x = DELTAX;
            int y = 0;
            g.drawImage(m_ImgAll, x, y, this);
            return;
        }
        for (int i = 0; i < 3; i++)
        {
            for (int j = 0; j < 3; j++)
            {
                int x = i * IMAGE_WIDTH + DELTAX;
                int y = j * IMAGE_HEIGHT;

                if (m_nImageNo[i][j] == NO_IMAGE)
                    g.fill3DRect(x, y, IMAGE_WIDTH, IMAGE_HEIGHT, true);
                else
                {
                    g.drawImage(m_Image[m_nImageNo[i][j]], x, y, this);
                    g.drawRect(x, y, IMAGE_WIDTH, IMAGE_HEIGHT);
                }
            }
        }
        checkStatus();
        if (bWantStartNewGame)
        {
            // 如果游戏结束,玩家将拼图的顺序排对之后
            nScore = 1000 - nStep * 10 - nTime;
            g.setColor(Color.blue);
            g.drawString("请按任意键重新开始", 5, 140);
            g.setColor(Color.red);
            g.setFont(new Font("宋体", Font.PLAIN, 40));
            g.drawString("你赢了" + nScore + "分", 70 + DELTAX, 160);
            g.drawString("祝贺你!", 110 + DELTAX, 210);
```

```
            transferScore(nScore);
        }
    }

    @SuppressWarnings("static - access")
    @Override
    public void run()
    {
        while (Thread.currentThread() == thTimer)
        {
            try
            {
                thTimer.sleep(990);
                String sTemp = "你玩了" + nTime + "秒的时间,";
                if (nTime > 200)
                    sTemp = sTemp + "时间用得很长了,你可要加油啦!";
                else
                    sTemp = sTemp + "别紧张,慢慢来.";
                this.statusText.setText(sTemp);
                if (!bWantStartNewGame) nTime++;
            }
            catch (Exception e)
            {
            }
        }
    }

    public void transferScore(int nScore)
    {
        nScore = (nScore/2) * 10 + nScore % 4;
    }

    public void update(Graphics g)
    {
        paint(g);
    }
}
```

16.2　Java Web 应用案例

在这里运用所学的 Java EE 知识,编写一个简单的 Web 应用,实现用户的注册和登录功能。这里主要包括 4 个 JSP 页面和相应的 Servlet 处理类,分别实现用户注册、用户登录、登录成功信息显示和注册用户列表显示等功能。

16.2.1　创建数据库

首先在 SQL Server 中创建数据库 TestDB,并建立一张表 users,用以存放用户的注册信息。建表的 SQL 语句如下:

```
CREATE TABLE users (
    id numeric(10, 0) IDENTITY(1,1) NOT NULL,
    name varchar (50),
    pwd varchar (50),
    tel varchar(50),
    address varchar(200)
)
GO
```

16.2.2 编写 Servlet 处理类

下面编写 JSP 页面和相应的 Servlet 处理类。在 Servlet 中利用 JDBC 来访问和操作数据库；利用 request. getParameter()方法来获得客户端所提交的数据；将 Servlet 得到的结果放入 request 对象中，传给 JSP 页面进行显示。

1. 编写处理用户注册的类 UserRegisterServlet

```java
// UserRegisterServlet.java
package servlets;

import java.io.IOException;
import java.sql.Connection;
import java.sql.DriverManager;
import java.sql.PreparedStatement;
import java.sql.ResultSet;
import java.sql.SQLException;
import javax.servlet.RequestDispatcher;
import javax.servlet.ServletException;
import javax.servlet.http.HttpServlet;
import javax.servlet.http.HttpServletRequest;
import javax.servlet.http.HttpServletResponse;

public class UserRegisterServlet extends HttpServlet
{
    private static final long serialVersionUID = 1L;

    @Override
    protected void doGet(HttpServletRequest req, HttpServletResponse resp)
            throws ServletException, IOException
    {
        this.doPost(req, resp);
    }

    @Override
    protected void doPost(HttpServletRequest req, HttpServletResponse resp)
            throws ServletException, IOException
    {
        String JDriver = "com.microsoft.sqlserver.jdbc.SQLServerDriver";
        String conURL = "jdbc:sqlserver:// localhost;databaseName = TestDB;user = dbuser;
            password = dbuser";
        Connection con = null;
```

```java
PreparedStatement pstm = null;
ResultSet rs = null;
RequestDispatcher dispatcher = null;
try
{
    // 得到输入参数
    String userName = req.getParameter("userName");
    String userPWD = req.getParameter("userPWD");
    String tel = req.getParameter("tel");
    String address = req.getParameter("address");

    // 检查输入参数的合法性
    if (userName == null || userName.trim().equals(""))
        throw new Exception("用户名不能为空!");
    if (userPWD == null || userPWD.trim().equals(""))
        throw new Exception("密码不能为空!");
    if (tel == null) tel = "";
    if (address == null) address = "";

    userName = new String(userName.getBytes("8859_1"),"GBK"); // 转换字符编码
    userPWD = new String(userPWD.getBytes("8859_1"),"GBK");
    tel = new String(tel.getBytes("8859_1"),"GBK");
    address = new String(address.getBytes("8859_1"),"GBK");

    // 加载 JDBC 驱动程序
    Class.forName(JDriver);
    // 连接数据库 URL
    con = DriverManager.getConnection(conURL);

    // 检查用户名是否已经存在
    pstm = con.prepareStatement("select * from users where name = ?");
    pstm.setString(1, userName);
    rs = pstm.executeQuery();
    if (rs.next())
    {
        throw new Exception("用户名已经存在,请重新输入!");
    }

    // 保存新用户信息到数据库
    pstm = con.prepareStatement("insert into users(name,pwd,tel,address)
        values(?,?,?,?)");
    pstm.setString(1, userName);
    pstm.setString(2, userPWD);
    pstm.setString(3, tel);
    pstm.setString(4, address);
    pstm.execute();

    req.setAttribute("successInfo", "新用户注册成功!");
    dispatcher = getServletContext().getRequestDispatcher(
            "/userRegister.jsp");
    dispatcher.forward(req, resp);
}
```

```
        catch (Exception e)
        {
            req.setAttribute("errorInfo", e.getMessage());
            dispatcher = getServletContext().getRequestDispatcher(
                    "/userRegister.jsp");
            dispatcher.forward(req, resp);
        }
        finally
        {
            try
            {
                if (pstm != null)
                {
                    pstm.close();
                    pstm = null;
                }
                if (con != null)
                {
                    con.close(); // 关闭与数据库的连接
                    con = null;
                }
            }
            catch (SQLException e)
            {
                e.printStackTrace();
            }
        }
    }
}
```

2. 编写处理用户登录的类 UserLoginServlet

```java
// UserLoginServlet.java
package servlets;

import java.io.IOException;
import java.sql.Connection;
import java.sql.DriverManager;
import java.sql.PreparedStatement;
import java.sql.ResultSet;
import java.sql.SQLException;
import javax.servlet.RequestDispatcher;
import javax.servlet.ServletException;
import javax.servlet.http.HttpServlet;
import javax.servlet.http.HttpServletRequest;
import javax.servlet.http.HttpServletResponse;

public class UserLoginServlet extends HttpServlet
{
    private static final long serialVersionUID = 1L;
```

```
@Override
protected void doGet(HttpServletRequest req, HttpServletResponse resp)
        throws ServletException, IOException
{
    this.doPost(req, resp);
}

@Override
protected void doPost(HttpServletRequest req, HttpServletResponse resp)
        throws ServletException, IOException
{
    String JDriver = "com.microsoft.sqlserver.jdbc.SQLServerDriver";
    String conURL = "jdbc:sqlserver:// localhost;databaseName = TestDB;user = dbuser;
        password = dbuser";
    Connection con = null;
    PreparedStatement pstm = null;
    ResultSet rs = null;
    RequestDispatcher dispatcher = null;
    try
    {
        // 得到输入参数
        String userName = req.getParameter("userName");
        String userPWD = req.getParameter("userPWD");

        // 检查输入参数的合法性
        if (userName == null || userName.trim().equals(""))
        {
            throw new Exception("用户名输入为空!");
        }
        if (userPWD == null || userPWD.trim().equals(""))
        {
            throw new Exception("密码输入为空!");
        }

        userName = new String(userName.getBytes("8859_1"),"GBK"); // 转换字符编码
        userPWD = new String(userPWD.getBytes("8859_1"),"GBK");

        Class.forName(JDriver);        // 加载 JDBC 驱动程序
        con = DriverManager.getConnection(conURL);        // 连接数据库 URL

        // 检查是否为注册用户
        pstm = con.prepareStatement("select * from users where name = ? and pwd = ?");
        pstm.setString(1, userName);
        pstm.setString(2, userPWD);
        rs = pstm.executeQuery();
        if (rs.next())
        {
            // 登录成功
            dispatcher = getServletContext().getRequestDispatcher(
```

```
                                    "/showUserList");
                    dispatcher.forward(req, resp);
                }
                else
                {
                    // 登录失败
                    throw new Exception("用户名或者密码错误,请重新输入!");
                }
            }
            catch (Exception e)
            {
                req.setAttribute("errorInfo", e.getMessage());
                dispatcher = getServletContext().getRequestDispatcher(
                        "/userLogin.jsp");
                dispatcher.forward(req, resp);
            }
            finally
            {
                try
                {
                    if (pstm != null)
                    {
                        pstm.close();
                        pstm = null;
                    }
                    if (con != null)
                    {
                        con.close();          // 关闭与数据库的连接
                        con = null;
                    }
                }
                catch (SQLException e)
                {
                    e.printStackTrace();
                }
            }
        }
    }
```

3. 编写显示注册用户列表的类 ShowUserListServlet

```
// ShowUserListServlet.java
package servlets;

import java.io.IOException;
import java.sql.Connection;
import java.sql.DriverManager;
import java.sql.ResultSet;
import java.sql.SQLException;
import java.sql.Statement;
import java.util.ArrayList;
```

```java
import javax.servlet.RequestDispatcher;
import javax.servlet.ServletException;
import javax.servlet.http.HttpServlet;
import javax.servlet.http.HttpServletRequest;
import javax.servlet.http.HttpServletResponse;

public class ShowUserListServlet extends HttpServlet
{
    private static final long serialVersionUID = 1L;

    @Override
    protected void doGet(HttpServletRequest req, HttpServletResponse resp)
            throws ServletException, IOException
    {
        this.doPost(req, resp);
    }

    @Override
    protected void doPost(HttpServletRequest req, HttpServletResponse resp)
            throws ServletException, IOException
    {
        String JDriver = "com.microsoft.sqlserver.jdbc.SQLServerDriver";
        String conURL = "jdbc:sqlserver:// localhost;databaseName = TestDB;user = dbuser;
            password = dbuser";
        Connection con = null;
        Statement stm = null;
        ResultSet rs = null;
        RequestDispatcher dispatcher = null;
        try
        {
            Class.forName(JDriver); // 加载 JDBC 驱动程序
            con = DriverManager.getConnection(conURL); // 连接数据库 URL

            // 从数据库得到注册用户列表
            ArrayList < Object[ ]> userList = new ArrayList < Object[ ]>();
            stm = con.createStatement();
            rs = stm.executeQuery("select * from users");
            while (rs.next())
            {
                String name = rs.getString("name");
                String tel = rs.getString("tel");
                String address = rs.getString("address");
                userList.add(new Object[] { name, tel, address });
            }
            req.setAttribute("userList", userList);

            dispatcher = getServletContext().getRequestDispatcher(
                    "/loginSuccess.jsp");
            dispatcher.forward(req, resp);
        }
        catch (Exception e)
        {
```

```
                req. setAttribute("errorInfo", "获取注册用户列表失败: " + e. getMessage());
                dispatcher = getServletContext(). getRequestDispatcher(
                        "/loginSuccess. jsp");
                dispatcher. forward(req, resp);
            }
            finally
            {
                try
                {
                    if (stm != null)
                    {
                        stm. close();
                        stm = null;
                    }
                    if (con != null)
                    {
                        con. close(); // 关闭与数据库的连接
                        con = null;
                    }
                }
                catch (SQLException e)
                {
                    e. printStackTrace();
                }
            }
        }
    }
```

16. 2. 3 编写网页

1. 首页(index. jsp)

```jsp
<% @ page language = "java" pageEncoding = "GBK" %>

<! DOCTYPE HTML PUBLIC " - // W3C// DTD HTML 4. 01 Transitional// EN">
< html >
    < head >
        < title >首页</title>
        < meta http - equiv = "pragma" content = "no - cache">
        < meta http - equiv =. "cache - control" content = "no - cache">
        < meta http - equiv = "expires" content = "0">
        < meta http - equiv = "keywords" content = "keyword1, keyword2, keyword3">
        < meta http - equiv = "description" content = "This is my page">
    </head>
    < body bgcolor = " # ffffff">
        < h1 >
            首页
        </h1>
        < hr />
```

```
        < h3 >
            < a href = "userRegister. jsp">用户注册</a>
        </h3 >
        < h3 >
            < a href = "userLogin. jsp">用户登录</a>
        </h3 >
    </body >
</html >
```

2. 用户注册页面（userRegister. jsp）

```
< % @ page language = "java" pageEncoding = "GBK" % >

<! DOCTYPE HTML PUBLIC " - // W3C// DTD HTML 4. 01 Transitional// EN">
< html >
    < head >
        < title >用户注册</title >

        < meta http - equiv = "pragma" content = "no - cache">
        < meta http - equiv = "cache - control" content = "no - cache">
        < meta http - equiv = "expires" content = "0">
        < meta http - equiv = "keywords" content = "keyword1,keyword2,keyword3">
        < meta http - equiv = "description" content = "This is my page">
    </head >
    < body bgcolor = " # ffffff">
        < h1 >
                新用户注册
        </h1 >
        < hr />
        < font color = " # ff0000">
            < %
                if (request. getAttribute("errorInfo") != null)
                {
                    out. println(request. getAttribute("errorInfo"));
                }
            % >
        </font >
        < font color = " # 0000ff">
            < %
                if (request. getAttribute("successInfo") != null)
                {
                    out. println(request. getAttribute("successInfo"));
                }
            % >
        </font >
        < form method = "post" action = "userRegister">
            < table width = "100 % " border = "1">
                < tr >
                    < td >
                        用户名：
                    </td >
```

```
            <td>
                     
                    <input type = "text" name = "userName">
            </td>
        </tr>
        <tr>
            <td>
                密码:
            </td>
            <td>
                     
                    <input type = "password" name = "userPWD">
            </td>
        </tr>
        <tr>
            <td>
                电话:
            </td>
            <td>
                     
                    <input type = "text" name = "tel">
            </td>
        </tr>
        <tr>
            <td>
                住址:
            </td>
            <td>
                     
                    <input type = "text" name = "address">
            </td>
        </tr>
        <tr>
            <td colspan = "2">
                     
                    <input type = "submit" value = "注册">
                    <input type = "submit" value = "重置">
            </td>
        </tr>
    </table>
    </form>
    <a href = "index.jsp">返回</a>
    </body>
</html>
```

3. 用户登录页面（userLogin.jsp）

```
<%@ page language = "java" pageEncoding = "GBK" %>

<!DOCTYPE HTML PUBLIC " - // W3C// DTD HTML 4.01 Transitional// EN">
<html>
```

```html
<head>
    <title>用户登录</title>

    <meta http-equiv = "pragma" content = "no-cache">
    <meta http-equiv = "cache-control" content = "no-cache">
    <meta http-equiv = "expires" content = "0">
    <meta http-equiv = "keywords" content = "keyword1,keyword2,keyword3">
    <meta http-equiv = "description" content = "This is my page">
</head>
<body bgcolor = "#ffffff">
    <h1>
        用户登录
    </h1>
    <hr />
    <h3>
        <font color = "#ff0000">
            <%
                if (request.getAttribute("errorInfo") != null)
                {
                    out.println(request.getAttribute("errorInfo"));
                }
            %>
        </font>
    </h3>
    <form action = "userLogin" method = "post">
        <table width = "100%" border = "1">
            <tr>
                <td>
                    用户名:
                </td>
                <td>
                     
                    <input type = "text" name = "userName">
                </td>
            </tr>
            <tr>
                <td>
                    密码:
                </td>
                <td>
                     
                    <input type = "password" name = "userPWD">
                </td>
            </tr>
            <tr>
                <td colspan = "2">
                     
                    <input type = "submit" value = "登录">
                    <input type = "reset" value = "重置">
                </td>
            </tr>
        </table>
    </form>
```

```
    </body>
</html>
```

4. 用户登录成功后显示注册用户列表页面（loginSuccess. jsp）

```
<%@ page language = "java" import = "java.util. * " pageEncoding = "GBK" %>

<!DOCTYPE HTML PUBLIC " - // W3C// DTD HTML 4.01 Transitional// EN">
<html>
    <head>
        <title>登录成功</title>

        <meta http-equiv = "pragma" content = "no-cache">
        <meta http-equiv = "cache-control" content = "no-cache">
        <meta http-equiv = "expires" content = "0">
        <meta http-equiv = "keywords" content = "keyword1,keyword2,keyword3">
        <meta http-equiv = "description" content = "This is my page">
    </head>
    <body bgcolor = "#ffffff">
        <h1>
            登录成功
        </h1>
        <hr />
        <h3>
            已注册用户列表:
        </h3>
        <table width = "100 %" border = "1">
            <tr>
                <td>
                    用户名
                </td>
                <td>
                    电话
                </td>
                <td>
                    住址
                </td>
            </tr>
            <%
            ArrayList<Object[]> userList = (ArrayList<Object[]>) request
                    .getAttribute("userList");
            if (userList == null && userList. size() == 0)
            {
            %>
            <tr>
                <td colspan = "3">
                    暂时没有注册用户
                </td>
            </tr>
            <%
                }
```

```
                for (Object[] user : userList)
                {
    %>
        <tr>
            <td>
                <% = user[0] %>
            </td>
            <td>
                <% = user[1] %>
            </td>
            <td>
                <% = user[2] %>
            </td>
        </tr>
        <%
                }
        %>
    </table>
    </body>
</html>
```

16.2.4 编写 web.xml 部署描述符

在 web.xml 部署描述符中指定了网站的首页,以及注册 Servlet 处理类和相应的映射路径。

```
<?xml version = "1.0" encoding = "UTF - 8"?>
<web - app version = "2.5"
    xmlns = "http:// java.sun.com/xml/ns/javaee"
    xmlns:xsi = "http:// www.w3.org/2001/XMLSchema - instance"
    xsi:schemaLocation = "http:// java.sun.com/xml/ns/javaee
    http:// java.sun.com/xml/ns/javaee/web - app_2_5.xsd">
    <welcome - file - list>
        <welcome - file> index.jsp </welcome - file>
    </welcome - file - list>
    <servlet>
        <servlet - name> userRegisterServlet </servlet - name>
        <servlet - class> servlets.UserRegisterServlet </servlet - class>
    </servlet>
    <servlet - mapping>
        <servlet - name> userRegisterServlet </servlet - name>
        <url - pattern>/userRegister </url - pattern>
    </servlet - mapping>
    <servlet>
        <servlet - name> userLoginServlet </servlet - name>
        <servlet - class> servlets.UserLoginServlet </servlet - class>
    </servlet>
    <servlet - mapping>
        <servlet - name> userLoginServlet </servlet - name>
        <url - pattern>/userLogin </url - pattern>
```

```
    </servlet - mapping >
    < servlet >
        < servlet - name > showUserListServlet </ servlet - name >
        < servlet - class > servlets. ShowUserListServlet </ servlet - class >
    </ servlet >
    < servlet - mapping >
        < servlet - name > showUserListServlet </ servlet - name >
        < url - pattern >/showUserList </ url - pattern >
    </ servlet - mapping >
</ web - app >
```

16.2.5 网站运行效果

网站运行效果如图 16-4 至图 16-7 所示。

图 16-4 网站首页页面

图 16-5 新用户注册页面

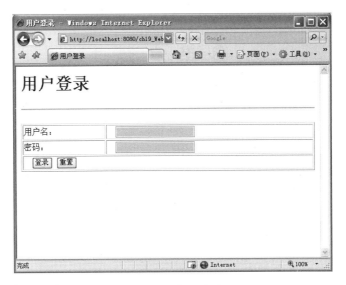

图 16-6　用户登录页面

图 16-7　用户登录成功后显示注册用户列表页面

习题及思考

1. 如何在 Java 应用程序中响应键盘和鼠标事件？
2. 创建 Java Web 应用的过程是什么？

Java 技术应用简单案例

参 考 文 献

[1] 李芝兴,杨瑞龙. Java 程序设计之网络编程[M]. 2 版. 北京:清华大学出版社,2009.

[2] http:// docs. oracle. com/javase/tutorial/.

[3] Marc Loy,Robert Eckstein,等. Java Swing[M]. 2 版. 北京:清华大学出版社,2004.

[4] Joshua Marinacci,Chris Adamson. SWING HACKS:100 个业界最尖端的技巧和工具[M]. 北京:清华大学出版社,2007.

[5] David Flanagan. JFC 技术手册[M]. 北京:中国电力出版社,2003.

[6] JDBC Learning. http:// java. sun. com/products/jdbc/learning/index. html.

[7] JDBC Overview. http:// java. sun. com/products/jdbc/overview. html.

图 书 资 源 支 持

感谢您一直以来对清华版图书的支持和爱护。为了配合本书的使用,本书提供配套的资源,有需求的读者请扫描下方的"书圈"微信公众号二维码,在图书专区下载,也可以拨打电话或发送电子邮件咨询。

如果您在使用本书的过程中遇到了什么问题,或者有相关图书出版计划,也请您发邮件告诉我们,以便我们更好地为您服务。

我们的联系方式:

地　　址:北京海淀区双清路学研大厦 A 座 707

邮　　编:100084

电　　话:010－62770175－4604

资源下载:http://www.tup.com.cn

电子邮件:weijj@tup.tsinghua.edu.cn

QQ:883604(请写明您的单位和姓名)

用微信扫一扫右边的二维码,即可关注清华大学出版社公众号"书圈"。

资源下载、样书申请

书圈